保护区生态系统及景观

原始巴山冷杉林

最高峰龙潭子箭竹林

次生林生态系统

保护区主要地质体——花岗岩（平河梁）

保护区主要地质体——花岗岩（三缸河）

地质过程——花岗岩体剥露地表（平河梁）

地质过程——石海（平河梁）

断层——响潭沟

寒冻与重力作用形成的砾石

断裂带（东峪河梁）

峡谷（三缸河）

景观资源

旬阳坝山水朦胧　　　　　　　平河梁天象景观

东峪河秋色　　　　　　　　　新矿秋色

瀑布（平河梁）　　　　　　　激流（三缸河）

月河溪流　　　　　　　　　　响潭沟跌水

星叶草 Circaeaster agrestis（平河梁草甸）

红豆杉 Taxus chinensis （响潭沟）

领春木 Euptelea pleiosperma （火地沟）

水青树 Tetracentron sinense （东峪河）

瘿椒树 Tapiscia sinensis （火地塘）

山白树 Sinowilsonia henryi（火地沟）

庙台槭 Acer miaotaiense （旬阳坝）

连香树 Cercidiphyllum japonicum（火地塘）

青荚叶 *Helwingia japonica*（火地塘）

黄瑞香 *Daphne giraldii*（平河梁）

莛子藨 *Triosteum pinnatifidum*（平河梁）

索骨丹 *Rodgersia aesculifolia*（道班）

大花杓兰 *Cypripedium macranthos*（平河梁）

扇脉杓兰 *Cypripedium japonicum*（响潭沟）

藏刺榛 *Corylus ferox* var. *tibetica*（平河梁）

忍冬 *Lonicera japonica*（三缸河）

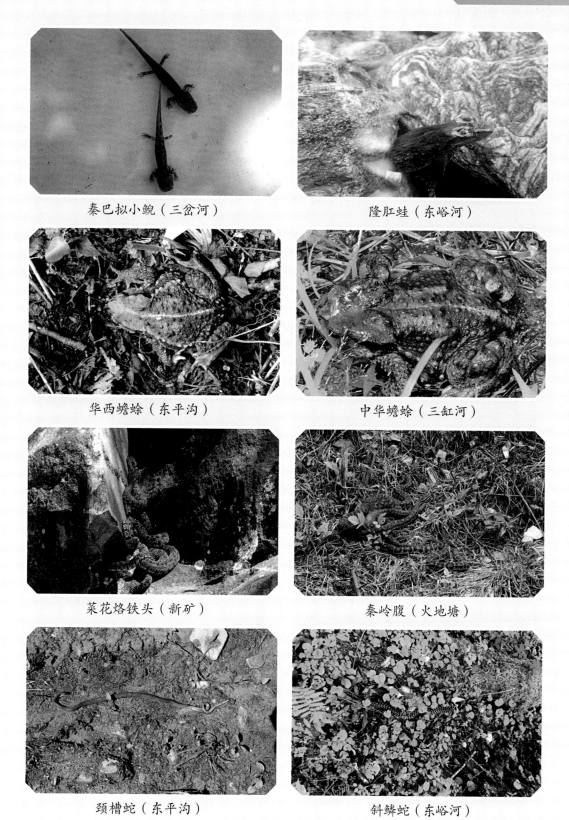

秦巴拟小鲵（三岔河）

隆肛蛙（东峪河）

华西蟾蜍（东平沟）

中华蟾蜍（三缸河）

菜花烙铁头（新矿）

秦岭腹（火地塘）

颈槽蛇（东平沟）

斜鳞蛇（东峪河）

红腹锦鸡雄体　　　　　　　　红腹角雉雄体

红腹锦鸡亚成体——4只　　　　红腹锦鸡亚成体——雄性

血雉雄体　　　　　　　　　　血雉雄雌对

灰头灰雀　　　　　　　　　　红嘴鸦雀

白领凤鹛　　　　　　　　　　　橙翅噪鹛

灰眶雀鹛　　　　　　　　　　　长尾山椒鸟

灰头鸫　　　　　　　　　　　金色林鸲雌体

白喉噪鹛　　　　　　　　　　　黑领噪鹛

大熊猫（新矿三岔河工棚沟）　　　　金丝猴（东峪河）

金钱豹（新矿）　　　　金猫（新矿）

羚牛（新矿）　　　　黑熊（新矿）

青鼬（平河梁）　　　　斑羚（新矿）

巡护路线

野生动物通道标识牌

开展森林昆虫监测

设置的小室陷阱

科研监测设施

固定监测样地

开展常规监测

开展森林资源监测

油坊沟保护站

火地塘检查站

进保护区大门

保护区界碑

宁东林业局森林康养基地

社区概况

社区民居

社区民居

陕西平河梁国家级自然保护区
综合科学考察与研究

主编 龚明昊　孟祥明　文菀玉　赵　亮　董鹏飞

西北农林科技大学出版社

图书在版编目（CIP）数据

陕西平河梁国家级自然保护区综合科学考察与研究 /
龚明昊, 孟祥明, 文菀玉编著. -- 杨凌 : 西北农林科技
大学出版社, 2022.4
　　ISBN 978-7-5683-1093-2

　　Ⅰ.①陕… Ⅱ.①龚… ②孟… ③文… Ⅲ.①自然保
护区—科学考察—考察报告—宁陕县 Ⅳ.
①S759.992.414

中国版本图书馆CIP数据核字(2022)第057348号

陕西平河梁国家级自然保护区综合科学考察与研究

龚明昊　孟祥明　文菀玉　赵亮　董鹏飞　编著

出版发行	西北农林科技大学出版社
地　　址	陕西杨凌杨武路3号　　　　　　邮　编：712100
电　　话	总编室：029-87093195　　　发行部：029-87093302
电子邮箱	press0809@163.com
印　　刷	西安日报社印务中心
版　　次	2022年4月第1版
印　　次	2022年5月第1次印刷
开　　本	787 mm×1 092 mm　1/16
印　　张	24.25　插页：12
字　　数	544千字

ISBN 978-7-5683-1093-2

定价：168.00元

本书如有印装质量问题，请与本社联系

《陕西平河梁国家级自然保护区综合科学考察与研究》编委会

主　　任　刘长荣

副 主 任　董鹏飞　洪壮丽

主　　编　龚明昊　孟祥明　文菀玉　赵　亮　董鹏飞

统　　稿　龚明昊　孟祥明　文菀玉

编写人员（按姓氏汉语拼音排序）

党　政　丁　卉　龚明昊　巩会生　郭林安　胡亚南　李春宁

李东生　李芳宁　李惠鑫　刘　刚　孟祥明　齐宏运　孙建钊

王　波　王军升　王晓平　王小卫　王永军　王宇航　王子星

文　艳　文菀玉　吴振海　徐信康　颜文博　杨民旺　鱼宝平

曾治高　张晓峰　赵　亮　朱光明

陕西平河梁国家级自然保护区科学考察人员

中国林业科学研究院湿地研究所

龚明昊　研究员

刘　刚　副研究员

文菀玉　助理研究员 博士

李惠鑫　助理研究员 博士

王宇航　助理研究员 博士

齐宏运　研究生

李　超　研究生

杨志娇　研究生

马佳雯　研究生

中国科学院动物研究所

曾治高　副研究员

西北农林科技大学

赵　亮　教授

孙建钊　高级工

王俊茹　研究生

苏　娜　研究生

赵星宇　研究生

陕西理工大学

颜文博　副教授

大熊猫国家公园陕西省管理局

张晓峰　高级工程师

陕西佛坪国家级自然保护区管理局

巩会生　高级工程师

陕西牛背梁国家级自然保护区管理局

李春宁　高级工程师

陕西平河梁国家级自然保护区管理局

党　政　火地塘保护站

丁　卉　公众教育科

郭林安　火地塘保护站

胡亚南　保护科

李芳宁　保护科

孟祥明　保护科

王　波　旬阳坝保护站

王军升　保护科

王晓平　公众教育科

王小卫　新矿保护站

王永军　新矿保护站

文　艳　科研宣教科

徐信康　旬阳坝保护站

杨民旺　火地塘保护站

鱼宝平　新矿保护站

朱光明　旬阳坝保护站

　　平河梁国家级自然保护区位于陕西省安康市宁陕县境内，保护区成立于 2006 年 12 月，2013 年 6 月晋升为国家级自然保护区，2016 年 11 月成为中国生物圈保护区网络（CBRN）成员。保护区总面积 21 152 hm²，是以保护大熊猫及其栖息地为主的森林和野生生物类型自然保护区，处于秦岭大熊猫保护区网络的东部，是大熊猫秦岭种群最东的分布区，关系整个秦岭大熊猫种群格局的稳定。

　　2008 年保护区开展了第一次综合科学考察，形成了科学考察报告，建立了保护区自然资源及生物多样性信息的基础。定期对自然保护区进行系统、全面的综合科学考察，更新保护区生物资源的本底信息，是掌握保护对象生存状况、自然资源及生态系统动态的主要手段，也是评估保护成效和指导后续决策的依据。受保护区委托，中国林业科学研究院湿地研究所承担了本次综合科学考察任务，中国林科院湿地所与保护区共同组建项目团队，同时邀请中国科学院动物研究所、西北农林科技大学、陕西理工大学、佛坪自然保护区的专家参与本次科学考察，在后期数据分析、成果整理和报告撰写中还吸纳了相关领域专家在保护区及宁陕县新近的研究成果，并对保护区的长期监测记录及数据进行了系统整理和分析。

　　本次科考侧重对已有科考的薄弱环节进行补充和完善，对保护区地质、地貌、水系、气候动态等进行了详细研究和分析，按照新分类系统进行植物区系整理，补充和调整了保护区物种区系和保护物种名录，更新了物种种群、群落及植被数据，分析了鸟类时空格局，对主要保护对象的种群及分布状况进行了重点调查，形成了羚牛、黑熊、红腹角雉等 8 个保护物种和 1 个小型兽类群落的专项调查报告，并对大熊猫种群及救护进行了专项研究。同时，开展了保护区旅游资源和社区状况调查，系统评估和总结了保护区在建设和管理方面的成就与存在的问题。

　　本次考察发现保护区有维管植物 1 766 种，石松类及蕨类植物 18 科 120 种，种子植物 139 科 1 646 种，有 8 个植被型、47 个群系，国家重点保护植物 20 种（Ⅰ级 1 种、Ⅱ级 19 种）；有脊椎动物 406 种，鱼类 14 种、两栖类 15 种、爬行类 29 种、鸟类 261 种、兽类 87 种，保护动物 69 种（Ⅰ级 13 种、Ⅱ级 56 种），我国特有种 77 种；昆虫 287 科 2 100 种；真菌 40 科 213 种。此次科考新增脊椎动物 118 种、植物 19 种、昆虫 96 种、真菌 2 种，尤其是增加了陕西省新记录与一些反映保护成效的物种，如横斑锦蛇、白冠长尾雉、黑冠鹃隼、豹、狍、水獭等；保护区物种起源古老、种类丰富，地理成分和区系组成多样，是多个特有种和新物种模式标本产地，具有物种和生物多样性保护方面的重要价值和意义。

本次科考发现近年来保护区生态系统的原生性得到了较好保护，生物多样性增加明显，常见物种维持稳定，羚牛、黑熊、红腹角雉、红腹锦鸡等主要保护对象数量增长明显，充分说明了保护区生态环境和栖息地质量不断向好，环境容量增加，栖息地适宜性进一步提升；同时，保护区持续地为周边地区提供蜜源、水源、大气和优质景观等产品，森林生态系统的服务功能持续加强。这些方面充分说明，经过多年的保护与建设，保护区在物种和生物多样性保护方面取得了较为显著的成效，生态系统的原生性、稳定性和完整性得到进一步加强，生态服务功能和价值明显提升。

本次考察建立了保护区在自然资源和生物多样性方面的最新信息，丰富和完善了保护区本底信息及数据库，基本掌握了生态系统的演替状况、主要保护对象的种群变化，了解了保护区在资源管护、基础建设、能力提升、管理行动方面的成效和存在问题，提出了后续加强建设与管理的建议和对策，有助于指导保护区进一步提升保护成效和管理能力。本项目还得到了国家自然科学基金"栖息地穿孔对种群空间格局的影响机制"（31971430）、国家林业和草原局大熊猫国际合作项目"大熊猫边缘栖息地小种群保护模式和廊道研究""秦岭平河梁种群救护规划与野化适应基地建设示范"的支持，项目在实施过程中得到了宁东林业局机关与新矿、旬阳坝和火地塘林场在人力和后勤保障方面的大力支持，使本次科考得以顺利完成，在此表示衷心感谢。

综合科学考察项目组
2021 年 9 月

目录
Contents

第一章
自然环境

平河梁保护区位于秦岭中段南麓，属于秦岭南坡中山亚区，最高海拔 2 679 m、最低海拔 1 260 m，是以山地为主、由山体与其间河谷组合而成的山地河谷景观；保护区地质构造属于南秦岭的南东—南秦岭构造带，处于南秦岭最长基础构造带宁陕断裂带的核心区域，具有东西、北东、北北东等不同方向的细微构造带，发育有以三叠纪晚期为主、从震旦纪至第四纪全新世的 8 个地层，地质体构造以中生代岩浆侵入生成的花岗岩为主，主要为二长花岗岩和石正长花岗岩；保护区为北亚热带半湿润的暖温带气候带，属于典型的山区气候，2010 年以来温度保持稳定状态，日照时数呈现下降趋势，降雨起伏变化明显，年均温度 13.56℃、最高年均温度为 14.07℃，年均降水量为 905.93 mm，最大年均降水为 1 159.85 mm；保护区河流属于长江流域汉江水系，分属宁陕县境内的子午河、旬河、池河三条水系，保护区是池河和旬河水系的源头，主要河流有东峪河、月河、池河、大南河、小南河，6 月至 10 月为汛期、12 月至翌年 2 月为枯水期，常年保持Ⅰ、Ⅱ类水的水体质量；保护区土壤有山地黄棕壤、山地棕壤、山地暗棕壤、山地草甸土等，山地暗棕壤为覆盖面积最大的土壤类型。

第一节　地理位置与区位

一、地理位置

陕西平河梁国家级自然保护区（以下简称保护区）位于陕西省安康市宁陕县中东部（附图 1），地处秦岭中段东部南麓，以平河梁为中心，北至大茨沟—月河，东以鹰嘴石保护区、镇安县界为界，西界为大南河与东峪河的汇合处，西南到火地沟梁，南到鸡山架梁海拔 2 400 m 中坡，东南界为新矿大东沟汇水区。地理坐标：东经 108°24′00″～108°36′10″，北纬 33°22′00″～33°37′30″之间。最高点龙潭子，海拔 2 679 m；最低点桃园沟口，海拔 1 260 m，相对高差 1 419 m。

二、行政区位

保护区位于陕西省安康市宁陕县境内（图 1-1），处于秦岭大熊猫保护区网络东部，东为鹰嘴石大熊猫自然保护区、西为皇冠山和天华山自然保护区。保护区在陕西省宁东林业局旬阳坝林场、火地塘林场和新矿林场部分范围基础上建立，隶属于陕西省宁东林业局和森林资源管理局，所涉及社区有宁陕县城关镇的大茨沟村、月河村和寨沟村，皇冠镇的兴隆村，太山庙镇的太山村。保护区总面积 21 152 hm²，核心区 6 510 hm²，缓冲区 6 200 hm²，实验区 8 442 hm²。

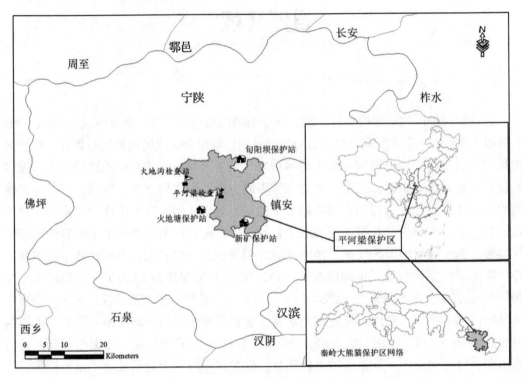

图 1-1　保护区地理位置图

第二节　地质构造与地质历史

一、南秦岭构造带

保护区地质构造属于南秦岭构造带。秦岭造山带北以洛南—栾川断裂与华北板块相邻，南以勉略断裂带（缝合带）与扬子板块分界，中间则以商丹断裂带（缝合带）将其分为南秦岭与北秦岭。秦岭造山带经历了俯冲、碰撞、陆内造山作用 3 个主要阶段。自中三叠世勉略洋闭合以来，秦岭造山带转入陆内构造演化阶段，开始了复杂而漫长的陆内造山过程。

南秦岭构造带位于商丹缝合带与勉略缝合带之间，是秦岭造山带中组成与结构较复杂的构造带。该构造带具有扬子型的双层前寒武纪基底和多层构造盖层组合，包括武当、随县、平利、安康等地块。自秦岭造山带转入陆内构造演化阶段后，南秦岭构造带遭受了强烈的变形变质改造，形成中、浅构造层次，在局部形成深层次的不同构造变形组合。中、晚三叠世勉略洋的俯冲和华南与华北板块的碰撞在带内形成多级次南北向逆冲推覆构造变形，碰撞后的陆内变形形成近东西向的左行走滑韧性剪切带和脆性剪切变形，自西向东不同位置早期都表现为韧性变形，晚期脆性变形叠加特征。同样在南秦岭构造带中段，发育多条大型北西—近东西向延伸的断裂，并以强烈的韧性和脆性走滑变形为特征，主要为宁陕断裂、山阳断裂、十堰断裂和安康断裂等，其中以宁陕断裂和安康断裂最明显。宁陕断裂是秦岭造山带内部发育的一条近东西向区域性断裂，有效地控制了邻近区域岩石构造变形过程，是南秦岭构造单元形成的重要驱动，将南秦岭构造带划分为北西—南秦岭构造带和南东—南秦岭构造带2个不同的构造单元，使得两构造单元不论是基底还是盖层地层组合均差异较大、明显不同。

二、宁陕断裂带

（一）断裂带构造

宁陕断裂是南秦岭构造带中发育的一条近东西向断裂，为南秦岭最长的基础构造带，向西及西南方向与青川—阳平关断裂相连，向东并入山阳—凤县断裂，再向东在西峡一带并入商丹断裂带。由于秦岭造山带走向北西—北西西向，宁陕断裂带实际上将南秦岭构造带划分为北西—南秦岭构造带和南东—南秦岭构造带2个不同的构造单元。宁陕断裂带是一个延伸范围巨大的韧性剪切变形带，晚期叠加了脆性断裂，并具有非常明显的左行走滑特征，其运动学特征表现为早期左行韧性剪切变形，晚期叠加左行脆性剪切变形。

（二）断裂带岩体

宁陕断裂两侧属于不同的地质单元，两侧地质体具有不同的构造——岩浆组合。北西段侵入了大量的早中生代花岗岩体。早中生代花岗岩以准铝到过铝质中钾－高钾钙碱性岩石为主，具有后碰撞花岗岩的地球化学特征，部分花岗岩显示了埃达克质花岗岩和I-A型过渡的环斑结构花岗岩的特征，主要形成于后碰撞环境，以埃达克质花岗岩形成较早，高分异富钾花岗岩和环斑花岗岩标志着秦岭已进入后碰撞晚期阶段。而宁陕断裂南东侧的南秦岭构造带南东段主要岩浆作用事件是发生在新元古代罗迪尼亚超大陆裂解阶段的新元古代花岗岩、大陆边缘裂谷火山岩及新元古代—早古生代基性和碱性岩墙群的岩体。新元古代武当山群、耀岭河组变基性、酸性火山岩组合的岩石地球化学及同位素特征显示其为板内裂谷环境成因，与罗迪尼亚超大陆的裂解有关。

（三）断裂带地层

宁陕断裂北西侧与南东侧地层组成差别很大，不论基底还是盖层均有明显不同。北西侧南秦岭基底岩石由晚太古宙—古元古宙（Ar3-Pt1）佛坪群、马道变质杂岩、留坝变质杂岩等麻粒岩相变质地层，中元古代大安岩群（Pt2 d）、火地垭群（Pt2 h）和三花石群（Pt2 s），及新元古代碧口岩群（Pt3 b）、铁船山组（Pt3 t）和西乡组（Pt3 x）组成，盖层主要沉积了上古生界，局部地方发育下古生界奥陶系。晚太古宙—古元古宙（Ar3-Pt1）变质岩普遍发生深熔作用以及顺造山带韧性剪切变形，一些针柱状变质矿物，如夕线石、角闪石、斜长石、黑云母、白云母等定向分布所形成的拉伸线顺造山带发育。新太古宙佛坪岩群（Ar3）为一套高级变质杂岩，该岩群具富铝副变质深熔片麻岩属性，原岩为一套硬砂岩系列岩石组合，变质程度达高角闪岩相－麻粒岩相。宁陕断裂南东侧，基底主要由中新元古代武当群（Pt2 w）、随县群（Pt2 s）和新元古代耀岭河组（Pt3 y）构成，变质程度只达到低角闪岩相－绿片岩相，原岩组合以大陆边缘裂谷环境下的双峰式火山－沉积岩组合为特点；盖层具有明显扬子北缘的地层组合特征，从震旦系到下古生界连续沉积，大巴山构造带缺失上古生界泥盆系、石炭系沉积，显示了与扬子北缘神农架地区非常类似的地层组合特征。此外，宁陕断裂北西、南东两侧三叠系具有明显的差异，南东侧三叠系为浅水碳酸盐岩沉积组合，而北西侧则是以深水浊积岩为主的碎屑岩组合。

三、保护区地质构造概况

（一）构造带

保护区所在地处宁陕断裂带的核心区域，从区位划分上应属于宁陕断裂带北西侧。保护区的构造带按方向主要有以下类型（附图 2）：

1. 东西向构造带（EW）

该类型构造带是宁陕断裂的基础构造，为呈近东西向展布的强烈挤压断裂褶皱带，该构造主要在保护区北部，具体为南京沟—旬阳坝—月河口一带。

2. 北东向构造带（NE）

该带是宁陕断裂北东向隆起展布区的主脊线，保护区西北边界（茨沟梁）部分区域位于该构造带主脊线的边缘地带。

3. 北北东向构造带（NNE）

该类型构造带是叠加在东西向构造上的晚期构造，表现为断裂挤压带的形式，它们共同特点是：构造线方向大体都是 20°～30°之间，褶皱平缓、开阔，断裂均具先张后压扭的多期活动特点，说明原为东西向构造的一组张裂面，为后期北北东向构造利用所致，保护区内的旬阳坝—上坝河、月河—东平沟—新矿保护站断裂属于该类型。

4. 帚状构造

为早古生代地层中出现一系列弧形褶皱，构造线北西端呈北西走向，向南东端渐转南北乃至北东向，构成一向北西收敛、南西撒开的帚状构造，保护区火地沟梁以北、东峪河等区域属于该类型。

（二）地层

保护区地层为典型的南秦岭地质构造，发育有从震旦纪 Z 至第四纪全新世 Q 8 个地层年代（图 1-2）。最早为震旦纪晚期，分布于保护区白杨岭往西区域；地层年代占比最大为三叠纪晚期 T，保护区东南的平河梁、三缸河、上坝河等地都属于三叠纪晚期；其次是寒武纪Є、寒武纪—奥陶纪 O 组合地层，在火地沟梁以北、月河与平河梁之间、新矿蜂桶沟区域发育较多；奥陶纪和志留纪 S 组合地层也较多，在东峪河梁以西、响潭沟以东发育较多；泥盆纪 D 主要在保护区北部大茨沟、桃园沟等地发育较多；二叠纪 P 较少，主要在保护区西部火地沟等地有少量发育；发育最晚的地层为第四纪全新世，分布于东峪河与大茨沟之间的山脊文宫庙梁和包家梁、月河与响潭沟之间的山脊等地。

图 1-2　保护区地层年代与岩浆岩分布图

（三）岩浆岩

保护区内的地质体侵入岩以岩浆岩为主，为中生代花岗岩（附图3），以平河梁、东峪河等地最为明显，主要为黑云二长花岗岩（ηγ）和钾长石正长花岗岩（ξγ）；在西部还有少量的二叠纪中期的石英闪长岩（δo）。正长花岗岩和二长花岗岩以月河河谷经平河梁往长安河河谷为分界线，往东包括平河梁上坝河、新矿等地，以三叠纪晚期正长花岗岩为主体；往西包括东峪河梁、火地沟梁等地，以寒武纪、奥陶纪和志留纪的二长花岗为主。另外，在保护区北部以外的旬阳坝附近还出露有火山岩（β），岩石种类有角斑岩（χτ）、石英角斑岩（λχπ）等。

四、保护区石海形成机制

在保护区最高峰龙潭子—鸡山架山脊两侧部分区域分布着面积、形状大小不同的石海，当地人称"乱石窖"，这些乱石窖由大、小、形态各不相同的花岗岩砾石组成，在岩石表面发育有苔藓、地衣，由于不同的水热条件，这些地衣使岩块表面呈红色、灰黑色、绿色等不同颜色，是保护区较为独特的地质景观。这些石海的形成是秦岭高海拔地区表层花岗岩及片麻岩受到中生代以来的构造运动和冰期时寒冻物理风化共同作用的结果。

秦岭地区自印支期华北板块与杨子板块发生陆—陆碰撞造山作用以来，进入新的板内构造演化阶段，发生了较大规模的块断、平移、逆冲推覆和强烈的酸性为主的岩浆活动。中生代末至第三纪初，秦岭隆起与外动力剥蚀基本处于平衡状态，发生了大规模的夷平作用，出现了准平原景观——古夷平面。中新世以来的喜马拉雅运动，使老旧断裂复活并形成新断裂，秦岭地区被一系列东西向扩张性特征的断裂分割成一个一个的断块，保护区所在地的宁陕断裂就是其中最著名的断裂。在这个过程中，经过燕山期秦岭的隆升及外动力侵蚀作用，秦岭深层花岗岩体及变质片麻岩剥露地表。由于花岗岩及片麻岩固结程度高，矿物粒间结合力强，在遭受喜山期构造运动时就表现出近乎刚体的性质，即沿着最大剪切应力分布的方向发生剪切变形，形成一系列剪切裂隙。随着深层花岗岩剥露地表，由于燕山运动，其上部静压力柱从 3～10 km 逐渐减为零，在花岗岩内部形成的隐性裂隙因压力降低发生卸荷作用而成为显性裂隙。

第四纪气候变化的影响遍及全球，盛冰期时代全年处于冰天雪地中，具备发育山岳冰川的条件。秦岭高海拔山体在岩石构造裂隙发育的基础上，盛夏时的大气降水、冰雪融水沿岩石裂隙下渗，将裂隙充满或将裂隙下部充斥。长冬期内，由于气温及地表温度降至冰点以下（山顶气压低，水的冰点高于0℃），裂隙中的水由液相转变为固相，体积增大，对裂隙壁产生强大压力。于是，由于寒冻风化长期作用于构造裂隙之上，使得裂隙不断加深、变宽，最后导致岩块松动而脱离岩体，成为物理风化岩块，覆盖在基岩之上。

在这些构造裂隙基础上，经物理风化作用，这些覆盖在基岩之上的岩块、碎屑不断脱离基岩形成砾石、碎石，在一些古夷平面区域，由于地势平坦、坡地地貌不发育，这些岩块得以保留。同时，由于构造裂隙的存在，岩块间的小碎屑由于降水的渗流及岩块下部的潜流而沿着岩块之间的缝隙不断地被携带到大岩块的底部，使地表出现大岩块犬牙交错、互相叠覆的现象，形成石海。

秦岭高海拔地区表层花岗岩及片麻岩受到中生代以来的构造运动所形成的构造裂隙是石海形成的物质基础，第四冰期时及冰期后冰缘气候条件下的寒冻物理风化作用是石海形成的重要驱动力，残存的古夷平面保留了这些岩块，提供了石海形成的地形条件。

五、地质简史

保护区是秦岭的一部分，其地质演化史和秦岭的地质史密切相关。秦岭原属秦岭褶皱系，因秦岭地槽系在三叠纪中、晚期转化为褶皱带。晚古生代前，秦岭海槽面积较广，加里东运动使海槽北部边缘的部分地段发生褶皱。在海西运动和印支运动中，褶皱范围逐步扩大到整个海槽，海水向西南方向退去，秦岭初露峥嵘。尤其是在印支运动中，强烈褶皱引起酸性岩浆大规模地侵入，形成一系列巨大的花岗岩体，保护区平河梁顶出露的宁陕岩体便是其中之一。此后由于地表长期外露，遭受剥蚀，因而到中生代晚期，秦岭地区已呈现出准平原状态，后经燕山运动，特别是经喜马拉雅运动，秦岭山脉才发展成今日之状态。

在燕山运动中，秦岭再度上升，酸性岩浆活动强烈，又形成一系列新的侵入岩体。燕山运动之后，地壳运动还导致产生大断裂。秦岭被不同时期形成的一条条近东西向的多级断裂切割成有规律排列的断块，最著名的为保护区所在地的宁陕断裂带。后来在喜马拉雅运动中，上升幅度最大的断块便成为秦岭的核心部分，该断块的北部位置最高，成为秦岭的主脊；而主脊两侧的断块上升幅度较小，使秦岭南北侧呈阶梯状逐级下降，形成明显的三级台阶。保护区位于秦岭南坡的第二级断块之上。

根据板块构造学说推测，三叠纪以前，秦岭地区是一片汪洋大海，称为秦岭古海。海水之下的大洋地壳称为秦岭古海板块。秦岭古海的南北两侧分别是扬子古陆板块和中朝古陆板块。在加里东运动时期，秦岭古海板块曾向中朝古陆板块之下发生过一次大的俯冲活动。当时在刚性较强的古陆壳强力抵制下，秦岭古海板块的北部边缘褶皱成山，形成中朝古陆南缘的一道镶边——秦岭加里东褶皱带，秦岭古海的面积随之变小。印支运动时期，秦岭古海板块再次向中朝古陆板块之下大规模俯冲，其结果使秦岭古海板块全部褶皱成山——秦岭印支褶皱带。到三叠纪末，秦岭古海全部消失，秦岭地区已成为连接南北古陆的褶皱山系。在此之前的漫长岁月中，秦岭古海起着分隔南北的作用，并成为引起南北地质差异、生物群落差异的原因之一。而到这个时期，取代秦岭古海而起的秦岭褶皱山系便成为我国南北最重要的地质分界线。燕山运动时期，南边的扬子古陆板块向已经褶皱成山的秦岭下面俯冲，结果使秦岭山系迅速抬高，而且与中朝古陆板块断开，进而使中朝古陆板块地面之南缘发生断陷，逐步形成渭河盆地。喜马拉雅运动使扬子古陆板块的俯冲活动强化，因而引起秦岭的多期急剧上升。时至今日，秦岭仍在缓慢地上升着。保护区位于秦岭印支褶皱带内，其地质基础形成历史较久。

总之，保护区地处于宁陕断裂带的核心区域，对研究南秦岭地区的地质构造和演化具有典型意义和科研价值，尤其是对该区域运动学特点的研究将有助于合理推测秦岭造山带的构造格局，重建秦岭造山带的构造演化历史，深入揭示宁陕断裂带左行走滑运动学机理、宁陕断裂带所造成的地质体错位成因，以及促进对断裂带韧性变形与脆性断裂叠加关系等方面的研究，还可加强和完善与大巴山构造带关系的研究。

第三节 地 貌

一、地貌概况

保护区属于秦岭南坡中山亚区，区内海拔落差较大，地貌类型比较复杂，中、小型地貌甚为发育。保护区是宁陕岩体的一部分，区内高海拔区域出露着大面积的花岗岩，保护区内的地貌正是在此基础之上，经内、外营力的长期作用而形成。保护区地貌整体上仍是以旬阳坝—平河梁沿210国道为分界线的基础格局，分为东西两部分。总体地貌为东部、东南部较高，北部、东北部较低，从西北至东南由包家梁—东峪河梁—平河梁—龙潭子—鹰嘴石一线呈现低—高—低的地形特征（图1-3、附图4），由四座山体和山体之间的东峪河河谷、月河河谷、池河河谷组成地貌景观。

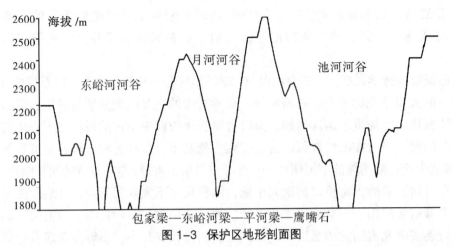

图 1-3　保护区地形剖面图

保护区最高海拔处为东部的龙潭子，海拔 2 679 m，其次为保护区东南有一海拔 2 600 m 以上的山体鸡山架，在保护区东部边缘与镇安交界的山体为鹰嘴石，海拔在 2 500 m 以上；保护区海拔较高区域还有西部的东峪河梁，为海拔 2 500 m 以上的山体，在保护区西北部有文宫庙梁、包家梁、茨沟梁等，也为较高的山体；保护区最低处为东北部桃园沟口处，海拔 1 260 m，另外东北部的响潭沟口，西部火地沟、栈房等地也属于海拔低的区域。总体上，从西向东，形成包家梁—文宫庙梁—东峪河梁—火地沟梁的半月形山体，和以龙潭子—鸡山架、鹰嘴石两条南北走向的山体为架构的地貌格局（附图 5）。

保护区旬阳坝—上坝河断裂带和 210 国道沿线地形相对平缓，东西两侧东峪河、新矿三缸河等地地表起伏大，沟谷发育，切割较深，地形陡峻且高差较大，多悬崖陡壁，坡度多在 40° 以上，属侵蚀、剥蚀中起伏 - 大起伏中山地貌。保护区海拔 2 400 m 以上的区域 1 555 hm²，占保护区总面积的 7%；保护区海拔 2 000 m 以上的区域 10 593 hm²，占保护区总面积的 50%；2 000 m 以下区域占 50%，主要分布在西部、北部和东部的一些低海拔谷地。

二、主要地貌类型

随着秦岭的隆升，保护区内出露着大面积的花岗岩，保护区的地貌正是在此基础上经内、外营力的长期作用发育而成。保护区的地貌属于山岭系统和沟谷系统，随着海拔的增加，各地段地貌类型组合又形成多样特色的地貌。总体上，海拔 1 500 m 以下，以侵蚀剥蚀峡谷峰岭地貌为主，如三缸河峡谷、东峪河峡谷等；海拔 1 500～2 000 m 之间，以宽谷深切割河床及浑圆状山头地貌为主，以旬阳坝至平河梁区域、上坝河至平河梁区域为代表；海拔 2 000 m 以上，以宽谷峰岭地貌为主，其间残存有一些第四纪遗迹，如冰川地貌和石海地貌，以龙潭子、鸡山架、东峪河梁为代表。保护区地貌由于重力作用、流水侵蚀、寒冻、风化、山体抬升等因素形成，在 2 000 m 以上的区域主要为由于山体抬升和寒冻等物理作用形成的构造地貌，在 2 000 m 以下主要为由于重力和流水侵蚀综合作用形成的重力地貌，如沟塌积坡、泥石流扇冲积扇等，也有因构造形成的断层崖、褶曲等。

（一）山岭

1. 峰岭

（1）外观为岩石大面积裸露、陡峻的峰岭。在保护区内均有分布，尤其以海拔 2 000 m 以上最为典型，如鹰嘴石、龙潭子、鸡山架等地，主要为构造地貌。

（2）由于酸性侵入岩花岗岩广泛出露，花岗岩体因垂直节理特别发育，往往形成奇峰林立、陡峭高耸的峰岭，大多位于坡度较为平缓、浑圆状的山顶，以平河梁龙潭子等地较为明显。

2. 山梁和鞍部

（1）外观为岩石大面积裸露、陡峻的山梁。在保护区各主要山脊均有发育，以包家梁—文宫庙梁—东峪河梁—火地沟梁、龙潭子—鸡山架、鹰嘴石 3 条山脊构成保护地貌的主体，为构造地貌。

（2）分布于平缓的山梁与鞍部，在保护区南部、中部的山梁，顶部较平缓。梁上的鞍部起伏较小，以平河梁、包家梁顶最为典型。

（二）沟谷

由于重力和流水侵蚀综合作用，保护区在 2000 m 以下的沟谷地貌系统中重力地貌十分发育，崩塌、冲积物到处可见。例如，塌积坡、沟谷和阶地中的泥石流扇以及河道的冲积扇等，也有构造运动形成断层、褶曲，以及河流地貌。

1. 峡谷

分布于海拔 1 500 m 以下，沟谷形态以峡谷为主，局部地段还出现隘口、障谷。沟谷横剖面呈"V"字形，坡谷较陡峻，常出现阶地状陡坡；谷地出现岩滩及雏形河漫滩。雏形河漫滩为河床相砾石、沙促成，为现代沉积物；雏形河漫滩极不稳定，在这一地带内，河床多在基岩上，河床纵剖面比较大，水流湍急，河床下切很深，属深切河谷。峡谷地貌以三缸河流域最典型，其次为大南河流域。

2. 宽谷

海拔 1 500 m 以上，谷地开阔，形成时间较早，多为宽谷。宽谷内一般有一级或多级阶地，分布于旬阳坝—平河梁、庙梁—新矿保护站等区域。

（1）谷坡和缓的宽谷

这类宽谷主要分布于 1 500 ～ 2 000 m 之间。沟谷一侧常有堆积阶地，阶地后缘多被厚层坡积物覆盖。这一地带内，河床比降小，多为砂石河床。

（2）谷坡陡峻的宽谷

海拔 2 000 m 以上，该区风化剥蚀作用最为强烈，花岗岩峰岭地貌比较典型。由于基岩外露，遭受风化剥蚀时间长，因而在相邻山峰之间，沟谷均较为开阔。沟谷两侧裸岩壁立，十分陡峭，这也是该区最高的地段的一大特点。这一地带是河流的上源区，河床规模较小，流水多在基岩上流动，河床斜切不深。

（3）沟谷中的其他地貌

①阶地：该区中的河谷多为不对称性河谷，不同河段出现的阶地常在河谷的一侧，

多为堆积阶地。阶地多出现在宽谷中，但在一些峡谷的汇流处也可能出现阶地。基座阶地多出现在沟谷比较狭窄的地段，尽管阶地面上常被坡积物所覆盖，但阶地前缘基岩裸露仍较明显。

②塌积地貌：花岗岩山区，塌积物到处可见。峡谷中的塌积体，常是石滩的物质源。塌积物中石砾棱角分明，大小不一，上层多为粒径较小的石砾，下层多为粒径较大的石砾，但分级不太明显。可以分布于较缓的坡面上，也可堆积于坡底形成坡脚。

③冲积扇：冲积扇主要分布于一些支沟与干沟的汇流处，其物质组成杂乱，面积不大，边缘常遭受干沟水流侧侵蚀呈陡坎状。该类型地貌以月河旬阳坝段较为典型。

④山间盆地：山谷中的断陷地带，常形成山间盆地，属于构造地貌，常常是多条沟谷的汇流处。

（三）冰川遗迹

由于秦岭造山历史和地质构造的原因，在一些平缓且侵蚀程度相对弱一些的梁、山顶部位残存第四纪冰川遗迹，由于构造运动形成的岩体在寒冻、雪崩、流水等作用下堆积、移动，形成不同的地貌形态，保护区内最典型的冰川地貌遗迹是石海和峰岭，龙潭子、鸡山架等地有部分痕迹。

第四节　气　候

保护区地处秦岭南坡，为北亚热带半湿润的暖温带气候带，四季分明，具有山区气候典型的特点，气温季节变化明显，表现为"春迟、夏短、秋早、冬长"的特征。降水量各季节分布不均匀，一般年份降水量多集中在5月至10月份，7月降水量最大。春季少雨，冷暖变化频繁，前期干燥后期潮湿；夏季各月平均气温20℃左右，无酷暑；秋季天气凉爽，气候变化明显，适年会出现连阴雨；冬季气温较稳定，温冷无严寒，降水量少，积雪时间短，风向以北风为主。

一、气温

秦岭是暖温带和北亚热带气候的分界线，保护区地处秦岭南坡，属于暖温带气候，保护区平均气温6.7℃，极端最高气温31.9℃，极端最低气温–25.7℃。春季和夏季平均气温分别为10.5℃和18.1℃，分别比地势较低的宁陕（海拔800 m）低0.8℃和1.4℃。月平均气温在10℃以上的月份是4～10月份，气温年较差21.8℃，且春温略高于秋温。

气温随海拔升高而下降。夏季秦岭南坡的平均气温、最高气温、最低气温的垂直递减率分别为0.61℃/100 m、0.78℃/100 m、0.40℃/100 m。保护区所在地宁陕县县城城关镇（海拔800 m）7月份的平均气温为23.9℃，而海拔2 500 m处的平均气温为13.5℃，高度升高1 700 m，温度下降了10.4℃。从垂直递减率的大小可以看出，随海拔高度的升高，最高气温下降的速度最快，平均气温次之，最低气温下降的速度最慢。

气温季节变化明显。保护区冬季时间最长，约 144 d，夏季时间最短，约 40 d，春季长于秋季，且随海拔高度的升高，夏季缩短，冬季延长。平均每年 7 月上旬入夏，11 月上旬入冬，且海拔越高，入夏的时间越晚，入冬的时间越早。

根据对保护区 10 年来温度的监测，2010 年以来年均温度 13.56℃，起伏变化不大，最高年均温度为 2016 年的 14.07℃，最低年均温度为 2011 年的 13.03℃；年最高温度值为 2014 年的 39.20℃，最低温度为 2012 年的 –17.05℃（图 1-4）。

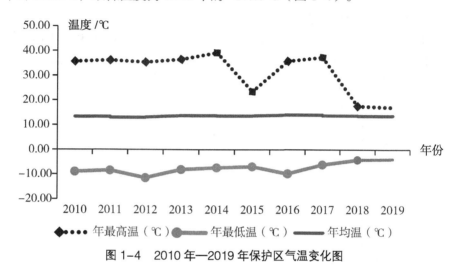

图 1-4　2010 年—2019 年保护区气温变化图

二、地温

地面温度同气温一样，具有周期性的日变化和年变化，但地面温度较气温变化剧烈。土壤 0 ～ 20 cm 温度从 3 月份到 8 月份均是上层高于下层，6 月份 5 cm 温度较 20 cm 处高 1.4℃。9 月份至次年 2 月，地面不断冷却，下层热量向上输送，地中温度比地表温度高，12 月至翌年 1 月，地面温度降到最低点，表层与下层温度差最大，如 12 月份 20 cm 温度较地面高 2.0℃。

土壤温度年较差随温度增加而减小。地表温度年较差 26.7℃，20 cm 处 22.2℃。年地温最高值、最低值出现的时间较地表落后，且随深度增加，最高、最低温度出现的时间越晚。保护区从 11 月至次年 3 月，上层土壤温度可降到 0℃以下，最大冻土深度 13 cm，10 cm 土壤一般 12 月 15 日冻结。

三、无霜期

保护区无霜期约 210 d，平均初霜日出现在 10 月下旬和 11 月初，终霜日出现在 4 月下旬。无霜期随海拔增加而缩短。平均初、终霜附近出现的霜冻对植物影响不大，过早或过晚的霜冻可造成较大危害。保护区虽然夏季温度较高，积温充足，但冬季的低温和春季的回寒却限制了某些植物的生长，降低了积温的有效性。

四、日照

保护区内坡向不同,太阳辐射差异较大。南坡夏半年可照时间随坡度的增大而减小,南坡冬半年可照时间与水平面相同,而与坡度无关。北坡夏半年可照时间与水平面相同,冬半年可照时间比水平面少,坡度越大,减少越多。冬季南坡可照时间最多为 314 h,东坡次之,为 214～273 h,北坡最少,为 200～250 h,45° 北坡 1 月完全无直射光。夏季可照时间北坡最多,同水平面,东坡次之,南坡最少。

2010 年以来,保护区年均日照时数为 1 664.1 h,较上个 10 年(1540.9 h)有所增加(图 1-5)。年日照最多为 2013 年(2 038.3 h),日照时数最少为 2019 年(1 263.8 h),较上个 10 年均有所增加。

图 1-5　2010 年—2019 年保护区日照时数变化图

五、降水

保护区内年降水量 944.5 mm,年内分配不均匀,主要集中于 7～9 月,占全年降水量的 53.9%,以 7 月为最多;2 月至翌年 2 月,降水量较少,占全年降水量的 2.5%。由于夏季保护区处于夏季风的迎风坡,暖湿气流在上升时形成降水较多,冬季主要是西风带天气系统形成降水,低层大气中很少有海洋潮湿气流移来,空气中水汽含量很少,因而降水量少。夏季秦岭南坡是迎风坡,暖湿气流北上,由于地形的强迫抬升作用,在南坡形成比较充沛的降水。降水量最初随海拔高度的升高而增大,到达一定高度后,转为随高度的升高而减小。保护区最大降水量出现的海拔高度为 2 000 m(相对高度 1 200 m),降水量随海拔高度的变化呈抛物线型。保护区雨季与生长季基本一致,但夏初 6 月的雨量不多,比 5 月份降水量增加得很少;由于夏季辐射平衡很大,蒸发力很强,因而常出现干旱。2010 年以来,年均降水量为 905.93 mm,最大年降水量为 2011 年的 1 159.85 mm、最小年降水量为 2016 年的 694.40 mm(图 1-6)。

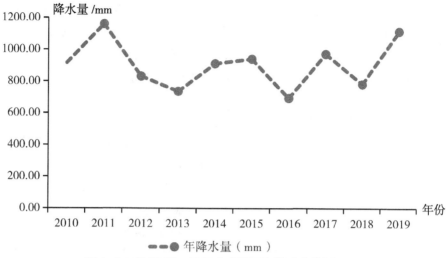

图 1-6 2010 年—2019 年保护区年降水变化图

六、空气相对湿度

气温和绝对湿度是决定相对湿度的条件。保护区冬季温度低，水汽含量少；夏季温度高，水汽含量多。保护区附近空气相对湿度基本都在 60% 以上，其中 7 ～ 9 月份最高，达到 80% 以上。从各月分布来看，以 5 ～ 11 月空气相对湿度较大，12 月到次年 4 月相对湿度较小。空气相对湿度的分布规律与降水量的年内分配一致。2010 年以来，年均湿度 72.90%，10 年来最大湿度年为 2010 年的 75.26%、最小为 2016 年的70.69%（图 1-7）。

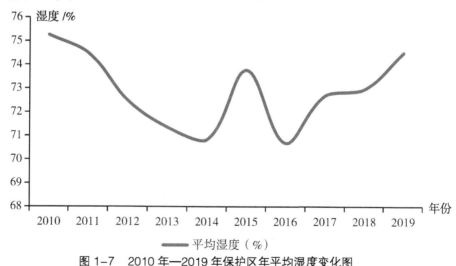

图 1-7 2010 年—2019 年保护区年平均湿度变化图

七、风

保护区处于反气旋的南方，盛行偏北风，风向频率 20%。夏季，蒙古高压消失，大陆为热低压控制，同时受地形的影响，不同地段主导风向又有差异，保护区盛行偏北风和西南风；冬季，强大的反气旋平均位置在蒙古高原南部，并不时向东南方向爆发。

由于地面的摩擦作用，风速随海拔升高而增大，宁陕年平均风速 1.1 m/s，最大风速 1.7 m/s，保护区以春季（3～5月）风速最大，平均为 2.4 m/s，夏季（6～8月）最小，平均为 1.6 m/s。可以看出，总体风速不大。风速随海拔高度的升高而增大，如宁陕县海拔 800 m 处的风速为 1.3 m/s，海拔 2 500 m 处的风速为 4.3 m/s，后者是前者的 3.3 倍。

八、保护区近 10 年来气候变化情况

根据对保护区主要气候指标的监测，保护区年均气温和最低温均保持稳定状态，年最高温变化较大，2015 年、2018 年和 2019 年出现了较大的下降（表1-1）；日照时数变化不大，但呈现下降的趋势；降雨起伏变化明显，总体维持在 800～1 000 mm 之间；湿度变化较大，2014 年和 2016 年为保护区湿度最小的年度，其余均较大。

表 1-1 保护区 10 年来主要气候指标变化表

时间	年均温（℃）	年最高温（℃）	年最低温（℃）	年降水量（mm）	平均湿度（%）	平均蒸发量（mm）	年总日照时数 (h)
2010	13.36	35.65	−8.95	915.80	75.26	2.41	1806.60
2011	13.03	36.15	−8.45	1159.85	74.49	2.52	1841.65
2012	13.12	35.35	−11.50	830.95	72.48	2.56	1639.95
2013	13.74	36.50	−8.10	736.30	71.35	2.69	2038.25
2014	13.65	39.20	−7.35	911.80	70.83	2.39	1547.90
2015	13.69	23.50	−6.90	941.05	73.76	2.43	1639.95
2016	14.07	35.80	−9.80	694.40	70.69	2.80	1664.45
2017	13.76	37.35	−6.10	972.40	72.69	2.54	1543.05
2018	13.67	17.60	−4.10	781.85	72.96	2.53	1655.50
2019	13.53	17.05	−3.85	1114.90	74.50	2.22	1263.80
平均值	13.56	31.42	−7.51	905.93	72.90	2.51	1664.11
最大值	14.07	39.20	−3.85	1159.85	75.26	2.80	2038.25
最小值	13.03	17.05	−11.50	694.40	70.69	2.22	1263.80

第五节　水系、水文

一、水系构成

保护区所在地宁陕县属长江流域汉江水系，保护区内的河流全部汇入汉江，属于汉江流域；根据河流大小和流域，县境内又划为子午河、旬河、池河三个分水系，保护区内的河流分别经不同的干、支流汇入三个水系，是三个水系的主要水源地（附图6）。其中子午河流域涉及较大的河流有保护区西北部的东峪河，西南部的长安河、上坝河；旬河流域主要包括起源于平河梁北部的月河，然后吸纳大茨沟、响潭沟等小支流后在

保护区外汇入旬河；池河源于保护区东部新矿区域平河梁主峰古山墩、龙潭子、鸡山架，新矿区域的三岔河、三缸河、蜂桶沟、大东沟等河流是池河的水源区，为池河水系的源头（图1-8）。

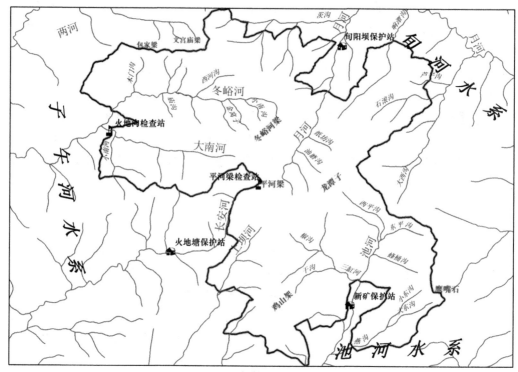

图1-8 保护区水系分布图

二、水文

（一）水系径流

子午河水系是宁陕县境内流量最大的水系，平均径流深370 mm，径流总量41 050万m³，平均流量13 m³/s；6月至10月为汛期，12月至2月为枯水期，最小流量1.44 m³/s。旬河流域地势西北高东南低，上游陡急，下游平缓，多形成河谷地带，平均径流深386 mm，径流总量29 915万m³，平均流量9.69 m³/s；6月至10月为汛期，12月至2月为枯水期，最小流量为2.06 m³/s。池河平均径流深332 mm，径流总量17 220万m³，平均流量5.99 m³/s；7月至9月为汛期，其径流量占全年总径流量的70%，12月至2月为枯水期，最小流量为0.38 m³/s。

（二）保护区河流径流

保护区内河流按流量大小，较大的干流主要为东峪河、月河、池河、长安河，其次是东峪河的支流大南沟、长安河的支流上坝河、月河的支流大茨沟。东峪河起源于保护区西部东峪河梁西侧，沿途吸纳了小南沟、西河沟、木门沟、庙沟等支流，在保护区西部还吸纳了大南河和小南河，流量大、稳定。月河发源于保护区中部，吸纳了平河梁西侧、东峪河梁东侧的水流，包括纸坊沟、油磨沟和茨沟的水流，并在保护区西北吸纳了响潭沟、油磨沟的水流。南部的长安河发源于保护区中心地带平河梁的南坡，在保护区内的流域范围较小，沿途接纳了烂木场沟、板桥沟、鱼龙桥沟、庙湾和寨沟等径流，其在宁陕县城附近吸纳另一条发源于保护区南部的上坝河；长安河主要汇集了平河梁以南区域的森林涵养水和地表水，流量最为稳定，比降比相对较小。池河是保护区东南的最大河流，发源于平河梁东部山体，汇集了西平沟、东平沟、三岔河、三缸河、蜂桶沟和燕沟等河流，池河水流受季节性影响较大，水流湍急。总体上，保护区河流总体规律是7～9月份来自东南的暖湿气流，受秦岭阻挡后上升，形成降雨，年降水量的 53.9% 集中在这个时期。这个时期区内水量充沛，流量大。12 月至翌年 2 月份降水量小，流量相对较小，部分支流有断流现象。丰水期和枯水期具有明显差异，但由于保护区森林生长茂密，覆被率较高，森林的水源涵养作用、水土保持作用、蓄水削洪作用以及净化作用得到充分发挥，不仅使保护区大小河流和沟溪水流常年不断，而且使河流水体清澈透明，泥沙含量极低，水质较佳。

三、水质

由于保护区森林植被和生态系统的服务功能，保护区的水土保持能力较强，水体常年保持 Ⅰ、Ⅱ 类水的水体质量。根据保护区的水质监测数据，保护区水质 pH 值长期稳定为 7（表 1-2）；硫酸盐含量 8 月最低，最大值采样点为 6 月池河，其次为 6 月三缸河和东平沟；氯化物含量 7 月最高，最大值采样点为 7 月响潭沟，其次为 8 月月河；透明度值最高为 7 月，与降水和泥沙含量增加有关，最大值采样点为 7 月东平沟，其次是 7 月大茨沟。

表 1-2 2020 年 6—10 月保护区水质监测状况表

采样点	序列	监测指标	6 月	7 月	8 月	9 月	10 月
响潭沟	1	透明度 (NTU)	0.1	62.88	0.1	59	0.1
	2	氯化物 (mg/L)	29.14	116.6	4.098	13.04	59.7
	3	硫酸盐 (mg/L)	430	135.3	84.22	321.5	122.2
	4	水温 (℃)			21.7	21.8	
	5	铜 (mg/L)	0.056	0.728	0.027		19.15
	6	钙 (mg/L)	4.785	3.006	4.635	0.025	119.3
	7	pH	7	7	7	7	7
月河	1	透明度 (NTU)	0.1	16.9	0.1	2.32	0.1
	2	氯化物 (mg/L)	11.2	99.19	106.8	65.08	33.79
	3	硫酸盐 (mg/L)	236.2	155.9	92.48	283.4	144.9
	4	水温 (℃)			21.5	21.7	
	5	铜 (mg/L)	0.054	0.883	0.135		11.31
	6	钙 (mg/L)	4.911	6.559	0.252	0.057	113.66
	7	pH	7	7	7	7	7

续表

采样点	序列	监测指标	6月	7月	8月	9月	10月
大茨沟	1	透明度 (NTU)	0.1	383.1	0.27	37.69	0.1
	2	氯化物 (mg/L)	41.34	103	2.579	73.14	24.17
	3	硫酸盐 (mg/L)	194.6	134.3	78.85	259.5	129.2
	4	水温 (℃)			21.5	21.7	
	5	铜 (mg/L)	0.047	0.815	0.093		3.79
	6	钙 (mg/L)	4.504	13.42	0.383	0.014	76.38
	7	pH	7	7	7	7	7
东平沟	1	透明度 (NTU)	0.1	396.8	0.1	55.73	0.1
	2	氯化物 (mg/L)	10.68	16.15	24.92	45.71	16.21
	3	硫酸盐 (mg/L)	441.8	323.7	128.6	316	128.1
	4	水温 (℃)			23.2	21.9	
	5	铜 (mg/L)	0.095	1.864	0.087		1.936
	6	钙 (mg/L)	10.68	0.966	0.966	0.028	136.5
	7	pH	7	7	7	7	7
三缸河	1	透明度 (NTU)	0.1	122.6	0.1	18.33	0.1
	2	氯化物 (mg/L)	39.23	29.2	44.33	94.46	29.38
	3	硫酸盐 (mg/L)	472	342.3	87.01	270	189
	4	水温 (℃)			23.8	22.1	
	5	铜 (mg/L)	0.131	0.933	0.062		0.989
	6	钙 (mg/L)	2.898	13.03		0.037	89.79
	7	pH	7	7	7	7	7
池河	1	透明度 (NTU)	0.1	97.67	0.1	1.345	0.1
	2	氯化物 (mg/L)	79.87	101.1	12.57	20.21	64.16
	3	硫酸盐 (mg/L)	478.3	341.3	98.87	274.2	122.8
	4	水温 (℃)			24.1	22.1	
	5	铜 (mg/L)	0.044	1.129	0.017		1.33
	6	钙 (mg/L)	29.82	20.2		0.035	30.3
	7	pH	7	7	7	7	7
长安河	1	透明度 (NTU)	0.1	46.03	0.441	101	101
	2	氯化物 (mg/L)	2.954	11.32	3.348	7.036	7.036
	3	硫酸盐 (mg/L)	79.86	178	94.15	279.4	279.4
	4	水温 (℃)			23.6	21.9	21.9
	5	铜 (mg/L)	0.034	0.765	0.073		
	6	钙 (mg/L)	5.547	1.765		0.042	0.042
	7	pH	7	7	7	7	7

续表

采样点	序列	监测指标	6月	7月	8月	9月	10月
大南河	1	透明度（NTU）	0.1	16.12	0.27	3.18	0.1
	2	氯化物（mg/L）	2.579	23.11	11.22	5.163	61.05
	3	硫酸盐（mg/L）	92.23	191.2	90.17	275.6	99.89
	4	水温（℃）			23.5	21.9	
	5	铜（mg/L）	0.015	0.839	0.025		22.33
	6	钙（mg/L）	30.49	4.07		0.005	68.34
	7	pH	7	7	7	7	7
东峪河	1	透明度（NTU）	0.1	39.92	0.1	0.1	0.1
	2	氯化物（mg/L）	4.415	28.33	12.19	11.07	112.1
	3	硫酸盐（mg/L）	86.46	163.1	83.29	333.2	96.72
	4	水温（℃）			23.3	21.6	
	5	铜（mg/L）	0.034	0.845	0.019		0.866
	6	钙（mg/L）	32.79	8.726		0.02	101.1
	7	pH	7	7	7	7	7

第六节 土 壤

保护区系秦岭南坡，主峰龙潭子海拔2 679 m，按照《中国土壤分类系统（修订方案）》（1995 年）的原则、依据和方法，建立土壤垂直带谱结构，保护区垂直带土壤可划分为山地黄棕壤—山地棕壤—山地暗棕壤—山地草甸土—原始土及裸岩（图1-9）。保护

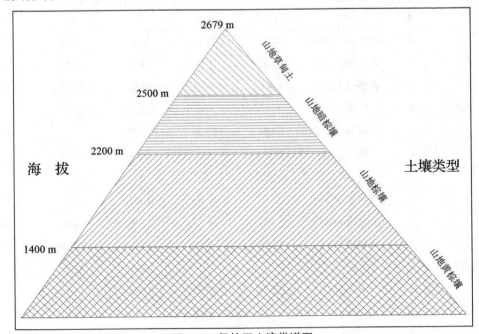

图1-9 保护区土壤带谱图

区南北跨度不大，属同一生物气候带，黄棕壤为该区域的地带性土壤。受山地小气候和地形地貌条件的影响，保护区土壤形成不同的土壤类型，并有规律地排列成垂直带谱。海拔 1 400 m 以下主要分布为山地黄棕壤；海拔 1 400 ～ 2 200 m 主要分布为山地棕壤；海拔 2 200 ～ 2 500 m 主要分布为山地暗棕壤；海拔 2 500 m 以上主要分布为山地草甸土（附图 7）。

一、山地黄棕壤

（一）分布

山地黄棕壤是常绿阔叶落叶林下的淋溶土壤，主要分布于保护区海拔 1 400 m 以下的区域。该区域由于海拔低，人类活动频繁，原生植被不复存在，土地平坦处几乎全部开发为农田。母质多为花岗岩、片麻岩和各类沉积岩等的风化物残积物和坡积物。植被为常绿落叶阔叶混交林，森林下多灌丛草甸植物，主要树种有枥属的锐齿槲枥、蒙古栎、短柄袍栎，枫杨属的山杨等落叶阔叶树种。其间夹杂有一定数量的油松和华山松的人工林。

（二）剖面特征及理化性质

自然植被下发育完全的黄棕壤是由凋落物层、腐殖质层、黏化层和母质层所组成。林下黄棕壤凋落物层很薄（1 cm 左右）、腐殖质层厚（10 ～ 20 cm），呈灰棕色，黏化层棕色，腐殖质层一般为粒状—团块状，黏化层呈棱块和块状，母质层呈大块状。土壤由于比较强烈的淋溶和风化作用，土壤质地黏重，腐殖质层一般为轻壤—中壤，黏化层中壤—重壤，在黏化层之下多见黏盘。由于铁锰的还原、淋溶和积累作用，在黏化层的结构体上附有铁锰胶膜，甚至有铁锰结核。

土壤化学性质变化幅度较大，可归纳为：林下腐殖质含量为 2% ～ 4%，农田腐殖质含量为 1% 左右，最低可达 0.4 %，最高可达 2% 以上。土壤 pH 为 5.2 ～ 7.4，呈酸性—微酸性，土壤阳离子交换量变幅大，为 7 ～ 32 mg 当量/100 g 土，平均为 20 mg 当量/100 g 土，土壤盐基饱和度为 53% ～ 90%，硅铝铁率一般为 2.0% ～ 2.3%，最高可达 2.8%。

二、山地棕壤

（一）分布

山地棕壤又名棕色森林土。棕壤是夏绿阔叶林下的土壤，主要分布于保护区海拔 1 400 ～ 2 200 m 之间的区域。植被以夏绿阔叶林为主，间有针叶阔叶混交林。由于多年的采伐，原始林不复存在，常见的森林植被多为天然次生林或人工林。天然次生林以栎属和松属为主，有蒙古栎、麻栎、栓皮栎，油松、华山松、落叶松等，阔叶树有椴、槭、花曲柳和枫杨等。

（二）剖面特征及理化性质

基本土层由枯枝落叶层，腐殖质层，淀积层和母质层所组成。剖面颜色除腐殖质层较暗外，均显棕色或黄棕色。因风化和淋溶作用较强，质地较黏，淀积层较腐殖质层质地更为黏重。腐殖质层土壤结构为粒状或团粒状，淀积层土壤结构为棱状或块状结构。

林下植被的棕壤，腐殖质含量高，为 3% ～ 15%。土壤呈中性—微酸性反应，下层较上层土壤高。腐殖质层的盐基饱和度为 60% ～ 70%，接近饱和。下层一般低于50%，甚至低达 30%，阳离子代换量一般为 20 ～ 30 mg 当量 /100 g 土。在淋溶和淀积过程中，由于氧化还原的作用，土体内常见到铁锰胶膜和铁锰结核，有的土壤结构外围还附有二氧化硅粉末。

三、山地暗棕壤

（一）分布

山地暗棕壤也称暗棕色森林土，暗棕壤是针阔叶混交林植被条件下形成的土壤。主要分布于保护区海拔 2 200 m 以上的区域。暗棕壤是保护区内覆盖率最大的土壤类型，植被以针叶（松、杉等为主）和阔叶（桦、椴、槭、榆、柳等为主）的混交林为主，其间有少量的纯林。林下灌木多种，如毛榛子、卫矛、刺五加等。草本也很繁茂，如粗茎鳞毛蕨、轮叶百合、木贼、苔草等。

暗棕壤的成土过程主要是温带湿润森林下腐殖质积累及弱酸性淋溶过程。针阔叶混交林组成复杂，地被物生长茂盛，森林每年有大量凋落物，其中所含各种养分经微生物分解后补充到土壤中。林下的草本植物根系庞大，有机质合成与分解较快，土表积累了大量的腐殖质，含量可高达 20%，其组成以胡敏酸为主，弱酸性，盐基饱和度高，因此暗棕壤具有较高的肥力。

温带湿润气候条件下，林木郁闭、湿润、降水量大，土壤淋溶强烈，致使暗棕壤呈弱酸性反应，并含有一定量的活性铝。季节性冻层的存在消弱了淋溶过程，灰分元素受到冻层的滞留。由于冻结，土壤溶液中的硅酸脱水析出，淀附于全土层内，致使整个剖面均有硅酸粉末附着于土壤结构体表面，干后成为灰棕色。

地形对于暗棕壤的成土过程有一定的影响。由于地形部位及坡向不同，侵蚀和坡积程度的不同，土层的厚度，土壤的肥力也就不同。山坡上部土层常较薄，粗骨质，山坡下部则土层较厚，质地较细。

（二）剖面特征及理化性质

暗棕壤基本土层由枯枝落叶层、腐殖质层、淀积层和母质层所组成。剖面颜色较棕壤为暗，均显棕色或黄棕色。因淋溶作用较强，灰分元素析出且附着于土体结构表面，干后成为灰棕色。腐殖质层土壤结构为粒状或团粒状，淀积层土壤结构为小块状结构。

暗棕壤的成土过程主要是温带湿润森林下腐殖质积累及弱酸性淋溶过程。林下的草本植物根系庞大，有机质合成与分解较快，土表积累了大量的腐殖质，含量可高达20%，其组成以胡敏酸为主，弱酸性，盐基饱和度高，并含有一定量的活性铝。季节性冻层的存在消弱了淋溶过程，灰分元素受到冻层的滞留。由于冻结，土壤溶液中的硅酸脱水析出，淀附于全土层内，致使整个剖面均有硅酸粉末附着于土壤结构体表面，干后成为灰棕色。

四、山地草甸土

（一）分布

草甸土是非地带性土壤，多分布于暗棕壤带。草甸土主要分布于河流两岸、泛滥地、山间低洼处与阶地中低洼处，在平河梁上有较大面积草甸土分布。植被主要由喜湿植物所组成，均生长茂密，如鸢尾、狼尾草、羊草、小叶章等。

（二）剖面特征及理化性质

草甸土剖面主要由腐殖质层及具潜育作用的母质层构成，全年随降水的变化，地下水频繁升降，造成土壤剖面中下部土层氧化和还原过程交替进行，因而在剖面一定部位常出现锈纹（斑）、结核或蓝灰色斑块。草甸土是在草甸化作用下形成的，草甸土地下水位较高，在植被生长旺盛季节地下水沿毛管不断上升到地表，使土壤保持湿润状态，保证草甸植被能良好地生长发育。由于草甸植被发育良好，形成了大量的有机物质，而且草甸植被根系有 60% ～ 90% 集中于表土 25 ～ 30 cm 土层之内，大量有机质残留于表土层，并形成良好团粒结构。草甸土不但地下水位浅，且变动大。

第二章

维管植物资源

按照最新的植物分类系统和物种名称，保护区分布有维管植物 1 766 种，石松类及蕨类植物共计 18 科 46 属 120 种，种子植物 139 科 651 属 1 646 种。与上次调查结果相比，石松类和蕨类增加 10 种，种子植物增加 9 种。植被类型丰富多样，自然植被有 4 个植被型组、8 个植被型、11 个植被亚型和 47 个群系。常见的竹种为青篱竹属的巴山木竹、箬竹属的阔叶箬竹、箭竹属的秦岭箭竹，也分布有少量的华西箭竹和龙头竹。本保护区分布有国家 I 级重点保护野生植物 1 种，国家 II 级重点保护野生植物 19 种，陕西省重点保护植物 35 种。

第一节 维管植物资源概况及调查

一、资源概况

（一）保护区植物种类

通过样线踏查法和样方法相结合开展了保护区维管植物调查，在野外调查、标本采集、室内鉴定、标本馆核查的基础上更新了保护区维管植物区系。保护区维管植物部分按照最新的分类系统和物种名称进行统计，其中石松类和蕨类采用了 PPG 系统、被子植物采用了 APG 系统，对相应的科属名称和范围进行了调整，调整后的植物名录见附录 1、附录 2。本次调查表明保护区石松类及蕨类植物共计 18 科、46 属、120 种；种子植物 139 科、651 属、1646 种。

（二）植物种类调整情况

1. 石松类和蕨类种类及调整情况

保护区共有石松类和蕨类 18 科、46 属、120 种（附录 1）。本次调查石松类增加 2 种，蕨类增加 8 种，共 10 种，分别为地卷柏（*Selaginella prostrata* H. S. Kung.）、鞘舌卷柏（*Selaginella vaginata* Spring.）、心叶瓶尔小草（*Ophioglossum reticulatum* Linn..）、狭叶凤尾蕨（*Pteris henryi* Christ.）、云南铁角蕨（*Asplenium exiguum* Bedd..）、甘肃铁角蕨（*Asplenium kansuense* Ching.）、钝齿铁角蕨 [*Asplenium tenuicaule* Hayata var. *subvarians*（Ching）Vians]、康定耳蕨（*Polystichum kangdingense* H. S. Kung et L. B. Zhang.）、乌鳞耳蕨（*Polystichum piceo-paleaceum* Tagawa.）、匙叶剑蕨 [*Loxogramme grammitoides*（Bak.）C. Chr.]。按照最新的科研成果，归并了一些科属，如将问荆属与木贼属归并，假冷蕨属和蹄盖蕨属归并，蕨科和碗蕨科归并，中国蕨科、裸子蕨科、铁线蕨科和凤尾蕨科归并，槲蕨科、剑蕨科和水龙骨科归并。

2. 种子植物种类及调整情况

按照最新分类系统，保护区共有种子植物 139 科、651 属、1646 种（附录 2），其中裸子植物 6 科、14 属、20 种，被子植物 133 科、637 属、1626 种。本次调查增加了天蓝韭（*Allium cyaneum* Regel.）、毛萼山珊瑚 [*Galeola lindleyana*（Hook. f. & Thoms.）Reichb. f.]、庙台槭（*Acer miaotaiense* Tsoong.）、短柱侧金盏花（*Adonis davidii* Franch..）、臭樱（*Maddenia hypoleuca* Koehne.）、锐齿臭樱（*M. incisoserrata* Yu & Ku.）、华西臭樱（*M. wilsonii* Koehne.）、星叶草（*Circaeaster agrestis* Maxim..）、假繁缕（*Theligonum macranthum* Franch.）等 9 个物种。

二、调查方法

本次调查，采用样线踏查法和样方法相结合，在保护区内根据不同的生境，共设置 5 条主要样线，覆盖了实验区、缓冲区和核心区；在海拔 1 265～2 679 m 之间，垂直海拔每下降约 200 m 设置一个 20 m×20 m 大样方。在大样方内，调查每种乔木的物种数量、高度、胸径、投影面积和死亡数量；在大样方中央设置 1 个 5 m×5 m 中等样方，调查每种灌木的物种数量、高度、胸径、投影面积、死亡数量；在灌木样方四个角设置 4 个 1 m×1 m 的小样方，调查每种草本的物种数量、高度。

本次调查共计调查乔木样方 21 个，灌木样方 21 个，草本样方 84 个，合计 126 个样方，其中：1 号样线的样方分别位于平河梁保护站至旬阳坝保护站的草甸、杜鹃林、鸡心沟、纸坊沟，海拔范围为 1 674～2 381 m；2 号样线的样方分别位于平河梁保护站附近的龙潭子、龙潭子下、平河梁附近、平河梁下，海拔范围为 2 097～2 650 m；3 号样线的样方位于旬阳坝保护站的响潭沟，海拔范围为 1 300～2 248 m；4 号样线的样方分别位于新矿保护站附近的燕沟、三缸河、三岔河、古山墩，海拔范围为 1 349～1 897 m；5 号样线的样方分别位于旬阳坝保护站附近的东峪河、大南河、火地沟，海拔范围为 1 462～2 051 m。在样方内采集主要物种，特别是建群种，代表植物和保护植物的标本；在样方外，沿样线登记物种并采集重点代表植物的标本。

第二节　植物区系

一、石松类及蕨类植物区系

石松类及蕨类植物属于孢子植物，是高等植物中具有维管束的最原始类群，以陆生和附生为主，少有水生。石松类及蕨类植物喜欢温暖湿润的森林环境，是森林植被中草本层的主要成分。全球石松类及蕨类植物广泛分布于世界各地，尤以热带和亚热带最为丰富。我国石松类及蕨类植物资源丰富，共有 2 554 种。许多石松类及蕨类植物种类是药用植物、蔬菜植物、淀粉植物和园林栽培植物。

保护区的石松类及蕨类植物资源较为丰富，计有18科、46属、120种（含变种），其科属的结构与中国石松类及蕨类植物科属的组成大致相似，即优势科为鳞毛蕨科、凤尾蕨科、蹄盖蕨科、水龙骨科、铁角蕨科、卷柏科等，优势属为耳蕨属、铁角蕨属、卷柏属、对囊蕨属和蹄盖蕨属。科的分布以世界广布和泛热带分布为主；属的分布以热带成分为主；种的地理成分中以东亚分布及中国特有分布为突出，尤其是中国—日本成分种占有较大的比重。种的分布体现出更多的温带性质，是热带、亚热带和温带石松类及蕨类植物的交汇点，集中了我国西南、华中、华东、华北、西北的石松类及蕨类植物。区系特点具有较明显的热带向温带过渡性质，属于东亚植物区，中国—日本植物亚区。

（一）种类组成

根据调查结果以及有关资料，保护区共有石松类及蕨类植物18科、46属、120种（含变种等，下同），科数占中国41科的43.90%，占陕西省24科的75.00%；属数占中国182属的25.27%，占陕西59属的77.97%；种数占中国2 554种的4.69%，占陕西259种的46.33%。含种数最多的6个科是鳞毛蕨科（Dryopteridaceae）（3属22种）、凤尾蕨科（Pteridaceae）（8属18种）、水龙骨科（Polypodiaceae）（9属16种）、蹄盖蕨科（Athyriaceae）（3属16种）、铁角蕨科（Aspleniaceae）（1属10种）和卷柏科（Selaginellaceae）（1属9种），其种数共占保护区石松类及蕨类植物的75.83%，是保护区内石松类及蕨类植物区系的基本组分，显示出这里的石松类及蕨类植物区系具有明显的重点科。含2～5种的科有金星蕨科（Thelypteridaceae）（4属5种）、球子蕨科（Onocleaceae）（2属4种）、碗蕨科（Dennstaedtiaceae）（2属4种）、木贼科（Equisetaceae）（1属3种）、瓶尔小草科（Ophioglossaceae）（2属2种）、膜蕨科（Hymenophyllaceae）（2属2种）、槐叶蘋科（Salviniaceae）（2属2种）、冷蕨科（Cystopteridaceae）（2属2种）和肿足蕨科（Hypodematiaceae）（1属2种）。有3科只有1属1种分布，占总科数的16.67%，占种数的2.50%，它们是紫萁科（Osmundaceae）、岩蕨科（Woodsiaceae）和蘋科（Marsileaceae）。含种数最多的5个属分别是耳蕨属（Polystichum）（13种）、铁角蕨属（Asplenium）（10种）、卷柏属（Selaginella）（9种）、对囊蕨属（Deparia）（8种）和蹄盖蕨属（Athyrium）（7种），其种数占保护区蕨类的39.17%；含2～6种的属有鳞毛蕨属（Dryopteris）（6种）、铁线蕨属（Adiantum）（4种）、瓦韦属（Lepisorus）（4种）、石韦属（Pyrrosia）（4种）、凤尾蕨属（Pteris）（4种）、贯众属（Cyrtomium）（3种）、凤了蕨属（Coniogramme）（3种）、木贼属（Hippochaete）（3种）、碗蕨属（Dennstaedtia）（2种）、蕨属（Pteridium）（2种）、金粉蕨属（Onychium）（2种）、粉背蕨属（Aleuritopteris）（2种）、肿足蕨属（Hypodematium）（2种）、卵果蕨属（Phegopteris）（2种）、荚果蕨属（Matteuccia）（2种）、东方荚果蕨属（Pentarhizidium）（2种）和剑蕨属（Loxogramme）（2种），它们的种数占保护区蕨类的40.83%。耳蕨属和卷柏属的种类在保护区充分发展，可认为保护区及其邻近山地是该两属在中国西南部的一个分布中心。有24属只有1种，占全部蕨类属数的 52.17%，占种数的 20%。单属科、单种属及单种科所占比例较高，表明保护区蕨类植物种类资源虽然很丰富，但科属结构却较简单。

表 2-1 保护区石松类和蕨类植物属、种统计表

类群	科	属数	物种数
石松类	1. 卷柏科 Selaginellaceae	1	9
	2. 木贼科 Equisetaceae	1	3
	3. 瓶尔小草科 Ophioglossaceae	2	2
	4. 紫萁科 Osmundaceae	1	1
	5. 膜蕨科 Hymenophyllaceae	2	2
	6. 蘋科 Marsileaceae	1	1
	7. 槐叶蘋科 Salviniaceae	2	2
	8. 碗蕨科 Dennstaedtiaceae	2	4
	9. 凤尾蕨科 Pteridaceae	8	18
	10. 冷蕨科 Cystopteridaceae	2	2
蕨类	11. 铁角蕨科 Aspleniaceae	1	10
	12. 金星蕨科 Theylypteridaceae	4	5
	13. 岩蕨科 Woodsiaceae	1	1
	14. 蹄盖蕨科 Athyriaceae	3	16
	15. 球子蕨科 Onocleaceae	2	4
	16. 肿足蕨科 Hypodematiaceae	1	2
	17. 鳞毛蕨科 Dryopteridaceae	3	22
	18. 水龙骨科 Polypodiaceae	9	16
	小计	46	120

（二）区系地理成分分析

1. 科的分布区类型分析

保护区 18 科蕨类植物中，世界分布的科有鳞毛蕨科、蹄盖蕨科、卷柏科、槐叶蘋科、凤尾蕨科、紫萁科、木贼科、水龙骨科、铁角蕨科、瓶尔小草科，共计 10 科，占科总数的 55.56%；泛热带分布的科有金星蕨科、碗蕨科、膜蕨科、蘋科、肿足蕨科共计 5 科，占 27.78%；北温带分布的有冷蕨科、岩蕨科、球子蕨科共计 3 科，占 16.67%。

2. 属的分布区类型分析

根据秦仁昌、武素功及成晓等对蕨类植物属的分布类型的划分标准，可将保护区分布的 46 个蕨类属分为 15 个类型（表 2-2）：以世界分布（类型 1）最多，泛热带分布和北温带分布次之，热带属（类型 2～9）多于温带属（类型 10～15）。

（1）世界分布类型的属

世界分布类型的属有 11 个，占保护区蕨类植物属的 23.91%。在这一分布类型的属中，卷柏属为现存石松类的代表，而蘋属（*Marsilea*）、槐叶蘋属（*Salvinia*）和满江红属（*Azolla*）则是进化的水生蕨类，另 7 属是铁线蕨属、铁角蕨属、膜蕨属（*Hymenophyllum*）、

耳蕨属、蹄盖蕨属、鳞毛蕨属、瓶尔小草属（*Ophioglossum*），同种子植物一样，世界分布属也不能反映该区石松类及蕨类植物区系的特征，在确定植物区系时意义不大，所以在统计分析属的分布类型时不包括此类型。

（2）温带分布型的属

温带分布型的属有 13 个，占 28.26%。其中北温带分布有 5 属，占 10.87%，其属有木贼属、羽节蕨属（*Gymnocarpium*）、卵果蕨属、荚果蕨属、岩蕨属（*Woodia*）。旧世界温带分布有 3 属，占 6.52%，其属有紫萁属（*Osmunda*）、冷蕨属（*Cystopteris*）、假阴地蕨属（*Botrypus*）；亚洲温带分布类型 3 属，占 6.52%，其属有贯众属、石蕨属（*Saxiglossum*）、东方荚果蕨属（*Pentarhizidium*）；东亚分布属有 2 个，占 4.35%，即为骨牌蕨属（*Lepidogrammitis*）、睫毛蕨属（*Pleurosoriopsis*）。

（3）热带分布属

热带分布属有 22 属，占总属数的 47.83%。其中泛热带成分占绝对优势，为 8 属，占 17.39%，其属有碗蕨属、凤尾蕨属、粉背蕨属、旱蕨属（*Pellaea*）、金星蕨属（*Parathelypteris*）、蕨属、剑蕨属（*Loxogramme*）、双盖蕨属（*Diplazium*）；旧世界热带分布有 2 属，占 4.35%，为槲蕨属（*Drgnaria*）、石韦属；热带亚洲分布有 4 属，占 8.70%，其属有水龙骨属（*Polypodiodes*）、假瘤蕨属（*Phymatopteris*）、紫柄蕨属（*Pseudopegopteris*）、金粉蕨属；热带亚洲至热带非洲分布型有 4 属，占 8.70%，其属有对囊蕨属、肿足蕨属、瓦韦属、假脉蕨属（*Crepidomanes*）。其他热带分布类型，即热带亚洲、热带美洲和热带非洲分布有分布型凤尾蕨属；热带亚洲、热带美洲和热带大洋洲分布有分布型碎米蕨属（*Cheilosoria*）；热带亚洲和热带美洲分布有间断分布型金毛裸蕨属（*Gymnopteris*）；热带亚洲至热带大洋洲分布有分布型针毛蕨属（*Macrothlypteris*）。这些类型在保护区均有代表，但不占优势。

从本区属的分布区类型看，热带属虽然数量上占有明显优势，但是这些热带分布属中严格限于热带地区分布的极少，大多数是由热带扩散到亚热带甚至温带分布的属，如星蕨属、凤尾蕨属、碗蕨属、石韦属等；此外，这些热带、亚热带属中只有少数甚至个别种分布到本区，如槲蕨属（28/12/1，世界种数／中国种数／本区种数，下同）、紫柄蕨属（10/7/1）、金星蕨属（85/50/1）、碗蕨属（80/10/2）、石韦属（70/40/4）、假瘤蕨属（60/50/1）、针毛蕨属（10/10/1）等。保护区石松类及蕨类植物属的这些分布特点表明，本保护区处于热带向暖温带过渡的地区。

3. 种的分布区类型分析

保护区蕨类植物区系特点也可从种的分类等级上进行分析研究。组成该区的 120 种蕨类植物可被划分为 10 个分布类型，以东亚分布和中国特有分布为主；在种的水平上，保护区石松类及蕨类植物区系以温带成分占绝对优势，共计 97 种，占总种数的 80.83%；而热带、亚热带成分有 21 种，占 17.50%；另有 2 个世界分布种，仅占 1.67%。种代表着现代石松类及蕨类植物的分布格局，区系分析所显示的特征代表或反映着其现代的区系和特点，而属作为发生在较为古老的分类等级，其区系分析所显示的特征更多反映了古老的区系的性质和特点。

（1）东亚分布类型

该类型共有 50 种，占总种数的 41.67%。可划分为 4 种变型：泛东亚分布的有 13 种，占总种数的 10.83%，如变异铁角蕨（*Asplenium varians*）、革叶耳蕨（*Polystichum neolobatum*）、紫萁（*Osmunda japonica*）、东亚羽节蕨（*Gymnocarpium oyamense*）、中日金星蕨（*Parathelypteris nippchica*）、银粉背蕨（*Aleuritopteris argentea*）等；中国—喜马拉雅变型有栗柄金粉蕨（*Onychium japonicum*）、川滇蹄盖蕨（*Athyrium mackinnonii*）、星毛紫柄蕨（*Pseudopegopteris levingei*）、半育鳞毛蕨（*Dryopteris sublacera*）、狭叶芽胞耳蕨（*Polystichum stenophyllum*）、陕西耳蕨（*P. shensiense*）、喜马拉雅耳蕨（*P. brachypterum*）等 9 种，占总种数的 7.50%；越南以及中南半岛—东亚变型有 2 种，占总种数的 1.67%，如延羽卵果蕨（*Phegopteris decursive-pinnata*）、褐柄剑蕨（*Loxogramme duclouxii*）等；而中国—日本变型有 26 种，占总种数的 21.67%，其代表如卷柏（*Selaginella tamariscina*）、溪洞碗蕨（*Dennstaedtia wilfordii*）、野鸡尾（*Onychium japonicum*）、麦秆蹄盖蕨（*Athyrium fallaciosum*）、虎尾铁角蕨（*Asplenium incisum*）、耳羽岩蕨（*Woodia polystichoides*）、有柄石韦（*Pyrrosia periolosa*）、石蕨（*Saxiglossum angustissimu*）等。东亚分布与其变型在保护区的大量出现，体现了保护区与东亚植物区系发展的联系密切，这一事实说明保护区石松类及蕨类植物属于东亚植物区系，即以耳蕨、鳞毛蕨为特色的植物区系。而中国—日本亚型的共有种类最多，表明保护区的石松类及蕨类植物区系与中国—日本植物亚区的联系更为密切。

表 2-2 平河梁自然保护区石松类和蕨类植物属、种的分布区类型

分布类型	属数	占总属数的百分比 *	种数	占总种数的百分比 *
1. 世界分布	11	23.91	2	1.67
热带、亚热带	(22)	(47.83)	(21)	(17.50)
2. 泛热带分布	8	17.39	2	1.67
3. 旧大陆热带分布	2	4.35	2	1.67
4. 亚、美、非洲热带分布	1	2.17	1	0.83
5. 亚、美、大洋洲热带分布	1	2.17	0	0
6. 亚洲热带至美洲热带间断分布	1	2.17	1	0.83
7. 亚洲热带至非洲热带分布	4	8.70	3	2.50
8. 亚洲热带至大洋洲分布	1	2.17	1	0.83
9. 亚洲热带、亚热带分布	4	8.70	11	9.17
温带	(13)	(28.26)	(97)	(80.83)
10. 北温带分布	5	10.87	7	5.83
11. 旧世界温带分布	3	6.52	3	2.50
12. 东亚和北美间断分布	0	0	0	0
13. 亚洲温带分布	3	6.52	1	0.83
14. 东亚分布	2	4.35	50	41.67
15. 中国特有分布	—	—	36	30.00

（2）中国特有分布类型

该类型共有36种，占总种数的30.00%。按其分布区范围大致可分为2个类型。其中保护区特有种有4种，占总种数的3.33%，如秦岭耳蕨（*Polystichum submite*）、宁陕耳蕨（*Polystichum ningshenense*）、中华介蕨（*Dryoathyrium chinense*）等。第二类型为分布到保护区的中国特有种，指分布到保护区，但其分布区超出保护区，但不超出中国国界的种类，该类型共32种，占总种数的26.67%。其中最主要的科是鳞毛蕨科、水龙骨科、蹄盖蕨科。根据它们分布式样，可分为西南分布（8种），典型如宝兴铁角蕨（*Asplenium moupinense*）、宝兴耳蕨（*Polystichum baoxingense*）、川西鳞毛蕨（*Dryopteris rosthornii*）等；西南—华中—华东分布（6种），如鄂西介蕨（*Dryoathyrium henryi*）等；华北—西北及秦岭分布（7种），如陕西粉背蕨（*Aleuritopteris shensiensis*）、腺毛鳞毛蕨（*Dryopteris sericea*）、秦岭耳蕨（*Polystichum submite*）等；华北—华中—华东分布（4种），如蔓出卷柏（*Selaginella davidii*）、修株肿足蕨（*Hypodematium gracile*）、华北石韦（*Pyrrosia dnvidii*）等；西南—西北—华北分布（7种），如白背铁线蕨（*Adiantum davidii*）、耳羽金毛裸蕨（*Gymnopteris bipinnata var. auriculata*）、有柄石韦（*Pyrrosia periolosa*）等。总之，保护区所处地理位置的特殊性，既是热带、亚热带蕨类植物与温带蕨类植物彼此相交的过渡地带，也是热带、亚热带和温带石松类及蕨类植物的交汇点，集中了我国西南、华中、华东、华北、西北的石松类及蕨类植物。

（3）其他分布类型

从其他分布类型来看，亚洲热带、亚热带和北温带成分仅次于上述两大成分，分别有11种和7种，所占比例较高，分别为9.17%和5.83%。其次为旧世界温带成分，有3种，说明与上述地理成分有一定的联系。其余6种所占比例很低，均在3%以下，说明保护区蕨类植物区系与其仅保持着藕断丝连式的联系。总之，保护区蕨类植物区系地理联系广泛，分布类型多样。

（三）保护区蕨类植物的垂直分布

保护区随着海拔高度的逐渐上升，其气候也有明显的差异，从而引起植物种群在垂直分布上的差异，继而形成明显的植被垂直分布带。石松类及蕨类植物和种子植物一样，随气候条件、温度变化以及林型的分布差异，分布的种类也有所不同。所以根据保护区的气候、温度、林型分布，可将保护区的石松类及蕨类植物划分为三个垂直带谱。

1. 海拔1 260～1 300 m的落叶阔叶林带

土壤为山地森林棕色土，主要树种有栓皮栎（*Quercus variabilis*）、槲树（*Quercus dentata*）、板栗（*Castanea mollissima*）、山杨（*Populus davidiana*）、油松（*Pinus tabuliformis*）、枫香（*Liquidambar formosana*）等，生长在山坡和山沟。此外还有栽培的油桐（*Vernicia fordii*）、棕榈（*Trachycarpus fortunei*）等。由于这里海拔低，人为活动多，植被覆盖度相对较差，温度较高，气候较干燥，这一海拔带主要分布着一些旱生的中、小型石松类及蕨类植物，如卷柏属、凤尾蕨属、金粉蕨属、粉背蕨属、铁线蕨属、铁角蕨属、石韦属、石蕨属以及生长在水中、溪边和潮湿处的木贼属、蘋属。

2. 海拔 1 300～2 200 m 的针阔混交林带

本带所占面积最大，又可分为二亚带：（1）海拔 1 300～1 800 m 的松栎林亚带；（2）海拔 1 800～2 200 m 的松桦林亚带。松栎林亚带的土壤为山地森林棕色土，地形复杂，山脊山沟纵横交错，悬崖陡壁也多，主要优势树种有油松、锐齿槲栎（*Quercus alienna* var. *acuteserrata*），另外还有漆树（*Toxicodendron vernicifluum*）、野核桃（*Juglans mandshurica*）、山杨、椴属（*Tilia*）、鹅耳枥属（*Carpinus*）、槭属（*Acer*）、水青树（*Tetracentron sinense*）、坚桦（*Betula chinensis*）、领春木（*Euptelea pleiosperma*）、三桠乌药（*Lindera obtusiloba*）等常混生林内。本林带由下而上，林木茂盛，温度温和，湿度大，植物种类繁多，是石松类及蕨类植物生长和繁殖的最适环境，所以这里的石松类及蕨类植物最多，主要分布一些耐阴湿的大、中型蕨类植物，如鳞毛蕨属、耳蕨属、贯众属、荚果蕨属、凤了蕨属、蕨属、碗蕨等属的一些种类。松桦林亚带的土壤为山地森林棕色土，多位于山脉支脉山坡上，主要优势树种有华山松（*Pinus armandii*）、红桦（*Betula albosinensis*）、牛皮桦（*Betula utilis*），另外还有冬瓜杨（*Populus purdomii*）、山杨、铁杉（*Tsuga chinensis*）、巴山冷杉（*Abies fargesii*）、秦岭冷杉（*Abies chensiensis*）、蔷薇属（*Rosa*）、忍冬属（*Lonicera*）、悬钩子属（*Rubus*）、荚蒾属（*Viburnum*）等，同时又生长着丰富的草本植物。本林带林木茂盛，温度较低，湿度大，植物种类较多，在石松类及蕨类植物方面主要分布一些耐阴湿、耐寒冷的大、中型蕨类植物，如耳蕨属、冷蕨属、鳞毛蕨属等属的种类。

3. 海拔 2 200～2 679 m 的桦木林带和针叶林带

土壤为山地棕色灰化土，主要树种有红桦、冷杉属（*Abies*）等，生长在山脊和山坡。在石松类及蕨类植物方面主要分布有一些耐寒冷、耐干旱的中、小型蕨类植物，如陕西耳蕨（*Polystichum shensiense*）、革叶耳蕨（*Polystichum neolobatum*）、假冷蕨（*Athyrium spinulosum*）、陕西假瘤蕨（*Selliguea senanensis*）等种类。

二、种子植物区系

根据本次调查统计，同时查阅了西北农林科技大学植物标本馆等馆藏的植物标本，发现保护区共有种子植物 139 科、651 属、1646 种（含种下类群），分别占全国种子植物 3 183 属、28 592 种的 20.45%、5.76%，占陕西种子植物 1 143 属、4 377 种（含种下类群）的 56.96%、37.63%。其中裸子植物 6 科、14 属、20 种；被子植物 133 科、632 属、1626 种（表 2-3）。

（一）科的分析

1. 较大科的分析

保护区种子植物最大的科是菊科（Compositae，150 种）、蔷薇科（Rosaceae，125 种）、禾本科（Gramineae，94 种）。它们的种数（369 种）约占该地区全部植物种数的 22.34%。蔷薇科是我国温带地区植物区系和植被的特征科，也是平河梁地区植物区系和植物群落组成中的主要科。菊科和禾本科在该地区的林下极为常见，前者是典型的温带科，后者虽然广布于全球，但在该地区出现的属，基本上是温带属。

具有 50～90 种的科有毛茛科（Ranunculaceae，63 种）、莎草科（Cyperaceae，58种）、豆科（Fabaceae，57 种）、唇形科（Lamiaceae，56 种）。它们的种数（236 种）约占该地区全部植物种数的 14.33%。毛茛科是典型的北温带科，本区出现的 65 种中，有 36 种为中国特有种，4 种为秦岭特有种。莎草科是典型的北温带或寒温带科，该科的薹草属在本地区有 32 种，其中 6 种为秦岭特有种。豆科广布于全球，本地区出现的57 种中，有 32 种为中国特有种。唇形科属于温带性科，主要分布于地中海和中亚。

　　具有 20～50 种的科有百合科（Liliaceae，49 种）、伞形科（Umbelliferae，39 种）、兰科（Orchidaceae，35 种）、玄参科（Scrophulariaceae，31 种）、蓼科（Polygonaceae，28 种）、无患子科（Sapindaceae，24 种）、杨柳科（Salicaceae，25 种）、忍冬科（Caprifoliaceae，22 种）、卫矛科（Celastraceae，24 种）、木樨科（Oleaceae，23 种）、石竹科（Caryophyllaceae，21 种）、景天科（Crassulaceae，21 种）、杜鹃花科（Ericaceae，22 种）、十字花科（Cruciferae，20 种）、紫草科（Boraginaceae，20 种）。它们的种数约占该地区全部植物种数的 24.59%。百合科广布于全球，尤以温带和亚热带分布为主。但出现于该地区的属，几乎都是温带属。在本区百合科的 49 种中，38 种为中国特有种，是所有大科中特有种比例（77.55%）最高的科之一，但无秦岭特有种分布。伞形科分布于全温带，本地区出现的 43 种植物中，19 种为中国特有种，5 种为秦岭特有种，其余的种类主要于日本、朝鲜、俄罗斯和蒙古有分布。兰科在本区分布的种类多属温带性，例如天麻属（Gastrodia），约 20 种，分布于东亚、马来西亚至大洋洲，但在这里出现的天麻（G. elata）却是温带性的。忍冬科分布于北温带或温带，该科 222 种植物中，忍冬属（Lonicera）种类最多，达 13 种，占到一半以上。本地区出现的该科的双盾木属（Dipelta）是中国特有属。其余科几乎均分布于北温带或温带，且特有种比例相当高。例如杨柳科，本地区出现 25 种，特有种高达 18 种，其中 3 种为秦岭特有种。无患子科 24 种，18 种为中国特有种，其中 3 种为秦岭特有种，金钱槭属（Dipteronia）还是中国特有属。

　　上述全部大科（21 科）约有 767 种，占保护区全部植物区系的 46.60%，它们对该地区的植物区系和植被起着十分重要的作用。

　　2. 中等科的分析

　　具有 10～20 种的科为中等科。在本地区出现的中等科有葡萄科（18 种）、报春花科（18 种）、荨麻科（17 种）、夹竹桃科（17 种）、五加科（17 种）、罂粟科（16种）、五福花科（16 种）、小檗科（15 种）、虎耳草科（14 种）、大戟科（14 种）、壳斗科（14 种）、桦木科（14 种）、堇菜科（14 种）、芸香科（14 种）、茜草科（14 种）、龙胆科（14 种）、鼠李科（12 种）、山茱萸科（12 种）、松科（11 种）、茶藨子科（11 种）、榆科（11 种）、锦葵科（11 种）、绣球科（11 种）、天南星科（10 种）、马鞭草科（10种）。本地区的壳斗科植物都是木本植物，在本地区的植被中有着十分重要的作用，该科的锐齿槲栎在本地区中山地段形成优势植物群落；萝藦科的鹅绒藤属植物在林下极为常见；这 25 个科的种数（345 种）约占该地区全部植物种数的 20.96%。它们对该地区的植物区系和植被起着一定的作用。

3. 小科分析

具有 2 ～ 9 种的科为小科。本地区出现的小科有 54 个，所含物种 241 个，占该地区全部植物种数的 14.64%。科的数量多而所含的物种少，在该地区植物区系中不占重要地位。

4. 单种科分析

具有 1 种的科为单种科。本地区共有单种科 38 个。银杏科的银杏，本地无野生种；延龄草保护植物，本地区仅在高山的巴山冷杉林下发现，数量较少；连香树科的连香树为国家保护植物，在本地区培育有大量苗木，人工种植已成幼龄林或中龄林。单种科所含的物种数占全部植物区系的 2.34%，在植物区系中作用微弱。

表 2-3　保护区种子植物统计表

类群	科	属数	物种数
裸子植物	1. Ginkgoaceae 银杏科	1	1
	2. Pinaceae 松科	6	11
	3. Cupressaceae 柏科	4	4
	4. Taxodiaceae 杉科	1	1
	5. Taxaceae 红豆杉科	1	1
	6. Cephalotaxaceae 三尖杉科	1	2
小计	6	14	20
被子植物	1. Illiciaceae 八角科	1	1
	2. Schisandraceae 五味子科	1	1
	3. Saururaceae 三白草科	2	2
	4. Aristolochiaceae 马兜铃科	3	6
	5. Magnoliaceae 木兰科	1	3
	6. Calycanthaceae 腊梅科	1	1
	7. Lauraceae 樟科	4	8
	8. Chloranthaceae 金粟兰科	1	2
	9. Acoraceae 菖蒲科	1	2
	10. Araceae 天南星科	4	11
	11. Alismataceae 泽泻科	1	1
	12. Butomaceae 花蔺科	1	1
	13. Potamogetonaceae 眼子菜科	1	1
	14. Dioscoreaceae 薯蓣科	1	6
	15. Melanthiaceae 藜芦科	3	5
	16. Smilacaceae 菝葜科	1	9
	17. Lilliaceae 百合科	20	49
	18. Orchidaceae 兰科	23	35
	19. Iridaceae 鸢尾科	2	3

续表

类群	科	属数	物种数
	20. Amaryllidaceae 石蒜科	1	2
	21. Asparagus 天门冬科	1	2
	22. Palmae 棕榈科	1	1
	23. Commelinaceae 鸭跖草科	3	3
	24. Pontederiaceae 雨久花科	1	1
	25. Zingiberaceae 姜科	1	1
	26. Typhaceae 香蒲科	1	3
	27. Eriocaulaceae 谷精草科	1	1
	28. Juncaceae 灯芯草科	2	9
	29. Cyperaceae 莎草科	11	58
	30. Gramineae 禾本科	61	94
	31. Ceratophyllaceae 金鱼藻科	1	1
	32. Eupteleaceae 领春木科	1	1
	33. Papaveraceae 罂粟科	6	17
	34. Circaeasteraceae 星叶草科	1	1
	35. Lardizabalaceae 木通科	4	7
	36. Sargentodoxaceae 大血藤科	1	1
	37. Menispermaceae 防己科	3	4
被子植物	38. Berberidaceae 小檗科	5	16
	39. Ranunculaceae 毛茛科	14	63
	40. Sabiaceae 清风藤科	2	4
	41. Trochodendraceae 昆栏树科	1	1
	42. Buxaceae 黄杨科	2	2
	43. Paeoniaceae 芍药科	1	4
	44. Hamamelidaceae 金缕梅科	2	2
	45. Cercidiphyllaceae 连香树科	1	1
	46. Grossulariaceae 茶藨子科	1	11
	47. Saxifragaceae 虎耳草科	7	15
	48. Crassulaceae 景天科	5	21
	49. Penthoraceae 扯根菜科	1	1
	50. Vitaceae 葡萄科	4	19
	51. Zygophyllaceae 蒺藜科	1	1
	52. Celastraceae 卫矛科	2	24
	53. Oxalidaceae 酢浆草科	1	3
	54. Euphorbiaceae 大戟科	9	15
	55. Salicaceae 杨柳科	4	25

类群	科	属数	物种数
被子植物	56. Fabaceae 豆科	27	57
	57. Polygalaceae 远志科	1	4
	58. Rosaceae 蔷薇科	25	125
	59. Elaeagnaceae 胡颓子科	1	4
	60. Rhamnaceae 鼠李科	5	13
	61. Ulmaceae 榆科	4	12
	62. Cannabidaceae 大麻科	1	1
	63. Moraceae 桑科	4	9
	64. Urticaceae 荨麻科	9	18
	65. Fagaceae 壳斗科	5	16
	66. Juglandaceae 胡桃科	3	4
	67. Betulaceae 桦木科	4	15
	68. Coriariaceae 马桑科	1	1
	69. Cucurbitaceae 葫芦科	4	8
	70. Begoniaceae 秋海棠科	1	2
	71. Violaceae 堇菜科	1	13
	72. Hypericaceae 金丝桃科	1	6
	73. Geraniaceae 牻牛儿苗科	1	6
	74. Lythraceae 千屈菜科	3	3
	75. Onagraceae 柳叶菜科	3	9
	76. Staphyleaceae 省沽油科	1	3
	77. Stachyuraceae 旌节花科	1	1
	78. Anacardiaceae 漆树科	4	7
	79. Sapindaceae 无患子科	5	24
	80. Rutaceae 芸香科	6	14
	81. Simarubaceae 苦木科	2	2
	82. Meliaceae 楝科	2	2
	83. Tapisciaceae 银鹊树科	1	1
	84. Malvaceae 锦葵科	5	11
	85. Thymelaeaceae 瑞香科	2	4
	86. Theligonaceae 假繁缕科	1	1
	87. Cruciferae 十字花科	11	20
	88. Balanophoraceae 蛇菰科	1	1
	89. Santalaceae 檀香科	2	3
	90. Loranthaceae 桑寄生科	1	1
	91. Polygonaceae 蓼科	7	28

续表

类群	科	属数	物种数
	92. Caryophyllaceae 石竹科	13	21
	93. Amaranthaceae 苋科	5	7
	94. Phytolaccaceae 商陆科	1	1
	95. Portulacaceae 马齿苋科	1	1
	96. Cornaceae 山茱萸科	4	12
	97. Hydrangeaceae 绣球科	3	11
	98. Balsabinaceae 凤仙花科	1	5
	99. Polemoniaceae 花葱科	1	1
	100. Ebenaceae 柿科	1	1
	101. Primulaceae 报春花科	5	18
	102. Theaceae 山茶科	1	1
	103. Symplocaceae 山矾科	1	1
	104. Styracaceae 安息香科	2	3
	105. Actinidiaceae 猕猴桃科	2	9
	106. Ericaceae 杜鹃花科	8	22
	107. Eucommiaceae 杜仲科	1	1
	108. Rubiaceae 茜草科	4	14
	109. Gentianaceae 龙胆科	6	14
被子植物	110. Loganiaceae 马钱科	1	4
	111. Apocynaceae 夹竹桃科	5	17
	112. Boraginaceae 紫草科	10	20
	113. Ehretiaceae 厚壳树科	1	1
	114. Convolvulaceae 旋花科	5	7
	115. Solanaceae 茄科	4	5
	116. Oleaceae 木樨科	6	23
	117. Gesneriaceae 苦苣苔科	5	6
	118. Plantaginaceae 车前科	1	3
	119. Scrophulariaceae 玄参科	13	31
	120. Labiatae 唇形科	24	56
	121. Phrymataceae 透骨草科	1	1
	122. Orobanchaceae 列当科	1	1
	123. Bignonoaceae 紫葳科	2	4
	124. Verbenaceae 马鞭草科	5	10
	125. Helwingiaceae 青荚叶科	1	3
	126. Aquifoliaceae 冬青科	1	5
	127. Campanulaceae 桔梗科	5	8

续表

类群	科	属数	物种数
被子植物	128. Compositae 菊科	57	150
	129. Adoxaceae 五福花科	2	16
	130. Caprifoliaceae 忍冬科	7	22
	131. Pittosporaceae 海桐花科	1	3
	132. Araliaceae 五加科	7	17
	133. Umbelliferae 伞形科	20	39
小计	133	637	1626
合计	139	651	1646

（二）属分布型的分析

保护区有种子植物 139 科、651 属、1 646 种。根据吴征镒（1991）对中国种子植物属的分布区类型的划分方法，我们将其划归为 15 个分布区类型。

1. 世界属

世界分布类型几乎遍布于世界各大洲的属，它们没有特殊的分布中心，或虽有一个或几个分布中心而包含世界广布种的属。本区属于这一类型的有 59 属，占我国同类型属数的 56.73%，隶属于 33 科。其中莎草科和菊科各含 5 属；禾本科和唇形科各含 4 属；十字花科和毛茛科各含 3 属；眼子菜科、灯芯草科、兰科、蓼科、伞形科和茄科各含 2 属。

保护区这一类型中木本属较少，仅有悬钩子属（Rubus）和鼠李属（Rhamnus）等；其余大多数是中生草本，分布普遍，为林下草本层常见种类，如薹草属（Carex）、龙胆属（Gentiana）、蓼属（Polygonum）、银莲花属（Anemone）、珍珠菜属（Lysimachia）、老鹳草属（Geranium）和千里光属（Senecio）等。另外，这一类型中，水生及沼生植物也较丰富，有香蒲属（Typha）、慈姑属（Sagittaria）、莎草属（Cyperus）、荸荠属（Eleocharis）、水莎草属（Juncellus）、藨草属（Scirpus）、地杨梅属（Luzula）、灯芯草属（Juncus）和水苋菜属（Ammannia）等，主要分布于河边、水旁及山沟阴湿处。

2. 泛热带属

这一分布区类型包括普遍分布于东西两半球热带地区的属和在全世界热带范围内有一个或数个分布中心，但在其他地区也有一些种类分布的热带属。这种类型通常见于亚热带山地，甚至在温带也有分布。本区典型的泛热带分布属有 87 属，占我国同类型属的 24%，占本区总属数（不包括世界分布属，下同）的 13.36%，隶属 39 科，其中禾本科 20 属（属内的一些种可分布到亚热带甚至温带）、豆科 7 属（其中有些属是栽培属）、菊科 5 属、大戟科 5 属、莎草科 4 属、马鞭草科 4 属、荨麻科 4 属、卫矛科 2 属。

泛热带分布属是分布于该保护区热带分布类型中的主要成分。在这 87 属中，其中大部分属主要为泛热带分布到亚热带，进而扩展到温带地区的属，而且以草本为主。前者如黄檀属（Dalbergia）、紫金牛属（Ardisia）、野茉莉属（Styrax）、山矾属（Symplocos）。山矾属有 350 多种，我国有 125 种，广布于长江流域以南，本区仅产白檀（Symplocos paniculata）；藤本植物青藤属（Cocculus）有 8～10 种，我国有两种，本区产小青藤和毛木防己两种；草本植物秋海棠属（*Begonia*）有 900 多种，我国有 90 种，本区仅产中华秋海棠（*B. sinensis*）；商陆属（*Phytolacca*）有 35 种，我国有 4 种，保护区仅产商陆（*P. acinosa*）1 种。进一步扩展到温带地区的属如凤仙花属（*Impatiens*）、冬青属（*Ilex*）、榕属（*Ficus*）和卫矛属（*Euonymus*）。凤仙花属（*Impatiens*）有 600 种，我国有 190 种，本区产裂距凤仙花（*I. fissicornis*）、水金凤（*I. noli-tangere*）、秦岭凤仙花、陇南凤仙花（*I. potaninii*）和窄萼凤仙花（*I. stenosepala*）5 种；冬青属有 400 种，我国产 118 种，主要分布于长江流域以南，本区猫儿刺较为常见；榕属约 1000 种，分布于热带，但主要集中在印度、马来西亚和波利尼亚，我国产 120 种，以西南、华南和台湾分布较多，有些种是我国热带雨林的上层优势种；卫矛属约 176 种，其中我国约 120 种，保护区 19 种，多为灌木或小乔木，是北亚热带森林或灌木丛中的常见植物。其他木本属主要有乌桕属（*Sapium*）、柿树属（*Diospyros*）、朴属（*Celtis*）、花椒属（*Zanthoxylum*）、茉莉属（*Jasminum*）、醉鱼草属（*Buddleja*）、南蛇藤属（*Celastrus*）、黄杨属（*Buxus*）等。草本属有白茅属（*Imperata*）、狼尾草属（*Pennisetum*）、飘拂草属（*Simbristylus*）、水蜈蚣属（*Kyllinga*）、扁莎草属（*Pycreus*）、虾脊兰属（*Calanthe*）、鸭跖草属（*Commelina*）、薯蓣属（*Dioscorea*）、金粟兰属（*Chloranthus*）、牛膝属（*Achyranthes*）、蝎麻属（*Laportea*）、苎麻属（*Boehmeria*）、马兜铃属（*Aristolochia*）、大戟属（*Euphorbia*）、菟丝子属（*Cuscuta*）、下田菊属（*Adenostemma*）、豨莶属（*Siegesbeckia*）等。

3. **热带亚洲和热带美洲分布属**

这一分布类型是指分布于两大洲温暖地区的热带属。保护区属这一类型的有 17 属，占我国同类型属的 27.4%。大多数属为栽培属，而野生属仅有苦木属（*Picrasma*）、泡花树属（*Meliosma*）、木姜子属（*Litsea*）和楠属（*Phoebe*）等，它们都是木本属，基本上以秦岭为其分布的北界，极少数种类可分布到秦岭以北地区。

4. **旧世界热带属**

旧世界热带是指亚洲、非洲和大洋洲热带地区及其岛屿。因此，这种类型就是那些广泛分布于亚洲、非洲和大洋洲热带及其邻近岛屿而不见于美洲的类群。保护区属于这一分布型的有 19 属，占我国同类型属的 10.7%，占保护区总属数的 2.94%，隶属于 17 科。木本植物有八角枫属（*Alangium*）、槲寄生属（*Viscum*）、栎寄生属（*Loranthus*）、合欢属（*Albizia*）、海桐花属（*Pittosporum*）、楝属（*Melia*）、吴茱萸属（*Evodia*）、扁担杆属（*Grewia*）、野桐属（*Mallotus*）、千金藤属（*Stephania*）等，除了海桐花属、千金藤属和厚壳树属等基本以此为分布的北界，其余大部分能分布到暖热地区。如八角枫属有 30 种，马来西亚为其分布中心，广布于热带亚洲、南太平洋诸岛、澳大利亚东部及马达加斯加北部等地，一直延伸到东亚温带及苏联远东、朝鲜及日本南部；我国有 8 种，保护区产瓜木（*A. platanifolium*）和八角枫（*A. chinensis*）2 种。楝属有 15 种，我国 2 种，其中 1 种局限于海南、广东、广西和云南，另 1 种则北达秦岭。草本植物有乌蔹莓属（*Cayratia*）、香茶菜属（*Rabdosia*）等，其中有些能延伸到北温带，如天门冬属（*Asparagus*）。

5. 热带亚洲至热带大洋洲分布属

这一类型是旧大陆热带分布区类型的东翼，其西端有时可达马达加斯加，但一般不到非洲大陆。这一类型在保护区有 14 属，占我国同类型的 9.5%，占保护区总属数的 2.17%，隶属于 12 科。木本植物有柘树属（*Cudrania*）、臭椿属（*Ailanthus*）、香椿属（*Toona*）、雀儿舌头属（*Leptopus*）、荛花属（*Wikstroemia*）、樟属（*Cinnamomum*）等；草本植物有兰属（*Cymbidium*）、天麻属（*Gasstrodia*）、蛇菰属（*Balanophora*）、通泉草属（*Mazus*）及栝楼属（*Trichosanthes*）等。蛇菰属 80 种，分布于大洋洲、波利尼西亚群岛、马来西亚、中国南部、日本和马达加斯加，但不分布于非洲大陆。

6. 热带亚洲至热带非洲分布属

这一分布类型是旧大陆分布类型的西翼，即从热带非洲至印度—马来西亚，特别是其西部，但不见于澳大利亚大陆。本类型保护区有 21 属，占中国同类型属的 12.8%，保护区总属数的 3.25%，隶属 11 科。木本植物有常春藤属（*Hedera*）、铁仔属（*Myrsine*）、杠柳属（*Periploca*）等，在本区呈星散分布。草本植物有荩草属（*Arthraxon*）、芒属（*Miscanthus*）、荻属（*Triarrhena*）、水麻属（*Debregeasia*）、野大豆属（*Glycine*）、赤爬属（*Thladiantha*）等。

7. 热带亚洲（印度—马来西亚）分布属

主要指印度—马来西亚等地分布属。其大部分起源于古南大陆和古北大陆南缘，分布区主要集中在热带和南亚热带，很少分布到温带，它是我国热带分布属中数量最多、植物区系最丰富的一个分布区系型。然而，这一类型属少数向北延伸到平河梁地区，约有 21 属，占我国同类型属的 3.4%，占保护区总属数的 3.22%，隶属 17 科。本类型木本植物较为丰富，有构属（*Broussonetia*）、山胡椒属（*Lindera*）、青冈属（*Cyclobalanopsis*）、清风藤属（*Sabia*）、葛藤属（*Pueraria*）及鸡矢藤属（*Paederia*）等。分布区延伸到亚热带的如清风藤属，共 63 种，我国有 25 种，主产长江以南各省（区），保护区仅产鄂西清风藤（*S. campanulata* ssp. *ritchieae*），秦岭已是本属分布的北界。分布到温带的有构属和山胡椒属，它们都是古老的残遗成分，多为小乔木，常出现于林下或林缘，其中三桠乌药（*Lindera obtusiloba*）则分布到辽宁的千山，是我国樟科植物分布的最北界。草本植物常见的有斑叶兰属（*Goodyera*）、蛇莓属（*Duchesnea*）、绞股蓝属（*Gynostemma*）、苦荬菜属（*Ixeris*）等。其中绞股蓝属是典型的例子，全属 13 种，其中 1 种仅见于蒂文岛，1 种见于加里曼丹，4 种为我国与印度、斯里兰卡、尼泊尔、锡金、孟加拉国、缅甸、越南、泰国、马来西亚、印度尼西亚、菲律宾以及朝鲜和日本所共有，其余 7 种主要分布于我国西南、华南地区；秦岭为其北界，保护区产 1 种即绞股兰（*G. pentaphyllum*）。

8. 北温带分布属

北温带分布区类型一般是指那些广泛分布于欧洲、亚洲和北美洲温带地区的属。由于地理和历史的原因，有些属沿山脉延伸到热带山区，甚至远达南半球温带，但其原始类型或分布中心仍在北温带。这一类型在保护区有 202 属，占我国同类型属的 66.9%，占保护区总属数的 31.02%，隶属 55 科。其中禾本科有 20 属，蔷薇科 15 属，菊科 12 属，毛茛科、百合科、兰科各 9 属，十字花科 8 属，伞形科 7 属，玄参科 6 属，唇形科 5 属，松科、壳斗科、紫草科各 4 属，柏科 3 属，虎耳草科、鹿蹄草科、杨柳科、忍冬科各 2 属。本类型是保护区植物区系中的主要地理成分。

典型的北温带分布型包括了大部分北温带典型乔木和灌木属。主要含乔木的属，如阔叶树种有桦木属（*Betula*）、鹅耳枥属（*Carpinus*）、栎属（*Quercus*）、榆属（*Ulmus*）、杨属（*Populus*）、柳属（*Salix*）、胡桃属（*Juglans*）、槭属（*Acer*）、椴属（*Tilia*）、桑属（*Morus*）、花楸属（*Sorbus*）、苹果属（*Malus*）、白蜡树属（*Fraxinus*）、盐肤木属（*Rhus*）等，针叶树有冷杉属（*Abies*）、云杉属（*Picea*）、落叶松属（*Larix*）和松属（*Pinus*）等，这些属中大多是构成本区的针阔叶混交林、针叶林及高山灌丛的主要成分，其中多数种是本区森林植被的建群种或优势种。含灌木的属有忍冬属（*Lonicera*）、绣线菊属（*Spiraea*）、小檗属（*Berberis*）、蔷薇属（*Rosa*）、茶藨子属（*Ribes*）、荚蒾属（*Viburnum*）和栒子属（*Cotoneaster*）等，是构成植物群落下木层的主要成分，有些为本区落叶灌丛的主要成分。

草本属丰富多样，许多属是林下或高山草甸的优势种或建群种，如短柄草属（*Brachypodium*）、野青茅属（*Deyeuxia*）、羊茅属（*Festuca*）、葱属（*Allium*）、芍药属（*Paeonia*）、耧斗菜属（*Aquilegia*）、升麻属（*Cimicifuga*）、乌头属（*Aconitum*）、翠雀花属（*Delphinium*）、绿绒蒿属（*Meconopsis*）、紫堇属（*Corydalis*）、龙牙草属（*Agrimonia*）、琉璃草属（*Cynoglossum*）、风轮菜属（*Clinopodium*）、夏枯草属（*Prunella*）、马先蒿属（*Pedicularis*）、蒿属（*Artemisia*）、紫菀属（*Aster*）和风毛菊属（*Saussurea*）等。在 202 属中，木本属 53 属，草本属 146 属，2 属为藤本属，仅 1 属具木本和草本种类，其中 34 属间断分布于南、北两半球温带地区。胡桃属是典型的例子，该属约 22 种，1 种为欧洲与东亚共有，5 种在中亚山地，其余 16 种集中分布于美洲，其中 5 种出现于南美热带山区。

9. 东亚和北美洲间断分布属

这一类型是间断分布于东亚和北美洲温带及亚热带地区的属。这一类型在保护区有 63 属，占我国同类型属的 50.8%，占保护区总属数的 9.68%，隶属 38 科。其中豆科 7 属，百合科 4 属，禾本科 3 属，蔷薇科 3 属，菊科 3 属，五加科 2 属，紫葳科 2 属等等。主要的乔木属有铁杉属（*Tsuga*）、香槐属（*Cladrastis*）、皂荚属（*Gleditsia*）、木兰属（*Magnolia*）、八角属（*Illicium*）、枫香属（*Liquidambar*）、梓树属（*Catalpa*）、漆树属（*Toxicodendron*）、楤木属（*Aralia*）、流苏树属（*Chionanthus*）等；灌木属有米面蓊属（*Buckleya*）、十大功劳属（*Mahonia*）、八仙花属（*Hydrangea*）、珍珠梅属（*Sorbaria*）、山蚂蝗属（*Desmodium*）、胡枝子属（*Lespedeza*）、三角咪属（*Pachysandra*）、勾儿茶属（*Berchemia*）和南烛属（*Lyonia*）等；藤本植物有五味子属（*Schisandra*）、蛇葡萄属（*Ampelopsis*）、爬山虎属（*Parthenocissus*）、络石属（*Trachelospermum*）等；草本属有獐草属（*Asperella*）、菖蒲属（*Acorus*）、肺筋草属（*Aletris*）、七筋菇属（*Clintonia*）、鹿药属（*Smilacina*）、宝铎草属（*Disporum*）、延龄草属（*Trillium*）、金线草属（*Antenoron*）、红毛七属（*Caulophyllum*）、山荷叶属（*Diphylleia*）、黄水枝属（*Tiarella*）、红升麻属

（*Astilbe*）、两型豆属（*Amphicarpaea*）、人参属（*Panax*）、香根芹属（*Osmorhiza*）、松下兰属（*Hypopitys*）、腹水草属（*Veronicastrum*）、透骨草属（*Phryma*）、莛子藨属（*Triosteum*）、蟹甲草属（*Cacalia*）、大丁草属（*Leibnitzia*）等。

有些属与北美呈现出很有意义的间断分布现象。如七筋菇属有 5 种，1 种（不包括横断山的另一新种）在东亚，2 种在北美东部，2 种在北美西部；米面蓊属有 3 种，1 种产北美，另 2 种产我国山西、安徽、河南、湖北、四川、甘肃、陕西，本区两种都产，即米面蓊（*Buckleya henryi*）和秦岭米面蓊（*B. graebneriana*）；红毛七属有 2 种，北美产 1 种（*Caulophyllum thalictoi*），而另一种红毛七（*C. robustum*）产我国东北及浙江、安徽、湖北、四川、陕西、甘肃等省，本区也产，日本也有分布；山荷叶属 3 种，1 种（*Diphylleia cymosa*）产北美，我国产 2 种，分布于湖北、四川、云南、陕西、甘肃等省，本区产山荷叶（*D. sinesis*）1 种；黄水枝属 5 种，4 种产北美，为本属现代分布中心，黄水枝（*Tiarella polyphylla*）产我国广东、广西、云南、西藏、陕西、甘肃、台湾及长江流域中下游各省区，以及日本、缅甸、印度，本区也产。综上所述，本区与东亚和北美东部之间在区系上有一定的联系，还特别反映出这些地区间在温带性区系上的渊源关系。

10. 旧大陆温带分布属

这一分布类型一般是指广泛分布于欧洲、亚洲中高纬度的温带和寒温带，或个别延伸到亚洲—非洲热带山地甚至澳大利亚的属。这一类型在保护区有 69 属，占我国类型属的 42.1%，占保护区总属数的 10.60%，隶属 24 科。其中菊科 12 属、唇形科 10 属、伞形科 8 属、石竹科 5 属、百合科 2 属、兰科 2 属，单种属有鹅肠菜属（*Malachium*）、狗筋蔓属（*Cucubalus*）、白屈菜属（*Chelidonium*）和款冬属（*Tussilago*）4 属。本分布类型草本属居多，木本属贫乏，主要的木本属有瑞香属（*Daphne*）、丁香属（*Syringa*），其余几乎全为草本属，是林下草本层的重要组成成分。

在本区植物区系中，有不少属的近代分布中心在地中海区、西亚或中亚，如石竹属（*Dianthus*）、筋骨草属（*Ajuga*）、糙苏属（*Phlomis*）、飞廉属（*Carduus*）、牛蒡属（*Arctium*）、麻花头属（*Serratula*）；有些属延至北非或热带非洲山地，前者如野芝麻属（*Lamium*）、草木犀属（*Melilotus*），后者如川续断属（*Dipsacus*）、荆芥属（*Nepeta*）；另有一些属主要分布于温带亚洲或东亚，如丁香属、重楼属（*Paris*）、角盘兰属（*Herminium*）、瑞香属、香薷属（*Elsholtzia*）、菊属（*Dendranthema*）等。

分布到本区典型的欧亚温带分布属主要有鹅观草属（*Roegneria*）、侧金盏花属（*Adonis*）、羊角芹属（*Aegopodium*）、峨参属（*Anthriscus*）、岩风属（*Libanotis*）以及橐吾属（*Ligularia*）等。

此外，在草本属中还分布有萱草属（*Hemerocallis*）、鸟巢兰属（*Neottia*）、荞麦属（*Fagopyrum*）、淫羊藿属（*Epimedium*）、草莓属（*Fragaria*）、山金梅属（*Sibbaldia*）、棱子芹属（*Pleurospermum*）、水芹属（*Oenathe*）、益母草属（*Leonurus*）、夏至草属（*Lagopsis*）、齿鳞草属（*Lathraea*）、沙参属（*Adenophora*）、天名精属（*Carpesium*）、毛连菜属（*Picris*）、盘果菊属（*Prenathes*）等。

11. 温带亚洲分布属

这一分布类型是主要局限于亚洲温带地区的属，它们的分布区有时往南延伸到亚热带山区。这一类型在保护区有 16 属，占中国同类型属的 29.1%，占保护区总属数的 2.6%，隶属 10 科，其中菊科 5 属、豆科 2 属。除了杭子梢属（*Campylotropis*）和锦鸡儿属（*Caragana*）为木本植物外，其余均为草本，分别为大黄属（*Rheum*）、孩儿参属（*Pseudostellaria*）、翼萼蔓属（*Pterygocalyx*）、附地属（*Trigonotis*）、裂叶荆芥属（*Schizonepeta*）、亚菊属（*Ajania*）、刺儿菜属（*Cephalanoplos*）、马兰属（*Kalimeris*）、山牛蒡属（*Synurus*）和女菀属（*Turczaninovia*），这些属大都比较年轻。

12. 地中海区、西亚至中亚分布属

这一分布区类型是指分布于现代地中海周围的属，也可延伸到我国新疆、青藏高原及蒙古高原一带。这一分布类型保护区仅有 9 属，占中国同类型属的 5.3%，占保护区总属数的 1.38%，主要为栽培属。野生属有糖芥属（*Erysimum*）、黄连木属（*Pistacia*）。黄连木属世界有 10 ～ 12 种，我国有 2 ～ 3 种，本区仅产黄连木（*P. chinensis*）1 种，广布于黄河流域以南各省区，向南可达中南半岛和菲律宾。

13. 中亚分布属

这一分布类型是指只分布于中亚（特别是山地）而不见于西亚及地中海周围的属，约位于古地中海的东半部。本类型在保护区仅有 7 属，占中国同类型属的 5.6%，占保护区总属数的 1.08%。本类型在保护区分布的有诸葛菜属（*Orychophragmus*）、假百合属（*Notholirion*）、角蒿属（*Incarvillea*）等。假百合属世界有 4 ～ 6 种，我国有 3 种，其主要分布在中亚至喜马拉雅和我国西南地区。本区仅产太白米（*N. bulbuliferum*）1 种，分布于亚高山的草甸上。角蒿属有 16 种，分布于中亚和亚洲东部，分布中心在中亚至喜马拉雅，我国产 13 种，主要分布于西北部、北部和西南地区，本区仅产角蒿（*I. sinensis*）1 种，分布于低山地区。

14. 东亚分布属

这一类型指的是分布于东喜马拉雅—中国—日本广大地区的属。本区属于此类型的有 39 属，占我国同类型属的 53.4%，占保护区总属数 6.04%，隶属 29 科。其中菊科 6 属、百合科 4 属、兰科 3 属。本区中该类型及其变型属数占保护区总属数的 13.8%，仅次于北温带的属数而居保护区区系成分第二位，在保护区植物区系中占有重要的地位。本类型木本属丰富，主要有绣线梅属（*Neillia*）、溲疏属（*Deutzia*）、油桐属（*Vernicia*）、栾树属（*Koelreuteria*）、猕猴桃属（*Actinidia*）、五加属（*Acanthopanax*）、莸属（*Caryopteris*）、四照花属（*Dendrobenthamia*）、青荚叶属（*Helwingia*）、双盾木属（*Dipelta*）、三尖杉属（*Cephalotaxus*）、领春木属（*Euptelea*）、旌节花属（*Stachyurus*）等。草本属主要有山麦冬属（*Liriope*）、沿阶草属（*Ophiopogon*）、油点草属（*Tricyrtis*）、吉祥草属（*Reineckia*）、石蒜属（*Lycoris*）、白芨属（*Bletilla*）、山兰属（*Oreorchis*）、蕺菜属（*Houttuynia*）、斑种草属（*Bothriospermum*）、松蒿属（*Phtheirospermum*）、苦苣苔属（*Hemiboea*）、败酱属（*Patrinia*）、党参属（*Codonopsis*）、兔耳风属（*Ainsliaea*）、泥胡菜属（*Hemistepta*）、狗娃花属（*Heteropappus*）和黄鹌菜属（*Youngia*）等。

与本类型相近的有以下两个变型：

（1）中国－喜马拉雅分布变型：本变型的分布中心向本分布区的西南方向偏斜。保护区有 28 属，占中国同类型属的 19.9%，占保护区总属数的 4.30%，隶属 20 科。其中玄参科 2 属、毛茛科 2 属、木通科 2 属、伞形科 2 属、禾本科 1 属。主要有水青树属（*Tetracentron*）、箭竹属（*Fargesia*）、竹叶子属（*Streptolirion*）、射干属（*Belamcanda*）、千针苋属（*Acroglochin*）、单叶升麻属（*Beesia*）、猫儿屎属（*Decaisnea*）、臭樱属（*Maddenia*）、兔儿伞属（*Syneilesis*）、开口箭属（*Tupistra*）、人字果属（*Dichocarpus*）、牛姆瓜属（*Holboellia*）、黄花木属（*Piptanthus*）、囊瓣芹属（*Pternopetalum*）、东俄芹属（*Tongoloa*）、双蝴蝶属（*Tripterospermum*）、微孔草属（*Microula*）、地黄属（*Rehmannia*）、珊瑚苣苔属（*Corallodiscus*）和吊石苣苔属（*Lysionotus*）等。其中水青树属归东亚特有单种科，猫儿屎属是木通科的原始属，分布于喜马拉雅至秦岭及长江上、中游，在本区生于海拔 1 000 ～ 1 600 m 左右。

（2）中国—日本分布变型：本变型的分布中心向本分布区的东北方向偏斜。保护区有 25 属，占我国同类型属的 29.4%，占保护区总属数的 3.84%，隶属 23 科。主要有侧柏属（*Platycladus*）、艾麻属（*Sceptrocnide*）、连香树属（*Cercidiphyllum*）、汉防己属（*Sinomenium*）、刺楸属（*Kalopanax*）、桔梗属（*Platycodon*）、杜鹃兰属（*Cremastra*）、化香树属（*Platycarya*）、木通属（*Akebia*）、棣唐花属（*Kerria*）、荷青花属（*Hylmecon*）、博落回属（*Macleaya*）、假奓苞叶属（*Discoleidion*）、半夏属（*Pinellia*）、玉簪属（*Hosta*）、枫杨属（*Pterocarya*）、索骨丹属（*Rodgersia*）、苍术属（*Atractylodes*）等。其中连香树属为东亚特有单种科的代表，其有两种，1 种产我国，1 种产日本，本区也有分布。

15. 中国特有分布属

这一分布区类型是指以中国整体的自然植物区为中心而分布界限不越出国境很远的一些属。保护区有中国特有属 29 属，占全国同类型属数的 11.7%，为保护区属数的 4.45%，隶属 25 科。它们是银杏属（*Ginkgo*）、水杉属（*Metasequoia*）、箭竹属（*Fargesia*）、金钱槭属（*Dipteronia*）、藤山柳属（*Clematoclethra*）、秦岭藤属（*Biondia*）、双盾木属（*Dipelta*）、华蟹甲属（*Sinacalia*）、虎榛子属（*Ostryopsis*）、假贝母属（*Bolbostemma*）、杜仲属（*Eucommia*）、山拐枣属（*Poliothyrsis*）、山白树属（*Sinowilsonia*）、动蕊花属（*Kinostemon*）、斜萼草属（*Loxocalyx*）、串果藤属（*Sinofranchetia*）、翼蓼属（*Pteroxygonum*）、香果树属（*Emmenopterys*）、枳属（*Poncirus*）、大血藤属（*Sargentodoxa*）、银鹊树属（*Tapiscia*）。所有特有属与我国其他省区共有，不出现秦岭地区特有属。其中 5 属为栽培属，24 属为野生属；20 属为木本属，9 属为草本属。这些特有属，除虎榛子属出现于东北，翼蓼属出现于内蒙外，其余属主要局限分布于我国东南部、中部和西南山区。全部野生木本属为落叶植物，它们在群落组成中的作用不大。在保护区，最常见的特有属是金钱槭属、藤山柳属、山白树属、串果藤属，而秦岭藤属、双盾木属、山拐枣属、大血藤属、银鹊树属则较难见到。

根据上述分析，保护区植物区系包括 179 个热带属，458 个温带属和 30 个中国特有属。温带属在该地区的植物区系和植被中起着主导作用。

（三）植物群落优势种的分析

1. 落叶阔叶林优势种分析

落叶阔叶林的优势种有栎属2种(栓皮栎、锐齿槲栎)与桦木属2种(红桦和糙皮桦)。栎属2种的水平分布格局是：蒙古栎西起川北岷江流域，斜向东北经甘南、山西、河北、辽宁而达黑龙江最南部，秦岭地区为其南界；另两种则西起云南山区，经华中、华东向东北达辽东半岛，秦岭以南为其主要分布区。桦木属2种：红桦分布于川东、鄂西、甘南、山西、陕西和河北；糙皮桦的分布较广，往西南可达印度、尼泊尔和阿富汗。

2. 亚高山针叶林优势种分析

亚高山针叶林的优势种是巴山冷杉，其分布区南达川东、鄂西，东至豫西，西至甘南，只在秦岭部分地区形成纯林。保护区的巴山冷杉林只分布在龙潭子附近海拔2 600 m左右的区域。

3. 亚高山灌丛优势种分析

亚高山灌丛优势种是头花杜鹃（*Rhododendron capitatum*），分布于云南、四川和甘南地区。在秦岭地区的高山上，常常形成较密的群落。而在保护区的龙潭子附近，只形成一些稀疏的群落，在植物区系中作用不大。

（四）种子植物区系特征

1. 植物区系起源古老

在本区内常见到一些古老的科属，如松属（*Pinus*），粗榧属（*Cephalotaxus*）等属发生于白垩纪。冷杉属（*Abies*）、铁杉属（*Tsuga*）等属发生于第三纪。被子植物中起源古老的成分更为丰富。白垩纪初期出现的桑科、卫矛科、鼠李科、木兰科、樟科、壳斗科、无患子科等在本地区系中占有重要地位。从物种水平看，本区具有较多的第三纪孑遗成分，如连香树（*Cercidiphyllum japonicum*）、水青树（*Tetracentron sinensis*）、领春木（*Euptelea pleisperma*）等。这些植物一方面起源古老，另一方面在种子植物系统发育中往往处于孤立的地位。具有柔荑花序的植物一般被认为是古老的，这类植物保护区有杨柳科、胡桃科、桦木科、壳斗科、桑科等等。桦木科的红桦、壳斗科的锐齿槲栎在保护区形成大面积的纯林，充分显示出了本区植物区系的古老性。

单种属植物，在分类上是孤立的，在进化上则表现原始的特点。世界性单种属植物的多少是反映一个植物区系是否古老的重要方面。本区就有不少单种属植物如刺楸属（*Kalopanax*）、山拐枣属（*Poliothyrsis*）、连香树属（*Cercidiphylum*）、山白树属（*Sinowilsonia*）、水青树属（*Tetracentron*）、杜仲属（*Eucommia*）、串果藤属（*Sinofranchetia*）、猫儿屎属（*Decaisnea*）等。原始类群星叶草科（Circaeasteraceae）的星叶草属（*Circaeaster*）在本区的高山草甸周围也有分布。

2. 植物种类丰富

保护区种子植物区系的种类丰富，共有种子植物139科、651属、1 646种（含种下类群）。从低海拔到高海拔，跨越了落叶阔叶林、温性针阔混交林、寒温性针叶林、亚高山灌丛和草丛（草甸），体现了不同生境条件下不同植物的汇集和交融。

3.地理成分多样

保护区种子植物属的地理成分有 15 个类型,与世界各大洲的区系都有不同程度的联系。属级水平清楚地表明温带成分占主导地位,热带成分也占有一定的比例。另外,温带成分以北温带成分为主,热带成分以泛热带成分为主。同时,华中成分、华北成分、中国—喜马拉雅成分、中国—日本成分在保护区内都有代表种类体现。

第三节　植　被

保护区地处秦岭中段,境内地形复杂,海拔相对高差较大,植物种类和森林群落类型丰富、多样性较高。保护区植被的主要类型是针叶林和阔叶林,其中阔叶林约占整个森林面积的 80% 以上,占绝对优势;针叶林虽占比例较小,但其生态要求特殊。基于样线调查和所获取的样方数据,同时根据已有植被调查成果进行保护区植被分类;在此基础上,结合新近的卫星遥感影像,通过人工解译与自动分类相结合的方法进行植被识别,形成最终的植被图。调查和分类结果表明,保护区自然植被有 4 个植被型组、8 个植被型、11 个植被亚型和 47 个群系(附图 8),各植被类型分布于保护区不同的海拔区间(图 2-1)。

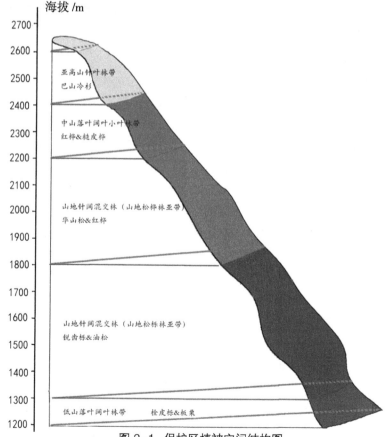

图 2-1　保护区植被空间结构图

一、针叶林

针叶林是指以松柏类针叶树为建群种所组成的森林群落的总称，其上层树种比较单纯，常仅一个树种占绝对优势。包括各种针叶纯林、针叶树种混交林以及以针叶树种为主的针阔叶混交林。保护区针叶林分布范围较广，在保持水土、涵养水源、改善环境以及维持生物圈的动态平衡方面有着重要作用。

保护区依据针叶林对热量和水分的需要与适应程度，又可分为寒温性针叶林、温性针叶林2个植被型。保护区内的巴山冷杉、秦岭冷杉和青扦林多分布在中高海拔、地形复杂地段。

在植被垂直带谱中占有重要地位，分布海拔范围较大的是油松林，在海拔1 150～1 800 m均有分布，在峭壁、梁脊多形成单优群落，而在其他地段常与栎类、鹅耳枥等阔叶树混交；华山松多分布在海拔1 800～2 300 m之间，由于其天然更新能力较强，亦形成单优群落，但多数情况下，常与红桦等形成混交林；巴山冷杉林分布在海拔2 300～2 600 m范围，单独占有一定的垂直地段，常形成优势群落。总的来说，本区针叶林虽占比例不大，但在整个海拔范围内均有分布，其外貌整齐，季相变化不明显，种类组成单一，结构简单，层次分化明显，常由乔木层、灌木层和草本层三个层次构成，根据不同的生活型组成可分为更多的层片。在人为干预较少的原生针叶林中，当建群种为阳性树种时，往往会形成单层同龄林或相对同龄林的结构；而当上层林冠主要由耐荫的树种组成时，则往往形成复层异龄林的森林。

（一）寒温性针叶林

保护区内的寒温性针叶林主要由冷杉属（*Abies*）、云杉属（*Picea*）的树种组成，寒温性针叶林则分布到高海拔山地，分布区平均气温0～8℃，≥10℃的积温1 600～3 200℃，构成垂直分布的山地寒温性针叶林带，这种针叶林能适应寒冷、干燥或潮湿的气候，成为高山森林线，寒温性针叶林在保护区有一个植被亚型——寒温性常绿针叶林，保护区寒温性针叶林有以下2个群系，即群系1——巴山冷杉林和群系2——青扦林。

群系1：巴山冷杉林 Form. *Abies fargesii*

分布与生境：巴山冷杉分布东起湖北神农架，沿大巴山、米仓山至岷山山地，并由秦岭延至河南省的伏牛山地。巴山冷杉在秦岭多分布于海拔2 400 m以上的山坡、山脊或沟谷中，以阴坡居多。在保护区多分布于海拔2 300～2 600 m范围内，虽从海拔2 200 m就可见到其个体的零星分布，但大面积分布还主要集中于保护区的东梁，是保护区高海拔区域的主要森林景观。

巴山冷杉林为寒温性常绿针叶林，分布区的气候寒冷湿润，且多强风，气温低，有效积温少，湿度大、云雾多、光照少，冬季积雪厚，冻土层深，年降水量约1 000 mm，相对湿度70%以上，最热月均温10～15℃的生境条件下，生长最好。分布区的母岩为花岗岩、片麻岩、石英砂岩、石灰岩，成土母质为原积、坡积风化物，林下土壤以山地暗棕壤为主，土层厚20～80 cm，林地潮湿，腐殖质层较厚，表层土壤有机质含量一般在 4.25% ～ 6.52%，呈酸性反应，pH 4.84 ～ 5.95。个别地方有沼泽土和草甸土出现。

巴山冷杉喜生于湿润肥沃的壤土或黏壤土，在排水不良的沼泽土或质地松散的砂质土或粗骨土上生长不良。

巴山冷杉为耐荫树种，耐荫性强，林木自然整枝能力弱，枝叶浓密，林冠郁闭，林下光照较弱，气温和地温日变化和年变化较小，相对湿度较高以及平静无风等一系列特有的群落生态环境，在决定林下植物的组成和生态特性方面有重要作用。

巴山冷杉的耐荫性随着年龄的增长而减弱，幼苗、幼树在光照较弱的条件下生长较快，但 10 年以后，耐荫性开始减弱，生长随光照强度的增加而加快。

结构和分类：巴山冷杉林外貌暗绿色，林冠稠密，分枝低矮，林地阴暗潮湿，林分组成简单，多为异龄林纯林,有时混生有秦岭冷杉,牛皮桦等树种形成混交林(表 2–4)。巴山冷杉树干通直高大，平均高 16 ～ 20 m，胸径 14 ～ 50 cm，乔木郁闭度 0.5 ～ 0.9，分布于林下的植物随海拔的降低，水热条件渐优而种类的多样性逐渐增加，生长良好。主要的林下成分也因群落所在海拔差异而不同，上部的巴山冷杉林为金背杜鹃、茶藨子、桦叶荚蒾，太白六道木（Abelia diesii）、刚毛忍冬等，下部的巴山冷杉则为秦岭箭竹、西蜀海棠、多毛野樱桃（Prunus polytricha）、黄刺玫（Rosa xanthina）、陕甘花楸（Sorbus koehneana）、小叶忍冬（Lonicera microphlla）、臭樱、藤山柳等。草本层以莎草科和禾本科为主，其次为菊科，主要有鹅观草、棕苔、早熟禾（Poa annua）、酢浆草、细辛等。草本层种类较少、稀疏的原因系较为阴暗环境造成的结果。由于海拔较高，林下湿度较大，苔藓层较草本居于优势，主要有垂枝藓、塔藓、毛疏藓和附生在树干上的树皮藓，悬挂在枝桠上的株毛藓。下部的巴山冷杉林内的藤木植物有铁线莲，藤山柳（Clematocletra lasioclada）、猕猴桃（Actinidia chinensis）、华中五味子（Schisandra sphenanthera）等，其数量较少且生长不良。

表 2–4　保护区巴山冷杉林典型样方统计表

地点		样方号	海拔 /m	经度	纬度
龙潭子		2–1	2593	108°31′39″ E	33°27′33″ N
乔木层	优势种	平均高度 (m)	株数	平均胸径 (cm)	投影 (m²)
	巴山冷杉	17	5	37.5	13
	牛皮桦	7.5	1	38	24
	秦岭冷杉	13	1	36	12
灌木层	优势种	茶藨子、桦叶荚蒾、太白六道木、刚毛忍冬			
	其他种	秦岭箭竹、西蜀海棠、野樱桃、陕甘花楸、臭樱桃、繁花藤山柳、华中五味子			
草本层	优势种	酢浆草、老鹳草			
	其他种	细辛、蛇莓、紫斑风铃草、变豆菜、早熟禾			

群系 2：青扦林 Form. Picea wilsonii

分布与生境：云杉属和冷杉属一样，在古老的地质年代，是陕西省秦岭森林区系的重要成分之一。在秦岭垂直带谱冷杉林带以下原为云杉林带，由于历史上的多次破坏，本带不仅垂直幅度较小，而且云杉种类多样性下降，其上界有许多冷杉下移，下界则是华山松、红桦上渗，其他有铁杉、鹅耳枥、千金榆、山杨等混生其间，实际上云杉林带已不明显，大面积的云杉林已不多见；目前存在的多为残留的散生木，有时也呈小片纯林，或与红桦，山杨等树种呈团状混交，或在红桦、山杨林中有散生的云杉老龄木及其残桩，这显然是云杉林遭到破坏后为红桦、山杨所更替的结果。在保护区内云杉属有大量的青扦林。

青扦（*Picea wilsonii*）是我国森林区系的主要成份之一，也是保护区重要森林组成树种之一。陕西省主要分布在华山、宁陕、太白、佛坪等海拔 1 600 ～ 2 500 m 的山地。在保护区主要分布在龙潭子海拔 1 900 ～ 2 200 m 地段。

青扦林所分布的地段，地形起伏不大，较为平缓，多位于山脊的洼地和缓坡，环境阴湿，林下土壤为山地棕壤或山地暗棕壤，土壤深厚，成土母质为坡积物或风化原积物，富含腐殖质，石砾含量低，一般在 20% ～ 30%。

青扦为强耐荫性树种，幼苗对日灼、霜冻抵抗能力差，喜庇荫。林木自然整枝能力较弱，林冠稠密郁闭，常形成阴暗潮湿的森林环境。群落内光线较弱、湿度较大，温度低且日变幅较小，青扦对寒冷气候条件具有较强的耐受力。在气温湿凉、排水良好，土层深厚，土壤肥沃，微酸性反应的山麓缓坡，生长最好；在排水不良的低湿或碱土上，生长不良甚至死亡。青扦为浅根性树种，抗风能力弱，易发生风倒现象。青扦因整枝能力差，枝下高低，故发生火灾后易引起林冠火，树皮不耐火烧又缺乏萌芽能力，一次大火会导致全林毁灭。

结构与分类：保护区的青扦纯林很少，常为红桦、山杨（*Populus davidiana*）、华山松、铁杉等混交形成的针阔叶混交林（表2-5）。青扦林外貌呈深绿色，林相整齐，层次结构明显，因分布海拔比巴山冷杉林低，水热条件优越，故构成的植物种类多样性复杂，林层郁闭度 0.7 ～ 0.9，林分平均高 16 ～ 24 m，平均胸径 20 ～ 26 cm。林内阴湿，灌木和杂草种类较少，灌木层高 1.2 ～ 3.0 m，盖度 20% ～ 30%，有忍冬、陕甘花楸、茶藨子、胡枝子等，草本植物有鹿蹄草、糙苏、华北耧斗菜、苍耳七、黄腺香青、细辛、风铃草等，盖度 40% ～ 50%，高 20 ～ 40 cm。

表2-5 保护区青扦林典型样方统计表

地点		样方号	海拔 /m	经度	纬度
龙潭子下		2-2	2406	108°31′32″ E	33°27′54″ N
	优势种	平均高度 (m)	株数	平均胸径 (cm)	投影 (m²)
乔木层	青扦	17	4	26	16
	云杉	9	3	24	12
	日本落叶松	7.5	1	12	3
灌木层	优势种	忍冬、陕甘花楸、茶藨子、胡枝子			
	其他种	峨眉蔷薇、绣线菊、美丽悬钩子、华西银露梅			
草本层	优势种	鹿蹄草、糙苏			
	其他种	华北耧斗菜、苍耳七、香青、细辛、紫斑风铃草、贯叶连翘、蛇莓			

（二）温性针叶林

保护区的温性针叶林主要由松属（*Pinus*）、铁杉属（*Tsuga*）的树种组成，分布区平均气温 8 ～ 14℃，≥ 10℃的积温 3 200 ～ 4 500℃，温性针叶林的许多建群种具有较强的适应性，往往形成广阔的分布区，如油松、华山松是中山山地分布最广的针叶林，而其建群种要求温凉潮湿的气候条件，以及酸性、微酸性的山地棕色土和山地黄棕壤，温性针叶林在保护区只有一个植被亚型——温性常绿针叶林。温性常绿针叶林在保护区有以下 3 个群系，即群系 3 铁杉林、群系 4 华山松林、群系 5 油松林。

由于上述树种具有较强的适应性和抗性，故在现有植被中占有一定的面积与生长优势。

群系 3：铁杉林 Form. *Tsuga chinensis*

分布与生境：铁杉分布于我国甘肃白龙江流域，河南西部，湖北西部，四川东北部至岷江流域、大小金川流域、大渡河流域、青衣江流域、金沙江下游及贵州东北部梵净山海拔 1 150 ～ 3 300 m 的地带。在陕西省主要分布于佛坪、石泉、宁陕、鄠邑、周至、岚皋、略阳、南郑、紫阳、镇坪等县所属秦巴山地，海拔 1 500 ～ 2 500 m。在保护区主要分布于海拔为 1 600 ～ 2 400 m 的谷边山坡上，垂直分布范围虽广，但由于要求条件较严格，不成带，分布于冷杉、云杉林带下部，成林面积少，多以块状或团状镶嵌于其他林分中。

铁杉是耐荫性较强的树种，适于暖温湿润的山地气候，多生长在雨量充沛，常年气温较高，云量多，相对湿度大，土层深厚，土壤酸性及排水良好的山区，生长旺盛。铁杉一般生长较慢，在光照充足的条件下，也可以较快生长。铁杉是寿命较长的树种，因此在保护区可以看到铁杉古老大树。

结构与分类：保护区铁杉纯林较少，多以小块状分布。常与千金榆（*Carpinus cordata*）、槭树、漆树、华山松、太白杨、栎类混交形成针阔混交林，但铁杉仍保持优势地位（表 2-6）。铁杉林群落外貌暗绿色，季相变化明显，春夏间夹杂着粉绿色至浓绿色斑块，秋末冬初则为红、黄、绿各色镶嵌点缀林间，因而有"五花林"之称。铁杉林层次结构清晰，林相整齐，但林冠参差不齐。乔木层可明显分为两层，上层以铁杉占优势，郁闭度 0.7，铁杉林分平均高 16 ～ 21 m，平均胸径 16 ～ 26 cm，混生树种有锐齿槲栎、千金榆、光皮桦、山杨、华山松、鹅耳枥（*Carpinus turczaninowii*）、漆树（*Toxicodendron vernicifluum*）等。下层树高参差不齐，高度 8 ～ 12 m，乔木种类较多，既有铁杉二代，还有鹅耳枥、地锦槭（*Acer mono*）、三桠乌药等。灌木盖度多在 70% 以上，高度 1.5 ～ 2.5 m，主要种类有桦叶荚蒾（*Viburnum betulaefolium*）、中华旌节花、山梅花、领春木、藏刺榛、木姜子、珍珠梅、秦岭箭竹、巴东醉鱼草、青荚叶（*Helwingia chinensis*）、巴山木竹、短枝六道木、米面翁、四照花、茶藨子、映山红（*Rhododendron mariesii*）、猫儿刺等。草本层盖度常在 20% 以下。植物常见的有索骨丹、红升麻、紫斑风铃草、水杨梅、缬草、华北楼斗菜、湖北大戟、和尚菜、箭叶淫羊藿、麦冬（*Liriope spicata*）、大花糙苏、白花堇菜（*Viola patrinii*）、风毛菊（*Saussurea japonica*）等。

表 2-6　保护区铁杉林典型样方统计表

地点		样方号	海拔 /m	经度	纬度
赤裕河		5-6	2051	108°26′33″ E	33°28′12″ N
乔木层	优势种	平均高度 (m)	株数	平均胸径 (cm)	投影 (m²)
	铁杉	13.5	5	35	24
	华山松	10	4	22	14
	太白杨	11	3	21.5	8
	秦岭冷杉	8	2	20	9
灌木层	优势种	桦叶荚蒾、中华旌节花、山梅花、领春木			
	其他种	藏刺榛、木姜子、珍珠梅、秦岭箭竹、巴东醉鱼草、青荚叶、巴山木竹、短枝六道木、米面翁、四照花、茶藨子、猫儿刺			
草本层	优势种	索骨丹、红升麻、紫斑风铃草、水杨梅			
	其他种	缬草、华北楼斗菜、湖北大戟、和尚菜、落新妇、淫羊藿、麦冬、大花糙苏、白花堇菜、风毛菊			

群系 4：华山松林 Form. *Pinus armandii*

分布与环境：华山松是我国特有树种，也是我国森林群落的主要组成树种之一。分布于陕西、山西、河南、甘肃、四川、湖北、云南、贵州、西藏等省（区）。在陕西集中分布于秦巴山地海拔 1 400～2 300 m 的地带，以秦岭中山地带较多，在保护区也是重要的森林景观之一，它多与红桦、牛皮桦和铁杉混交，分布地形较油松分布地段平缓，土层深厚，土壤为山地棕壤。在保护区的山坡、谷底、溪旁最为常见，纯林较少。

华山松是喜光性中等的树种，具有一定的耐荫能力，天然更新能力较强，对土壤水分要求严格，不耐干旱和瘠薄。喜生于深厚肥沃、湿润的土壤。

结构与分类：华山松林纯林较少，多为团块状混交。其在分布上限常与青扞、秦岭冷杉、红桦、铁杉等混交，其下限与锐齿槲栎、油松、光皮桦、山杨、千金榆、陕西鹅耳枥等树种混交，在山坡下部和谷底溪旁常与铁杉、漆树、枫杨等混交，形成混交林（表 2-7）。

表 2-7　保护区华山林松典型样方统计表

地点		样方号	海拔 /m	经度	纬度
平河梁		1-2	2242	108°29′30″ E	33°28′48″ N
乔木层	优势种	平均高度 (m)	株数	平均胸径 (cm)	投影 (m²)
	华山松	13	6	17	16
	铁杉	14	3	25	12
	红桦	10	4	16	14
灌木层	优势种	藏刺榛、峨嵋蔷薇			
	其他种	四川梅子、美丽胡枝子、华西忍冬、陕西绣线菊、鞘柄菝葜			
草本层	优势种	肺筋草、蟹甲草、蛇莓			
	其他种	苔草、紫菀、鹿蹄草、落新妇、败酱、其叶鬼灯檠、糙苏			

华山松外貌亮绿色，林相整齐，层次结构简单，多为单层林，在水肥等条件较为优越的山坡下部和谷底溪旁与铁杉、漆树、枫杨混交形成复层林，第一林层由华山松、光皮桦、锐齿槲栎等树种组成，郁闭度 0.6～0.8，林分平均高 18～20 m，平均胸径 16～22 cm，第二林层主要由铁杉、漆树、枫杨、青榨槭等树种组成，高度 10～14 m。

灌木层主要种类有藏刺榛、峨嵋蔷薇、密毛尖叶栒子（*Cotoneaster acutifolius* var. *villosulus*）、四川栒子、疏毛忍冬、美丽胡枝子（*Lespedeza formosa*）、华西忍冬（*Lonicera webiana*）、陕西绣线菊（*Spiraea wilsonii*）、鞘柄菝葜（*Smilax stans*）、米面翁（*Buckleya lanceolata*）、 圆锥山蚂蝗（*Desmodium podocarpum*）、多花木蓝、木姜子等，盖度 50%，高度 1.5～2.0 m。草本层种类较多，但盖度只有 30%，不如灌木层大，高海拔的林下主要有肺筋草、蟹甲草、蛇莓、细叶苔草、毛状薹草、华北薹草，缓坡有紫菀、鹿蹄草、落新妇、败酱、七叶鬼灯檠、糙苏、百合、黄精等。活地被常有一层苔藓层，主要是万年藓、提灯藓、地钱等。

华山松群落中藤本植物相当丰富，使群落结构更为复杂。主要有华中五味子（*Schisandra sphenanthera*）、穿龙薯蓣（*Dioscorea nipponica*）、南蛇藤、盘叶忍冬、常春藤（*Hedera nepalensis* var. *sinensis*）、葛藤（*Pueraria lobata*）、山葡萄（*Ampelopsis brevipedunculata*）、南蛇藤（*Celastrus orbiculatus*）、毛鸡屎藤（*Paederia scandens*）、粉背菝葜（*Smilax menispermodies*）、三叶木通、悬钩子、复叶葡萄（*Vitis piasezkii*）、桑叶葡萄（*Vitis ficifolia*）、勾儿茶等。

群系 5：油松林 Form. *Pinus tabuliformis*

分布与生境：油松为我国特有树种，是典型的东亚区系华北成分。油松林既是我国华北地区的代表性群落之一，也是我国北方温性针叶林中分布最广的森林群落。东至胶东半岛，西至青海大通，北至内蒙古，南至巴山北坡均有分布。油松天然林在陕西主要分布在巴山、秦岭、黄龙山、桥山、子午岭等林区，关山林区、陕北府谷、神木等地亦有少量油松天然分布。在保护区，油松林集中分布在海拔 1 000～2 000 m 范围内，是保护区分布较广、最为常见的针叶林。在坡度较大、土层较薄的上坡、山脊占绝对优势并形成纯林。

油松为常绿针叶乔木，根系发达，适应性强，生长较快，自然更新良好，病虫害少，材质优良，是我国北方植树造林、荒山绿化的主要树种之一。油松属中生型偏旱生的生态发育型，对大陆干旱气候有较强的适应能力。能忍耐 –30℃以下的低温，在冬季 –25℃的地区自然条件下不受冻害。

油松为阳性喜光、耐干旱、耐瘠薄树种，对强风、霜冻等恶劣环境条件也具有较强的抵抗能力。油松幼苗初期能稍耐庇荫，1 年生后忍耐庇荫的能力显著下降，其高生长和根系发育都显著衰弱。油松对土壤条件要求不严，喜微酸性及中性土壤，在微碱性土壤上能生长，但生长不良。

结构与分类：保护区天然油松林分布地段的地形和生态条件比较复杂多样，除山脊、梁顶和悬崖陡壁分布有大面积的油松林外，在其他地段如阴坡、阳坡、沟底、台地均有分布（表 2-8）。油松林外貌苍翠，林木个体分布均匀，个体大小比较均一，季相变化不明显，林冠及林相整齐，层次结构明显，一般可明显分为乔木层、灌木层和草本植物三层。由于油松林所占地段多为陡坡和山脊，因此土层较薄，水分条件较差，活地被层极不发育。乔木层郁闭度和高度因受年龄及立地条件差异悬殊较大，郁闭度一般在 0.7～0.9，高度在 16～24 m，组成乔木的树种较多，除以油松占优势外，较常见的种类有锐齿槲栎、华山松、栓皮栎、三桠乌药（*Lindera obtusiloba*）槲栎、小橡子树（*Quercus glandulifera var. brevipetiolata*）、铁杉、山杨、茅栗、刺楸（*Kalopanax septemlobus*）、青榨槭（*Acer grosseri*）、少脉椴、千金榆、白蜡树（*Fraxinus chinensis*）、化香树（*Platycarya strobilacea*）、麻栎等。灌木层盖度 50%～80%，高度 1.5～2.5 m，构成灌木层的种类比较丰富，常见和优势度较大的有胡颓子、粉背黄栌、美丽胡枝子（*Lespedeza formosa*）、白檀、木姜子、中华旌节花、巴山木竹、多花木蓝、桦叶荚蒾、四照花（*Dendrobenthamia japonica var. chinensis*）、悬钩子、檀子栎、照山白（*Rhododendron micranthum*）、短梗胡枝子等。草本层盖度在 50%～80% 以上，种类繁多，优势常见种类有夏枯草、龙牙草、过路黄、小花草玉梅、费菜、华北耧斗菜、大披针苔草、野青茅（*Deyeuxia sylvatica*）、荩草（*Arthraxon hispidus*）、吉祥草（*Reineckia carnea*）等。层间植物常见的种类有五味子、三叶木通（*Akebia trifoliate*）、猕猴桃、粉背南蛇藤（*Celastrus hypoleucus*）、盘叶忍冬（*Lonicera tragophylla*）等。

表 2-8　保护区油松林典型样方统计表

地点		样方号	海拔 /m	经度	纬度
燕沟		4-2	1576	108°33′9″ E	33°25′13″ N
	优势种	平均高度 (m)	株数	平均胸径 (cm)	投影 (m²)
乔木层	油松	12	9	19.5	13
	锐齿槲栎	11	5	18	12.5
	青榨槭	9	1	16	6
	三桠乌药	8	2	9	6
灌木层	优势种	胡颓子、黄栌、美丽胡枝子、白檀			
	其他种	木姜子、中华旌节花、巴山木竹、多花木蓝、桦叶荚蒾、四照花、悬钩子、檀子栎			
草本层	优势种	夏枯草、龙牙草、过路黄、小花草玉梅			
	其他种	费菜、华北耧斗菜、大披针苔草、野青茅、荩草			

二、阔叶林

阔叶林包括落叶阔叶林以及常绿落叶阔叶混交林，广泛分布在我国温暖湿润和半湿润地区，秦岭南、北坡自山麓向海拔 2 500 m 的多数地段均被阔叶林覆盖，阔叶林在保护区无论从分布面积还是以分布的垂直跨度看，都是极为重要的植被类型，保护区的阔叶林基本以典型落叶阔叶林为建群种，另有面积较小的常绿落叶阔叶林分布在海拔 800 ～ 1 300 m 范围内，它是常绿阔叶林与落叶阔叶混交林的一种过渡类型，除此之外，保护区还有少量面积的竹林，它既是保护区重要的群落类型，也是珍稀动物熊猫的食物资源。

因此，根据保护区阔叶林群落的植物种类组成、群落结构、生态环境以及分布特点，将阔叶林划分为落叶阔叶林、常绿落叶阔叶林和竹林 3 个植被类型。

落叶阔叶林也被称为"夏绿林"。保护区落叶阔叶林优势种类以栎属（*Quercus*）、桦木属（*Betula*）、杨属（*Populus*）、槭属（*Acer*）、鹅耳枥属（*Carpinus*）等植物种类为主，季相变化明显，因而使其树种组成特别复杂，落叶阔叶林的类型也丰富多样，以构成森林群落的优势种的生活习性和所要求的生境条件特点，可将落叶阔叶林划分为 2 个植被亚型——典型落叶阔叶林和山地杨桦林。

（一）典型落叶阔叶林

典型落叶阔叶林是指栎属为主，还有桦属、槭属等为主要优势种所组成的群落，分布在温带和暖温带地区，而保护区主要分布在低、中山区。夏季受东南季风影响，酷热而多雨；冬季受西伯利亚寒流的控制，严寒而干燥。土壤为棕色森林土和褐色土。落叶阔叶林群落的成层明显，可分为乔木层、灌木层和草本层，一般没有苔藓层，但层间植物种类繁多，落叶阔叶林在资源利用和水土保持上都具有重要意义，对农业发展起着天然防护和水源涵养林的重要作用。

根据群落的组成和生境的不同，可以划分为以下 12 个群系：群系 6 板栗林，群系 7 锐齿槲栎林，群系 8 栓皮栎林，群系 9 槲栎林，群系 10 橿子栎林，群系 11 短柄枹栎林，群系 12 鹅耳枥 + 太白杨 + 槭树林，群系 13 枫杨 + 漆树 + 槭树林，群系 14 太白杨 + 漆树 + 鹅耳枥林，群系 15 锐齿槲栎 + 漆树林，群系 16 太白杨 + 光皮桦 + 漆树林，群系 17 漆树林。

群系 6：板栗林 Form. *Castanea mollissima Blume*

分布与生境：板栗（*Castanea mollissima*）是本区经济树种之一，主要分布于海拔 1 300 m 以下地带，散生个体可至 1 500 m。多与栓皮栎、小橡子树等组成混交林，板栗纯林仅有小片状分布。板栗林在阳坡半阳坡较多，坡度中等，生境略偏干燥，土壤为山地黄棕壤。

结构与分类：板栗林外貌深绿色，多不整齐。乔木层盖度 50% ～ 70%，平均高 8 ～ 14 m，胸径 22 cm。除板栗以外，还常见化香树（*Platycarya strobilacea*）、刺楸、灯台树、山胡桃、栓皮栎、盐肤木（*Rhus chinensis*）、鸡桑（*Morus australis*）等。灌木层盖度 40% ～ 80%，优势种一般为多花木蓝、领春木、棣棠、胡枝子（*Lespedeza bicolor*），其他还有榛、木姜子、苦糖果、蔷薇（*Rosa multiflora*）、啮蚀荚蒾（*Viburnum erosum*）、绣球绣线菊（*Spiraea blumei*）、四照花、膀胱果、杭子稍等（表 2-9）。草本层盖度 30%，主要有大披针苔草、荨麻、一年蓬、蛇莓、湖北野青茅（*Deyeuxia hupehensis*）、求米草（*Oplismenus undulatifolius*）、茜草、透骨草、牛尾蒿、宽裂沙参等偏阳性种类。

表 2-9　保护区板栗林典型样方统计表

地点		样方号	海拔 /m	经度	纬度
响潭沟		3-3	1494	108°34′4″ E	33°32′28″ N
乔木层	优势种	平均高度 (m)	株数	平均胸径 (cm)	投影 (m²)
	板栗	10	9	16	8
	灯台树	7	1	9.5	12
	山胡桃	8	1	7	6
	刺楸	8	1	13	20
	构树	5	1	4	4
灌木层	优势种	多花木蓝、领春木、棣棠			
	其他种	榛、木姜子、苦糖果、蔷薇、啮蚀荬蓬、绣球绣线菊、四照花、膀胱果、杭子稍			
草本层	优势种	卵叶茜草、透骨草、牛尾蒿			
	其他种	大披针苔草、荨麻、一年蓬、蛇莓、湖北野青茅、求米草、宽裂沙参			

群系 7：锐齿槲栎林 Form. *Quercus aliena* var. *acuteserrata*

分布与生境：锐齿槲栎林是华北暖温带和北亚热带的重要林分之一。主要分布在河南、陕西、湖北、安徽一带的山地和太行山区。陕西主要分布在秦巴山地、渭北黄土高原上。

锐齿槲栎林是秦岭林区落叶阔叶林的代表类型，分布广泛，其分布海拔在 800～2 300 m之间；保护区在 1 300～1 900 m 之间形成单优群落，在局部地区与其他阔杂及松类形成混交林，分布上限被红桦、牛皮桦林代替，下限则被栓皮栎林代替。阴坡或阳坡以及山坡的上、中、下各坡位都有分布，是保护区森林群落中分布幅度最宽、面积最大的林带，主要分布在土层较厚、结构较好、湿度较大、坡度比较平缓的山坡和梁顶。林下土壤为火成岩，变质岩和石灰岩母质上发育的中性至弱酸性褐土，山地淋溶褐土和山地棕壤，厚度在 50 cm 以上，较肥沃湿润，生产力较高。

结构与分类：锐齿槲栎群落在自然状态下，可形成茂密的森林群落，林相整齐，在深山区尤其良好，浅山区由于人为破坏频繁，林木生长状况很差；在外貌上一般具有比较浓密而整齐的林冠和鲜明的季相，春季外貌呈浓绿色，初夏至仲夏为该群落茂盛期，外貌是一片浓绿色，入秋后出现黄褐色斑点，冬季锐齿槲栎等落叶乔木枯叶凋谢，季相呈黄褐色，林地枯枝落叶层较厚，林冠透光度大（表 2-10）。

保护区的锐齿槲栎林既有萌生林，又有实生林，群落结构、植物种类组成较为复杂。乔木层郁闭度 0.78 以上，平均高 16～20 m，平均胸径 24～32 cm；明显可分为两个亚层。第一亚层除以锐齿槲栎占优势外，混生种有槲栎、栓皮栎、太白杨、板栗、油松、华山松、铁杉、红桦、少脉椴、漆树、刺楸、湖北枫杨、野胡桃（*Juglans cathayensis*）、榛子、鹅耳枥、秦岭冷杉、五裂槭等；第二亚层平均高 6～8 m，由小乔木组成，如白蜡树、千金榆、湖北山楂（*Crataegus hupehensis*）、显脉稠李（*Prunus venosa*）、细齿稠李（*P. vanioti*）、水榆花楸（*Sorbus alnifolia*）、铁橡树、微毛樱桃、银鹊树（*Tapiscia* sinensis）、泡花树、华榛（*Corylus chinensis*）、八角枫（*Alangium chinensis*）、灯台树（*Cornus controversa*）、青榨槭、血皮槭（*Acer griseum*）等。

灌木层结构与种类组成也较为复杂，可分为两个亚层，第一亚层盖度不大，一般为20%～30%，主要由一些大型灌木组成，如木姜子、陕西山楂（*Crataegus shensiensis*）、甘肃山楂（*C. kansuensis*）、青麸杨、箭竹等；第二亚层盖度较大，一般多在90%以上，由半灌木或小型灌木组成，主要有胡枝子（*Lespedeza tomentosa*）、六道木、巴山木竹、绣线菊、青荚叶、米面翁、栓翅卫矛、中国旌节花、桦叶荚蒾、红脉忍冬、山梅花、石灰花楸、榛子、窄叶紫珠等。

由于乔木层郁闭度较大，草本层盖度多在30%以下。草本种类基本属于中生耐阴植物，优势种主要有崖棕（*Carex siderosticta*）、索骨丹、大花碎米芥、喜冬草、黄水枝、天门冬、大披针苔草、湖北野青茅、麦冬、铃兰（*Convallaria majalis*），其他常见种有大叶楼梯草（*Elatostema umbellatum*）、龙牙草、毛果堇菜（*Viola collina*）、鹿蹄草、重楼（*Paris polyphylla*）、淫羊藿、红升麻（*Astilbe chinensis*）、沿阶草、湖北大戟、一年蓬等。

由于锐齿槲栎林多处于湿润地带，因而森林群落中各种藤本植物较为丰富，特别是一些较大型木质藤本植物种类多，优势度大。主要种类有葛藤、盘叶忍冬、粉背南蛇藤、五味子、南蛇藤（*Celastrus orbiculatus*）、猕猴桃、藤山柳、清风藤（*Sabia campanula*）、毛葡萄（*Vitis quinquagularis*）、大叶蛇葡萄（*Ampelopsis megalophylla*）、黑刺菝葜（*Smilax scobinicaulis*）、三叶木通、常春藤（*Hedera nepalensis* var. *sinensis*）、穿龙薯蓣、小青藤等。

表2-10 保护区锐齿槲栎林典型样方统计表

地点	样方号	海拔/m	经度	纬度
赤裕河	5-2	1469	108°25′22″ E	33°30′57″ N
	优势种	平均高度 (m)	株数	平均胸径 (cm)	投影 (m²)
乔木层	锐齿槲栎	12	8	22.3	16
	领春木	8.5	2	7	8
	铁杉	10	4	17	15
	湖北枫杨	12	1	14.2	12
灌木层	优势种	木姜子、陕西山楂、甘肃山楂、青麸杨
	其他种	箭竹、胡枝子、六道木、巴山木竹、青荚叶、米面翁、栓翅卫矛、中国旌节花、桦叶荚蒾、红脉忍冬、山梅花、石灰花楸、榛子、窄叶紫珠
草本层	优势种	沿阶草、湖北大戟、一年蓬
	其他种	崖棕、索骨丹、大花碎米芥、喜冬草、黄水枝、天门冬、大披针苔草、湖北野青茅、麦冬、铃兰

群系 8：栓皮栎林 Form. *Quercus variabilis*

分布与生境：栓皮栎林是暖温带落叶阔叶林区的主要森林群落类型之一。主要分布在河南、河北、山西、山东、安徽等省的山地、丘陵地带，陕西秦岭等山区都有较大面积分布，它是山地比较稳定的植物群落，对环境条件要求不严，生长较快，在保护区海拔 700～1 400 m，其分布上限与锐齿槲栎林相接，浅山区多为多代萌生的幼林，深山区多为成年林。

栓皮栎喜光性较强，不耐上方遮阴，但幼苗、幼树能耐一定程度庇荫。随年龄增长对光的需要也增大，对温度适应性较广，能耐 –20℃低温。深根性，较耐干旱，故能生长在比较干燥的阳坡。对土壤条件要求不严，沙壤土、壤质土、黏性土壤上皆可生长。能抗风、耐火，因有栓皮保护，火灾后仍然继续生长。

结构与分类：栓皮栎林由于地处低山地带，受人类活动影响较大，因此现存的栓皮栎林大多为萌生次生林。群落外貌灰绿色，林相参差不齐，树干弯曲、矮小，层次结构简单。群落明显分为三层，乔木层以栓皮栎占优势，混生树种较多，主要有化香树、枫香（*Liquidambar formosana*）、鹅耳枥以及常绿阔叶树女贞、小青冈（*Quercus engleriana*）、橿子栎、椆、小叶椆（*Cyclobalanopsis glauca* var. *gracilis*）等，高度 10～14 m，郁闭度 0.5～0.7。

灌木层种类繁多，优势种常为黄栌、绣球绣线菊（*Spiraea blumei*）、绿叶胡枝子（*Lespedeza buergeri*）、美丽胡枝子、陕西荚蒾、葱皮忍冬、黄檀（*Dalbergia hupeana*）、大叶朴（*Celtis koraiensis*）、牛奶子、马棘、马桑（*Coriaria nepalensis*）等，有时还有一些常绿阔叶灌木如竹叶花椒（*Zanthoxylum armatum*）、火棘（*Pyracantha fortuneana*）、小檗、石楠（*Photinia serrulata*）等，盖度 20%～30%。

草本层盖度 20%～40%，植物种类较多，主要种类有大披针苔草、湖北野青茅（*Deyeuxia hupensis*）、牛尾蒿（*Artemisia subdigitata*）、大油芒、细柄草（*Capillipedium parviflorum*）、芒（*Miscanthus sinensis*）、长喙唐松草（*Thalictrum macrorhynchum*）等。

藤本植物较多，常见有野葛（*Pueraria lobata*）、猕猴桃、穿龙薯蓣、三叶木通、南蛇藤、大花牛姆瓜（*Holboellia grandiflora*）、牛皮消、光叶蛇葡萄（*Ampelopsis aconitifolia* var. *glabra*）等。

群系 9：槲栎林 Form. *Quercus aliena*

分布与生境：槲栎是我国分布较为广泛的树种之一，主要分布在河北、山东、河南、山西、甘肃、湖北、贵州等省。在陕西主要分布在秦巴山地和渭北山地。在保护区多分布在海拔 1 400 m 以下，面积较小，常与栓皮林或锐齿槲栎林镶嵌成块分布。

槲栎喜温暖潮湿，对水分条件要求相对较严，不耐寒冷。和其他树种相比，其对水热、土壤条件的要求不如锐齿槲栎严，但比栓皮栎严，因此在栓皮栎林分布范围内，槲栎林常居于土层较厚、湿度较大的半阴坡上；而在锐齿槲栎分布范围内，槲栎林常居于山坡上部水分和土壤条件较差的地段。土壤为山地棕色森林土或山地褐土，但在褐土上生长较差。

结构与分类：槲栎林纯林极少，常以少量个体混生于其他林中。在保护区常与栓皮栎、锐齿槲栎、油松、华山松、山杨构成小片混交林，林分结构简单，层次分明。乔木层高度 15 ~ 18 m，平均胸径 14 ~ 26 cm，郁闭度 0.6 ~ 0.8，优势种为槲栎和栓皮栎或者槲栎与锐齿槲栎；灌木层以黄栌占优势，其次是甘肃山楂、多腺悬钩子（*Rubus phoenicolasius*）、胡枝子、榛子、绣线菊等，盖度 60% ~ 70%；草本层莎草科和禾本科植物占优势，其他种类有重楼、唐松草、异叶败酱、野菊、铁杆蒿等，盖度 30% ~ 60%。

群系 10：橿子栎林 Form. *Quercus baronii*

分布与生境：橿子栎系半常绿灌木或小乔木。主要分布在山西、河南、甘肃、湖北、湖南、四川等省。在陕西主要分布在秦岭南、北坡和巴山山地。在保护区主要分布在海拔 1 100 ~ 2 000 m 的山脊、梁顶等坡度较大、岩石裸露的陡壁悬崖地段。

橿子栎喜温暖，耐干旱，耐瘠薄，喜光。常出现在山脊梁顶以及贫瘠的沙质砾石干燥陡坡上，有时地表有大量裸露岩石。根系发达，穿石能力较强，能够长期在恶劣环境条件下正常生长，并定居于岩隙中。

结构与分类：橿子栎林常以纯林出现，伴生灌木种类较少，稀疏，主要有陕西荚蒾、黄栌、红柄白鹃梅（*Exochorda giraldii*）、葱皮忍冬、铁扫帚、黄素馨、多花胡枝子等；草本层常见种为野青茅、淫羊藿、大披针苔草等；其他常见成分有细叶臭草（*Melica radula*）、牛尾蒿、羽裂紫菀、丛生隐子草（*Kengia caespitosa*）等。

群系 11：短柄枹栎林 Form. *Quercus glandulifera* var. *brevipetiolata*

分布与生境：短柄枹栎在长江中、下游各省均有分布，陕西主要分布于秦岭南坡，在保护区主要分布在海拔 1 100 ~ 1 700 m 之间的山坡或山脊，多为纯林，但分布面积不大。

短柄枹栎喜温暖湿润气候，较喜光，耐瘠薄，在土层较薄的山地棕壤或山地黄棕壤上均生长良好，萌蘖能力强。

结构与分类：群落外貌整齐，树干通直高大。乔木层以短柄枹栎为建群种，常混生有栓皮栎、锐齿槲栎、槲栎、山杨、鹅耳枥等，平均高 18 ~ 20 m，郁闭度 0.7 ~ 0.9。灌木层有桦叶荚蒾、胡枝子、榛子等，在海拔较高地段则以箭竹为优势种。草本层分布不均匀，以大披针苔草、野古草、羊胡子草为主等。

群系 12：鹅耳枥 + 太白杨 + 槭树林 Form. *Carpinus turczaninowii*+*Populus purdomii*+ *Acer* sp.

分布与生境：该群系分布在保护区海拔 1 000 ~ 1 800 m 的低中山区，生态条件较好的山坡和沟谷中，土壤为山地棕壤或山地黄棕壤，湿润、肥沃。构成林分的树种多为中生偏湿性或中生性树种。

群落结构：乔木层主要树种有千金榆、太白杨、鹅耳枥、锐齿槲栎、漆树、盐肤木、山胡桃、椴树、槭树、花楸、刺榛、连香树、水青树、领春木、湖北枫杨、山拐枣（*Poliothyrsis sinensis*）等（表 2–11）。林相整齐，生长良好，平均高 18 m 以上，郁闭度 0.7 ~ 0.8。

灌木层稀疏，种类繁多。主要种类有青荚叶（*Helwingia japonica*）、棣棠、泡花树、领春木、栓翅卫矛、猫儿屎（*Decaisnea fargesii*）、多花木蓝、绣线菊、木姜子、六道木、三尖杉（*Cephalotaxus fotunei*）等。

由于林内阴暗潮湿，草本层以耐荫植物为主，主要有水金凤、马兜铃、老鹳草、碎米芥、三籽两型豆、索骨丹（*Rodgersia fargesii*）、繁缕、毛细辛、野棉花、竹叶草、重楼等。

表2-11　保护区鹅耳枥太白杨林典型样方统计表

地点		样方号	海拔/m	经度	纬度
响潭沟		3-4	1304	108°30′41″E	33°28′47″N
乔木层	优势种	平均高度(m)	株数	平均胸径(cm)	投影(m²)
	太白杨	10	5	14	7
	鹅耳枥	8	3	11	6
	野胡桃	10	2	18	22
	陕西械	8	1	12	13
	湖北枫杨	9	1	14	18
灌木层	优势种	棠棣、泡花树、领春木、栓翅卫矛			
	其他种	青荚叶、猫儿屎、多花木蓝、绣线菊、木姜子、六道木、三尖杉			
草本层	优势种	索骨丹、繁缕、毛细辛			
	其他种	水金凤、马兜铃、老鹳草、碎米芥、三籽两型豆、野棉花、竹叶草、重楼			

群系13：枫杨+漆树+械树林群系 Form. *Pterocarya stenoptera +Toxicodendron vernicifluum +Acer* sp.

分布与结构：该群系主要分布在海拔1 150 m以上中山地带的山谷和地形起伏、环境潮湿的谷坡下部。山地棕色森林土，深厚、肥沃、潮湿。

群落结构：群落结构层次重叠，树木种类繁多。乔木层常以枫杨、漆树、太白杨构成第一亚层；械树、椴树、领春木等居于第二亚层，其他乔木有野胡桃、重齿械（*Acer maximowczii*）、铁杉、水青树、稠李、青蛙皮械（*A. grosseri*）、锐齿槲栎、红桦、少脉椴（*Tilia paucicostata*）、鹅耳枥、白蜡、陕甘花楸、四照花等（表2-12）。灌木层组成种类较多，常见的有榛、泡花树、棠棣、珍珠梅、金钱械、红豆杉、甘肃山楂（*Crataegus kansuensis*）、木姜子、桦叶荚蒾、荚蒾、楤木（*Aralia chinensis*）、毛梾子、华北绣线菊、美丽胡枝子及粗榧（*Cephalotaxus sinensis*）等。草本层则以耐庇荫，喜潮湿的种类为主，常见的有婆婆纳、老鹳草、金龟草、大披针苔草、野青茅、唐松草、淫羊藿、天门冬（*Asparagus cochinchinensis*）、天南星（*Arisaema asperatum*）、香青、落新妇、夏枯草、车前、挂金灯和蕨类。群落乔木层的第一亚层高20～25 m，第二亚层高16～18 m，郁闭度0.7～0.9，林下更新幼树为野胡桃、械类、白蜡等。

表 2-12　保护区枫杨林典型样方统计表

地点		样方号	海拔 /m	经度	纬度
赤裕河		5-4	1722	108°27′4″ E	33°28′51″ N
乔木层	优势种	平均高度 (m)	株数	平均胸径 (cm)	投影 (m²)
	枫杨	13	5	31.6	22
	漆树	8.9	2	15	13
	深灰槭	13	1	31	21
	稠李	13	1	32	20
	粉椴	12	2	18	12
灌木层	优势种	泡花树、棣棠、珍珠梅、金钱槭			
	其他种	红豆杉、甘肃山楂、木姜子、桦叶荚蒾、荚蒾、楤木、枸子、华北绣线菊、美丽胡枝子、粗榧			
草本层	优势种	婆婆纳、老鹳草、金龟草			
	其他种	唐松草、淫羊藿、天门冬、天南星、香青、落新妇、连钱草、夏枯草、车前、挂金灯			

群系 14：太白杨 + 漆树 + 鹅耳枥林群系 Form. *Populus purdomii+Toxicodendron vernicifluum+Carpinus turczaninowii*

分布与生境：该群系主要分布在海拔 1 700 m 左右多石块的坡地上，土壤为山地棕壤，壤质沙土，土层厚度约 55 cm，有机质含量 5.5%。

群落结构：群落主要由高位芽植物、地面芽植物和地下芽植物组成。群落外貌浅绿色，林相不整齐，林冠密集，郁闭度 0.7 ～ 0.9。乔木层种类丰富，无明显优势种，优势成分为太白杨、漆树、鹅耳枥，伴生者有尖齿栎、槭属、椴属、桦木属、微毛樱桃、托叶樱桃（*Prunus stipulacea*）等，林木平均胸径一般 12 ～ 16 cm，平均高 8 ～ 15 m。灌木层高 1.5 ～ 2.0 m，盖度 50%，优势种有金花忍冬、粉背溲疏（*Deutzia hypoglauca*）、糙叶鼠李（*Rhamnus tangutica*）、青荚叶、冻绿、二色胡枝子等。草本层稀疏，盖度 15%，高度 10 ～ 20 cm，优势种有大披针苔草、四川天名精（*Carpesium szechuanense*）、蕨叶天门冬、贝加尔唐松草、龙芽草等。层间植物有五味子、铁线莲等。

群落中太白杨多为中龄林木，林下无其幼树幼苗，但漆树、鹅耳枥幼苗幼树较多。同时，林下还有较多的山核桃、槭树、椴属、三桠乌药、华山松等树种的幼苗幼树，这说明在演替过程中，太白杨将会逐步消失，而为其他杂木林所更替。

群系 15：锐齿槲栎 + 漆树群系 Form. *Quercus aliena* var. *acuteserrata+Toxicodendron vernicifluum*

分布与生境：该群系主要分布在海拔在 1 600 ～ 2 200 m 范围内的山坡下部，坡度小于锐齿槲栎林所在地段，土壤为山地棕壤，土层厚 20 cm，壤土，有机质含量 5.5%。

群落结构：该群系是锐齿槲栎林和典型的落叶阔叶杂木林间的过渡类型。群落外貌黄绿色，波状起伏，林木密集，林相整齐，层次结构分明，郁闭度 0.70 ～ 0.80。乔木层高 10 ～ 15 m，胸径 15 ～ 20 cm，优势种为锐齿槲栎和漆树，伴生种类较多，主要有山核桃、华山松、椴属、槭属、木姜子、领春木、刺榛等。灌木层高 1.5～2.0 m，盖度40%，种类较多，主要有北京忍冬、悬钩子、箭竹、青荚叶等。草本层相对稀疏，盖度20%，高 10～15 cm，优势种有大披针苔草和蕨类，伴生种有大叶碎米荠、针苔草等。层间植物丰富，主要有盘叶忍冬、黑蕊猕猴桃、大芽南蛇藤、常春藤和五味子等。

群落中乔木层优势种的幼苗、幼树在林下更新层中均较多，尤其锐齿槲栎的实生和萌蘖苗最多，乔木层的伴生种也具有这种特征，证明本群系具有较强的稳定性。

群系 16：太白杨 + 光皮桦 + 漆树林 Form. *Populus purdomii+Betula luminifera + Toxicodendron vernicifluum*

分布与生境：该群系主要分布在海拔 1 600 m 左右的坡度平缓的坡脚，土壤为山地棕壤，质地沙质壤土，土层厚42 cm，土壤有机质含量3.3%。

群落结构：群落外貌浅绿色，林相整齐，林木密集，郁闭度0.8～0.9，层次结构分明。乔木层分为两个亚层：第一亚层高 15～18 m，由太白杨、光皮桦、漆树组成，胸径 20～25 cm；第二亚层高 8～10 m，由锐齿槲栎、沙梾、灯台树、多毛樱桃、鹅耳枥、黄花柳等组成，胸径 10～15 cm。灌木层稀疏，高 1.0～1.5 m，盖度20% 左右，优势种为栓翅卫矛，其他种类有美丽悬钩子、胡颓子、陇塞忍冬等。草本层稠密，草本层高 20～25 cm，盖度50%。优势种为大披针苔草和红升麻，此外还有蕨、龙牙草、陇南凤仙花、卵叶茜草、六叶葎（*Galium asperuloides* var. *hoffmeisteri*）等。层间植物有大芽南蛇藤和菝葜等少数几种。

本群落的太白杨和光皮桦均系大胸径林木，其下更新幼苗较难找到，而多是一些耐荫种类，如漆树、锐齿槲栎、鹅耳枥、千金榆、槭类等，反映了主要建群种已经偏老，而漆树和锐齿槲栎的种群不仅稳定而且愈来愈占优势。本群落有被其他落叶阔叶杂木林所更替的趋势。

群系 17：漆树林 Form. *Toxicodendron vernicifluum*

分布与生境：漆树主要分布于河北、河南、甘肃、湖北、四川、福建、云南等省。在秦巴山地，野生漆树主要分布在海拔 1 000 m 以上的自然植被中，其垂直分布的上限可达桦木林带，以松栎林带分布最为普遍，多呈块状或团状分布。在保护区，野生漆树主要分布在海拔 1 600～1 900 m 的山坡中、下部或沟谷底部，通常与灯台树（*Cornus controversa*）、锐齿槲栎、椴树、铁杉、华山松、油松等树种构成混交林。

漆树喜温暖潮湿气候，喜光，但幼苗期能忍耐一定的庇荫，萌芽能力较强，在土层深厚、肥沃、有机质分解较好的石灰质土壤上生长良好。

结构与分类：漆树群落外貌黄绿色，林木密集，分布均匀，林相整齐，层次结构明显（表2-13）。乔木层以漆树占优势，混生有油松、锐齿槲栎、山杨、日本落叶松、华山松、铁杉等，郁闭度0.5～0.7，林分平均高 16～20 m，平均胸径 16～24 cm，伴生树种较多，主要有椴属、槭属、木姜子、领春木、榛、樱桃等。灌木层种类较多，多为阴湿成分，主要种类有泡花树、忍冬、猫屎瓜、悬钩子、巴山木竹、箭竹、胡枝子、青荚叶、胡颓子、茶藨子、荚蒾等，高 1～2 m，盖度40%～50%。草本层相对稀疏，主要种类有过路黄、水金凤、酢浆草、红升麻、大披针苔草、四川天名精、唐松草及蕨类等，盖度 30% ~ 40%，高 25 ~ 50 cm。藤本植物有南蛇藤、五味子、常春藤、盘叶忍冬等。

表 2-13　保护区漆树林典型样方统计表

地点		样方号	海拔 /m	经度	纬度
纸坊沟		1-4	1674	108°31′22″ E	33°29′48″ N
乔木层	优势种	平均高度 (m)	株数	平均胸径 (cm)	投影 (m²)
	漆树	15	7	28	20
	油松	14.5	4	35	12
	华山松	14	7	26.4	18
	日本落叶松	12	4	19	13
灌木层	优势种	灯台树、泡花树、忍冬、猫屎瓜、悬钩子			
	其他种	栓翅卫矛、胡枝子、青荚叶、胡颓子、茶藨子、五味子、盘叶忍冬			
草本层	优势种	过路黄、水金凤、酢浆草			
	其他种	红升麻、大披针苔草、四川天名精、唐松草、蟹甲草			

（二）山地杨桦林

山地杨桦林是由杨属、桦属植物种类组成的植物群落，分布于我国的温带和暖温带，而在保护区分布在山地、丘陵、河岸、沟谷地段，根据群落的建群种不同可以划分为以下 7 个群系。

群系 18：牛皮桦林 Form. *Betula utilis*

分布与生境：牛皮桦林主要分布在秦岭亚高山地带，海拔 2 400 ~ 2 800 m，位于冷杉林带下部，落叶阔叶林带上部，呈块状分布在石质土上或冰川侵蚀沟道石流隙间，地形较为平缓、土层较厚的冷杉林采伐迹地上。在保护区，牛皮桦主要集中分布在海拔 2 200 ~ 2 600 m 范围内的平河梁等区域。下限接红桦林，上限连接巴山冷杉林，分布面积小，多小块分布，也常与红桦、巴山冷杉混生。

牛皮桦为喜光树种，适应性强，耐瘠薄，抗日灼和霜冻害，所以在土层极薄的石质土上，甚至悬崖裸石上的石隙间，冷杉不能生长的地方都有牛皮桦的分布。但牛皮桦比红桦生长缓慢，且树干弯曲低矮，圆满度差，树冠稀疏多杈，心腐严重。

结构与分类：牛皮桦林多为单层纯林，外貌灰绿色，林相整齐，层次结构分明。乔木层牛皮桦占明显优势，郁闭度 0.6 ~ 0.8，主要由牛皮桦、巴山冷杉、红桦、华山松等构成。

灌木层最主要的优势种是箭竹，其他常见灌木种类有杜鹃、太白六道木（*Abelia dielsii*）、陕甘花楸、茶藨子、川滇绣线菊、华西忍冬、水榆花楸、丛花荚蒾、刚毛忍冬、峨嵋蔷薇、秀雅杜鹃、冰川茶藨子、糠茶藨子、陇塞忍冬、显脉小檗（*Berberis oritepha*）、黄瑞香（*Daphne giraldii*）等。

草本层植物主要有毛状苔草、纤毛鹅冠草、大叶碎米荠、山酢浆草（*Oxalis*

griffithii）、升麻、光叶风毛菊（Saussurea acrophila）、双花堇菜（Viola biflora）、独叶草、延龄草（Trillium tschonoskii）、大花糙苏等。

群系 19：亮叶桦林 Form. Betula luminifera

分布与生境：亮叶桦（Betula luminifera）林主要分布于秦岭南坡及巴山地区，秦岭北坡很少见到亮叶桦。多呈小片状分布，在本区分布于海拔 1 500～1 900 m 范围内，在垂直带上的位置与锐齿槲栎林基本重合，但面积较小。亮叶桦纯林较少，多以混交林形式出现，林内常混生有漆树、太白杨、铁杉、锐齿槲栎、鹅耳枥等。

亮叶桦喜生于湿润肥沃土壤上，多分布于平缓山坡的中下部或顺宽沟漫坡而上的沟谷底部。树体高大，干形端直。本区草坪、蒸笼厂等地有分布。

结构与分类：亮叶桦林外貌淡绿色，林相整齐，群落结构与锐齿槲栎林相似。乔木层第一亚层主要由亮叶桦、太白杨、铁杉、漆树等组成，亮叶桦高可达 24 m，胸径达 45 cm。第二亚层由灯台树、锐齿槲栎、鹅耳枥、微毛樱桃等组成，高 6～8 m。灌木层多比较稀疏，盖度 20% 左右，常见种有四照花、栓翅卫矛、溲疏、木姜子、棣棠花（Kerria japonica）等。草本层发达，盖度多在 50% 以上，主要有大披针苔草、红升麻、龙芽草、鹿蹄草、陇南凤仙花（Impatiens potaninii）、橐吾（Ligularia sp.）等。

亮叶桦林显著的特点是林下比较空旷，虽生境优越，但却少见有在这一高度上广泛分布的巴山木竹，即使有也极为稀疏。一般认为，亮叶桦林多属于森林演替阶段的群落，从亮叶桦林林下幼苗幼树生长状况、乔木种群年龄结构以及亮叶桦林分布的小环境来看，可能替代亮叶桦林的稳定群落是铁杉针阔叶混交林。

群系 20：鹅耳枥林 Form. Carpinus turczaninowii

分布与生境：以鹅耳枥属植物为优势的群落主要分布于亚热带山地，特别是石灰岩山地，以中亚热带居多，这类群落多属含常绿树的落叶阔叶林（中国植被编辑委员会，1980）。本区鹅耳枥（Carpinus turczaninowii）自海拔 1 500 m 至 2 000 m 均有分布，一般作为落叶阔叶林的伴生种，局部地段能与锐齿槲栎、铁橡树、铁杉组成混交林。

结构与分类：群落外貌单纯，结构简单，树干高大，林下开阔。乔木层以鹅耳枥占优势，盖度 90%，平均树高 22 m，平均胸径 41 cm。伴生种较少，有五裂槭、铁杉、水青树（Tetracentron sinensis）等。灌木层低矮而且稀疏，总盖度 20%，主要有桦叶荚蒾、木姜子、冻绿（Rhamnus utilis）、栓翅卫矛、假豪猪刺（Berberis soulieana）、映山红、四川杜鹃（Rhododendron sutchuenense）等。草本层总盖度 15%，常见有大披针苔草、麦冬、长穗兔耳风（Ainsliaea henryi）、细辛等。藤本植物只见到牛姆瓜。

群系 21：红桦林 Form. Betula albo-sinensis

分布与生境：红桦主要分布于秦岭、巴山等山地的高、中山地带，海拔 2 000～2 600 m。红桦林既是暖温带及北亚热带的高、中山地区植被垂直带谱中重要的、较为稳定的群落类型之一，也是温暖性落叶阔叶林带与湿冷性针叶林带之间的过渡植被类型。在保护区，红桦林主要分布于海拔 1 900～2 400 m 范围之间，下与以华山松、油松、铁杉与落叶栎类组成的松栎混交林带相连，上与冷杉和云杉林带、牛皮桦林相接。

红桦为阳性喜光、忌风的树种，在山坡的中、下部及沟谷两侧分布较多，生长良好，而在迎风坡面和风力较大的山脊分布较少，生长较差。红桦喜生于降水充沛、气候温凉湿润、地势平缓、土层深厚、结构良好、肥沃的生境条件下。

结构与分类：在保护区，红桦林多为纯林，或与华山松、铁杉等混交形成针阔叶混交林。红桦林外貌浅绿色，喜光，多为单层林，群落层次结构简单，林相整齐（表2-14）。乔木层以红桦占绝对优势，生长良好，树龄为40～60年，平均高15～20 m，平均胸径30～45 cm，混生树种除华山松、青杆外，还有牛皮桦、山杨、铁杉、落叶松、锐齿槲栎、太白杨（*Populus purdomii*）、重齿槭（*Acer maximowiczii*）、灯台树、少脉椴（*Tilia paucicostata*）、华椴（*T. chinensis*）、湖北花楸（*Sorbus hupehensis*）、石灰花楸（*S. folgneri*）、柳类等，郁闭度0.5～0.7，平均高18～20 m，在红桦林分布的下限主要混生树种为华山松、锐齿槲栎、漆树、铁杉等，而在其分布上限主要混生树种为牛皮桦、青杆、巴山冷杉等。

灌木层盖度40%～80%，高度2～3 m。优势种主要为箭竹，块状或团状分布，生长良好。除此之外，还有山荆子、陕甘花楸、稠李、珍珠梅、桦叶荚蒾、峨嵋蔷薇、秦岭蔷薇、川滇绣线菊（*Spiraea schneideriana* var. *amphidoxa*）、南川绣线菊（*S. rosthornii*）、尖叶绣线菊（*S. japonica*）、水榆花楸（*Sorbus alnifolia*）等也能形成优势，其他灌木常见种还有红脉忍冬、陇塞忍冬（*Lonicera tangutica*）、冰川茶藨子、密穗小檗（*Berberis dasystachya*）、蔷薇、青荚叶、东陵八仙花（*Hydrangea bretschneideri*）、甘肃海棠、太平花（*Philadelphus pekinensis*）等。

草本层盖度20%～40%，高度50～60 cm。主要草本种类有蛇莓、苍耳七、獐牙菜、野菊、紫斑风铃草、落新妇、大花糙苏、大叶碎米荠、香青、水金凤（*Impatiens noli-tangera*）、细辛、升麻（*Cimicifuga foetida*）、陕西粉背蕨（*Aleuritopteris shensiensis*）等。

层间藤本植物有华中五味子、藤山柳、绣球藤（*Clematis montana*）、茜草等。

表2-14 保护区红桦林典型样方统计表

地点	样方号	海拔/m	经度	纬度
响潭沟顶	3-1	2248	108°32′54″ E	33°29′45″ N

	优势种	平均高度 (m)	株数	平均胸径 (cm)	投影 (m²)
乔木层	红桦	11	20	15	12
	日本落叶松	12.5	6	22	9
	铁杉	8	2	12	8
灌木层	优势种	山荆子、陕甘花楸、稠李、珍珠梅、峨嵋蔷薇			
	其他种	桦叶荚蒾、秦岭蔷薇、川滇绣线菊、水榆花楸、忍冬、青荚叶、东陵八仙花、甘肃海棠、太平花			
草本层	优势种	蛇莓、苍耳七、獐牙菜、野菊			
	其他种	紫斑风铃草、落新妇、大花糙苏、大叶碎米荠、香青、水金凤、对叶细辛、升麻			

群系 22：山杨林 Form. *Populus davidiana*

分布与生境：山杨分布普遍，黑龙江、吉林、内蒙古、河北、山西、湖北、四川、云南、甘肃、江苏、青海等省（自治区）均有其存在。在陕西秦岭南北坡、渭北山地、陕北山地等凡有天然林的地域均可见到山杨林。在保护区山杨林主要分布在 1 150 ～ 2 500 m 的海拔范围内，在各个坡向、各种坡位均有分布，以山坡上部、山脊及两侧分布较多。

山杨适应性强，可生长在多种生态环境条件下，在岩石裸露、石质陡坡、地形平缓和土层深厚的地段均有其分布；山杨系强喜光树种，耐侧方庇荫，对土壤条件要求不严，在褐土、淋溶褐土、山地棕色森林土、山地灰化棕色森林土、山地原始粗骨性棕色森林土、黄褐土上均能生长。对土壤水分适应范围较宽，较耐干旱和瘠薄。

结构与分类：在保护区内，山杨多为混交林，纯林较少，只有在山脊干旱、瘠薄的地段可形成小片纯林。混生树种常有锐齿槲栎、油松、华山松、红桦、云杉、铁杉、漆树、太白杨等。土壤为山地棕壤和山地暗棕壤。群落结构简单，林相整齐。乔木层可分为两亚层：第一亚层以山杨占优势，平均高 16 ～ 18 m，平均胸径 14 ～ 20 cm，混生树种主要为锐齿槲栎、铁杉、华山松、糙皮桦、油松、少脉椴、榛、鹅耳枥、五裂槭等；第二亚层树种种类较多，高 6 ～ 8 m，由小乔木组成，有毛樱桃、槲树、千金榆、水榆花楸（*Sorbus alnifolia*）、铁橡树、微毛樱桃、银鹊树（*Tapiscia sinensis*）、华榛（*Corylus chinensis*）、血皮槭（*Acer griseum*）、青榨槭等。

灌木层稀疏，盖度较低，一般在 20% ～ 40%，主要种类有甘肃山楂（*Crataegus kansuensis*）、青麸杨、箭竹、美丽胡枝子、胡颓子、绢毛绣线菊（*Spiraea sericea*）、青荚叶、栓翅卫矛、桦叶荚蒾、红脉忍冬、峨嵋蔷薇等。

草本层盖度多在 35% 左右。种类多属中生耐旱植物，优势种主要有大披针苔草、野青茅、野棉花、白茅（*Imperata cylindrica*）、翅茎风毛菊（*Saussurea cauloptera*）、异叶败酱、龙牙草、野菊等。

除此之外，山杨林中还有少量层间植物，主要有盘叶忍冬，大芽南蛇藤、五味子、铁线莲等。

群系 23：太白杨林 Form. *Populus purdomii*

分布与生境：太白杨主要分布在秦岭南北坡海拔 1 300 ～ 2 200 m 范围之间。在保护区也有少量分布，但多作为伴生种呈散生状分布于落叶阔叶林之中。华山松林、锐齿槲栎林、红桦林中均常有其混生，只有在局部地段形成以太白杨为优势的小块太白杨林。

太白杨纯林多发生在宽阔沟谷底部及两侧缓坡之上，在地下水位较高，土层深厚、肥沃的立地上生长最好，并能长成高大林木。

结构与分类：太白杨林外貌淡绿色，结构单一。乔木层郁闭度为 0.5 ～ 0.7，种类较少，常有锐齿槲栎、华山松混生。太白杨平均高 14 m，胸径 14 ～ 20 cm。灌木层种类少而稀疏，盖度在 40% 左右，以绿叶胡枝子为主，混有弓茎悬钩子、杭子梢、木姜子、栓翅卫矛、美丽悬钩子、巴山木竹、米面翁、四照花等。草本层种类稀少，盖度在 30%，常见有蛇莓（*Duchesnea indica*）、大披针苔草、三褶脉紫菀、红升麻、龙牙草、裂叶荨麻（*Ultica fissa*）、蕨叶天门冬（*Asparagus filicinus*）、蒿（*Artemisia* sp.）等。藤本植物贫乏，仅有大芽南蛇藤等。

群系 24：青杨林 Form. *Populus cathayana*

分布与生境：青杨林在秦岭均有分布，但面积不大，除青杨优势种外，混生有少量的油松、华山松、锐齿槲栎和其他阔叶树。在保护区分布于海拔 1 200～1 600 m 的河流两岸平坦的沟谷地上，土壤为山地冲积性棕色森林土，土层深厚，湿润且肥沃。

结构与分类：青杨林外貌墨绿色，结构单一，林分郁闭度 0.4～0.6，青杨林所在区域的两面山坡上常为华山松林、油松林、锐齿槲栎林，因而乔木层中青杨虽占绝对优势，但混生有少量的华山松、油松、锐齿槲栎或其他阔叶树，青杨林平均高 10～12 m，平均胸径 8～12 cm。灌木层盖度 50%，高 2～4 m，如醉鱼草（*Buddleja davidii*）、紫丁香、苦糖果、棣棠等。草本层盖度 30%，主要有白茅、艾蒿、芦苇（*Phragmites communis*）、茜草等。

（三）常绿落叶阔叶混交林

常绿落叶阔叶混交林是落叶阔叶林与常绿阔叶林之间的过渡类型，为北亚热带典型的植被类型之一，是由落叶与常绿树种混合组成但以落叶阔叶树为主要建群种的混交林。这类群落外貌接近落叶阔叶林，又有"含常绿树的落叶阔叶林"之称。乔木层第一亚层往往由落叶阔叶树种组成，第二亚层则是常绿树占优势。

常绿落叶阔叶混交林的典型分布地是在北亚热带的低山、丘陵，但在中山带（1 600～2 000 m）的一些向阳坡面、山脊两侧或石灰岩基质上分布有一些常绿落叶阔叶混交林。群落外貌为锐齿槲栎、红桦、铁杉、鹅耳枥明显占优势的落叶、常绿阔叶混交林。乔木层第一亚层主要由锐齿槲栎、红桦、鹅耳枥、少脉椴等落叶阔叶树和铁杉、华山松等针叶树构成，高 14～18 m。第二亚层高 6～9 m，除高山刺叶栎、青冈以外，还有灯台树、青蛙皮槭等。铁橡树和椆有时也进入乔木层的上层，甚至在局部地段能成为群落建群种。其他乔木树种还有山杨、油松、陕西紫茎等。不同地段乔木层上层的树种组成有些变化，这给群落类型的划分带来了较大困难。

灌木种类与同一海拔高度的锐齿槲栎林和红桦林没有大的差别，优势种常常是巴山木竹，短枝六道木有时也成为优势种。其他常见种有米面翁、光叶珍珠梅、栓翅卫矛、粉背溲疏、毛叶水栒子（*Cotoneaster submultiflorus*）、陇塞忍冬、峨眉蔷薇等。

林下草本层多以大披针苔草为优势，常见种还有开口箭、麦冬、茖韭（*Allium victorialis*）、鹿蹄草、索骨丹、苋草、喜冬草（*Chimaphila japonica*）等。层间植物很少，偶见有茜草、黑刺拔契、猕猴桃等。

本区主要的常绿落叶阔叶混交林类型有：

群系 25：锐齿槲栎 + 鹅耳枥林 Form. *Quercus aliena* var. *acuteserrata* + *Cyclobalanopsis glauca* + *Carpinus turczaninowii*

乔木层郁闭度达 0.6～0.7。乔木层的平均高度在 14 m 左右，平均胸径 40 cm，生长良好。除建群种锐齿槲栎和鹅耳枥外，乔木层伴生种有 10 余种，主要有华山松、高山刺叶栎、山杨、太白花楸、陕甘花楸、太白杨等。偶见牛皮桦、巴山冷杉等。

灌木种类与同一海拔高度的锐齿槲栎林和红桦林没有明显的差别，优势种常常是秦岭箭竹或巴山木竹、短枝六道木。其他常见种有珍珠梅、桦叶荚蒾、米面翁、栓翅卫矛、毛叶水栒子、峨眉蔷薇、巴山木竹等。藤本植物常见种有猕猴桃、绣球藤、藤山柳、华中五味子等。林下草本层有麦冬、茖韭（*Allium victorialis*）、索骨丹、鹿蹄草、喜冬草、茜草等。

群系 26：锐齿槲栎＋铁橡树林 Form. *Quercus aliena* var. *acuteserrata* ＋ *Quercus spinosa*

本区这种常绿落叶阔叶混交林分布面积很小，其分布依赖于一些特殊的生境条件，多分布于近山脊地带，基质保蓄水分作用较差，所以其中的常绿树种为耐寒和较耐旱的种类。但常绿树能达乔木层和在林下形成明显的常绿植物层片，也反映出本区气候条件的重要变化。

（四）温性竹林

竹林主要分布在热带和亚热带，有些竹种则延伸到温带。竹林是单优种组成植物群落，是一类木本状多年生常绿植物群落类型，竹林是一种重要植物资源。

竹林是由竹类植物组成，它隶属于禾本科的竹亚科多年生木本植物，因而其生长发育不同于一般的阔叶树。竹林有其特殊的生态习性，竹子的地下茎是竹类植物在土壤中横向生长的茎部，有明显的分节和节上生根，节侧有芽，可以萌发为新的地下茎或笋出土成竹。竹子开花周期长，竹种的传播和繁殖更新主要是通过营养体的分生来实现的。竹子的地下茎既是养分贮藏和输导的主要器官，同时也具有强大的分生繁殖能力。竹类植物不仅具有根的向地性和竹秆的反向地性生长，而且还具有地下茎的横向地性生长的特征。竹林的竹秆连接地下茎，地下茎生笋，笋长成竹，竹又养地下茎，循环繁殖，不断扩大，相互影响，与有机营养物质的合成、积累、分配和消耗等生长活动形成竹林的自我调节系统，这是竹子个体生长发育的特点，也是竹林群落发展更新的规律。

保护区地处北亚热带北缘，因此竹林群落类型和分布面积比较少，且多为各种森林群落的林下结构，常与其他灌木混生或斑块状分布，因此竹林类型只有一个植被亚型——温性竹林，温性竹林主要有 2 个群系，即秦岭箭竹林和巴山木竹林。

群系 27：秦岭箭竹林 Form. *Fargesia qinlingensis*

陕西的箭竹林主要分布在秦岭、巴山，是一种天然竹林。在保护区主要分布在海拔 1 500～2 500 m 范围内。箭竹耐寒性强，较耐干旱和瘠薄土壤。箭竹林林冠整齐，高度达 1～3 m，茎粗 0.5～1.5 cm，每公顷立竹达 6 万～9 万株，生长茂密。群落除成片纯林分布外，在稀疏地段常与针、阔叶树如冷杉、红桦、锐齿槲栎等乔木树种混交，形成针、阔叶树与箭竹的混交林（表 2-15）。

箭竹为合轴散生型，具庞大的地下鞭根系统，春、夏顶芽出土成竹，竹秆散生。竹笋和竹叶是大熊猫的主要食料，应注意保护。

表2-15　保护区秦岭箭竹林典型样方统计表

	地点	样方号	海拔	经度	纬度
	草甸	1-2-2	2242	108°29′30″ E	33°28′48″ N
灌木层	优势种	秦岭箭竹			
	其他种	藏刺榛、峨眉蔷薇、荚蒾、四川杜鹃			
草本层	优势种	蟹甲草、大花糙苏、蛇莓			
	其他种	肺筋草、酢浆草、翠雀花			

群系28：巴山木竹林 Form. _Arundinaria fargesii_

巴山木竹在保护区主要分布在海拔 1 150 ～ 2 000 m 范围，多呈片或块状分布，生长良好，低海拔区域常见。巴山木竹喜温暖湿润气候，其分布由低到高随生态条件的严酷，生长速度和分布相应递减与缩小。巴山木竹喜光，适于在山地棕壤和山地黄棕壤、质地壤质或轻黏、比较疏松、团粒结构的土壤条件下生长。地形对巴山木竹的分布、生长影响较大，海拔 500 m 左右仅有个别矮小植株，1 000 m 左右便有小块分布，1 500 m 以上成片分布，1 700 ～ 2 000 m 以上生长又开始变差，最高分布海拔 2 200 m。

巴山木竹地下茎为复轴型，在土壤肥沃的条件下，地面上复轴丛生竹所占比例较高，生长较快，往往在占据地段形成较稳定的竹林群落。巴山木竹适应性强，生长发育良好，是大熊猫的重要食物资源和栖息地，应予以特别保护。

三、灌丛

灌丛包括一切以灌木占优势所组成的植被类型。群落高度一般均在 5m 以下，盖度大于 30% ～ 40%，它和森林群落的区别不仅在于高度不同，更主要的是灌丛建群种以无明显的地上立杆，多为簇生的灌木生活型。灌丛不仅包括原生性的类型，也包括那些在人为因素或其他因素影响下较长期存在的相对稳定的次生植被。灌丛的生态适应幅度较森林广，在气候过于干燥或寒冷、森林难以生长的地方，则有灌丛分布。在高山和亚高山上，在寒温性针叶林的上限分布着一类特殊的灌丛，它们的共同特点是能够适应低温、风大、干燥，长期积雪的高寒气候，常与高寒草甸构成亚高山灌丛草甸带，是具有垂直地带意义的相对稳定的原生植被类型。

根据保护区灌丛的群落结构特征，种类组成，外貌特点以及分布划分为常绿革叶灌丛和落叶阔叶灌丛两个植被型。

（一）高寒常绿灌丛

由耐寒、中旱生的常绿革叶灌木为建群层片，苔藓植物为亚建群层片组成的常绿革叶灌丛。它们占据着山地寒温性针叶林带以上的阴坡、半阴坡，与分布在阳坡和半阳坡的高寒草甸构成亚高山灌丛草甸带，因此它是具有垂直地带性意义，相对稳定的原生植被类型。土壤为含有机质较高的高山灌丛草甸土，微酸性反应，并经常处于低温状态，造成生理性干旱。

常绿革叶灌丛，四季常青，枝条密集，覆盖度大，一般在 70% ～ 90%，外貌整齐，在五、六月间盛花季节，万紫千红的花朵，竞相开放。群落结构比较简单，地上分层比较明显，一般只具有灌木层和苔藓层，而草本层发育十分微弱，地下分层不明显，一般都盘结在 20 ～ 30 cm 左右，形成单层根系。

根据保护区建群种不同，划分以下两个群系，群系 29 太白杜鹃灌丛，群系 30 金背杜鹃灌丛。

群系 29：太白杜鹃灌丛 Form. *Rhododendron purdomii*

太白杜鹃灌丛主要分布在保护区海拔 2 000 ～ 2 670 m 的范围内，在平河梁龙潭子山峰分布最多，是一种高大灌木林。优势种太白杜鹃高达 3 ～ 5 m，个别植株成乔木状。常见于有巨块岩石裸露、土层薄、地被物较厚、湿度较大的阴坡或半阴坡。

灌木层太白杜鹃占绝对优势，盖度 60% ～ 70%，其下灌木成分不多，有刺毛蔷薇（*Rosa setipoda*）、峨嵋蔷薇、陇塞忍冬（*Lonicera tangutica*）、华西银腊梅（*Potentilla arbuscula*）、茶藨子等。

由于灌木层盖度大，草本植物较少，稀疏，盖度一般在 10% ～ 30%，常见的有索骨丹、假冷蕨（*Pseudocystopteris spinulosa*）、裸茎碎米荠（*Cardamine denudata*）、苔草、单枝灯心草、糙苏（*Phlomis umbrosa*）等。

本类型为原生裸地先锋灌木群落，进一步发展，有可能被附近的牛皮桦和红桦所代替，形成先锋乔木群落桦木林，但更多情况下是作为高山稳定群落而存在。

群系 30：金背杜鹃灌丛 Form. *Rhododendron clementinae* subsp. *aureodorsale*

金背杜鹃灌丛仅见于保护区海拔 2 500 m 以上龙潭子主峰，是一种较为典型的常绿阔叶灌丛。通常为纯灌木林，高度 2 ～ 4 m，盖度 80% ～ 90%。由于盖度较大，林内阴暗，加之枯枝落叶层较厚，故林内下层灌木和草本植物较为贫乏，仅有鸡腿堇菜（*Viola acuminata*）、苔草等少数草本植物种类。在金背杜鹃生长较稀疏的地方，才有其他灌木出现，常见有太白花楸（*Sorbus tapashana*）、川滇绣线菊（*Spiraea schneideriana*）、陇塞忍冬（*Lonicera tangutica*）、峨嵋蔷薇（*Rosa omeiensis*）、刺毛蔷薇（*R. setipoda*）等。

金背杜鹃灌丛常系华西银腊梅群落发展而来，其下生长有大量的巴山冷杉幼苗、幼树，因此该灌丛可被糙皮桦和巴山冷杉林所更替。

（二）高寒落叶阔叶灌丛

落叶阔叶灌丛主要包括以冬季落叶的阔叶灌木所组成的植物群落。保护区落叶阔叶灌丛由耐寒的中生或旱中生落叶阔叶灌木所组成，属于高寒落叶阔叶灌丛，其下限分布的是温性落叶灌丛，群落的结构一般为两层，即灌木层和草本层，一般来说，这类灌丛的性质有很大差别，其中大部分是森林砍伐后出现的次生植被。根据落叶阔叶灌丛的群落结构，种类组成以及生态地理特征，划分为高寒落叶阔叶灌丛植被型和温性落叶阔叶灌丛植被型。

在保护区，它们通常在山地寒温性针叶林的上限，和常绿的革质灌丛高寒草甸构成亚高山草甸带。因此它们是具有垂直地带性意义的相对稳定的原生植被。这种类型的盖度比较大，一般在 70%，灌木层由冬季落叶的灌木组成，草本层为高寒草甸成分，依据建群种不同，保护区有高山绣线菊灌丛。

群系 31: 高山绣线菊灌丛 Form. *Spiraea alpina*

高山绣线菊灌丛主要分布在海拔 2 200 ～ 2 500 m 地形较平缓的阴坡或半阴坡，土层厚度约 50 cm，有机质含量 5.5% 左右。群落外貌呈绿色至黄绿色，盖度 60% ～ 80%，高度 1.5 ～ 2.0 m，丛密度 2.9 丛 / m²，株密度 12.9 株 / m²，细枝绣线菊在群落中居绝对优势，其显著度和优势度均在 90% 以上，混生的其他灌木种类主要有红脉忍冬、陇塞忍冬（*Lonicera tangutica*）、川西茶藨子（*Ribes acuminatum*）、杯腺柳、高山柳（*Salix cupularis*）、华西银蜡梅、华西忍冬、峨嵋蔷薇等。草本层盖度 40%，以大披针苔草占优势，混生有川康苔草、太白银莲花（*Anemone taipaiensis*）、球穗蓼、高山唐松草（*Thalictrum alpinum* var. *elatum*）、早熟禾、毛状苔草、獐牙菜（*Swertia bimaculata*）、川赤芍、风毛菊等。

（三）温性落叶阔叶灌丛

温性落叶阔叶灌丛是以中温性的冬季落叶灌木为建群层片所组成的植物群落，这一类型灌丛适应环境能力一般较落叶阔叶林或温性针叶林强，森林难以生长的较干燥、寒冷之处，都被它们所占据。这样的灌丛有些是原生类型，但更多的是森林被屡次砍伐之后，由于环境条件干旱化，森林难以恢复，形成相对稳定的次生落叶阔叶灌丛，再经长期演替逐渐发展为森林群落。温性落叶阔叶灌丛，群落结构较简单，一般可以划分为灌木和草本两层，其盖度一般在 30% ～ 50%，也可高达 75%。依据建群种不同可以划分为以下几个群系。

群系 32：峨嵋蔷薇灌丛 Form. *Rosa omeiensis*

峨嵋蔷薇灌丛主要分布在海拔 1 900 ～ 2 500 m 范围内的山坡中下部、山脊梁顶，坡度一般较缓，湿度较大，土层较厚，土壤 pH 多在 4.8 ～ 5.5 之间。群落以峨嵋蔷薇占优势，高度可达 1 ～ 2 m，盖度 50% ～ 80%，是桦木林或巴山冷杉林受干扰后形成的次生灌丛。其他灌木种类主要有匙叶柳、华北绣线菊、蒙古绣线菊、细枝绣线菊、陕西绣线菊、红脉忍冬、华西忍冬、西康忍冬、秦岭蔷薇、微毛樱桃、栓翅卫矛等。草本层有大花糙苏、橐吾、大叶碎米荠、东方草莓、轮叶马先蒿、膨囊苔草、湖北野青茅、假冷蕨等。

峨嵋蔷薇灌丛大多为桦木林或冷杉林破坏后形成的次生群落，但有时在冰蚀山谷中，由于水分条件较优越而形成为原生演替的灌木群落，随着其进一步发展和对环境条件的改善，将被牛皮桦或者红桦所更替。

群系 33：筐柳灌丛 Form. *Salix cheilophila*

筐柳灌丛主要分布在海拔 1 150 ～ 1 900 m 范围内的山沟坡底平缓地段，土壤质地为壤质或沙质，有机质含量 5% 左右，土层厚度 50 cm 以上，土壤湿度较大，地下水位较浅，因生境比较优越，故生长良好。群落外貌灰绿色，结构整齐，群落总盖度 50% ～ 70%，高度 2 ～ 3 m，系大灌木群落。本灌丛多系栎林或桦木林被破坏后出现的次生群落，其内常杂有一些乔木树种，如太白杨、糙皮桦、锐齿槲栎等。筐柳在群落中居优势地位，显著度和优势度均在 50% 以上，分盖度 20% ～ 40%。其他灌木有喜阴悬钩子、光叶珍珠梅、湖北山楂、栓翅卫矛、杭子梢等。草本植物繁茂，盖度

30%～50%，混生有芒、湖北野青茅、地榆（*Sanguisorba officinalis*）、龙牙草、野棉花（*Anemone hupehensis*）、披碱草（*Elymus dahuricus*）等。

本灌丛为森林采伐迹地或撂荒地上次生演替恢复之灌丛，起源于胡枝子、杭子梢等先锋灌丛，在人为抚育下可发展为油松林或栎林。

群系 34: 美丽胡枝子灌丛 Form. *Lespedeza formosa*

美丽胡枝子灌丛分布在海拔 1 150～1 800 m 范围内的山脊梁顶或坡地中、上部。其所在土壤因空间位置不同而有差异，有的土层瘠薄，有的土层深厚，达 50 cm 以上，结构良好，酸性反应。

本灌丛多为栎林破坏后植被恢复的先锋灌丛阶段，其优势度常因发展阶段不同而变化，在前期阶段美丽胡枝子常居绝对优势，其他灌木成分甚少，在中、后期阶段随着木本成分逐渐增加，美丽胡枝子则逐渐减少。构成本灌丛的其他灌木种类有胡颓子、桑树、中华旌节花、榛子、木姜子、山梅花、中华绣线菊、三桠乌药、棣棠、青麸杨、八仙花、鸡屎藤、华北绣线菊、多花胡枝子、疏毛忍冬、珍珠梅、蔷薇、毛枸子及陕西山楂等。草本层成分较多，常在 30 种以上，优势种为大披针苔草，盖度 10%～50%，其他种类有狼尾巴花（*Lysimachia barystachys*）、龙牙草、夏枯草、一年蓬、墓头回、苦荬菜、三籽两型豆、大油芒、唐松草、异叶败酱、大戟、野菊等（表 2-16）。

表 2-16　保护区美丽胡枝子林典型样方统计表

地点	样方号	海拔 /m	经度	纬度
燕沟	4-1	1349.2	108°32′16″ E	33°22′48″ N

灌木层	优势种	美丽胡枝子、桑树、中华旌节花、榛子、木姜子、山梅花、中华绣线菊、三桠乌药、棣棠、青麸杨、八仙花、鸡屎藤、华北绣线菊、疏毛忍冬、光叶珍珠梅、蔷薇、毛枸子、陕西山楂
	其他种	狼尾巴花、龙牙草、夏枯草、一年蓬
草本层	优势种	墓头回、苦荬菜、三籽两型豆、大油芒、唐松草、异叶败酱、大戟、野菊
	其他种	肺筋草、酢浆草、翠雀花

本灌丛多系栎林破坏后植被恢复的灌木阶段，因而稳定性较差，常被榛子、胡颓子、黄栌等灌丛所演替，在此以后便有白桦、湖北枫杨、山杨、苦木等乔木或小乔木种类侵入，逐步形成散生的杂木林，继后则被栎林更替。

群系 35: 陕甘花楸灌丛 Form. *Sorbus koehneana*

陕甘花楸灌丛主要分布在海拔 2 000～2 500 m 范围内的山坡中、下部，山脊较少，土层较厚，湿度较大，酸性反应。

本灌丛以陕甘花楸为建群种，虽分布较广，但多为小片状出现。群落盖度 60%～80%，陕甘花楸盖度 40%～50%，高 1.5～3.0 m，生长茂盛。其他伴生灌木种类有湖北花楸、峨嵋蔷薇、华北绣线菊、陇塞忍冬、青荚叶、秦岭小檗、匙叶小檗等。草本层优势种为野青茅、疏花早熟禾（*Poa chatarantha*）等，其他常见的有大舌苔草（*Carex* sp.）、签草（*Carex doniana*）、团穗苔草等。

本灌丛多系桦木林破坏后植被恢复演替的灌木，但在坡度较陡，碎石裸露等基质条件较差的地段，因其他乔木难于侵入，故形成相对稳定的陕甘花楸灌丛。

群系 36: 秦岭柳灌丛 Form. *Salix wuiana*

秦岭柳灌丛主要分布在海拔 2 100～2 500 m 范围内的的山地沟谷湿润地段，坡度一般 25° 左右，地下水位较高，土壤壤质、潮湿，土层较厚，有机质含量 4%。群落外貌灰绿色，多成块状分布于沟谷底部，周围常为草本群落所围，但灌丛内草本层盖度较小。结构不整齐，株丛浑圆状。群落盖度达 90%，高度 2～3 m，丛密度 2.8 丛 / m^2，多为单优群落，其他常见灌木有卫矛、细枝绣线菊、黄瑞香等，盖度及密度均远小于秦岭柳，且多分布于群落边缘。草本层盖度 25%～35%，主要种类有木贼、大披针苔草和苔草，混生有少量毛茛，东方草莓、千里光（*Senecio scandens*）、牛尾蒿等。

本灌丛比较稳定，是特殊地形生境的产物，具原生灌丛性质，可视为一个地形顶级群落。

群系 37: 毛黄栌灌丛 Form. *Cotinus coggygria* var. *pubescens*

毛黄栌灌丛主要分布在海拔 1 100～1 500 m 范围内的阳坡坡面、山坡陡崖、路旁或林缘。土壤质地为沙质壤土，干燥瘠薄，甚至沙外露；土层厚度不足 35 cm，有机质含量 4.2% 左右。群落外貌秋季呈红色，结构稀疏松散，外貌不整。总盖度 60%～70%，群落中陕西荚蒾较多，但显著度和优势度远低于毛黄栌。混生的其他灌木种类主要有牛奶子、黄檀（*Dalbergia hupeana*）、胡枝子、杭子梢、盐肤木、青麸杨、栓翅卫矛、桦叶荚蒾、绣线菊等，另外还混生有油松、华山松、锐齿槲栎、山杨、华椴等幼苗幼树。草本层优势种为大披针苔草，盖度不大，一般 15% 左右，其他种类有牛尾蒿、黄背草、湖北野青茅、异叶败酱等。

本群落为栓皮栎或其他森林被采伐破坏后而形成的次生灌丛群落，是群落演替过程中重要的灌木阶段，起源于采伐迹地或撂荒地上的胡枝子灌丛或杭子梢灌丛。毛黄栌也常为乔木群落中的优势灌木种类。在路旁、山坡陡崖也可形成相对稳定的毛黄栌灌丛。

群系 38: 美丽悬钩子灌丛 Form. *Rubus amabilis*

美丽悬钩子灌丛分布于海拔 1 150～2 000 m 范围内的山谷，路旁或林缘，因其分枝能力较强，故乔木及其他灌木破坏后，即可迅速生长并占据地面，一定程度上阻止了其他植物的进入和生长，很快形成单优群落。群落外貌绿色，花期繁花点缀，夏末秋初则赤果垂挂，结构密丛状。群落盖度可达 70%～80%，高度 1 m 左右。群落中其他灌木种类极少，偶见卫矛及柳。草本盖度 20% 以上，主要种类有草莓（*Fragaria corymbosa*）、山羊角芹（*Aegopodium alpestre*）、川赤芍、象天南星（*Arisaema elephas*）、四川沟酸浆等。

本灌丛为冷杉、云杉或纸皮桦林被过度砍伐后形成的次生灌丛。因起源于采伐迹地上的伞房草莓，山羊角芹等草甸群落，故系先锋灌丛群落。群落周围较易看到冷杉的枯立木及倒木，另有独株生长的太白杜鹃。

群系 39: 绿叶胡枝子灌丛 Form. *Lespedeza buergeri*

绿叶胡枝子灌丛主要分布在海拔 1 500～1 800 m 范围内的梁顶、沟边、路旁和林缘，以阳坡和半阳坡分布较多，土壤质地为壤质砂土或壤土，有机质含量 3.0% ～ 5.5%，土层厚 60 cm 左右。群落外貌夏季呈绿色和黄绿色，结构较为杂乱，特别到发育后期种类成分繁杂，灌木与乔木种类常在 20 种以上，群落总盖度 60% ～ 80%，高度 1.5 ～ 2.0 m，群落以中、小灌木为主，大灌木较少。群落建群种为绿叶胡枝子，伴生种主要有陕西荚蒾、刚毛忍冬、胡颓子、尖叶栒子、多花木蓝、桦叶荚蒾、盐肤木等。群落中还会出现少量华山松、锐齿槲栎、漆树等乔木幼苗幼树。草本层盖度 20% ～ 30%，主要有大披针苔草、大油芒（*Spodiopogon sibiricus*）、异叶败酱、宽叶苔草、龙须草、风毛菊、多花红升麻等。

本灌丛为栎林破坏后次生演替恢复过程中的先锋灌丛群落，稳定性差，易被其他灌木更替，最后形成油松林或栎林。此类型灌丛既可在采伐迹地上发育而来，也可在撂荒地上发育而来。

群系 40: 胡颓子灌丛 Form. *Elaeagnus pungens*

胡颓子（*Elaeagnus pungens*）灌丛分布在海拔 1 800 m 以下范围内的山坡低矮平坦梁脊的阳坡或半阳坡，面积不大，多成小块状。群落外貌银灰绿色，群落结构较为稀散。总盖度 55% 左右，高度 1.5 m 左右，丛密度 1 丛 / m²，株密度 3.2 株 /m²。胡颓子在群落中居优势地位，显著度和优势度均在 78% 以上，其他灌木种类有杭子梢、美丽胡枝子、多花胡枝子、蔷薇、尖叶栒子、甘肃山楂等。草本层盖度 70% 以上，优势种为大披针苔草，伴生种为龙牙草、大车前、百合（*Lilium brownii*）、石竹（*Dianthus chinensis*）、纤毛鹅观草及蕨类等。

本灌丛为栎林或其他乔木破坏后植被恢复的灌木阶段，后期山杨、槭类、毛栲、板栗等相继侵入，形成仍不稳定的杂木林。

群系 41: 黄花柳灌丛 Form. *Salix sinica*

黄花柳（*Salix sinica*）灌丛主要分布在海拔 1 150 ～ 2 500 m 范围内的坡度平缓、土层深厚、湿度较大地段。黄花柳灌丛属高大灌木群落，木本植物种类较杂，群落外貌很不整齐，总覆盖度常达 90% 以上。黄花柳覆盖度 45% ～ 80%，灌木层内常出现一些乔木树种，如华山松、槭类、山杨、牛皮桦、栎类等，其数量都较少，混生成分有四川栒子（*Cotoneaster ambigua*）、峨嵋蔷薇、甘肃山楂、栲木、千金榆等，种类较多，优势度均不大。草本层优势度一般不明显，较常见者有草莓、龙牙草等。

本灌丛多为山坡下部或近沟谷底部之桦林或栎林破坏后出现的次生群落，稳定性差，后会被杂木林所更替。

群系 42: 陇塞忍冬灌丛 Form. *Lonicera tangutica*

陇塞忍冬（*Lonicera tangutica*）灌丛主要分布在海拔 1 600 ～ 2 570 m 范围内的坡面、梁顶及路旁。群落外貌绿色，结构整齐，总覆盖度 60% ～ 75%，丛密度 1.6 丛 / m²，株密度 7.9 株 /m²，高度 1.5 ～ 2.0 m，陇塞忍冬在群落中有较大优势，显著和优势度均在 70% 左右，主要伴生灌木种类有陕甘花楸、重齿槭、糠茶藨子、华西忍冬、红脉忍冬、美丽胡枝子、卫矛等。草本层盖度 30%，以披针苔草为主，混生有披针叶茜草及一些蕨类。

本灌丛为云杉、冷杉林采伐迹地上形成的次生演替群落。陇塞忍冬也是冷杉林下灌木层的主要种类。

四、草甸

草甸是在适中的水分条件下形成和发育起来的，由多年生中生草本植物为主体的群落类型。水分条件包括大气降水、地表泾流、地下水和冰雪融水等各种水源的水分。中生植物则包括旱中生植物和湿中生植物。由于水分条件的复杂性，草甸一般属非地带性分布，但其所在地气候比较寒冷，山地降水在 400 ~ 700 mm 以上，大气较为湿润，土壤为山地草甸土，土层较厚，富含有机质，生草化明显，水分含量较高，具有季节性积水，分布面积较小。

保护区龙潭子高海拔分布有一定面积的亚高山草甸群落，多与亚高山灌丛等镶嵌分布。根据草甸优势种的生活型及层片结构的差异，保护区草甸分为高寒草甸和典型草甸两个植被亚型。

（一）高寒草甸

高寒草甸是由寒冷中生多年生草本植物为优势形成的植物群落，它以密丛短根茎地下芽蒿草属植物群落为主，其所在气候特点为高寒、中温、光照充足，太阳辐射强、风大。土壤为高山草甸土，高寒草甸具有草层低矮，结构简单、层次分化不明显，一般仅草本层一层，草群密集，覆盖度大，生长季节短，生物生产量低等特点。分为以下 2 个群系。

群系 43：球穗蓼草甸 Form. _Polygonum macrophyllum_

该草甸分布范围面积不大，多出现在局部低平地段。阴坡、半阴坡平缓处较多，土层厚 30 ~ 40 cm。球穗蓼株高 0.15 ~ 0.20 m，属地下芽结构，具粗壮根茎，适应短生长期的高寒气候。草甸的形成与土层发育相关，初期土层发育仅 10 ~ 15 cm，土壤结构不明显，球穗蓼优势度不大，覆盖度 15% ~ 40%，这时群落中蒿草较多，其优势度略低于球穗蓼，为优势杂类草矮生草甸（表 2-17）。

以球穗蓼为优势的杂草类草甸，球穗蓼的盖度 25% ~ 70%，蒿草很稀少，盖度不超过 5%。球穗蓼草甸中优势度较大的还有紫苞风毛菊、蛇莓、苍耳七、秦岭龙胆、羊茅、马先蒿、紫斑风铃草、鼠掌老鹳草等，它们的盖度有时达 30%，其他数量较大的有中华早熟禾，川康薹草，其盖度可达 5%。

表 2-17　保护区秦岭球穗蓼群系典型样方统计表

地点	样方号	海拔 /m	经度	纬度
龙潭子	2-1-4	2592	108°31′39″ E	33°27′33″ N

草本层	优势种	球穗蓼
	其他种	紫苞风毛菊、蛇莓、苍耳七、秦岭龙胆、羊茅、马先蒿、紫斑风铃草、老鹳草

群系 44: 城口苔草草甸 Form. *Carex luctuosa*

该草甸主要分布在海拔 2 000 ～ 2 400 m 桦木林带内、河谷杂木林隙或林缘，在桦木林采伐迹地上也可发育，环境潮湿，有大块石砾裸露。群落外貌呈黄绿色，结构简单，以城口苔草为建群种，盖度 50% ～ 60%，高度 40 ～ 50 cm；其他常见种类主要有大叶碎米荠（*Cardamine macrophylla*）、驴蹄草（*Caltha palustris*）、秦岭附地菜、黄海棠、龙牙草、长喙唐松草等。

（二）典型草甸

典型草甸主要由典型的中生植物所组成，是适应于中温、中湿环境的一类草甸群落，主要分布在温带森林区域，也见于海拔较高的山地。在温带森林区域，其分布在林缘、林隙及反复遭受火烧或砍伐的森林迹地，在保护区主要有以下 3 个群系：

群系 45: 柳兰草甸 Form. *Chamaenerion angustifolium*

该草甸主要呈条带状分布在海拔 2 100 ～ 2 600 m 间针阔叶混交林带内的林隙、林缘或采伐迹地上的阳坡和半阳坡，坡度平缓，日照充足，亚高山草甸土肥沃而湿润。

群落总盖度 50% ～ 60%，层次分化明显。建群种柳兰居绝对优势，盖度占 40%，株高 0.5 ～ 2.0 m，花期紫红色鲜艳夺目。伴生植物以丛生禾草为主，其次如费菜（*Sedum aizoon*）、贯叶连翘、中华花忍（*Polemonium caeruleum* var. *chinensis*）、黄腺香青（*Anaphalis aureopunctata* form. *caluescens*）、马先蒿等。

柳兰是一种广布北半球寒、温带的中生多年生高大草本植物，在秦岭南坡形成典型的单优势种群落，是森林被破坏后形成的次生植物群落。

群系 46: 牛尾蒿草甸 Form. *Artemisia subdigitata*

分布于保护区中山地区海拔 1 300 ～ 1 800 m 的山坡荒地阴坡和沟谷，山地褐土，气候和土壤均比较湿润。

群落的组成和结构因生境不同而略有差异。在沟谷杂木林带分布的群落，因土壤比较干旱，含砂砾土石，植物仅有 10 多种，多出现旱中生植物，如白莲蒿、费菜等，并形成单优势种群落，结构简单，总盖度 40% ～ 60%。草层高约 1.5 m，外貌单调，建群种牛尾蒿发育良好，抑制了其他植物生长，无层次分化。伴生植物有破子草、马兰、侧蒿、草地早熟禾和蒲儿根等。在山坡荒地上生长的本群落见于阳坡和半阳坡，土壤湿润度较好，种类丰富，群落结构复杂，覆盖度达 70% ～ 75%，形成多优势种群落，层次分化明显：第一亚层高 0.5 ～ 1.2 m，以牛尾蒿、大火草、异叶败酱、黄腺香青、耳叶蟹甲草（*Cacalia auriculata*）为主要植物；第二亚层较低矮，约 0.1 ～ 0.2 m，盖度 20% ～ 50%，植物以伞房草莓、平车前、过路黄等为主；第三亚层为苔藓层，厚 2 ～ 3 cm，盖度 10% ～ 20%。

牛尾蒿群落是山地草甸中常见的群落类型，生态适应幅度甚广。

群系 47: 艾蒿草甸 Form. *Artemisia argyi*

艾蒿为多年生草本，旱中生草甸种，生于林缘、杂草地、路旁及河岸沙地。秦岭南坡多见于山坡中、下部平缓坡面或平坦台地，土层厚 20 ～ 30 cm，富含腐殖质。

在群落鼎盛的稳定时期，仅艾蒿的盖度达 50% ～ 80%，其他植物的优势一般都小，稍大的如披碱草、小糠草、早熟禾等植物的盖度均超不过 5%，其他植物成分如莓叶委陵菜、苦荬菜、半夏（*Pinellia ternata*）、野草莓、狼尾巴、蚤缀、异叶败酱等，其盖度通常均 < 1%，最多 2% ～ 3%，苦荬菜常见于初期。

第四节　竹类资源

保护区地处北亚热带北缘，竹林群落多为各种森林群落的林下结构，常与其他灌木混生或成斑块状的分布。常见的竹种为青篱竹属（*Arundinaria*）的巴山木竹（*A. fargesii* E. G. Camus），箬竹属（*Indocalamus*）的阔叶箬竹 [*I. latifolius*（Keng）McClure.]，箭竹属（*Fargesia* Franch.）的秦岭箭竹（*Fargesia qinlingensis* Yi et J. X. Shao），也分布有少量的华西箭竹 [*Fargesia nitida*（Mitford ex Stapf）P. C. Keng ex T. P. Yi] 和龙头竹（*Fargesia dracocephala* T. P. Yi）（附图 9）。

一、秦岭箭竹 *Fargesia qinlingensis* Yi et J. X. Shao

竿柄长 3 ～ 9 cm，粗 0.4 ～ 1.2 cm。竿高 1.0 ～ 3.3 m，径粗 4 ～ 9 mm，梢端微弯；节间长 4 ～ 16 cm，圆筒形，无毛，初时被较多的白粉，竿壁厚 1 ～ 2 mm，髓呈环膜状或为圆膜片；箨环隆起；竿环平坦或在分枝之节微隆起；节内长 2 ～ 4（5）mm。竿芽长卵形，密被灰褐色柔毛，边缘具浅褐色纤毛。枝条在竿之每节为 4 ～ 10 枝，斜上举，直径 0.8 ～ 1.5 mm。笋紫绿色；箨鞘宿存，薄革质，三角状长圆形，上部稍偏斜，远长于其节间（如连同箨片则可长过节间的 1 倍），背面被稀疏棕色刺毛（但此毛易脱落），或稀无毛，纵向脉纹明显，有小横脉，边缘具易脱落的浅褐色纤毛；箨耳镰形，易脱落，边缘具（7）9 ～ 13（16）条繸毛，后者长 4 ～ 5 mm，浅褐色，直立或微弯曲；箨舌偏斜，呈截形或微凹，高约 1.5 mm，先端撕裂，具直立长 2 ～ 4 mm 之浅褐色繸毛；箨片平直，基部较箨鞘顶端稍窄，无毛或初时基部有微毛，竿下部的箨片狭三角形，直立，而竿中上部者则为线形或线状披针形，外翻，易自箨鞘上脱落。小枝具（3）4 ～ 5（7）叶；叶鞘长 2.5 ～ 6.0 cm，无毛，纵向脉纹明显，有小横脉，上部纵脊不明显，边缘无纤毛；叶耳椭圆形，紫色或淡紫褐色，边缘具 9 ～ 11（15）条长 2 ～ 3 mm 浅褐色直立或微弯之繸毛；叶舌拱形，高约 1 mm，边缘生有灰白色短纤毛；叶柄长 1 ～ 3 mm；叶片披针形或狭披针形，长 2 ～ 9 cm，宽 4 ～ 10 mm，两面均无毛，基部楔形，次脉 3（4）对，小横脉清晰，叶缘具小锯齿。花枝未见。笋期 5 ～ 6 月。

箭竹林主要分布在秦岭、巴山，是一种天然竹林。在保护区主要分布在海拔 1 500 ～ 2 500 m 范围内。箭竹耐寒性强，较耐干旱和瘠薄土壤。箭竹林林冠整齐，高度达 1 ～ 3 m，茎粗 0.5 ～ 1.5 cm，每公顷立竹达 6 ～ 9 万株，生长茂密。群落除成片纯林分布外，在稀疏地段常与针、阔叶树如冷杉、红桦、锐齿槲栎等乔木树种混交，形成针、阔叶树与箭竹的混交林。箭竹为合轴散生型，具庞大的地下鞭根系统，春、夏顶芽出土成竹，竹杆散生。竹笋和竹叶是大熊猫的主要食料，应注意保护。

二、巴山木竹 *Arundinaria fargesii* E. G. Camus

地下茎在土壤肥沃处合轴的部分较多，反之则是具竹鞭的部分占优势；竹鞭的节间长 (1)3～4 cm，粗 5～15 (20) mm，几实心，当年常不生根，二年生以上则每节生出 3～5 根条。竿直立，梢头微弯，高 (2) 5～8 (13) m，粗 2～4 (6.5) cm；节间长 35～50(75)cm，幼时深绿色且被白粉，老则淡黄色，竿基部壁厚 4～8 mm，髓为薄膜质，呈细长的囊状；箨环显著，起初被有棕色小刺毛，以后变净秃；竿环呈脊状微隆起；节内长 6～12 mm，无毛。竿每节最初分 3 枝，以后可增多，但主枝仍较显著，枝与竿多作 45° 的夹角斜上举。箨鞘略短于成长后的节间，鲜时绿色，干枯后淡黄色，背部贴生棕色疣基小刺毛，毛落后能在鞘背面留下疣基和小凹痕；箨舌高 2～4 mm，上缘作不规则齿裂；箨耳无，惟在鞘先端两侧可生有易脱落的繸毛；箨片披针形，直立，幼时绿色，有波曲，腹面在基部生有易落去的绒毛，边缘具小刺状纤毛而粗糙，整个箨片易自箨鞘上脱离。末级小枝具 (1～3) 或 4～6 叶；叶鞘长 5～8 cm，在彼此覆盖所露出的部分被以白色（后变淡褐色至褐色）的疣基小刺毛和微毛，鞘的外缘生纤毛，尤以上部为甚；叶舌高 (1～5) 2～4 mm，被微毛，顶缘具不规则齿裂，起初尚生有易折断而波曲的繸毛；叶片上表面无毛，下表面幼时被短柔毛，小型叶片通常长 10～20 cm，宽 2.5 cm，大型叶片可长 20～30 cm，宽 3.0～7.5 cm，叶缘具细锯齿，次脉 5～8 (11) 对，小横脉较紧密；叶柄长 1.0～1.5 cm（小型叶者长 3～6 mm），其上面在近鞘口处密被锈色短柔毛，惟以后变净秃。圆锥花序起初较紧缩，幼时基部常为叶鞘所覆盖，以后花序方伸出，长 5～11 (15) cm，宽 2～4 cm，花序在分枝之腋间具疣枕，主轴和分枝（或小穗柄）均被有褐色微毛，花枝的下方有时还可生有具叶的侧枝，惟后者的叶片则较为质薄而形小（长 5～10 cm，下表面被灰色微毛，次脉 4 或 5 对）；小穗成熟后带紫黑色，细长圆柱形，全长 2～3 cm，粗约 4 mm，含 4～7 朵小花；小穗轴节间长 2.0～3.5 mm，体扁，被氈状绒毛，先端较粗大，并生有白色髯毛；颖卵状披针形，第一颖长 3～6 mm，1～3 脉，第二颖长 6～8 mm，5～7 脉，背面在中脉及边缘均生有短柔毛；外稃长圆形兼披针形，基盘钝，其上生有白色微毛，第一外稃长达 13 mm，具 7 脉和稀疏的小横脉；内稃长 5～6 mm，但结实时可长至 10 mm，背面几平滑无毛，仅在先端被微毛及 2 齿尖；鳞被边缘疏生小纤毛；花药长 4～5 mm；子房卵圆形，柱头 2 或 3，长约 2.5 mm，羽毛状。颖果长约 1 cm，上部微弧弯，先端具喙，腹沟细长。笋期 4 月下旬至 5 月底，新竿在 6 月下旬即可达成长竹的高度。

在保护区主要分布在海拔 1 150～2 000 m 范围，多呈片或块状分布，生长良好。巴山木竹喜温暖湿润气候，其生长速度和分布由低到高随生态条件的严酷而相应递减与缩小。巴山木竹喜光，适于在山地棕壤和山地黄棕壤、质地壤质或轻黏，比较疏松、团粒结构的土壤条件下生长。地形对巴山木竹的分布、生长影响较大，海拔 1 000 m 左右便有小块分布，1 500 m 以上成片分布，1 700～2 000 m 以上生长状况较差。

巴山木竹地下茎为复轴型，在土壤肥沃的条件下，地面上复轴丛生竹所占比例较高，生长较快，往往在占据地段形成较稳定的竹林群落。巴山木竹适应性强，生长发育良好，是大熊猫的重要食物资源和栖息地，应予以特别保护。

三、阔叶箬竹 *Indocalamus latifolius*（Keng）Mc Clure.

竿高可达 2 m，直径 0.5～1.5 cm；节间长 5～22 cm，被微毛，尤以节下方为甚；竿环略高，箨环平；竿每节 1 枝，惟竿上部稀可分 2 或 3 枝，枝直立或微上举。箨鞘硬纸质或纸质，下部竿箨者紧抱竿，而上部者则较疏松抱竿，背部常具棕色疣基小刺毛或白色的细柔毛，以后毛易脱落，边缘具棕色纤毛；箨耳无或稀可不明显，疏生粗糙短继毛；箨舌截形，高 0.5～2.0 mm，先端无毛或有时具短继毛而呈流苏状；箨片直立，线形或狭披针形。叶鞘无毛，先端稀具极小微毛，质厚，坚硬，边缘无纤毛；叶舌截形，高 1～3 mm，先端无毛或稀具继毛；叶耳无；叶片长圆状披针形，先端渐尖，长 10～45 cm，宽 2～9 cm，下表面灰白色或灰白绿色，多少生有微毛，次脉 6～13 对，小横脉明显，形成近方格形，叶缘生有小刺毛。圆锥花序长 6～20 cm，其基部为叶鞘所包裹，花序分枝上升或直立，一如花序主轴密生微毛；小穗常带紫色，几呈圆柱形，长 2.5～7.0 cm，含 5～9 朵小花；小穗轴节间长 4～9 mm，密被白色柔毛；颖通常质薄，具微毛或无毛，但上部和边缘生有绒毛，第一颖长 5～10 mm，具不明显的 5～7 脉，第二颖长 8～13 mm，具 7～9 脉；外稃先端渐尖呈芒状，具 11～13 脉，脉间小横脉明显，具微毛或近于无毛，第一外稃长 13～15 mm，基盘密生白色长约 1 mm 之柔毛；内稃长 5～10 mm，脊间贴生小微毛，近顶端生有小纤毛；鳞被长约 2～3 mm；花药紫色或黄带紫色，长 4～6 mm；柱头 2，羽毛状。

2019 年野外调查期间，在保护区三缸河、三岔河等地发现了阔叶箬竹大面积死亡的现象（三缸河 108.5340E，33.4347N，1 800 m；三岔河 108.5580E，33.4495N，1 900 m）。阔叶箬竹枯死区域沿河谷两岸，枯死区呈大、小不等的片状分布，最大枯死区域面积约 300 m²。阔叶箬竹也是大熊猫的食物之一，其生长状况对大熊猫食物安全有较大联系，应加强其更新、演替的监测，制定可行的恢复和管护计划。

四、华西箭竹 *Fargesia nitida*（Mitford ex Stapf）P. C. Keng ex T. P. Yi

竿柄长 10～13 cm，粗 1～2 cm。竿丛生或近散生，高 2～4（5）m，粗 1～2 cm。梢端劲直和微弯；节间长 11～20（25）cm，圆筒形，幼时被白粉，无毛，光滑，纵向细肋不发达，竿壁厚 2～3 mm，髓呈锯屑状；箨环隆起，较竿环为高；竿环微隆起；节内长 1.5～2.5 mm。竿芽长卵形，近边缘粗糙，边缘具灰色纤毛。枝条在竿每节为（5）15～18 枝，上举，直径 1.5～2.0 mm。笋紫色，被极稀疏的灰色小硬毛或无毛；箨鞘宿存，革质，三角状椭圆形，通常略长于其节间，先端三角形，背面无毛或初时被有稀疏的灰白色小硬毛，纵向脉纹明显，小横脉不发达，边缘常无纤毛；箨耳及鞘口继毛均缺；箨舌圆拱形，紫色，高约 1 mm，边缘幼时密生短纤毛；箨片外翻或位于竿下部箨者直立，三角形或线状披针形，干后平直而不皱折，边缘无锯齿或有微锯齿，在竿之上部箨者通常其基部有关节与箨鞘之顶端相连接，因而彼此易脱离。小枝具（1）

2～3叶；叶鞘长2.2～2.8（4）cm，常为紫色，仅于边缘上部常密生灰褐色纤毛；叶耳无，鞘口无繸毛或初时生有灰白色之微弱繸毛，但易脱落；叶舌截形或圆拱形，高约1mm，初时边缘生有白色短纤毛；叶柄长1.0～1.5mm；叶片线状披针形，长3.8～7.5（9.5）cm，宽6～10mm，基部楔形，下表面灰绿色，两面均无毛，次脉3（4）对，小横脉较清晰，叶缘近于平滑或其一侧具微锯齿而略粗糙。花枝长达44cm，通常可再分小枝，不具叶片或仅其上部的1～3片鞘状佛焰苞上可生缩小叶片，后者长为2.5～7.0cm，紫褐色。总状花序顶生，从佛焰苞开口之一侧伸出，排列紧密，长2.5～4.0cm，宽1.0～1.5cm，下方具一组佛焰苞，最上方1片佛焰苞等长或稍长于花序；小穗柄长1～2mm，无毛或初时偶生微毛，偏于穗轴之一侧，位于穗轴中部以下者常各托以1片小形苞片，后者不分裂或位于穗轴下部者深2裂；小穗含2～4朵小花，呈小扇形，长11～15mm，紫色或绿紫色；小穗轴节间长1.5～2.0mm，无毛或有时被微毛；颖纸质，细长披针形，先端渐尖或具芒状小尖头，上部生微毛而粗糙，第一颖长8～11mm，宽约1mm，具3脉，第二颖长10～13mm，宽约1.5mm，具5脉；外稃质地坚韧，卵状披针形，先端呈锥状或具芒状小尖头，第一外稃长11～15mm，具5～7（9）脉，被微毛；内稃长6.5～12.0mm，先端2齿裂，亦被微毛，脊上生有小锯齿；鳞被的后方1片形极窄，长约1mm，前方2片披针形，长约1.5mm，宽0.5mm，下部具脉纹，顶端生纤毛；花药黄色，长4～7mm；子房椭圆形，无毛，长约1.5mm，花柱1，柱头3，后者长1～1.5mm，羽毛状。颖果卵状椭圆形或椭圆形，黄褐色至深褐色，无毛，长4～6mm，直径1.1～1.8mm，具浅腹沟，先端具长约1mm的花柱基部。笋期4月底至5月，花期5～8月，果期8～9月。

华西箭竹在保护区主要分布在海拔2450m以上范围，多呈块状零星分布。

五、龙头竹 *Fargesia dracocephala* T. P. Yi

竿柄长8～20cm，粗1～2cm；节间长5～12mm。竿丛生或近散生，直立，高3～5m，直径0.3～2.0cm；节间一般长15～18cm，最长可达24cm，竿基部数节间长4～6cm，圆筒形，幼时被白粉，平滑，空腔直径小，竿壁厚4～5mm，髓呈锯屑状；箨环显著隆起呈圆脊状，高于微隆起的竿环；节内长2～4mm。竿芽宽卵形或长卵形，有灰色微毛，边缘具灰色纤毛。竿每节分7～14枝，枝斜展，直径1～2mm。箨鞘迟落，革质，淡红褐色，长圆状三角形或长圆形，短于其节间，先端微呈三角形或近圆拱形，顶端通常截形，背部被灰黄色刺毛或近无毛，纵向脉纹明显，边缘初时上部有黄褐色刺毛；箨耳小，鞘口无繸毛或有时具棕色短繸毛；箨舌截形，高约1mm，边缘初时有短纤毛；箨片直立或外倾，三角形或线状披针形，平直，基部不下延，窄于或远窄于箨鞘顶端，无毛，边缘近于平滑。小枝具3～4叶；叶鞘长2.5～3.5cm，无毛，纵向脉纹明显，上部纵脊不明显，边缘常有灰色或褐色短纤毛；叶耳长椭圆形，长约1mm，先端具黄褐色直立或弯曲之繸毛3～5条，其长为1～3mm；叶舌截形，紫色，无毛，高约1mm；叶柄长1～3mm；叶片披针形，长5～12cm，宽5.5～13.0mm，两面均无毛，先端长渐尖，基部楔形，次脉3或4对，小横脉清晰，叶缘一侧具小锯齿而略粗糙，另一侧近于平滑。花枝长 11 ～ 35 cm，各节尚可再分具花小枝；总状花序或简单圆锥花序顶生于具（2）3（4）叶的枝上，紧密排列成小扇形或头状，长 1.8 ～ 2.5 cm，宽 0.5 ～ 2.5 cm，最上方的一片佛焰苞状叶鞘长于花序，故后者只能从其开口的一侧伸出，花序下部的分枝常各托以小型苞片，穗轴被灰白色微毛；小穗柄偏向于一侧，长 0.5 ～ 1.5 mm，具灰白色微毛；小穗含 1 ～ 3 朵小花，长 1 ～ 1.5 cm，淡绿色或紫绿色；小穗轴节间长 0.5 ～ 3.0 mm，无毛，扁平；颖纸质，具灰白色微毛，先端作针芒状长渐尖，第一颖长 4 ～ 7 mm，披针形，具 3 ～ 5 脉，第二颖长 6 ～ 11 mm，卵状披针形，具 7 ～ 9 脉；外稃卵状披针形，长 9 ～ 15 mm，先端亦作针芒状长渐尖，具 7 ～ 9 脉；内稃长 5.0 ～ 10.5 mm，先端 2 裂，背部具 2 脊，脊间宽约 1 mm，脊上生纤毛；鳞被中后方的 1 片形狭窄，长约 1 mm，前方 2 片披针形，长约 1.5 mm，边缘生纤毛；花药黄色或黄色带紫色，长 5 ～ 6 mm；子房椭圆形，无毛，长约 1 mm，花柱 1，柱头 3，为稀疏的羽毛状。果实未见。笋期 5 月，花期 5 ～ 10 月。

在保护区主要分布于海拔 1 500 ～ 2 200 m 地区的阔叶树和铁杉林下，总体面积较小。

第五节　国家重点保护野生植物

珍稀濒危植物的多少，在某种程度上反映着这一地区植物生物多样性的丰富程度。保护区位于秦岭的深山区，过去由于交通不便，因此受到的人为破坏相对较小，加之秦岭本身受到第四纪冰川的影响较小，也使这一地区成为一些古老物种的天然避难所，因此在保护区内分布着较多的珍稀濒危植物。根据最新的保护物种名录，本保护区分布有国家 I 级重点保护野生植物 1 种，国家 II 级重点保护野生植物 19 种，陕西省重点保护植物 35 种。

一、保护植物名录

（一）国家 I 级重点保护植物 1 种

（1）红豆杉 *Taxus wallichiana* var. *chinensis* （Pilg.）Florin

（二）国家 II 级重点保护植物 19 种

（1）秦岭冷杉 *Abies chensiensis* Tiegh.

（2）大果青杆 *Picea neoveitchii* Mast.

（3）连香树 *Cercidiphyllum japonicum* Sieb. et Zucc.

（4）水青树 *Tetracentron sinensis* Oliv.

（5）野大豆 *Glycine soja* Siebold & Zucc.

（6）水曲柳 *Fraxinus mandshurica* Rupr.

（7）香果树 *Emmenopterys henryi* Oliv.

（8）庙台槭 *Acer miaotaiense* Tsoong

（9）软枣猕猴桃 *Actinidia arguta* （Sieb. et Zucc.） Planch. ex Miq.

（10）中华猕猴桃 *Actinidia chinensis* Planch.

（11）重楼 *Paris polyphylla* Smith.

（12）绿花百合 *Lilium fargesii* Franch.

（13）杜鹃兰 *Cremastra appendiculata* （D. Don） Makino

（14）毛杓兰 *Cypripedium franchetii* Wils.

（15）扇叶杓兰 *Cypripedium japonicum* Thunb.

（16）天麻 *Gastrodia elata* Blume

（17）白及 *Bletilla striata* （Thunb.） Reichb. f.

（18）独蒜兰 *Pleione bulbocodioides* （Franch.） Rolfe

（19）庙台槭 *Acer miaotaiense* Tsoong

（三）陕西省重点保护野生植物 35 种

（1）秦岭藤 *Biondia chinensis* Schltr

（2）假橐吾 *Ligulariopsis shichuana* Y. L. Chen

（3）粗糠树 *Ehretia macrophylla* Wall

（4）扁枝越桔 *Vaccinium japonicum* Miq. var. *sinicum* （Nakai） Rehd

（5）山白树 *Sinowilsonia henryi* Hemsl

（6）大血藤 *Sargentodoxa cuneata* Rehd. et Wils

（7）串果藤 *Sinofranchetia chinensis* （Franch.） Hemsl

（8）银鹊树 *Tapiscia sinensis* Oliv.

（9）延龄草 *Trillium tschonoskii* Maxim

（10）羽叶丁香 *Syringa pinnatifolia* Hemsl

（11）翼蓼 *Pteroxygonum giraldii* Dammer et Diels

（12）反萼银莲花 *Anemone reflexa* Steph

（13）假繁缕 *Theligonum macranthum* Franch

（14）秦岭米面蓊 *Buckleya graebneriana* Diels

（15）白辛树 *Pterostyrax psilophyllus* Diels ex Perk

（16）城口卷瓣兰 *Bulbophyllum chondriophorum* （Gagn.） Seid.

（17）流苏虾脊兰 *Calanthe alpina* Hook. f. ex Lindl.

（18）弧距虾脊兰 *Calanthe arcuata* Rolfe

（19）剑叶虾脊兰 *Calanthe davidii* Franch.

（20）银兰 *Cephalanthera erecta* （Thunb.） Bl.

（21）头蕊兰 *Cephalanthera longifolia* （L.） Fritsch

（22）火烧兰 *Epipactis mairei* Schltr.

（23）毛萼山珊瑚 *Galeola lindleyana* （Hook. f. & Thoms.） Reichb. f.

（24）台湾盆距兰 *Gastrochilus formosanus* （Hayata） Hayata

（25）小斑叶兰 *Goodyera repens* R. Br.

（26）角盘兰 *Herminium monorchis* R. Br.

（27）羊耳蒜 *Liparis japonica* Maxim.

（28）沼兰 *Malaxis monophyllos* （Linn.） Sw.

（29）尖唇鸟巢兰 *Neottia acuminata* Schltr.

（30）对叶兰 *Neottia puberula* （Maxim.） Szlachetko

（31）长叶山兰 *Oreorchis fargesii* Finet

（32）囊唇山兰 *Oreorchis indica* （Lindl.） Hook. f.

（33）舌唇兰 *Platanthera japonica* （Thunb.） Lindl .

（34）蜻蛉兰 *Platanthera fuscescens* （Linn.） Lindl.

（35）绶草 *Spiranthes sinensis* （Pers.） Ames

二、主要保护植物介绍

（一）红豆杉 *Taxus wallichiana* var. *chinensis* （Pilg.） Florin

红豆杉科红豆杉属植物，常绿乔木，冬芽黄褐色、淡褐色或红褐色，芽鳞三角状卵形，脱落或少数宿存于小枝的基部。叶排列成两列，条形，微弯或较直，上部微渐窄，先端常微急尖，稀急尖或渐尖，上面深绿色，有光泽，下面黄绿色，有两条气孔带，中脉带上有密生均匀而微小的圆形角质乳头状突起点，常与气孔带同色，稀色较浅。雌雄异株，雄花淡黄色，雄蕊 8～14 枚，花药 4～8。种子生于杯状红色肉质假种皮中，间或生于近膜质盘状的种托（即未发育成肉质假种皮的珠托）之上，常呈卵圆形，上部渐窄，稀倒卵状，微扁或圆，上部常具二钝棱脊，稀上部三角状具三条钝脊，先端有突起的短钝尖头，种脐近圆形或宽椭圆形，稀三角状圆形。

红豆杉为国家 I 级重点保护植物。常生于湿润的河谷两岸，极少成林。喜温湿气候，要求疏松、不积水的微酸到中性土，忌暴热、暴冷和空气干燥。该种在本区内一般生长于山谷河边或近河边的山坡林中。分布于四川、湖北西部、广西北部、云南、贵州、湖南东北部、安徽黄山及陕西南部。在陕西省分布于秦巴山区。保护区主要分布在火地沟、洋芋沟以及月河坪一带，海拔 1 000～1 900 m。

红豆杉植物体内所含的紫杉醇在治疗癌症和恶性肿瘤方面疗效显著，具有很高的药用价值，是近年来世界各地研究与开发的热点。这些年对红豆杉属植物的抗肿瘤药效研究取得了重大突破。也正是因为这样，近年红豆杉属植物其资源遭受到极大的掠夺和破坏，使得资源紧缺问题日益突出。

（二）秦岭冷杉 *Abies chensiensis*

松科冷杉属植物，常绿乔木，芽圆锥状，具树脂。叶在枝上排成 2 列或近 2 列状，条形，上面深绿色，下面具两条粉白色或灰绿色气孔带，果枝之叶先端尖或圆钝，树脂道中生或近中生。雌雄同株，球花单生于去年枝上叶腋。雄球花幼时长椭圆形或矩圆形，雄蕊多数，螺旋状着生，花药 2，花粉有气囊。雌球花直立，短圆柱形，具多数螺旋状着生的珠鳞和苞鳞，苞鳞小于珠鳞，珠鳞腹面基部有 2 枚胚珠。球果当年成熟，直立，圆柱形或卵状圆柱形，近无梗，长 7～11 cm，熟时褐色；种鳞近肾形，背面露出部分密生短毛；苞鳞长约为种鳞的 3/4，不外露，先端圆，边缘有细缺齿，中央有短急尖头，中下部近等宽，基部渐窄；种子倒三角状椭圆形，种翅倒三角形。

秦岭冷杉为国家Ⅱ级重点保护植物，分布于秦岭巴山及其余脉地区，秦岭南坡是该种分布最集中的地区，其中以宁陕及佛坪两县分布数量较多。秦岭冷杉垂直分布在海拔 1 300～2 100 m 地区。在秦岭山区垂直带谱中，秦岭冷杉是针叶林带的主要组成树种，但分布于中下部；巴山冷杉居于中上部，两种冷杉在海拔 2 000 m 的局部地区交错分布。保护区为该种分布的中心地带之一，主要见于大茨沟一带。在本区生于海拔 1 350～2 100 m 之间。

在植被类型中，秦岭冷杉处在巴山冷杉林线下，下接油松林，成为中山地带针阔混交林的建群种，有的地带上限与青杆林相接，下限与油松、华山松和栎类、桦类组成的针阔混交林相接，很少像巴山冷杉那样组成针叶林，显示了该种属于适温性针叶树种。总的来看秦岭冷杉较巴山冷杉更喜温而不耐寒，所以多生于沟谷及向阳的山坡。

秦岭冷杉分布在亚热带与暖温带过渡区，面积狭小，自然更新不良。其分布格局呈岛屿化斑块状分布。由于人为破坏，秦岭冷杉林面积在过去 50 年中不断减少，岛屿化加剧。秦岭冷杉幼苗生长需要阴湿、散射光相对充分的生境；种群个体生长缓慢，寿命长，多次结实。尽管秦岭冷杉种子发芽率较高，但天然林下幼苗稀少，更新不良。

应加强对秦岭冷杉的保护，促进天然更新，开展引种繁殖工作，扩大其分布区。在未来保护管理过程中，应以就地保护为主，促进天然更新。在宁陕县菜子坪地区不同海拔地段划出一定面积的自然保护小区，保持秦岭冷杉的野生原始状态；繁育幼苗，扩大人工种群是保护和利用的基本策略；通过间伐、砍灌、清理林下活地被物等抚育措施，建立小面积林窗，营造对秦岭冷杉幼苗发育的有利生境，促进成年个体结实，提高天然条件下的种子发芽率。

（三）大果青杆 *Picea neoveitchii*

松科云杉属植物，常绿乔木，树皮灰色，裂成鳞片块状脱落；冬芽卵圆形或圆锥状卵圆形，微具树脂，芽鳞淡紫褐色，排列紧密，小枝基部宿存芽鳞的先端紧贴小枝，不斜展。小枝上面之叶向上伸展，两侧及下面之叶向上弯伸，四棱状条形，两侧扁，横切面纵斜方形，或近方形，常弯曲，先端急尖，四边有气孔线，上面每边 5～7 条，下面每边 4 条。球果矩圆状圆柱形或卵状圆柱形，通常两端窄缩，或近基部微宽，成熟前绿色，有树脂，成熟时淡褐色或褐色，稀带黄绿色；种鳞宽大，宽倒卵状五角形，斜方状卵形或三角状宽卵形，先端宽圆或近三角状，边缘薄，有细缺齿或近全缘；种子倒卵圆形，种翅宽大，倒卵状。

大果青杆为国家Ⅱ级重点保护植物，分布于我国甘肃、湖北、陕西及河南等省。陕西省是该种的主要分布区，主要分布于秦岭山脉和化龙山，垂直分布在海拔 1 400～2 100 m 间的中山地带，但以海拔 2 000 m 左右生长较多。在保护区分布少，大多以单株存在，垂直分布在海拔 1 800 m 左右。

大果青杆对生境条件的要求比较严格，通常只生于自然植被保存比较完整的山谷沟底或山坡下部及半阴坡中，其生长的地带一般比较阴湿，空气湿度很高，腐殖质层深厚，土壤酸性至微酸性，pH 5.0～6.0。而在山坡上部及山脊处，因空气及土壤干燥，大果青杆几乎不生长。在其分布区内，大果青杆常与青杆（*Picea wilsonii*）及其阔叶树种构成针阔叶混交林，不形成纯林。

大果青杆在我国的分布范围及其狭窄，在陕西省主要分布于秦岭山地的西部和中部局部地带，数量比较少，在本区呈散生状态。该种以前常常遭到砍伐，近年来已得到全面的保护。由于该种自然资源稀少，生长缓慢，虽然每年结实，但球果虫害严重，种子大多被啃食，多年来林地很少见到幼苗，所以天然更新能力差。在有大果青杆的自然保护区和林场内，应注意保护，对于零散分布的单株应采取围栏、挂牌及其他相应的保护措施，禁止砍伐和破坏。同时应积极开展种子育苗工作，扩大分布范围。

（四）连香树 *Cercidiphyllum japonicum*

连香树科连香树属植物，落叶乔木，高 10～20 m，胸径达 1 m；树皮灰色或棕灰色，纵裂，呈薄片剥落；小枝无毛，有长枝和短枝之分，短枝在长枝上对生；芽鳞片褐色。叶生在短枝上为单生，近圆形、宽卵形或心形，生在长枝上的对生，椭圆形或三角形，长 4～7 cm，宽 3.5～6.0 cm，先端圆或锐尖，基部心形、圆形或宽楔形，边缘具圆钝锯齿，齿端具腺体，两面无毛，下面灰绿色带粉霜，具 5～7 条掌状脉；叶柄长 1.0～2.5 cm，无毛。雄花常 4 朵簇生，近无梗，苞片在花期红色，膜质，卵形；花丝长 4～6 mm，花药长 3～4 mm；雌花 2～8，丛生；花柱长 1.0～1.5 cm，上端为柱头面。蓇葖果 2～4 个，荚果状，长 10～18 mm，直径 2～3 mm，微弯曲，熟时紫褐色或黑色，先端渐细，有宿存花柱；果梗长 4～7 mm；种子数个，扁平四角形，长 2.0～2.5 mm，褐色，先端有透明翅，长 3～4 mm。花期 4 月，果期 8 月。

连香树为国家 II 级重点保护植物，我国自西部的甘肃，四川经华中至浙江都有分布，国外分布至日本。陕西省是该种分布的北缘，主要分布于秦巴山地。在保护区火地塘、大茨沟一带，不但有野生植株，而且有人工种植的小面积纯林。垂直分布范围在海拔 1 100～2 000 m 的山坡林中。连香树为第三纪的古老孑遗植物，该科为东亚植物区系的特征科，现存仅 1 属 2 种，本种产于我国及日本，另一种为日本特产。它和其他古老的植物一样，被称为"北极第三纪孑遗植物"，是第四纪冰川以来留下的"活化石"，因此，在研究中国 – 日本植物区系关系上，以及对于阐明第三纪区系的起源上，为植物学家提供了珍贵的材料。同时，在系统发育上处于相对原始和孤立的地位，对被子植物的起源和早期演化方面的研究，无疑具有重要的意义。

连香树喜生于光照条件好，气候温凉湿润，土壤肥沃富含腐殖质的酸性至中性山地黄棕壤土，自然植被完好的山谷溪旁或阴坡中下部，在山坡中上部及近山脊处偶也见有生长，但长势甚差。

（五）水青树 *Tetracentron sinensis*

水青树科水青树属植物，落叶乔木；芽细，具尖头。单叶互生，叶缘有锯齿，具掌状脉，无托叶。穗状花序具多数花，和一单叶同生于短枝之顶；花两性，无花瓣，具极小的苞；萼片 4；雄蕊 4 枚，与萼片对生；心皮 4 个，花柱 4 个，直立，后因子房偏向生长而变为侧生，果时变成基生；胚珠每室通常 4 颗。果为蓇葖，4 深裂，每个心皮基部有 1 距状宿存的花柱，沿腹缝线开裂。种子有丰富的胚乳；胚极小。

水青树为国家 Ⅱ 级重点保护植物，自然分布于我国云南、西藏、甘肃、河南、陕西、湖北、湖南、四川、贵州等省区。陕西省主要分布于秦巴山地。保护区分布于火地塘、上坝河一带。该种垂直分布在海拔 1 000 ~ 2 100 m 间的阴湿山坡以及溪边杂木林中，但以海拔 1 500 ~ 1 800 m 之间生长最多。

水青树对生境条件要求比较严格，通常只生长在自然植被保存完整、森林植被茂盛，土壤肥沃土层较厚的山谷溪旁或山坡下部。自然状态下水青树对土壤及空气湿度反应较明显，当其周围植被遭受破坏后，空气及土壤湿度变干燥，即使在其生长分布和适生范围内的山沟溪旁，一般也很难再见到有该种生长，或有幸免遭砍伐者，但生长不良，树冠变形，枯枝较多。它对土壤要求为酸性至中性的山地黄棕壤土。

水青树多呈单株生长，在秦巴山区，未见成林。造成该种目前数量较少的主要原因，除该种自身繁殖能力低外，主要是生地植被遭受破坏所致，可以预测随着森林的采伐，自然植被的减少，该种在自然界中的数量会越来越少，以致处于濒危状况。

水青树为单种属植物，属于中国—喜马拉雅成分，系第四纪冰川以来保留下来的"活化石"。花为两性花，尽管已演化成单被花，雌、雄蕊的数目都减少且达到四基数的定值，但心皮仍保留了分离的状态，至果时分开形成 4 个蓇葖果。这些特征都较为原始，所以它是一种较为古老而原始的被子植物。近几年的分子系统学研究结果表明，该属和昆栏树属共同组成昆栏树科，是基部真双子叶植物中的一个典型代表，在研究真双子叶植物的早期演化中具有一定的学术价值。

（六）野大豆 *Glycine soja*

蝶形花科大豆属植物，一年生草本，茎缠绕、细弱，长 1 ~ 4 m，疏生黄褐色长硬毛。叶为羽状复叶，具 3 小叶，长可达 14 cm；托叶卵状披针形，急尖，被黄色柔毛；顶生小叶卵圆形或卵状披针形，长 3.5 ~ 6.0 cm，宽 1.5 ~ 2.5 cm，先端锐尖至钝圆，基部近圆形，全缘，两面均被绢状的糙毛，侧生小叶斜卵状披针形。总状花序较短，稀长达 13 cm；花蝶形，长约 5 mm，花梗密生黄色长硬毛；苞片披针形；萼钟状，密生长毛，5 齿裂，裂片三角状披针形，先端锐尖；花冠淡紫色或白色，旗瓣近圆形，先端微凹，基部具短柄，翼瓣歪倒卵形，有耳，龙骨瓣较旗瓣及翼瓣短，密被长毛；花柱短而向一侧弯曲。荚果狭长，圆形或镰刀形，两侧稍扁，长 17 ~ 23 mm，宽 4 ~ 5 mm，密被长硬毛；含 2 ~ 3 粒种子。种子长圆形、椭圆形或近球形或稍扁，长 2.5 ~ 4.0 mm，直径 1.8 ~ 2.5 mm，褐色至黑色。花期 7 ~ 8 月，果期 8 ~ 10 月。

野大豆为国家 Ⅱ 级重点保护植物，在全球广泛分布于欧亚大陆的北亚热带至北温带地区。在我国长江流域以北的东北、华东、华北、中南及西北等地区均有分布。朝鲜、日本及俄罗斯亦产，但以黄河流域及东北地区分布比较集中，尤以黄土高原最多。垂直分布就全国范围来看最低海拔为 300 m，最高海拔可达 1 660 m，在陕西约分布于海拔 500 ~ 1 500 m，在保护区分布于海拔 1 200 ~ 1 500 m 的山坡林缘以及沟口等处。

野大豆具有许多优良性状，如耐盐碱、抗寒、抗病等，与大豆是近缘种，是栽培大豆育种最理想的原始材料，故在农业育种上可利用野大豆进一步培育优良的大豆品种，因此野大豆是一种很重要的种质资源，对于改良大豆品质及科学研究有重要的作用。野大豆的分布虽然较广，但在自然界中的数量很少，在保护区的少数地方分布的数量较多。在自然状态下，依靠种子繁殖，本身结实力较强，适生面广，不致绝灭，但因该种是多种家畜的良好饲料，在分布地的强度放牧会导致该种数量下降，弃耕地的复垦也会使生境遭受破坏。

（七）水曲柳 *Fraxinus mandshurica*

木犀科白蜡树属植物，落叶大乔木，高达 30 m，胸径可达 1 m 以上；树皮灰褐色，剥裂；冬芽黑褐色，芽鳞外侧平滑，无毛，在边缘和内侧被褐色曲柔毛。小枝略呈四棱形，节膨大，无毛，有皮孔；叶痕节状隆起，半圆形。羽状复叶，长 25 ～ 35（～ 40）cm，叶柄长 6 ～ 8 cm，近基部膨大，干后变黑褐色；叶轴上面有平坦的阔沟，沟棱有时呈窄翅状；小叶着生处具关节，节上簇生黄褐色曲柔毛或秃净；小叶 7 ～ 11（～ 13）枚，纸质，卵状长圆形或长圆形，长 5 ～ 20 cm，宽 2 ～ 5 cm，先端长渐尖，基部楔形至钝圆，不对称，边缘有细锯齿，上面暗绿色，无毛或疏生白色硬毛，下面黄绿色，沿叶脉疏生黄色曲柔毛，至少在中脉基部簇生密集的曲柔毛，中脉在上面凹陷，下面凸起，侧脉 10 ～ 15 对，细脉甚细，在下面明显网结；小叶近无柄。圆锥花序生于去年枝上，先叶开放，长 15 ～ 20 cm；花序梗与分枝具窄翅状锐棱；雄花与两性花异株，均无花冠也无花萼；雄花花序紧密，花梗细而短，长 3 ～ 5 mm，雄蕊 2 枚，花药椭圆形，花丝甚短，开花时迅速伸长；两性花序稍松散，花梗细而长，两侧常着生 2 枚甚小的雄蕊，子房扁而宽，花柱短，柱头 2 裂。翅果大而扁，长圆状披针形，长 2.0 ～ 3.5 cm，宽 6 ～ 9 mm，中部最宽，先端钝圆或微凹，翅下延至坚果基部，明显扭曲，脉棱凸起。花期 4 月，果期 8 ～ 9 月。

水曲柳为国家 II 级重点保护植物，我国东北部至西北部都有分布，日本、朝鲜等国也有；水曲柳在陕西省主要分布在秦岭南、北坡，垂直分布在海拔 1 200 ～ 2 100 m 的中、低山地带；在保护区分布于海拔 1 300 ～ 2 100 m 的河岸、沟底及山坡疏林中。水曲柳是一个极喜光的树种，它常生于光照条件好，土壤酸性，深厚肥沃，排水良好的河岸、溪旁、沟底山谷的杂木林内。

水曲柳虽在我国分布比较广泛，但实际分布都很有限，植株数量也比较少。水曲柳材质优良，是珍贵的用材树种，因此该种曾经被大量采伐而导致资源受到了严重破坏，致使该种的分布区逐渐较少，保护区已成为该种分布的南缘，很少见有集中成片分布，数量很少。

（八）香果树 *Emmenopterys henryi*

茜草科香果树属植物，落叶大乔木，高达 30 m，胸径达 1 m；树皮灰褐色，鳞片状；小枝有皮孔，粗壮，扩展。叶纸质或革质，阔椭圆形、阔卵形或卵状椭圆形，长 6 ～ 30 cm，宽 3.5 ～ 14.5 cm；侧脉 5 ～ 9 对，在下面凸起；叶柄长 2 ～ 8 cm，无毛或有柔毛；托叶大，三角状卵形，早落。圆锥状聚伞花序，顶生；花芳香，花梗长约 4 mm；萼管长约 4 mm，裂片近圆形，具缘毛，脱落，变态的叶状萼裂片白色、淡红色或淡黄色，纸质或革质，匙状卵形或广椭圆形，长 1.5～8.0 cm，宽 1～6 cm，有纵平行脉数条，有长 1～3 cm 的柄；花冠漏斗形，白色或黄色，长 2～3 cm，被黄白色绒毛，裂片近圆形，长约 7 mm，宽约 6 mm；花丝被绒毛。蒴果长圆状卵形或近纺锤形，长 3～5 cm，直径 1～1.5 cm，无毛或有短柔毛，有纵细棱；种子多数，小而有阔翅。花期 6～8 月，果期 8～11 月。

香果树为国家Ⅱ级重点保护植物，分布于安徽、浙江、福建、河南、湖北、湖南、江西、四川、贵州、云南等省。在陕西省主要分布在秦岭及大巴山地区。保护区见于月河坪、火地塘一带，垂直分布于海拔 800～1 300 m 的范围内，秦岭为该种的分布北界。香果树常生于温暖湿润的山沟溪旁的阔叶林中，生地植被以常绿、落叶阔叶混交林为主，主要组成树种以壳斗科、樟科的一些种为主。它要求肥沃、湿润、富含腐殖质的微酸性土，具有喜肥、喜湿和较耐阴的特性。香果树为我国特有单种属植物，是第三纪古热带植物区系的残遗种，同时，该种又具有许多进化性状，因此，它是一种既古老又进化的植物，学术研究价值极高。

第三章

脊椎动物

　　本次保护区科考脊椎动物区系共记录到物种 406 种，较已有记录增加 118 种，包括 1 种陕西省新记录。其中，鱼类 14 种，分属 2 目 4 科；两栖类动物 15 种，隶属于 2 目 7 科；爬行动物 29 种，隶属于 2 目 7 科；鸟类 261 种，分属于 12 目 52 科；兽类 87 种，隶属于 7 目 26 科；保护物种 69 种（国家 I 级保护物种 13 种，占陕西省 I 级保护动物 33.3%；国家 II 级保护物种 56 种，占陕西省 II 级保护动物 41%；占保护区野生脊椎动物总量的 17%）；有我国特有种 77 种（表 3-1）。动物区系呈现以东洋界成分为主、南北互相渗透、混杂的特点，是 2 个模式标本的产地（宁陕齿突蟾、宁陕小头蛇），我国特有种和保护物种比重较大，体现了保护区在物种和生物多样性保护方面的价值和意义。本次科考发现一些起源较古老的物种在保护区保持稳定，大多常见物种均维持较高遇见率，表明栖息地和生态系统的原生性得到了较好保护；近年来部分鸟类居留格局发生变化，在保护区成为留鸟或将保护区作为繁殖地；新发现和重发现了横斑锦蛇、狍、水獭、白冠长尾雉、黑冠鹃隼等物种记录，尤其是一些主要保护物种的种群数量增长明显、结构健康，充分反映了栖息地适宜水平和保护成效提升的效果。同时，也发现大熊猫种群规模小、隔离程度加剧，种群面临较高的生存风险，亟待救护或复壮；大型猫科动物和猛禽种群数量较低，顶级消费者的功能薄弱和缺失；尤其是区域性的模式标本物种宁陕小头蛇、宁陕齿突蟾等物种的遇见率长期偏低、种群信息不甚清楚，大鲵等经过破坏性捕捞后种群规模仍未恢复，羚牛等有蹄类物种的种群结构呈现区域性差异、部分区域扩散受阻，豹猫、中华鬣羚等面临疫病风险，需要从提升境内栖息地适宜水平、加强周边栖息地的协同管理、实施小种群救护、做好种群及健康状况监测和疫病防控等方向探索保护对策和开展保护行动。

表 3-1　保护区脊椎动物区系概况

动物	类别			区系类型			特有种	保护物种	新增种
	目	科	种	东洋种	古北种	广布种			
鱼类	2	4	14	—	—	—	—	—	4
两栖类	2	7	15	11	1	3	9	3	6
爬行类	2	7	29	21	4	4	13	2	7
鸟类	12	52	261	116	65	80	23	49	99
兽类	7	26	87	54	12	21	32	15	2
合计	25	96	406	—	—	—	77	69	118

<h1 style="text-align:center">第一节 鱼 类</h1>

一、调查方法

保护区所在地宁陕县属长江流域汉江水系，县境内河流又划为子午河、旬河、池河三分水系。保护区内的河流分别经不同的干、支流汇入三水系，是三水系的主要水源地。其中子午河流域涉及保护区内的河流有东峪河、长安河和上坝河，旬河流域在保护区的河流以月河为主，池河源于保护区东部新矿区域，是池河水系的源头。

本次鱼类调查主要采用网捕法、渔获物市场调查和历史资料查询等方法。网捕法采用样方（点）法进行，沿河流随机布设样方（点），通过设置地笼、粘网捕获样方（点）内的鱼，然后统计鱼的种类、数量、重量等。依据保护区水系特点和不同的海拔高度，并结合调查要求，本次调查共布设鱼类调查样方44个，其中旬河10个，池河9个，子午河水系25个（东峪河12个，长安河8个，上坝河4个），调查时间范围为2019年8月—2020年10月。同时，还通过市场调查方法进行保护区及周边地区鱼类组成及多度调查，分别于2019年8月、9月、11月，2020年10月对保护区所在宁陕县县城市场的野生鱼售卖档口的野生鱼种类、多度进行了调查。在鱼类区系名录的整理中还结合了该区域已有的鱼类区系研究和已有生物多样性调查报告等成果。

二、区系组成及特点

（一）种类组成

通过野外调查、室内标本鉴定并参考有关资料，确认保护区鱼类已知有2目4科13属14种（表3–2、附录3）。鱼类组成比较简单，即鲤形目（Cyriniformes）12种，占保护区鱼类总种数的86%；鲈形目（Perciformes）2种，占14%。鲤科（Cobitidae）鱼类8种，占保护区鱼类总种数的57%；花鳅科 (Cobitedae) 鱼类3种，占21%；鰕虎鱼科（Gobiidae）鱼类2种，占14%。在保护区周边水系中还发现鲤形目的银飘鱼（*Pseudolaubuca sinensis*）、圆吻鲴（*Distoechodon tumirostris* Peters）和鲈形目的鳜（*Siniperca chuatsi*）3种鱼类。2007～2008年保护区第一次综合科学考察表明，保护区内有鱼类2目3科9属10种：鲤形目（Cyriniformes）8种，鲈形目（perciformes）2种；鲤科（Cobitidae）鱼类5种，鳅科（Cyprinidae）鱼类3种，鰕虎鱼科（Gobiidae）鱼类2种。本次调查增加了鳡（*Elopochthys bambusa*），黑鳍鳈（*Sarcocheilichthys nigripinnis*），大鳞黑线鳘（*Atrilinea macrolepis*），泥鳅（*Misqurnus anquillicaudatus*）4物种。

表 3-2　平河保护区鱼类种类及分布

目科属种	分布河流				
	上坝河	池河	月河	东峪河	长安河
鲤形目 CYRINIFORMES					
1. 条鳅科 Nemacheilidae					
副鳅属 Homatula Nichols					
红尾副鳅 *Homatula variegatus* (Dabry de Thiersant, 1874)	+	+	+	+	
2. 花鳅科 Cobitedae					
花鳅属 *Cobitis* Linnaeus					
中华花鳅 *Cobitis sinensis* (Sauvage et Dabry de Thiersant)	+	+		+	+
泥鳅属 *Misgurnus* Lacépéde					
泥鳅 *Misqurnus anquillicaudatus* (Cantor, 1842)		+	+	+	
副泥鳅属 *Paramisgurnus* Dabry de Thiersant					
大鳞副泥鳅 *Paramisgurnus dabryanus* (Dabry de Thiersant,)	+	+		+	
3. 鲤科 Cyprinidae					
鱲属 *Zacco* Jordan et Evermann					
宽鳍鱲 *Zacco platypus* (Schlegel)	+	+	+		+
马口鱼属 *Opsariichthys* Bleeker					
马口鱼 *Opsariichthys bidens* Günther	+	+		+	
鳤属 *Elopochthys* Bleeker					
鳤 *Elopochthys bambusa*		+		+	
大吻鱲属 *Rhynchocypris* Gunther					
拉氏大吻鱲 *Phoxinus lagowskii*	+	+	+	+	+
颌须鮈属 *Gnathopogon* Bleeker					
短须颌须鮈 *Gnathopogon imberbis* (Sauvage et Dabry)	+	+		+	+
似鮈属 *Pseudogobio* Bleeker					
似鮈 *Pseudogobio vaillanti* (Sauvage)	+	+		+	
鳈属 *Sarcocheilichthys* Bleeker					
黑鳍鳈 *Sarcocheilichthys nigripinnis*		+			+
黑线鳌属 *Atrilinea*					
大鳞黑线鳌 *Atrilinea macrolepis*		+		+	
鲈形目 PERCIFORMES					
4. 鰕虎鱼科 Gobiidae					
吻鰕虎鱼属 *Rhinogobius* Gill					
栉鰕虎鱼 *Ctenogobiuas giurinus* (Rutter)	+	+			+
神农栉鰕虎鱼 *C. shennongensis* Yang et Xie	+	+		+	

（二）区系组成及分布型

按照李思忠（1981）的鱼类区系区划原则，保护区鱼类区系有 5 种类型（附录 3）。其中，中国江河平原区系复合体 7 种，是鱼类区系的最大类群，有宽鳍鱲、马口鱼、鳤、短须颌须鮈、似鮈、黑鳍鳈、餐条；晚第三纪早期区系复合体 3 种，为红尾副鳅、泥鳅、大鳞副泥鳅；北方平原复合体 1 种，为中华花鳅；北方山区区系复合体 1 种，即拉氏大吻鱥，为北方扩散物种冰期后残留；南方平原区系复合体 2 种，即栉鰕虎鱼、神农栉鰕虎鱼。

三、空间格局

东峪河和池河是保护区鱼类区系较为完整的河流，由于流域较大、汇入支流多和沿途景观多样，保护区的 14 种鱼类在东峪河和池河中均有分布，物种多样性较高，这也与这两条河流域大部分位于保护区的核心区和实验区，人类干扰很少，没有污染和非法猎捕有关。月河流域鱼类物种相对较少，主要原因在于在保护区范围内的河段和流域范围都较小，仅分布拉氏大吻鱥、泥鳅、宽鳍鱲和红尾副鳅 4 种鱼类，这也与月河的外来人流、车流频繁，人为干扰较大和沿途生活污染有关，一方面 210 国道从河流边通过，另一方面河流两边还有少量的村民居住，调查期间还在保护区外的旬阳坝河段发现捕鱼的现象。

在垂直分布上，保护区内 14 种鱼类也呈现出一定差异。以有 14 种鱼类分布的池河为例，在海拔 1 300 m 左右的河段拉氏大吻鱥、红尾副鳅、宽鳍鱲、中华花鳅、鱥和泥鳅都有分布；但是到海拔 1 400 m 左右，中华花鳅、鱥和泥鳅开始少见或消失，红尾副鳅和拉氏大吻鱥仍有分布，还发现分布有栉鰕虎鱼、神农栉鰕虎鱼和大鳞黑线鳘；到海拔 1 500 m，只有拉氏大吻鱥分布。而在月河和东峪河流域，到海拔 1 600 m 以上的部分缓流仍可见到少量拉氏大吻鱥分布。

四、多度空间分布

基于本次调查的渔获物，保护区不同河流中以池河的鱼类种类最为丰富，多度最高；其次是东峪河流域，月河流域种类和多度最低，只有鱼类 4 种，多度也是最低。以每次捕获的渔获物数量为指标，池河流域和东峪河流域捕获的样本数量都为月河流域的 2 倍以上（表 3–3）。

基于渔获物对保护区内鱼类的相对数量和生物量进行了分析，统计结果见表 3–3，拉氏大吻鱥的相对数量占到了总数量的 58.42%，相对重量也占到了总重量的 26.16%，由此表明拉氏大吻鱥是保护区鱼类的优势种；相对数量紧跟其后的是短须颌须鮈（10.84%）、红尾副鳅（7.79%）和大鳞副泥鳅（3.39%）；相对重量紧跟其后的是短须颌须鮈（18.36%）、红尾副鳅（11.9%）、似鮈（8.13%）。因此红尾副鳅和短须颌须鮈是保护区的次优势种。鱥和黑鳍鳈仅在保护区分别采到 3 尾和 2 尾，可作为保护区的稀有种。

不同河流鱼类的相对生物量统计结果见表 3–3。从中可见，池河的鱼类相对数量占到了保护区鱼类的 33.77%，相对重量占到了保护区鱼类的 40.11%，可见池河是保护区鱼类的主要分布地；东峪河和上坝河的鱼类相对数量和重量也都占到了全区的 22% 以上，鱼类的种类和生长状况都较好；月河的鱼类种类只有 4 种，需要对其水环境加强保护，并对流域的人为干扰和污染进行管理。

表3-3　保护区不同河流中鱼类的相对数量和生物量

物种名称	数量（%）						重量（%）					
	上坝河	池河	月河	东峪河	大南河	合计	上坝河	池河	月河	东峪河	大南河	合计
红尾副鳅	2.12	3.24	0.56	1.87		7.79	3.56	5.43	0.55	2.36		11.9
中华花鳅	0.63	1.23		0.57	0.43	2.86	0.87	1.87		1.43	1.13	5.30
泥鳅		0.53	0.47	0.24		1.24		0.68	0.26	0.35		1.29
大鳞副泥鳅	0.36	1.17		1.86		3.39	1.06	2.53		3.42		7.01
宽鳍鱲	0.31	0.53	0.14		0.46	1.44	1.56	2.57	0.32		2.14	6.59
马口鱼	0.26	0.62		0.48		1.36	0.88	2.64		1.86		5.38
鱥		0.26		0.36		0.62		0.53		0.72		1.25
拉氏大吻鱥	12.26	18.43	9.28	14.24	4.21	58.42	5.86	10.97	3.23	3.78	2.32	26.16
短须颌须鮈	2.14	3.65		2.78	2.27	10.84	3.78	6.25		4.69	3.64	18.36
似鮈	1.25	1.25		0.51		3.01	2.56	3.68		1.89		8.13
黑鳍鳈		0.16			0.25	0.41		0.16			0.36	0.52
大鳞黑线鳘	0.85	0.93		1.13		2.91	0.85	1.43		1.14		3.42
栉鰕虎鱼	1.25	1.1			0.64	2.99	1.03	0.86			0.52	2.41
神农栉鰕虎鱼	0.81	0.67		1.24		2.72	0.65	0.51		1.12		2.28
合计	22.24	33.77	10.45	25.28	8.26	100.00	22.66	40.11	4.36	22.76	10.11	100.00

五、拉氏大吻鱥专项调查

拉氏大吻鱥 *Phoxinus lagowskii* Dybowsky

分类位置：鲤形目 Cypriniformes，鲤科 Cyprinidae，雅罗鱼亚科 Leuciscinae

识别特征：体长，略侧扁，腹部较圆。头长，呈锥形，口亚下位，口裂较深，以马蹄形向上稍倾斜。眼较大，侧位。下颌正中无一显著突起，下咽齿2行，齿面不呈梳形，末端弯曲稍呈钩状。鳞小，排列不整齐。背鳍正中和体侧各有一条灰黑色的纵列条纹，尾鳍基部有一不明显的黑斑。

生态习性：喜居于流速缓慢的山溪清冷水域。杂食性，主要以水生昆虫、浮游动物、枝角类及水生植物为食，每年4～6月份产卵繁殖。

分布：拉氏大吻鱥是冰期从北方移入的一种雅罗鱼亚科鱼类，分布从黑龙江至秦岭以南的清江、沅江、汉江上源都有，在黄河和长江水系呈"点状"分布；在秦岭中一般生活在海拔600～2 300 m的溪流之中，在1 200 m以上的山溪中其个体数占50%以上，在一些小溪流竟达100%。

本次调查，拉氏大吻鱥分布于保护区水系的全境，数量上占总捕获量的58.2%，在生物量上占总捕获量的26.16%，是保护区鱼类的绝对优势种群。由于与其他鱼类在相对数量和生物量的巨大差异，拉氏大吻鱥为保护区鱼类的唯一优势种。为全面了解其生长状况和特征，本次科考还对月河、东峪河和池河中的拉氏大吻鱥进行了专项调查，测量了所获取样本的相关形态指标，对3条河拉氏大吻鱥的形态学特征进行统计和分析（详见表3-4）。池河内拉氏大吻鱥个体最大，全长平均为9.70 cm，体长平均为8.17 cm，头长平均为1.77 cm，吻长平均为0.50 cm，眼间距平均为0.58 cm；月河内拉氏大吻鱥个体最小，全长平均为5.96 cm，体长平均为4.86 cm，头长平均1.09 cm，吻长平均为0.26 cm，眼间距平均为0.35 cm。3条河流拉氏大吻鱥的生物量也与形态学特征相同，池河的平均体重和最大体重都远大于其他河流，月河最小。3条河流拉氏大吻鱥的生态学特征、生物量、结构的差异，除了与其流域的水环境、景观特征有关外，也与其面临的干扰状况有关。

表3-4　保护区月河、东峪河和池河拉氏大吻鱥形态指标与体重记录

河流	编号	体重（g）	全长 (cm)	体长 (cm)	头长 (cm)	吻长 (cm)	眼间距 (cm)
月河	1	3.6	7.38	6.01	1.34	0.33	0.44
月河	2	2.8	7.06	5.67	1.22	0.33	0.39
月河	3	1.2	5.03	4.19	0.91	0.25	0.29
月河	4	0.5	4.35	3.56	0.88	0.14	0.29
东峪河	5	3.4	7.39	6.06	1.49	0.31	0.51
东峪河	6	3.2	7.19	6.05	1.45	0.34	0.35
东峪河	7	6.2	9.29	7.68	1.79	0.49	0.52
东峪河	8	5.6	8.09	7.26	1.71	0.51	0.52

续表

河流	编号	体重（g）	全长 (cm)	体长 (cm)	头长 (cm)	吻长 (cm)	眼间距 (cm)
东峪河	9	6.5	9.06	7.59	1.85	0.6	0.5
东峪河	10	4.2	7.93	6.58	1.69	0.46	0.52
东峪河	11	5.1	8.07	6.9	1.61	0.48	0.43
东峪河	12	4.2	8.03	6.7	1.58	0.42	0.44
东峪河	13	5.9	8.95	7.64	1.83	0.55	0.56
东峪河	14	4.4	8.07	6.74	1.66	0.54	0.57
池河	15	8.1	9.65	8.01	1.83	0.46	0.55
池河	16	9.9	9.99	8.32	1.73	0.53	0.51
池河	17	11.2	10.16	8.48	1.96	0.61	0.71
池河	18	7.5	9.22	7.64	1.61	0.52	0.51
池河	19	11.3	10.32	8.85	2.01	0.63	0.59
池河	20	12.3	10.52	8.85	1.89	0.46	0.73
池河	21	11.6	10.35	8.75	1.96	0.66	0.67
池河	22	8.9	9.29	8.05	1.69	0.4	0.58
池河	23	7.3	8.68	7.38	1.49	0.42	0.51
池河	24	6.6	8.82	7.33	1.49	0.35	0.42

六、重要和常见鱼类及资源状况

（一）红尾副鳅 Paracobitis variegates

分类地位：鲤形目 Cypriniformes，鲤科 Cyprinidae，条鳅亚科 Noemacheilinae

识别特征：体细长，圆柱形，尾柄侧扁而长。体前半部裸露无鳞，后半部具细鳞。上和中央具一凸起，须 3 对，背鳍位于体的前半部，背鳍前距为体长的 42% ～ 46%。腹鳍起点与背鳍起点相对，腹鳍末端不达肛门。腹鳍起点至臀鳍起点的距离小于臀鳍起点至尾鳍基的距离。尾柄皮褶棱发达。尾鳍截形，中央微凹。侧线完全。

生态环境和生活习性：多生活于砾石河床的河段，分布海拔约为 1 000 ～ 1 500 m。

分布范围：广泛分布于长江中、上游及渭河的某些支流。秦岭地区分布于嘉陵江、汉江上游、渭河上游及其南岸支流石头河和黑河。本次调查红尾副鳅除在大南河以外，还在保护区其他河流中均匀分布，且数量和生物量较多。

（二）似鮈 Peudogobio vaillanti

分类地位：鲤形目 Cypriniformes，鲤科 Cyprinidae，鮈亚科 Gobioninae

识别特征：体长，背部隆起，腹部平坦，头长显著大于体高。吻长而平扁。眼中等大，眼间较宽，中间凹陷。口下位，深弧形，口裂末端达鼻孔前缘的下方。唇具许多乳突，下唇分 3 叶，中叶椭圆形，后缘游离，两侧叶在中叶的前端相连。口角须 1 对，粗短，其长约等于眼径。背鳍起点距吻端较距尾鳍基为近。胸鳍大，平展。腹鳍起点位于背鳍第 2～3 根分枝鳍条下方，末端超过肛门。肛门位于腹鳍基与臀鳍起点之间的前 1/6 处。侧线平直。胸鳍基部前裸露无鳞，腹部的鳞片较体侧鳞片小。鳔 2 室，前室包于韧质囊内，后室小，其长约等于眼径。

分布范围：似鮈分布于珠江、岷江、钱塘江、灵江、长江中游、黄河下游及淮河等水系。秦岭地区分布于汉水水系，保护区内广泛分布。

（三）马口鱼 *Opsariichthys bidens* Günther

分类地位：鲤形目 Cypriniformes，鲤科 Cyprinidae，丹亚科 Danioninae

识别特征：体长，侧扁。腹部圆，无腹棱。头稍尖，吻圆钝。口较大，端位，口裂向上倾斜。下颌前端突起，两侧各有一凹陷，恰与上颌突起部分相吻合。无须。眼侧上位，距吻端较近。下咽齿 3 行，顶端弯曲呈钩状。鳃耙短，排列稀疏。鳞圆形。侧线完全，前端向腹面弯曲，之后伸至尾柄中部。腹鳍末端接近肛门。尾鳍深叉形，末端尖，上叶较下叶较长。腹膜银白色，上有许多黑点。

生态习性：生活于山间溪流中，性较凶猛，为小型肉食性鱼类，以小鱼、小虾及水生昆虫等水生动物为食。5～6 月份，雌鱼产卵于水流缓慢、水色澄清、砂砾的场所。卵黏性，金黄色。

分布范围：秦岭地区分布于汉水水系，保护区内广泛分布。

（四）宽鳍鱲 *Zacco platypus*

分类地位：鲤形目 Cypriniformes，鲤科 Cyprinidae，丹亚科 Danioninae

识别特征：体长，较高，腹部圆，腹部无腹棱。头高而短，前端钝。吻短，其长小于眼后头长。口端位，口裂向上倾斜。上颌比下颌稍长，上下颌无凹凸，向后延伸可达眼后缘下方。唇较薄，光滑。无触须。眼稍大，位于头侧上方近吻端。鼻孔位于眼前上方，离眼前缘较近。生殖季节雄鱼头部、体侧和尾柄上有珠星，臀鳍上有粗颗粒状珠星。生活时体色十分鲜艳，雄鱼比雌鱼更为明显。一般背部灰黑色带绿色，腹部银白色，体侧有 10～15 条垂直的黑色宽带纹，条纹之间有许多浅红色斑点，体侧鳞上有金属光泽。

生态习性：生活于山间溪流中，常见于水流交汇的浅滩以及砂砾较多的小河中。性较凶猛，为小型肉食性鱼类，以小鱼、小虾及水生昆虫等水生动物为食。

分布范围：秦岭地区分布于汉水水系，保护区内广泛分布。

第二节 两栖类

一、调查方法

两栖类动物调查主要以样线法结合样点法进行。在保护区三缸河、三岔河、东平沟、大东沟、油磨沟、大茨沟、大南河、小南河和东峪河等地，沿溪流、水流及附近农地、居民点等两栖动物活动频繁的地区设置样线，每条样线长约 2 000 m。沿样线步行进行调查，同时在样线内两栖动物活动频繁的区域（如水体、沼泽、河流坑潭等）选择直径约 10 m 大小的样方作为重点调查区域，统计两栖动物的种类、数量和栖息生境，一共选取样线 10 条，设置样点 24 个。此外针对黄斑拟小鲵、隆肛蛙、棘腹蛙等保护区具有代表性的物种，尤其保护区分布的珍稀物种、特有和保护物种的分布和种群动态进行了重点调查，并对其变化情况及原因在社区进行了走访。在保护区两栖动物物种区系、种群动态、保护状况分析和报告编写中还结合了该区域已有的两栖动物研究论文、著作以及保护区长期的监测数据和已有生物多样性调查报告等成果。

二、区系组成及特点

（一）种类组成

此次调查共在保护区记录到两栖类动物 15 种（附录 4），隶属于 2 目 7 科，占陕西省两栖类物种的 55.6%，种类组成比较丰富。其中有尾目 2 科 3 种，小鲵科 2 种，为保护区起源较古老的物种，分别为黄斑拟小鲵（*Pseudohynobius flavomaculatus*）、山溪鲵（*Batrachuperus pinchonii*），黄斑拟小鲵是本次调查期间采集最多的小鲵类标本，保护区已有调查记录有秦巴拟小鲵（秦巴北鲵）（*Pseudohynobius tsinpaensis*），本次调查期间没采集到该物种标本，根据已有描述和对整个秦岭南坡该物种的分布推测，已有记录应为黄斑拟小鲵，特修正该物种；隐鳃鲵科 1 种、为大鲵（*Andrias davidianus*）。无尾目 5 科 12 种，角蟾科 1 种、为宁陕齿突蟾（*Scutiger ningshanensis*），保护区是该物种模式标本产地；蟾蜍科 2 种，中华蟾蜍（*Bufo gargarizans*）和华西蟾蜍（*Bufo andrewsi*）均有分布；雨蛙科 1 种，为秦岭雨蛙（*Hyla tsinlingensis*）；蛙科 6 种，分别为中国林蛙（*Rana chensinensis*）、隆肛蛙（*Feirana quadranus*）、棘腹蛙（*Paa boulengeri*）、黑斑侧褶蛙（*Pelophylax nigromaculatus*）、泽陆蛙（*Fejervarya multistriata*）、大绿臭蛙（*Odorrana livida*）；姬蛙科 2 种，为饰纹姬蛙 *Microhyla ornata* 和合征姬蛙 *Microhyla mixtura*。蛙科是两栖类区系组成的主体，单型科、单型属物种 3 种。较已有区系记录，本次调查新增 6 物种：华西蟾蜍、秦岭雨蛙、棘腹蛙、大绿臭蛙、饰纹姬蛙、合征姬蛙。修正一物种：秦巴拟小鲵修正为黄斑拟小鲵。

（二）区系组成及分布型

区系成分组成上，保护区两栖动物有东洋种 11 种、古北种 1 种、广布种 3 种，东洋界物种占 73%，具有以东洋界种为主、古北种稀少的特点，区系成分符合秦岭南坡动物区系属性。保护区两栖动物共有 6 种分布型，分别为 E 季风型、H 喜马拉雅—横断山区型、L 局地型、S 南中国型、W 东洋型、X 东北—华北型。其中 S 南中国型物种最多，有 6 种，占物种数的 40%；其次是 E 季风型物种，有 3 种（附录）4。

（三）特有种

保护区两栖类特有种比重较大，共有 13 种物种为仅分布于我国或主要产于我国。特有种中以我国特有种为主，有 9 种只分布于我国、占物种数的 60%，如黄斑拟小鲵（*Pseudohynobius flavomaculatus*）、山溪鲵（*Batrachuperus pinchonii*）、大鲵（*Andrias davidianus*）、宁陕齿突蟾（*Scutiger ningshanensis*）、华西蟾蜍（*Bufo andrewsi*）、秦岭雨蛙（*Hyla tsinlingensis*）、隆肛蛙（*Feirana quadranus*）、大绿臭蛙（*Odorrana livida*)、合征姬蛙（*Microhyla mixtura*）等，保护区还是宁陕齿突蟾的模式标本产地；有 4 种两栖类为主要分布于我国的物种，占物种数的 27%。

（四）保护物种

保护区有 3 种国家重点保护两栖类动物，均为国家 II 级保护动物，占陕西省国家 II 级重点保护两栖类物种的 60%，分别为大鲵、山溪鲵和宁陕齿突蟾。

（五）特点

根据本次调查，保护区共有两栖类动物 15 种，隶属于 2 目 7 科。保护区两栖动物在区系组成上呈现以蛙科为主、我国特有种占主体、单型科和单型属较多的特点；在区系成分和分布型上东洋界物种均占优势，都符合秦岭南坡动物区系的东洋界属性；区系成分原生性明显，保存了有尾目物种黄斑拟小鲵、山溪鲵等起源较古老的物种，也反应了保护区自然环境和生态系统的原生性和稳定性保护较好的实际。

同时，本次调查也发现，由于过往的非法捕捉、环境破坏，以及现在不断增加的人为干扰等因素，在保护区很难再发现国家 II 级保护动物大鲵实体，大鲵种群经过破坏性捕捞后仍未恢复，是否会形成野外种群区域性灭绝取决于后续的保护情况；棘腹蛙在保护区内的遇见率较低，正面临种群衰退的风险；区域特有种宁陕齿突蟾种群数量一直处于较低水平，很难发现实体，需要在以后的保护工作中予以关注。

综上，保护区两栖动物是保护区生物多样性的重要组成部分，具有重要的保护价值，对于我国特有两栖类的保护具有十分重要的意义。同时，一些珍稀物种和一些有利用价值物种面临较大的生存压力和生存威胁，需要通过加强保护和管理、宣传教育、科学研究等措施保护其种群和栖息地。

三、空间格局

两栖动物对环境的依赖性大，栖息地离不开水或湿地环境，对栖息环境的选择较严格。在空间分布上主要分布在 2 200 m 以下的区域，1 300 ～ 1 800 m 之间的区域是两栖动物分布较为集中的区域，调查中的遇见率和多度都最高，如中华蟾蜍、隆肛蛙、棘腹蛙等；在海拔 2 200 m 以上的区域分布较少，主要为黄斑拟小鲵、山溪鲵、中国林蛙和华西蟾蜍。

四、时间格局

两栖动物虽然有包括形态和行为在内的各种生态适应，但抵御极端环境的能力仍然很弱，在保护区内一旦温度下降即进入冬眠状态。保护区冬季时间长，夏季时间短，春季长于秋季，且随海拔高度的升高，夏季缩短，冬季延长。因此保护区两栖动物只能在每年的春末—夏季—秋初有较高的遇见率，具体时间为每年的 4 月下旬至 9 月下旬或 10 月初，以 7 ～ 8 月遇见率最高，其余时间为其冬眠季节。

五、多度空间分布

由于保护区主要地貌为山地、峡谷景观，植被以森林、灌丛为主，两栖类物种种类总体较少、种群数量也较小。根据调查期间所发现两栖类的频次，保护区两栖动物种群多度按遇见率分为三类：+ 为遇见率 1 ～ 10 次物种；++ 为遇见率 10 ～ 20 次物种；+++ 为遇见率大于 20 次以上物种。基于物种遇见率，总体上在保护区溪流等水环境中遇见率最高的两栖类是隆肛蛙，陆生环境中遇见率最高的是中华蟾蜍，保护区边缘地带和低海拔地区遇见率最高的是饰纹姬蛙。

六、同科属物种空间和多度格局

为认识保护区两栖类物种中形态类似、亲缘关系较近的同一大类群物种之间的分布和种群多度，加深对各类群两栖动物种生存状况的了解，针对同一科内有多个物种的类群，对其分布和相对多度进行详细分析和评价。

（一）小鲵科：黄斑拟小鲵、山溪鲵

黄斑拟小鲵是保护区分布最广的小鲵，其分布区和种群多度都远大于山溪鲵，在保护区三岔河、三缸河、平河梁、火地沟梁、金窝子沟等地都有分布，幼体生活在高山溪流的水里，成体生活在溪流附近的泥土中或石缝中；山溪鲵在保护区东峪河、火地沟和小南河等地的支沟、溪流里有分布，很少选择泥土环境栖息，遇见率小于黄斑拟小鲵，体型较黄斑拟小鲵大。保护区已有记录中记载有秦巴拟小鲵分布，但本次调查没有采集到该物种标本，根据本次调查和标本对照，已有秦巴拟小鲵应为黄斑拟小鲵。

（二）蟾蜍科：中华蟾蜍和华西蟾蜍

两物种都分布于保护区的陆生环境中，中华蟾蜍广泛分布，以低海拔地区较常见，如三岔河、三缸河、大东沟、东峪河、小南河等地；华西蟾蜍分布海拔相对较高，调查发现地位于东平沟、西平沟、平河梁等地，种群多度也小于中华蟾蜍。

（三）蛙科：中国林蛙、隆肛蛙、棘腹蛙、黑斑侧褶蛙、泽陆蛙、大绿臭蛙

蛙科中分布广的是中国林蛙，在保护区主要生境类型中均有分布，是适应陆生环境能力较强的物种，遇见率较高；保护区遇见率最高、种群多度最大的两栖类和蛙类是隆肛蛙，调查期间在东峪河、大南河、三缸河、三岔河和大东沟的河流积水潭发现有隆肛蛙大规模的蝌蚪群；棘腹蛙在河流环境中也常见，但小于隆肛蛙，遇见率最高的是小南河、大南河流域；由于保护区的地貌和植被等因素，其他蛙类的多度相对较低。

（四）姬蛙科：饰纹姬蛙、合征姬蛙

两种姬蛙都分布于保护区低海拔地区，尤其是与农地、居民区接壤的区域，饰纹姬蛙最常见，遇见率远高于合征姬蛙。

七、重要和常见两栖类及资源状况

（一）大鲵 Andrias davidianus

分类地位：有尾目，隐鳃鲵科，国家 II 级保护动物，我国特有种。

识别特征：是世界上现存最大的两栖动物，全长可为 1.0 m 以上，体重可超百斤，头部扁平、钝圆，口大，眼不发达，无眼睑，眼间距宽，头长略大于头宽。身体前部扁平，至尾部逐渐转为侧扁。体两侧有明显肤褶，四肢短扁，指、趾前四后五，具微蹼。尾圆形，

尾上下有鳍状物。大鲵的体色可随不同的环境而变化，但一般多呈灰褐色。体表光滑无鳞，但有各种斑纹，布满黏液。身体腹面颜色浅淡。

栖息生境及习性：大鲵一般生活在海拔 600 m 以上的山区水流较平缓的河流、大型溪流的岩洞或深潭中，水流急湍、清澈。栖息地环境的山地断层发育，褶皱紧密，节理裂隙密于蛛网，峡谷、深潭、洞穴发育较多。成体多独栖，幼体常集群于石滩内，夜间活动频繁。成鲵性凶猛，肉食性，以水生昆虫、鱼、蟹、虾、蛙、蛇、鳖等为食。雌鲵每年 7～9 月间产卵，每尾产卵 300～1 500 粒，卵带呈念珠状，长达数十米，卵粒圆，卵径 5～8 mm，乳黄色，2～3 周孵化，刚孵出幼体全长 28～32 mm，15～40 d 后，小 "娃娃鱼" 分散生活，全长 170～220 mm 时外鳃消失。大鲵寿命长，人工饲养条件下可存活数十年。

分布和种群状况：除新疆、西藏、内蒙古、吉林、台湾未见报道外，其余省区都有分布。大鲵在陕西主要分布于秦岭及其以南的巴山，保护区所在地宁陕县一直是大鲵的传统分布区，有分布广、种群规模大等特点，人工养殖大鲵在保护区社区较为普遍。

大鲵曾经在保护区内广泛分布，主要在东峪河、大南河、小南河，东南的上坝河上游以及西北大茨沟支流分布较多，旬阳坝的月河流域和新矿的池河流域分布相对较少。到 20 世纪 80 年代末，大鲵一直在保护区内分布，实体还保持较高的遇见率，尤其是东峪河、大南河等地，包括保护区外火地塘等地也是大鲵种群密度较高的区域。20 世纪 90 年代以来，主要由于人为捕猎，加上人为活动频繁、森林采伐、毒鱼等对水环境破坏等因素，导致栖息地恶化和种群数量持续减少，大部分遭受毁灭性捕捞的区域很难再发现实体，资源呈现整体枯竭状态，目前在保护区内属于偶尔发现的状态，急需进行有效保护。

保护建议：建议加强管理，严禁捕捉，严格禁止在大鲵分布区建立水坝、电站等可能使河流断流的工程；保护环境，控制农药和化肥的使用，防止水体污染；可以考虑结合当地正在进行的大鲵人工养殖项目，建立人工繁育基地，在驯化和科学评估的基础上，在东峪河、大南河和小南河放归部分人工繁育个体，补充野生种源的不足，实现大鲵野生种群的恢复与发展；同时，加强科学研究，完善保护措施，加强保护宣传，提高当地居民的保护意识。

（二）黄斑拟小鲵 *Pseudohynobius flavomaculatus*

分类地位：有尾目，小鲵科，我国特有种。

识别特征：头部扁平，卵圆形；躯干近圆柱状而背腹略扁；尾背鳍褶较平直，末端钝圆。头长大于头宽；吻端钝圆，略突出于下唇，颊部略向外侧倾斜；鼻孔近吻端，鼻间距大于眼间距与眼径几相等；眼位于头背两侧，眼大小适中，上眼睑宽，略大于眼径的一半；口角位于眼后角的下方，约为头长的 3/5，无唇褶；口角后明显隆起达颈褶，颈褶明显；上、下颌有细齿。四肢适中，前肢较后肢略细，指、趾略宽扁，无蹼。掌、跖部无角质鞘，指 4 个、趾 5 个。眼后至颈褶有一条细纵沟，在口角上方向下弯曲与口角处的短横沟相交，颈侧部位较为突出，头后至尾基部脊沟较明显；肋沟 11 条，个别有 12 条，尾部肌节间有浅沟。生活时整个背面紫褐色，有不规则的土黄色或黄色斑，斑块的大小、多少和形状变异较大，一般头部的斑块较小，背部的较大，尾后段较少或无。根据在保护区三岔河所采集到的标本，保护区黄斑拟小鲵的体长平均值为 122.6 mm，体重平均值为 14.8 g 左右，具体形态特征如表 3–5。

表 3–5 保护区三岔河区域黄斑拟小鲵的形态特征

编号	全长 mm	头体长 mm	头长 mm	头宽 mm	吻长 mm	尾长 mm	前肢长 mm	后肢长 mm	体重 g
1	115.60	57.80	14.96	9.32	1.90	55.76	11.97	15.64	13.12
2	132.00	65.6	16.88	10.88	2.40	68.00	14.40	22.00	13.36
3	110.40	56.17	13.80	9.32	1.79	53.82	12.42	17.25	12.21
4	126.36	62.40	15.21	10.92	1.33	61.62	14.04	18.49	15.05
5	127.65	66.52	17.25	11.32	2.76	60.03	14.49	20.70	21.60
6	123.65	62.91	15.46	10.43	2.01	60.28	13.91	19.32	13.68
平均值	122.61	61.90	15.59	10.36	2.03	59.92	13.54	18.90	14.84

栖息生境及习性：黄斑拟小鲵生活于海拔 1 100 m 以上的较高山区，流溪水量小，坡度不大，在阶梯式的低凹处为浅水凼，溪水清澈见底，水底多碎石，并杂有少量淤泥和落叶；溪边以草本植物和灌丛为主，植被茂密，十分阴湿。昼伏夜出，成体不直接生活在水中，白天大多隐蔽在溪边或干凼的溪底大石块下或碎石缝中。幼体多在石块下游动或匍匐在淤泥上，幼鲵亦活动在岸边石堆中；行动敏捷，受惊扰后即迅速进入其他石块下或石缝中。

分布和种群状况：黄斑拟小鲵分布于中国陕西（周至、宁陕）、四川（万源）、河南（内乡）、重庆（城口）等地，在秦岭南坡及各保护区广泛分布。本次调查在三岔河（108.563475, 33.446619；108.560738, 33.449236；108.556812, 33.450902）、三缸河、平河梁、小南河（108.414996, 33.482786）、火地沟梁（108.454448, 33.480669）等采集到了黄斑拟小鲵的标本，在保护区内的遇见率较高，也反映了保护区生境多样、生态系统保存完好、保护成效较好的实际。

保护建议：保护区内黄斑拟小鲵种群数量保持稳定，由于其逃避敌害的能力较弱和对环境的要求严格，建议保护区给予长期关注，加强管理和宣传，禁止人为捕捉，保护好栖息地，防止水体污染，确保现有种群安全和良好发展。

（三）隆肛蛙 Feirana quadranus

分类地位：无尾目，蛙科，我国特有种，是保护区最常见的蛙类。

识别特征：体大而扁平，体背呈橄榄色而略带黄色，体侧棕黄色并有黑色云斑。颌缘及四肢有清晰的黑色横纹，四肢和腹面为鲜黄色。约有 5% ～ 10% 的个体头背中央脊部有一条黄色纵带，由吻端直达肛部，为色斑之变异。因生活环境不同，背部颜色有不同程度的变化，出现不规则的深褐、深绿色斑纹。头宽略大于头长，吻较圆，吻棱明显，由于腿后端枕部皮肤下陷呈横沟而使头呈三角形，眼大而鼓起，无外声囊，鼓膜小而不显。皮肤较粗糙，除吻、头顶及背中部较光滑外，头侧、横沟后和背后端及体侧遍布疣粒或小白刺。肛部隆起，皮肤在雄性较光滑，有微小突起，在雌性部分标本具小疣粒。前肢适中而后肢长而粗壮。一般雌性个体较大而肥，雄性略瘦小。

根据在保护区三缸河、东峪河、大东沟等地所采集到的标本，保护区境内隆肛蛙的体长平均值为 69.75 ± 2.0 mm、体重平均值为 54.13 ± 9.1 g 左右，具体形态特征如表 3-6。

表 3-6　保护区隆肛蛙的形态特征

样本号	体长 mm	头长 mm	头宽 mm	吻长 mm	眼间距 mm	前臂长 mm	前臂宽 mm	后肢全长 mm	胫长 mm	足长 mm	体重 g
1	69.16	24.83	24.74	4.95	1.94	30.07	5.34	116.40	38.80	37.83	41.71
2	70.95	24.50	27.15	5.88	2.35	34.30	6.86	137.20	44.10	39.20	60.96
3	71.71	26.26	27.27	7.47	3.03	34.85	6.77	139.38	40.40	42.42	65.65
4	66.52	23.92	25.30	6.90	2.67	32.29	6.26	127.42	40.94	38.73	59.98
5	67.83	24.23	25.56	5.89	2.66	33.06	6.65	133.00	40.19	38.00	45.41
6	68.83	24.58	25.82	6.14	2.50	32.74	6.34	129.89	40.70	38.98	54.34
7	73.12	25.25	27.98	6.06	2.42	35.35	7.07	141.40	45.45	40.40	62.82
8	69.87	25.09	24.99	5.00	1.96	30.38	5.39	117.60	39.20	38.22	42.14
平均数	69.75	24.83	26.10	6.04	2.44	32.88	6.33	130.29	41.22	39.22	54.13
标准差	2.00	0.68	1.12	0.80	0.34	1.82	0.61	8.83	2.19	1.43	9.11

栖息生境及习性：生活于山区的大小溪流或沼泽地带，成体栖息于河流、水沟和积水坑，也见于河边山林中，白天多伏于较大石块下或池边洞中，极少外出活动，傍晚和黎明为其活动高峰期，爬于石块上或水坑旁，被惊动后迅速跳入水中。每年 11 月底至次年 3 月为其冬眠期，主要静卧于河流水中较大石块下，4 月初开始活动并准备产卵繁殖。其卵相粘在一起呈团块状，卵径 3 ～ 4 mm，卵胶囊透明、较坚韧，黏附于水流缓慢处较大石块下面，7 月份即可见到孵化出的小蝌蚪。

分布和种群状况：在陕西省境内秦岭南坡及以南地区广泛分布，也是秦岭南坡山地森林生态系统中最常见的蛙类；除陕西外，该物种在甘肃、四川、重庆、湖南、湖北大部分地区也有分布。由于保护区为峡谷、溪流的地貌特征，植被以森林灌丛为主的环境，隆肛蛙是保护区遇见率最高的蛙类，调查期间在保护区的三缸河（108.542376，33.423402；108.537844，33.425474）、大东沟（108.556038，33.383547）、东峪河（108.445393，33.522746；108.446464，33.522032）等地都采集到成体标本，并发现孵化蝌蚪的坑、潭。

保护建议：由于保护区的管理，栖息地和种群数量相对稳定，建议加强对保护区境内河流的保护和管理，禁止捕鱼、毒鱼等行为，加强宣传教育，确保栖息地的安全和质量。

（四）棘腹蛙 *Paa boulengeri*

分类地位：无尾目，蛙科，我国的特有种，是保护区河谷、溪流中较常见的蛙类，当地俗名"梆梆"。

识别特征：体大而肥壮，雄蛙体长 78 ~ 100 mm，雌蛙体长 89 ~ 111 mm。头宽大于头长，吻端圆，吻棱不显，瞳孔呈菱形，深酱色，眼间距小于上眼睑宽，鼓膜不显，皮肤较粗糙，背面有若干成行排列的窄长疣，趾间全蹼。雄性前肢特别粗壮，胸腹部满布大小黑刺疣。成体背面多为土棕色或浅酱色。上下颌有显著的深棕色或黑色纵纹。两眼间常有一黑横纹。背部有不规则的黑斑。四肢背面有黑色横纹。咽喉部棕色花斑较多。

栖息生境及习性：生活在海拔较高、水流平缓的溪流或河谷内。白天匿居溪底石块下或洞内，天黑时出穴活动，夏季常发出"梆（bang）、梆、梆"的洪亮鸣声。繁殖季节在 5 ~ 8 月，卵产于小山溪瀑布下水坑内，黏附在石上或植物根上。卵在胶膜内成串悬挂在水中。卵径约 4 mm，动物极灰棕色，植物极乳黄色。蝌蚪一般分散生活于小山溪水坑内，第 36 ~ 38 期蝌蚪全长约 52 mm，头体长约 19 mm，尾长约为体长的 179%。

分布和种群状况：棘腹蛙分布于山西、湖北、湖南、江西、广西、四川、重庆、贵州、云南、陕西、甘肃等地。该物种在陕西省境内秦岭南坡及陕南地区广泛分布，种群数量也较大。在保护区内的东峪河、大南河、小南河；新矿区域的三缸河、大东沟和三岔河也分布较多。由于该物种体形肥大，肉质鲜美，是当前遭受人为捕捉最严重的两栖类物种，已经对其种群的稳定和增长造成了影响，种群数量下降明显，野外成体的遇见率较低，远低于隆肛蛙，种群的长期生存和稳定面临极大的不确定性。

保护建议：加强监管和宣传，禁止对该物种的捕捉，维持种群的稳定和发展；针对其经济和利用价值，建议加强对其生物学特性的研究，开展人工繁育、饲养探索，尽快恢复野生种群规模。

（五）宁陕齿突蟾 *Scutiger ningshanensis*

分类地位：无尾目，角蟾科，我国的特有种，是角蟾科齿突蟾属分布最东北的特有珍稀物种，保护区是该物种模式标本产地。

识别特征：雄蟾体长 44.07 ~ 48.09 mm [（46.74 ± 1.81）mm，$n=4$]，雌蟾体长 47.28 ~ 53.40 mm [（50.09 ± 1.96）mm, $n=7$]；体形扁平，头宽大于头长；吻端钝圆，上颌有细小齿突，下颌缘圆，略短于上颌；颊部向外侧倾斜，吻棱明显；鼻孔位于吻棱下方、向后开口，略近于吻端；鼻间距小于眼间距和上眼睑宽，瞳孔纵裂，鼓膜不显，上颌缘内侧具细齿，无犁骨齿；内鼻孔较大，咽鼓管孔小；舌大近卵圆形，后端游离，末端有缺刻。前臂及手长略超过体长之半，雄蟾前臂粗壮，雌蟾前臂较细，雄蟾胸部有两对刺团。

生活状态下，背面多为亮棕褐色，体侧和四肢背面色浅杂以橄榄绿或黄绿色；体背部疣粒集中，形成 4 条断续相连的棕黑色纵行肤褶；头部自上眼睑中部至肩部有 1 前宽后窄近长方形深褐色斑，有的个体伸达背中后部，眼球上部金黄色，下部褐色，头部两侧有一连续的黑褐色线纹，始自吻端沿吻棱下缘，经上眼睑边缘延伸至颞褶下方；眼前方颊部有间断的深褐色斑，体侧和四肢背面有不规则的褐色斑，腹面色浅，咽部肉色，腹部黄绿色间以灰褐色云斑。

栖息生境及习性：成蟾多生活在海拔 1 600 ~ 2 000 m 山区溪流两侧的土洞中、石块下及林下草丛中；栖息环境水源丰富、植被茂盛、地面阴湿，白天多蛰伏，夜间出来活动，尤其是在雨后的夜晚。蝌蚪多栖息于海拔 1 256 ~ 1 650 m 溪流形成的回水凼中，与成蛙栖息繁殖地存在一定的分布间隔。宁陕齿突蟾蝌蚪多分散栖息在水底石头上、石缝下或水底枯叶层中，偶尔会游到水中层随即又游回水底。一年四季均可见不同发育期的蝌蚪，3月上旬，山坡上和溪流中的冰雪尚未完全融化，已有蝌蚪出来活动，11月尚可见大量蝌蚪出现。

分布和种群状况：宁陕齿突蟾自1985年由方荣盛等发现以来，研究者多次对这一物种进行专门的考察和采集，在陕西省境内宁陕县以外的周至、太白、佛坪等地陆续有发现报道；陈晓虹等2009年在河南省伏牛山发现该物种分布，使该物种和角蟾科动物的分布向东延伸了近4个经度，使伏牛山成为角蟾科动物分布的东限。

宁陕齿突蟾分布于秦岭南坡中段，是齿突蟾也是角蟾科分布最东部的物种，地理区划上属于东洋界华中区西部山地高原亚区，在分布型上齿突蟾属物种划为H喜马拉雅—横断山型不同，宁陕齿突蟾为Sn南中国型北亚热带物种，伏牛山新分布的发现进一步验证了该分布型划定的科学性。由于该物种目前发现较晚、分布局限、遇见率较低，使得对其生物学特性、地理分布、系统演化等领域都为空白，也为学者探索相关科学问题提供了机会。

该物种是我国特有两栖动物，分布一直较局限，保护区内的遇见率一直较低，目前对该物种的认识仅限正模标本和1雄性地模标本的形态描述，另为2014年陈芳芳等在平河梁二号桥采到1成体雄性标本，对其生物学特征的研究也为初步阶段。本次对该物种种群数量和多度的调查主要参考陆宇燕等2005—2006年对该物种蝌蚪种群密度的估计。宁陕齿突蟾蝌蚪是一种流溪型蝌蚪，它的分布及其种群大小和密度与流速有着密切的关系，2005年8月对1 000 m河段内不同流速水域蝌蚪的种群密度的统计结果见表3-7。

保护建议：该物种为我国特有种，保护区是其模式标本产地，由于发现晚、种群数量小，关于该物种的生物学、地理分布、演化、遗传等信息都为空白，建议加强保护，开展专项研究，填补相关基础信息和数据空白。

表3-7 保护区蝌蚪种群密度与河流水速的关系统计表

流速 (m/min)	统计面积 (m²)	蝌蚪总数	种群密度 (num/m²)
0.95 ± 0.42	7.87 ± 0.48	74.5 ± 3.70	9.48 ± 0.59
5 ± 0.44	39.75 ± 3.86	16.75 ± 1.71	0.42 ± 0.03
10 ± 0.84	39.75 ± 2.75	4.75 ± 1.26	0.12 ± 0.04

第三节　爬行类

一、调查方法

爬行类动物野外调查主要采用样线法，即在常规调查样带上按一定的规律布设若干调查样线，调查人员沿样线调查记录爬行动物的种类、数量和生境。根据样带长度，沿前进方向，在样带内分段均匀布设3～5条、长度100～200 m的样线。沿样线调查时，保持每次行走速度一致，沿样线往返一次为一个调查。同时，根据爬行动物的活动规律，选择合适的调查时间和典型生境如沟谷、草丛等进行样线外的补充调查。调查范围覆盖保护区不同的地貌景观、植被类型和海拔高度，涉及新矿大东沟、三缸河、东平沟、旬阳坝大茨沟、油磨沟、平河梁、上坝河、火地沟东峪河、大南河、火地沟梁等地。同时通过调查中发动保护区监测员工提交监测、巡护中发现的爬行动物图片，以丰富调查数据；在区系统计和种群动态评估和报告编写中还结合了该区域已有的爬行动物研究论文、著作以及保护区的长期监测数据和已有生物多样性调查报告等成果。

二、区系组成及特点

（一）种类组成

此次调查共记录到爬行类动物 29 种（附录 5），隶属于 2 目 7 科，分别为蜥蜴目和蛇目，占陕西省爬行动物种类的 55.8%。其中，蜥蜴目 4 科，分别为壁虎科、鬣蜥科、石龙子科和蜥蜴科；壁虎科 1 种，为多疣壁虎（*Gekko japonicus*）；鬣蜥科 1 种，为米仓龙蜥（*Japalura micangshanensis*）；石龙子科 3 种，为黄纹石龙子（*Eumeces capito*）、蝘蜓 *Lygosoma indicum*）、秦岭滑蜥（*Scincella tsinlingensis*）；蜥蜴科 2 种，为北草蜥（*Takydromus septentrionalis*）、丽斑麻蜥（*Eremias argus*）。蛇目有 3 科，为游蛇科、蝰科和蝮科；游蛇科 17 种，占 58.6%，分别为棕脊蛇（*Achalinus rufescens*）、黑脊蛇（*Achalinus spinalis*）、赤链蛇（*Dinodon rufozonatum*）、玉斑锦蛇（*Elaphe mandarina*）、王锦蛇（*Elaphe carinata*）、黑眉锦蛇（*Elaphe taeniura*）、横斑锦蛇（*Euprepiophis perlacea*）、紫灰锦蛇（*Elaphe porphyracea*）、双全白环蛇（*Lycodon fasciatus*）、黑背白环蛇（*Lycodon ruhstrati*）、斜鳞蛇（*Pseudoxenodon macrops sinensis*）、翠青蛇（*Cyclophiops major*）、乌梢蛇（*Zaocys dhumnades*）、颈槽蛇（*Rhabdophis nuchalis*）、虎斑颈槽蛇（*Rhabdophis tigrinus*）、宁陕小头蛇（*Oligodon ningshanensis*）和黑头剑蛇（*Sibynophis chinensis*）；蝰科 2 种，为白头蝰（*Azemiops feae*）、极北蝰（*Vipera berus*）；蝮科 3 种，为秦岭蝮（*Agkistrodon qinlingensis*）、高原蝮（*Gloydius strauchii*）、菜花烙铁头（*Trimeresurus jerdonii*）。其中，保护区是我国特有种宁陕小头蛇的模式标本产地，也是横斑锦蛇在陕西境内的新记录产生地（2019 年 6 月吴逸群等在旬阳坝等地的采集记录）。白头蝰依据 20 世纪 80 年代巩会生等在火地塘等地的采集记录；高原蝮依据 2020 年 5 月保护区员工在境内的拍摄记录。游蛇科是保护区爬行动物的主体，单型科、单型属物种 2 种，较已有爬行动物区系记录，本次调查新增 7 物种，分别为：米仓龙蜥、丽斑麻蜥、黑脊蛇、玉斑锦蛇、横斑锦蛇、白头蝰和高原蝮。

（二）区系组成及分布型

区系成分上，保护区 29 种爬行动物中有东洋种 21 种、占 72.4%，古北种 4 种，广布种 4 种，具有以东洋种为主、古北种稀少的特点，区系组成符合该区域的生物地理特征。保护区爬行类共有 6 种分布型，分别为：B 华北型（主要分布于华北区）、D 中亚型（中亚温带干旱区分布）、E 季风型（东部湿润地区为主）、H 喜马拉雅—横断山区型、S 南中国型、U 古北型、W 东洋型、X 东北—华北型，其中 S 南中国型物种 14 种，占爬行类物种数的 48.3%，其次是 W 东洋型物种 6 种，占爬行类物种数的 20.7%。

（三）特有种

保护区有 8 种爬行动物为我国特有种，有 13 种爬行动物为主要分布于我国的特有种，占爬行动物物种数的 72.4%，其中宁陕小头蛇、米仓龙蜥、秦岭滑蜥、秦岭腹为区域性的代表物种，对生物多样性的保护具有重要意义。

（四）保护物种

保护区有 2 种国家重点保护爬行类动物，均为国家 II 级保护动物，占陕西省国家 II 级重点保护爬行类物种的 33.3%，分别为横斑锦蛇和极北蝰。

（五）特点

保护区爬行动物种类丰富、分布型多样，反映了保护区生境多样、生态环境和植被保存完好、物种多样性高等特点。大多区域性的常见物种如王锦蛇、乌梢蛇、菜花烙铁头、秦岭腹、颈槽蛇等都保持较高的遇见率，反映了保护区爬行动物栖息地适宜性提升的成效；尤其是保护区特有种比例极高，是一些区域独有种的模式标本产地和新记录发现地，充分说明了保护区在爬行动物物种保护方面的价值和意义。

同时，本次调查也发现，在保护区发现的区域特有种或新分布物种如宁陕小头蛇、横斑锦蛇、白头蝰在保护区发现以后再发现的概率极小，其种群数量仍处于较低水平，表明对一些小种群物种仍需持续关注和努力保护。

三、空间格局

爬行动物是真正意义上摆脱对水依赖的物种，在保护区广泛分布，但对环境的适应能力有限、对敌害的躲避能力较低，在保护区内爬行动物主要在 2 200 m 以下的区域，从种的分布上 1 300～1 800 m、1 800～2 200 m 间没有显著性差异，主要为一些游蛇科的物种，颈槽蛇是该区域最常见的物种，其次是黑眉锦蛇、斜鳞蛇、王锦蛇、乌梢蛇等，2 200 m 以上的区域物种分布较少，常见的物种为高原蝮、秦岭腹、蝘蜓，偶见秦岭滑蜥、颈槽蛇和虎斑颈槽蛇，极北蝰在高海拔地区有分布，但极少见。

四、时间格局

尽管爬行动物在生理结构上进一步适应陆地生活，是真正适应陆栖生活的变温脊椎动物，其繁殖也脱离了水的束缚，但体温不恒定，没有完善的保温装置和体温调节功能，能量又容易丧失，需要从外界获得必需的热，为所谓的"外热源动物"。在四季分明的地区，爬行动物一年的活动规律也显出季节差异：夏季是活动季节，摄食和繁殖多在此期间进行；秋末冬初到次年春季是休眠时期，或称"冬眠"。保护区四季分明，温差大，爬行类只在每年的 5 月至 9 月下旬可遇见（较两栖类动物稍晚），其余时间都为其冬眠季节。

五、多度空间格局

保护区内爬行动物的遇见率相对较低，除保护区的地形、海拔和植被等因素外，也与爬行动物自身的生物学特性、种群繁殖和增长能力有关。根据调查期间所发现爬行动物的频次，对保护区爬行类的种群多度分为三类，+ 为遇见率 1～10 次的物种，++ 为遇见率 10～20 次物种，+++ 为遇见率大于 20 次以上物种，以此评估爬行动物的种群数量。总体上，蜥蜴目遇见率最高的是北草蜥，其次是蝘蜓较常见。蛇目遇见率最高的是颈槽蛇，在保护区 2 000 m 以下的区域极为常见，在森林、灌丛、草丛、农地都可遇见，是在道路上记录到死亡个体最多的爬行类物种；赤链蛇、黑眉锦蛇、王锦蛇等物种也较为常见。

六、同科属物种空间和多度格局

为认识保护区爬行动物中形态类似、亲缘关系较近的同类物种之间的分布和种群多度，加深对各类群爬行种生存状况的了解，针对同一科内有多个物种的类群，对其分布和相对多度进行详细分析和评价。

（一）石龙子科：蝘蜓、黄纹石龙子、秦岭滑蜥

蝘蜓分布于保护区内的各种生境，海拔跨度大，在石块、林缘、道路等环境中极为常见；黄纹石龙子多栖息于山间溪流两侧的石下或草丛中，较蝘蜓遇见率低；秦岭滑蜥分布于高海拔地区，遇见率最低。

（二）蜥蜴科：北草蜥、丽斑麻蜥

两物种在保护区内都常见，生境都相近，都为路边、乱石堆、灌丛及草丛等环境，丽斑麻蜥分布海拔相对高，但北草蜥遇见率较丽斑麻蜥更高。

（三）游蛇科：棕脊蛇、黑脊蛇、赤链蛇、玉斑锦蛇、王锦蛇、黑眉锦蛇、横斑锦蛇、紫灰锦蛇、双全白环蛇、黑背白环蛇、斜鳞蛇、翠青蛇、乌梢蛇、颈槽蛇、虎斑颈槽蛇、宁陕小头蛇、黑头剑蛇

17 种游蛇中，遇见率最高的是颈槽蛇，分布于保护区大部分生境，其次遇见率较高的物种依次是王锦蛇、赤链蛇、黑眉锦蛇、乌梢蛇、翠青蛇，其余游蛇科物种遇见率都比较低。尽管王锦蛇和黑眉锦蛇都为保护区较常见的物种，由于保护区以森林植被为主，农田和居民区主要在保护区低海拔边缘地带，因此在保护区内呈现王锦蛇较黑眉锦蛇遇见率偏高的多度格局。

（四）蝰科：白头蝰、极北蝰

两物种在保护区分布都较少，保护区白头蝰记录为 20 世纪 80 年代巩会生等在火地塘等地采集，有明确的分布地信息；极北蝰记录没有详细的分布信息。

（五）蝮科：秦岭蝮、高原蝮、菜花烙铁头

三物种在保护区都有分布，最常见的是菜花烙铁头，其次是秦岭蝮，高原蝮遇见率最低，菜花烙铁头分布海拔相对较低，秦岭腹较高，高原蝮最高，几种蝮蛇在保护区内都有几处集中分布地，菜花烙铁头在新矿三缸河口、秦岭腹在火地塘等地有较固定分布地，高原蝮则在三岔河中上坡、平河梁等高海拔地区较容易发现，以上区域建议保护区在后续的管理中予以特别关注。

七、重要和常见爬行动物及资源状况

（一）宁陕小头蛇 *Oligodon ningshanensis*

分类地位： 蛇目，游蛇科，小头蛇属，中国特有物种。

识别特征： 头椭圆形；头颈区分不明显，吻鳞宽大于高，由背面可见部分大于鼻间鳞沟之长。鼻间鳞宽大于长，前额鳞的长与宽约相等；额鳞盾形，长大于宽，其长度大于从它到吻端的距离。顶鳞为头背最大的1对鳞片；鼻孔位于前鼻鳞的后半部，后鼻鳞略大可与眶前鳞相接；无颊鳞；眶前鳞1枚，眶后鳞2枚。眼大小适中，眼径大于其下缘到口缘的距离；瞳孔呈圆形。前颞鳞1枚，后颞鳞2枚；上唇鳞6枚，第3～4枚入眶；上颌齿5～6个；下唇鳞6枚，前4枚与前颏片相接；前颏片大于后颏片。背鳞光滑，背鳞列均13行；腹鳞163～170枚，肛鳞2枚，尾下鳞双行64～73对。雄性半阴茎基部细，无刺，中部变粗，精沟明显，末端分叉，精沟达分叉处。精沟背部的两侧，各有1排由中部至分叉顶端成对排列的三角形乳刺。体背面棕绿色，头背色斑不显；颈部有黑褐色纵纹3条，中间1条较宽，两侧的直达尾端。雄性除以上特征外，最外行背鳞与第二行背鳞之间有1条黑色纵线；腹面灰黄色，雌性腹后部灰色。雄性腹鳞的两侧各具1条黑色纵线达尾部，雌性无此黑线。

栖息生境及习性： 分布于保护区低海拔的森林、灌丛等边缘地带，在针阔叶混交林边缘的灌木丛中的开阔处也有发现。该物种在保护区遇见率也较低，从1983年发现以来仅有几号标本可以参考，是一个人们知之甚少的物种，对其生物学习性的认识为空白，其与真正的小头蛇属的亲缘关系（较远）也有待深入研究。

分布和种群状况： 宁陕小头蛇主要分布于保护区低海拔地区，遇见率偏低，种群数量小。宁陕小头蛇发现以来，除宁陕外，在重庆城口、湖北神农架等地区陆续有发现，其地理分布信息仍待完善。

保护建议： 该物种为我国特有种，保护区是其模式标本产地。由于发现晚、种群数量稀少，关于该物种的生物学特性、地理分布、系统演化、遗传等信息都为空白，建议加强保护，开展专项研究，完善相关基础信息和数据。

（二）横斑锦蛇 *Euprepiophis perlacea*

分类地位： 蛇目，游蛇科，锦蛇属物种，2019年6月在保护区发现，为陕西新记录，我国特有种。

识别特征： 上唇鳞7，2-2-3式；颊鳞1；眼前鳞1，眼后鳞2；颞鳞1+2。背鳞19行，背中央数行明显起棱；颈后及体中部两侧有数行背鳞平滑，肛前及尾部则均起棱；腹鳞229；尾下鳞69对；肛鳞两分。体全长约1 150 mm，体背茶褐色；两侧及腹面铅色；从颈背到尾部具许多狭的边缘为白色的黑色横斑，每两个横斑之间形成卵圆环，在体部约37个；头背有2块黑横斑和1块"∧"形的斑纹；眼后到口角前方具黑斑。

栖息生境及习性： 栖息于海拔1 500～2 500 m的平原、山区林中、溪边、草丛，也常出没于居民区及其附近。以小型哺乳动物为食，也有吃蜥蜴的报道。

分布和种群状况： 该物种已有分布记录为四川境内，陕西宁陕（保护区）为四川之外的新分布地，是原分布区之外的首次发现，进一步拓展了该物种的分布区。由于该物种为陕西省新记录，相关分布和种群状况均不详，其扩散机制、分布规律及生物学特性需要后续研究和完善，以为其分布成因提供科学解释。

保护建议：该物种为我国特有种，保护区是新记录的发现地，由于其种群、分布等信息都为空白，建议加强种群和栖息地保护，开展监测和研究，完善相关基础信息和数据。

（三）赤链蛇 *Dinodon rufozonatum*

分类地位：蛇目，游蛇科。俗称火赤链。

识别特征：全长 1 ～ 1.5 m。头较宽扁，头部黑色，枕部具红色"∧"形斑，体背黑褐色，具多条红色窄横斑，腹面灰黄色，腹鳞两侧杂以黑褐色点斑。眼较小，瞳孔直立，椭圆形。颊鳞 1，常入眶；眶前鳞 1（2），眶后鳞 2；颞鳞 2+3，上唇鳞 2-3-3 或 3-2-3（2-2-3）式。背鳞 19（21）-17（19）-15（17）行，中段平滑夫棱；腹鳞 184-225；肛鳞完整，尾下鳞 45 ～ 95 对。

栖息生境及习性：栖于田野、村庄及水源附近地带，以蛙类、蜥蜴、鼠类及鸟等为食，性凶暴，但无毒。

分布和种群状况：该物种在保护区内常见，遇见率较高；在保护区和秦岭南坡广泛分布，除陕西省外还分布于浙江、江苏、安徽、江西、福建、台湾、广东、四川、云南、湖南、湖北、山东、山西、河北、河南等地，国外见于俄罗斯、日本、朝鲜。

保护建议：加强监管和宣传，禁止人为捕捉。

（四）王锦蛇 *Elaphe carinata*

分类地位：蛇目，游蛇科。别名臭王蛇、王蛇等，主要分布于我国。

识别特征：大型无毒蛇，背面鳞片色暗褐，部分鳞沟黑色，形成约 2 枚鳞长的若干黑褐色斑纹，使身体呈深浅交替的横纹，但体后段及尾背面形成黑色网纹，头背棕黄色，鳞沟黑色，形成黑色的"王"字，瞳孔圆形，吻鳞头背可见，鼻间鳞长宽几相等，前额鳞与鼻间鳞等长，颊鳞 1，眶前鳞 2（1），眶后鳞 2（3），颞鳞 2+2（3），上唇鳞 8，3-2-3 式，下唇鳞 10（11 或 9），前 4-5 枚与额片相切，背鳞 23（25，21 或 19）-23（21）-17（19），最外二行平滑，其余强棱，腹鳞雄 217-221，雌 218-224；尾下鳞雄 77-83，雌 42-84，肛鳞二分。刚出壳幼蛇体长在 25 ～ 35 cm 之间，个别大者可达 35 ～ 45 cm，体色较浅，头部无"王"字形斑纹。幼蛇枕部具有 2 条短的黑纵纹，体背呈浅茶褐色，有不规则的细小黑斑纹，尾背有 2 条细黑纵纹直达尾端，体后段及尾部两侧各有 1 条黑色点状斑纹，腹面为浅红色，腹鳞两侧具有黑色点状斑。幼蛇的花纹及颜色和成蛇差别很大。

栖息生境及习性：分布于海拔 1 000 ～ 2 240 m 范围，活动于平原、丘陵、山区的灌丛、荒野、草坡、茶山、岩壁、路边、农耕地及住宅区附近，动作敏捷，性情凶猛，爬行速度快且会攀爬上树。系广食性蛇类，捕食蛙类、鸟类、鼠类及各种鸟蛋。食物缺乏时，它甚至吞食自己的幼蛇或同类。王锦蛇肛腺能散发出一种奇臭，故有臭黄颌之称。卵生，每年的 6 月底至 7 月中旬为产卵高峰期，每次产卵 5 ～ 15 枚不等。卵较大，呈圆形或椭圆形，长径 45～60 mm，短径 25～30 mm，卵为乳白色，每卵重约 40～55 g，孵化期长达 40～45 d 左右。

分布和种群状况：广泛分布于河南、陕西、四川、重庆、云南、贵州、湖北、安徽、江苏、浙江、江西、湖南、福建、台湾、广东、广西等地，国外分布于越南。该物种在陕西省境内秦岭南坡及陕南地区广泛分布，种群数量也较大，在保护区内中、低海拔地区分布。由于该物种体形肥大，肉质鲜美，曾遭受过较为严重的非法捕捉和利用，目前其种群数量为恢复阶段，种群增长明显，尤其以新矿区域遇见率较高。

保护建议：加强监管和宣传，禁止人为捕捉。

（五）翠青蛇 *Cyclophiops major*

分类地位：蛇目，游蛇科。又名小青龙、青蛇、青竹标，是主要分布于我国的特有种。

识别特征：身体细长，体型中等的无毒蛇，成蛇体长为 80～110 cm。头呈椭圆形，略尖，头部鳞片大，和竹叶青的细小鳞片有明显的区别。全身平滑有光泽，体色为深绿、黄绿或翠绿色，头部腹面及躯干部的前端腹面为淡黄微呈绿色。尾细长。眼大，黑色。

栖息生境及习性：栖息于海拔 1 700 m 以下的山区、丘陵和平地，常于草木茂盛或荫蔽潮湿的环境中活动。不论白天晚上都会活动，但白天较常出现。动作迅速而敏捷，性情温和，不攻击人。野生个体以蚯蚓、蛙类及小昆虫为食。卵生，每次产卵 5～12 枚。

分布和种群状况：该物种在保护区中低海拔区常见，遇见率较高；分布于我国南方中低海拔地区靠近山区的地方，除陕西省外还分布广东、广西、江苏、安徽、浙江、江西、福建、海南、河南、湖北、湖南、甘肃、贵州、云南、四川等省（自治区）和台湾地区，国外见于越南北部。

保护建议：加强监管和宣传，禁止人为捕捉。

（六）秦岭蝮 *Agkistrodon qinlingenis*

分类地位：蛇目，蝮科，蝮属，为高原蝮的亚种，我国的特有种。

识别特征：雄性 442～520 mm，雌性 465～542 mm。小型毒蛇，全长雄性约 47 cm，雌性 52 cm。颜色较高原蝮红褐，背面棕褐色，自颈部至尾部有米黄色或灰绿色不规则斑块，头背部有深色纵纹，上下缘不镶浅色边；腹面呈土红色，密布黑色斑点。颈部明显，具一对颊窝，吻棱不明显；鼻间鳞略呈梯形，两外侧不尖细；背鳞中段 21 行为多，部分为 19 列，某些个体可达 23 列，具棱脊；腹鳞 149～178 枚，肛鳞 1 枚，尾下鳞 29～48 对。

栖息生境及习性：生活于保护区 1 500 m 以上的杂草乱石堆处、山坡、路边、溪流旁，以鼠类、蜥蜴及蛙类等为食物。卵胎生，繁殖期在 9～10 月，每次约产幼蛇 6～7 条，初生幼蛇全长 11～12 cm，可能隔年繁殖一次。

分布和种群状况：该物种在保护区中高区可见，火地塘、平河梁等地有分布，遇见率偏低。秦岭蝮应该是高原蝮的一个亚种，分布海拔低于高原蝮，但保护区内的分布信息仍需完善。

保护建议：加强监管和宣传，禁止人为捕捉，同时加强其固定栖息地、繁殖地的保护和警戒，防止对人、畜的伤害。

（七）高原蝮 *Gloydius strauchii*

分类地位：蛇目，蝮科，蝮属，我国的特有种。

识别特征：头呈明显的三角形、头背具对称大鳞片。吻较钝圆，吻棱不显；鼻间鳞略呈梯形，外侧缘不尖细。背鳞 21（19）–21（19）–15（17）。全长 60 ～ 80 cm。颜色较秦岭腹浅，生活时背面暗褐色，杂以不规则的灰绿色斑点或横斑或构成网状斑；头部没有细白眉纹，有深色斑纹，眼后至口角一条黑棕色细线纹较明显，上唇缘和头腹面灰白色。体腹面土黄色，密布细黑点。

栖息生境及习性：生活于保护区 1 500 m 以上的杂草乱石堆处、山坡、路边、溪流旁，以鼠类、蜥蜴及蛙类等为食物。卵胎生，繁殖期在 9 ～ 10 月，每次约产幼蛇 6 ～ 7 条，初生幼蛇全长 11 ～ 12 cm，可能隔年繁殖一次。

分布和种群状况：调查期间该物种在保护区三岔河、平河梁等地有发现，分布海拔显著高于秦岭蝮，目前没有发现其较固定的栖息地和繁殖地，遇见率偏低。其为我国特有种，除陕西外，国内四川、西藏、甘肃、青海、宁夏等地也有分布。

保护建议：加强监管和宣传，禁止人为捕捉。

（八）菜花烙铁头 *Trimeresurus jerdonii*

分类地位：蛇目，蝮科，原矛头蝮属，主要分布于我国的特有种。

识别特征：菜花烙铁头较窄长，三角形，吻棱明显。背面黑黄间杂，系由于每一背鳞具有比例不一的黑黄两种颜色构成，有的类似菜花黄色，故称"菜花蛇"。从整体看，有的黑色较少，整体趋近于草黄色；有的黑色较浓，整体偏黑而杂以菜花黄。大多数的正背沿有一行镶黑边的深棕色或深红色斑块，每一斑块约占数枚至十余枚背鳞。腹面黑褐色或黑黄间杂，头背黑色可见黄色圈纹，吻棱经眼斜向口角以下的头侧黄色。眼后有一粗黑线纹；头腹黄色，杂以黑斑。

栖息生境及习性：生活于保护区中低海拔的灌草丛、岩石、乱石堆处等，有时亦可见其在草地间巨石上暴晒太阳，若天气潮湿常外出暴晒太阳，若天气干燥则躲藏于石隙间。但主要于晚上活动捕食，多捕食山溪鲵、林蛙、鼠及昆虫。

分布和种群状况：调查期间该物种在保护区三缸河口、火地沟、小南河等地有发现，有较为固定的栖息地和繁殖地，遇见率在蝮蛇中最高。该物种分布较广泛，除陕西外，国内重庆、四川、西藏、云南、甘肃、广西、贵州、河南、湖北、湖南和山西等地有分布。

保护建议：加强监管和宣传，禁止人为捕捉，同时加强其固定栖息地、繁殖地的保护和警戒，防止对人、畜的伤害。

第四节　鸟　类

一、调查方法

鸟类调查采用样线法和样点法进行。调查按保护区的时间格局分春夏（繁殖季）、秋和冬季三次进行，对部分区域适度进行补充调查，共进行 5 次，调查时间在大多数种类分布和数量相对稳定的时期；由于保护区为山地森林生态系统，主要调查时间为鸟类繁殖期。保护区鸟类的繁殖季为每年的4月至7月，调查在晴朗、风力不大（一般在三级以下）的天气条件下进行，具体调查时间为5:00—9:00，16:00—18:30；在10月至冬季主要对迁徙情况和猛禽开展调查。调查时根据保护区鸟类资源分布、地形、后勤保障等情况布设样线，样线覆盖保护区内的地貌和植被类型。调查队员沿样线记录鸟类的种类、数量、栖息地等信息，步行速度约1 km/h。除样线调查外，在调查样线上设置一定数量的样点，以样点的数量估计大多数鸟类的密度，各样点之间至少间隔200 m。到达样点后，宜安静休息5 min，再以调查人员所在地为样点中心，观察并记录四周发现的鸟类名称、数量、距离样点中心距离等信息。每个个体只记录一次，能够判明是飞出又飞回的鸟不进行计数。每个样点的计数时间为10 min。另外，根据保护区鸟类的生态类群，考察中针对林灌鸟类，选择一些鸟类经常活动的地点安放红外相机，对保护区内的林灌鸟类进行定点监测，在样线调查基础上对保护区鸟类物种区系、分布进行完善，并对种群数量和密度进行估算。在后期区系名录整理、数据统计和分析过程中，还参考了该区域已有的鸟类研究论文、著作以及保护区的长期监测数据和已有生物多样性调查报告等成果，吸纳了陕西师范大学生命科学院师生多年实习期间积累的数据。

二、区系组成及特点

（一）种类组成

本次科考期间共记录到鸟类198种，结合相关文献、监测记录等信息和数据，最后确定保护区鸟类共261种，占陕西省鸟类种数的46.6%，根据郑光美2019年《中国鸟类分类与分布目录》（第三版），261种鸟类分属于12目52科（表3-8、附录6）。雀形目鸟类最多，共计193种，占保护区鸟类物种数的73.6%；雀形目鸟类中，鹟科鸟类最多，31种，其次是柳莺科鸟类19种，其余物种较多的科依次为噪鹛科（12种）、莺鹛科（11种）、燕雀科（10种）、鸦科（9种）、山雀科（9种）、鹎鸽科（9种）、鸫科（8种）、鸦科（9种）。非雀形目鸟类11目14科69种，占26.4%，较多的是鹰形目14种、鸻形目8种、啄木鸟目8种、鸡形目7种、鸮形目7种、鸽形目6种、隼形目5种，猛禽（鹰形目、隼形目、鸮形目）共计23种。52科中单型科单型属的物种有15种，占物种科数的28.8%，其中单型目、单型科、单型属的物种4种，分别为夜鹰目夜鹰科的普通夜鹰（*Caprimulgus indicus*）、鹳形目鹮科的朱鹮（*Nipponia nippon*）、犀鸟目戴胜科的戴胜（*Upupa epops*）、佛法僧目佛法僧科的三宝鸟（*Eurystomus orientalis*），雀形目共有单型科单型属物种11种，分别为黄鹂科的黑枕黄鹂（*Oriolus chinensis*）、莺雀科淡绿鹀鹛（*Pteruthius xanthochlorus*）、王鹟科寿带（*Terpsiphone incei*）、玉鹟科方尾鹟（*Culicicapa ceylonensis*）、扇尾莺科山鹪莺（*Prinia crinigera*）、鳞胸鹪鹛科小鳞胸鹪鹛（*Pnoepyga pusilla*）、鹪鹩科鹪鹩（*Troglodytes troglodytes*）、河乌科褐河乌（*Cinclus cinclus*）、戴菊科戴菊（*Regulus regulus*）、花蜜鸟科蓝喉太阳鸟（*Aethopyga gouldiae*）、梅花雀科白腰文鸟（*Lonchura striata*）；另外，物种较少的科还有雀形目的幽鹛科（2种）、旋木雀科（2种）、鸸科（2种）、岩鹨科（2种）、雀科（2种）、卷尾科（3种）、百灵科（3种）、树莺科（3种）、长尾山雀科（3种）、绣眼鸟科（3种），雨燕目雨燕科（3种）、鹈形目鹭科（3种）、佛法僧目翠鸟科（3种）等。比较保护区已有鸟类区系记录和研究，本次调查新增鸟类99种，修正已有鸟类记录4种（锈脸钩嘴鹛更名为斑胸钩嘴鹛，褐雀鹛、白眶雀鹛、东方大苇莺在保护区应无分布）。

表3-8　保护区鸟类目、科、种组成

目	科	物种数
I. 鸡形目 Galliformes	一、雉科 Phasianidae	7
II. 鸽形目 Columbiformes	二、鸠鸽科 Columbidae	6
III. 夜鹰目 Caprimulgiformes	三、夜鹰科 Caprimulgidae	1
	四、雨燕科 Apodidae	3
IV. 鹃形目 Cuculiformes	五、杜鹃科 Cuculidae	8
V. 鹈形目 Pelecaniformes	六、鹮科 Threskiornithidae	1
	七、鹭科 Ardeidae	3
VI. 鹰形目 Accipitriformes	八、鹰科 Accipitridae	14
VII. 鸮形目 Strigiformes	九、鸱鸮科 Strigidae	7
VIII. 犀鸟目 Bucerotiformes	十、戴胜科 Upupidae	1
IX. 佛法僧目 Coraciiformes	十一、佛法僧科 Coraciidae	1
	十二、翠鸟科 Alcedinidae	3
X. 啄木鸟目 Piciformes	十三、啄木鸟科 Picidae	8
XI. 隼形目 Falconiformes	十四、隼科 Falconidae	5
	十五、黄鹂科 Oriolidae	1
	十六、莺雀科 Vireonidae	1
	十七、山椒鸟科 Campephagidae	4
	十八、卷尾科 Dicruridae	3
	十九、王鹟科 Monarchidae	1
	二十、伯劳科 Laniidae	5
XII. 雀形目 Passeriformes	二十一、鸦科 Corvidae	9
	二十二、玉鹟科 Stenostiridae	1
	二十三、山雀科 Paridae	9
	二十四、百灵科 Alaudidae	3
	二十五、扇尾莺科 Cisticolidae	1
	二十六、鳞胸鹪鹛科 Pnoepygidae	1
	二十七、蝗莺科 Locustellidae	4

续表

目	科	物种数
	二十八、燕科 Hirundinidae	4
	二十九、鹎科 Pycnonotidae	5
	三十、柳莺科 Phylloscopidae	19
	三十一、树莺科 Cettiidae	3
	三十二、长尾山雀科 Aegithalidae	3
	三十三、莺鹛科 Sylviidae	11
	三十四、绣眼鸟科 Zosteropidae	3
	三十五、林鹛科 Timaliidae	4
	三十六、幽鹛科 Pellorneidae	2
	三十七、噪鹛科 Leiothrichidae	12
	三十八、旋木雀科 Certhiidae	2
	三十九、鸸科 Sittidae	2
XII. 雀形目 Passeriformes	四十、鹪鹩科 Troglodytidae	1
	四十一、河乌科 Cinclidae	1
	四十二、椋鸟科 Sturnidae	4
	四十三、鸫科 Turdidae	8
	四十四、鹟科 Muscicapidae	31
	四十五、戴菊科 Regulidae	1
	四十六、花蜜鸟科 Nectariniidae	1
	四十七、岩鹨科 Prunellidae	2
	四十八、梅花雀科 Estrildidae	1
	四十九、雀科 Passeridae	2
	五十、鹡鸰科 Motacillidae	9
	五十一、燕雀科 Fringillidae	10
	五十二、鹀科 Emberizidae	9
	总计	261

（二）区系组成

保护区鸟类东洋界物种 116 种，占保护区鸟类种数的 44.44%；古北界鸟类 65 种，占保护区鸟类种数的 24.90%；广布种 80 种，占保护区鸟类种数的 30.65%，区系组成以东洋界成分为主，具有南北物种过渡的特点。秦岭—伏牛山—淮河一线是中国动物地理区划中古北界与东洋界在中国东部的分界线，也是许多主要分布于热带、亚热带种类分布的北限。由于秦岭山体高大，对鸟类某些种的分布，特别是对东洋种从南往北的扩展起到了一定的"壁障"作用；但同时，在海拔较高的地方，不少古北界种类沿山脊向南伸展，而沿海拔较低的河谷有不少东洋界种类向北分布，故本区鸟类区系呈现南北互相渗透的过渡性，形成物种组成上的混杂现象，但在物种数和种群数量上东洋界的种类均占明显优势。

（三）居留型

保护区为山地森林生态系统，在 261 种鸟类中，留鸟（R）141 种，占保护区鸟类种数的 54.02%、夏候鸟（S）79 种，占保护区鸟类种数的 30.27%；旅鸟 32 种（P），占保护区鸟类种数的 12.26%、冬候鸟仅 9 种（W），留鸟为保护区鸟类的主体。近年来，由于人类活动、气候变化等因素，秦岭地区少部分鸟类居留型出现了变化，本报告确定的居留型与该区域已有鸟类研究成果中的鸟类居留型有一定差异。根据保护区的长期监测，结合秦岭地区其他区域鸟类居留的跟踪研究，本次共发现 16 种鸟类居留发生了明显的变化（附录6），其中变为留鸟的有 3 种，变为旅鸟的 2 种，其余为变为夏候鸟，主要为柳莺。

（四）地理型

保护区鸟类分布型共有 14 种地理型，我国大部分分布型物种在保护区有分布。其中，W 东洋型鸟类 65 种，占保护区鸟类种数的 24.9%，常见的代表性物种为：红腹锦鸡（*Chrysolophus pictus*）、小杜鹃（*Cuculus poliocephalus*）、噪鹃（*Eudynamys scolopaceus*）、赤腹鹰（*Accipiter. soloensis*）、红嘴蓝鹊（*Urocissa erythrorhyncha*）、绿背山雀（*Parus. monticolus*）、强脚树莺（*Horornis. fortipes*）、珠颈斑鸠（*Streptopelia. chinensis*）、大鹰鹃（*Hierococcyx sparverioides*）、黑卷尾（*Dicrurus macrocercus*）、棕背伯劳（*Lanius schach*）、黄臀鹎（*Pycnonotus xanthorrhous*）、红头长尾山雀（*Aegithalos concinnus*）、棕颈钩嘴鹛（*Pomatorhinus ruficollis*）、黑领噪鹛（*Garrulax pectoralis*）、红嘴相思鸟（*Leiothrix lutea*）、红尾水鸲（*Rhyacornis fuliginosa*）和紫啸鸫（*Myophonus caeruleus*）；其次是 H 喜马拉雅—横断山区型鸟类 41 种，占保护区鸟类种数的 15.7%，常见的代表性物种为：红腹角雉（*Tragopan temminckii*）、长尾山椒鸟（*Pericrocotus ethologus*）、黑冠山雀（*Parus rubidiventris*）、黄腹柳莺（*Phylloscopus affinis*）、白领凤鹛（*Yuhina diademata*）、白喉噪鹛（*Garrulax albogularis*）、灰头鸫（*Turdus. rubrocanus*）、酒红朱雀（*Carpodacus vinaceus*）和灰头灰雀（*Pyrrhula erythaca*）；U 古北型鸟类 37 种，占保护区鸟类种数的 14.2%，常见的代表性物种为：黑鸢（*Milvus migrans*）、雀鹰（*Accipiternisus*）、雕鸮（*Bubo bubo*）、大斑啄木鸟（*Dendrocopos major*）、松鸦（*Garrulus glandarius*）、大山雀（*Parus cinereus*）、煤山雀（*Periparus ater*）、黄眉柳莺（*Phylloscopus inornatus*）、黄腰柳莺（*Phylloscopus proregulus*）、暗绿柳莺（*Phylloscopus trochiloides*）、麻雀（*Passer montanus*）和黄鹡鸰（*Motacilla flava*）；S 南中国型鸟类 32 种，占保护区鸟类种数的 12.3%，常见的代表性物种为：灰胸竹鸡（*Bambusicola thoracicus*）、黄腹山雀（*Pardaliparus venustulus*）、白头鹎（*P.sinensis*）、领雀嘴鹎（*Spizixos semitorques*）、金眶鹟莺（*Seicercus burkii*）、棕脸鹟莺（*Abroscopus albogularis*）、棕头鸦雀（*Sinosuthora webbiana*）、暗绿绣眼鸟（*Zosterops erythropleurus*）、画眉（*Garrulax canorus*）、白颊噪鹛（*Garrulax sannio*）和丝光椋鸟（*Sturnia sericeus*）；M 东北型和 C 全北型鸟类共 41 种，占保护区鸟类种数的 15.7%；其他类型鸟类占保护区鸟类种数的 7%，地理型分布多样，尤其是北部鸟类成分占有一定比例，凸显了鸟类组成的多样性。

（五）特有种

保护区鸟类有中国特有种 23 种，占保护区鸟类种数的 8.8%，保护区内遇见率较高的特有种：灰胸竹鸡（*Bambusicola thoracicus*）、红腹锦鸡（*Chrysolophus pictus*）、黄腹山雀（*Pardaliparus venustulus*）、领雀嘴鹎（*Spizixos semitorques*）、白领凤鹛（*Yuhinadiademata*）、画眉（*Garrulax canorus*）、酒红朱雀（*Carpodacus vinaceus*）、三趾鸦雀（*Paradoxornis paradoxus*）、橙翅噪鹛（*Garrulax. elliotii*）和银脸长尾山雀（*Aegithalos fuliginosu*）。

（六）保护物种

保护区有国家Ⅰ级保护鸟类 5 种、国家Ⅱ级保护鸟类 44 种，共 49 种，占保护区鸟类种数的 18.7%。国家Ⅰ级保护鸟类为朱鹮、金雕、白冠长尾雉、秃鹫、黄胸鹀，朱鹮为人工种群放归野外后自我繁殖的种群，在保护区低海拔地带偶尔遇见；金雕在平河梁、龙潭子等高海拔地区可见，秋、冬季遇见率较高；白冠长尾雉分布于平河梁西部山体；秃鹫在冬季有遇见；黄胸鹀迁徙季节在保护区有遇见，保护区国家Ⅰ级保护鸟类占陕西省Ⅰ级保护鸟类的 21.7%。国家Ⅱ级保护鸟类为血雉、红腹角雉、勺鸡、红腹锦鸡、褐翅鸦鹃、黑鸢、凤头蜂鹰、黑冠鹃隼、凤头鹰、赤腹鹰、雀鹰、松雀鹰、苍鹰、大鵟、普通鵟、白尾鹞、鹰雕、红角鸮、领角鸮、雕鸮、斑头鸺鹠、领鸺鹠、纵纹腹小鸮、灰林鸮、燕隼、游隼、灰背隼、红隼、红脚隼、红腹山雀、云雀、金胸雀鹛、三趾鸦雀、白眶鸦雀、红胁绣眼鸟、斑背噪鹛、画眉、橙翅噪鹛、红嘴相思鸟、大噪鹛、蓝喉歌鸲、红喉歌鸲、红交嘴雀和蓝鹀，保护区国家Ⅱ级保护鸟类占陕西省Ⅱ级保护鸟类的 45.8%。保护区内遇见率高、常见的种类为红腹锦鸡、红腹角雉、血雉、黑鸢、赤腹鹰、雀鹰、雕鸮和红隼等物种。

（七）特点

保护区鸟类具有种类多、多样性丰富、单型科多、雀形目鸟类为主、猛禽占比较高、生态类群多样等特点，反映了保护区生境多样、植被保存完好、生态系统保护较好的实际。保护区留鸟和繁殖鸟众多，占保护区鸟类的主体，说明了保护区生境和生态系统保护的重要性，一旦生境质量下降，必将威胁众多鸟类的繁殖和种群安全，使区域生物多样性和生态价值降低。保护区保护鸟类较多，分布有较多的珍稀鸟类，保护价值较大；保护区鸟类区系呈现南北互相渗透的过渡性，尤其是一些特有种和珍稀保护鸟类在保护区交汇分布、停息，增加了物种及类群的多样性，也凸显了保护区在物种和遗传资源保护方面的价值和意义。

随着监测和研究的深入，近年来保护区鸟类物种新发现和重发现的记录较多，除物种数量显著增加外，一些在秦岭地区较罕见的鸟类也在保护区发现，如白冠长尾雉、雕鸮、黑冠鹃隼等物种，一些鸟类在保护区成为留鸟，一些旅鸟将保护区作为繁殖地，尤其是保护区内的主要保护鸟类红腹角雉、红腹锦鸡等物种的种群数量稳步增加，家族群规模较大，充分说明了保护工作的成效。

三、空间格局、多度

根据保护区物种空间尺度的划分，结合本次调查中物种的遇见率及空间分布，对保护区鸟类的空间格局及种群多度总结如下：

从空间分布上，只分布于低山的鸟类有 91 种，仅分布于中山的 14 种，仅分布于高山的 21 种，分布于中、低山的 78 种，分布于中、高山的 24 种，高、中、低山全境分布的 31 种。中低山是鸟类物种分布最多的区域，是物种多样性最高的地区；全境都分布的广布种占保护区鸟类种数的 12%。

只分布于低山区域，遇见率较高的物种为赤腹鹰、红隼、戴胜、家燕、金腰燕、黄臀鹎、白头鹎、强脚树莺、白颊噪鹛、北红尾鸲、麻雀、棕背伯劳、褐河乌、普通翠鸟、鹊鸲、金翅雀和白腰雨燕等物种。

仅分布于中山的鸟类有黑冠鹃隼、灰背伯劳、白颈鸦、白喉噪鹛、黑领噪鹛、矛纹草鹛、黑脸噪鹛、山噪鹛、斑背噪鹛、大噪鹛、虎斑地鸫、蓝喉太阳鸟，遇见率最高的是白喉噪鹛、黑领噪鹛、灰背伯劳和白颈鸦等。

在中、低山都有分布，遇见率较高的物种有红腹锦鸡、山斑鸠、珠颈斑鸠、噪鹃、喜鹊、领雀嘴鹎、棕脸鹟莺、红头长尾山雀、棕头鸦雀、红嘴相思鸟、乌鸫、红胁蓝尾鸲、红尾水鸲、紫啸鸫、灰林鹏、白鹡鸰，另外绿翅短脚鹎、冕柳莺、栗头鹟莺、棕颈钩嘴鹛、普通鹭、白额燕尾和蓝矶鸫也较为常见。

分布于中、高山区域，遇见率较高的物种有红腹角雉、勺鸡、黑冠山雀、银喉长尾山雀、白领凤鹛、黄腹山雀、煤山雀、橙翅噪鹛和灰头鸫等。

仅在高山区域分布，常见的物种有血雉、白冠长尾雉、红嘴鸦雀、三趾鸦雀、黄鹡鸰、灰头灰雀、橙斑翅柳莺、峨眉柳莺、白尾蓝地鸲和灰眉岩鹀。

在保护区高、中、低山全境都分布，遇见率较高的物种有黑鸢、小杜鹃、大斑啄木鸟、松鸦、红嘴蓝鹊、大山雀、绿背山雀、黄腹柳莺、黄眉柳莺、黄腰柳莺、暗绿柳莺、褐柳莺、酒红朱雀、星鸦、小嘴乌鸦和三道眉草鹀等。

四、时间格局、多度

根据对物种时间尺度的划分和设定，结合本次调查中物种的遇见率、空间分布和时段，对保护区鸟类的时间格局总结如下：

保护区只在春夏季分布的鸟类 74 种，仅秋季分布的鸟类 37 种，仅冬季分布的鸟类 7 种，春夏、秋、冬全年都分布的鸟类 135 种。基于以上时间格局，保护区鸟在春季有分布 214 种，秋季有分布 178 种，冬季有分布 143 种，春夏季为鸟类物种数和多样性最高的时段。

在以上鸟类空间格局划分的基础上，保护区鸟类春夏季在低山地区常见的物种有 37 种，分别为红腹锦鸡、山斑鸠、珠颈斑鸠、小杜鹃、噪鹃、赤腹鹰、戴胜、大斑啄木鸟、松鸦、红嘴蓝鹊、喜鹊、大山雀、绿背山雀、家燕、金腰燕、黄臀鹎、白头鹎、领雀嘴鹎、黄腹柳莺、黄眉柳莺、黄腰柳莺、暗绿柳莺、棕脸鹟莺、强脚树莺、红头长尾山雀、棕头鸦雀、白颊噪鹛、红嘴相思鸟、乌鸫、红胁蓝尾鸲、北红尾鸲、红尾水鸲、紫啸鸫、灰林鹏、麻雀、白鹡鸰和酒红朱雀；其他较常见的物种有 34 种，分别为灰胸竹鸡、环颈雉、白腰雨燕、大鹰鹃、黑鸢、雀鹰、雕鸮、普通翠鸟、红隼、长尾山椒鸟、黑卷尾、棕背伯劳、星鸦、小嘴乌鸦、绿翅短脚鹎、冕柳莺、金眶鹟莺、栗头鹟莺、暗绿绣眼鸟、红胁绣眼鸟、棕颈钩嘴鹛、画眉、普通鸸、褐河乌、灰椋鸟、丝光椋鸟、八哥、鹊鸲、白额燕尾、蓝矶鸫、粉红胸鹨、金翅雀、黄喉鹀和三道眉草鹀。在春夏季，大部分在低山地区有分布的鸟类在中山地区也有分布，除此外，最常见的鸟类还有红腹角雉、黑冠山雀、银喉长尾山雀、白领凤鹛、白喉噪鹛和黑领噪鹛等物种。春夏季在保护区高山地区常见的物种有 29 种，分别为黑鸢、红腹角雉、血雉、勺鸡、小杜鹃、大斑啄木鸟、松鸦、星鸦、小嘴乌鸦、红嘴蓝鹊、大山雀、绿背山雀、黑冠山雀、黄腹山雀、煤山雀、红嘴鸦雀、三趾鸦雀、橙翅噪鹛、黄腹柳莺、黄眉柳莺、黄腰柳莺、暗绿柳莺、银喉长尾山雀、白领凤鹛、酒红朱雀、灰头鸫、灰头灰雀和三道眉草鹀等。

秋季迁徙鸟类和旅鸟较多，保护区低山地区遇见率较高的鸟类 37 种，为环颈雉、红腹锦鸡、山斑鸠、珠颈斑鸠、赤腹鹰、戴胜、大斑啄木鸟、松鸦、红嘴蓝鹊、喜鹊、星鸦、小嘴乌鸦、大山雀、绿背山雀、领雀嘴鹎、绿翅短脚鹎、黄腹柳莺、红头长尾山雀、棕头鸦雀、白颊噪鹛、红嘴相思鸟、红胁蓝尾鸲、北红尾鸲、红尾水鸲、紫啸鸫、灰林、酒红朱雀、棕颈钩嘴鹛、灰眶雀鹛、画眉、普通翠鸟、灰椋鸟、蓝矶鸫、粉红胸鹨、燕雀、黄喉鹀和三道眉草鹀；保护区中山地区秋季常见的鸟类有 31 种，为大斑啄木鸟、松鸦、红嘴蓝鹊、大山雀、绿背山雀、黑冠山雀、领雀嘴鹎、黄腹柳莺、银喉长尾山雀、棕头鸦雀、白领凤鹛、白喉噪鹛、黑领噪鹛、红嘴相思鸟、红胁蓝尾鸲、红尾水鸲、紫啸鸫、酒红朱雀、星鸦、小嘴乌鸦、煤山雀、绿翅短脚鹎、褐柳莺、棕颈钩嘴鹛、灰眶雀鹛、橙翅噪鹛、灰头鸫、蓝矶鸫、粉红胸鹨、鸸和雕鸮等；保护区高山地区秋季常见的鸟类有 26 种，为血雉、红腹角雉、勺鸡、黑鸢、大斑啄木鸟、松鸦、红嘴蓝鹊、星鸦、小嘴乌鸦、大山雀、绿背山雀、黄腹山雀、煤山雀、黑冠山雀、黄腹柳莺、褐柳莺、银喉长尾山雀、红嘴鸦雀、三趾鸦雀、白领凤鹛、橙翅噪鹛、灰头鸫、黄鹠鸲、酒红朱雀、灰头灰雀和三道眉草鹀等。

冬季鸟类总体较少，冬季低山地区的常见鸟类 31 种，为红腹锦鸡、山斑鸠、珠颈斑鸠、赤腹鹰、戴胜、喜鹊、红头长尾山雀、棕头鸦雀、白颊噪鹛、红嘴相思鸟、北红尾鸲、红尾水鸲、紫啸鸫、麻雀、白鹠鸲、环颈雉、雕鸮、普通翠鸟、红隼、绿翅短脚鹎、棕颈钩嘴鹛、灰眶雀鹛、画眉、灰椋鸟、八哥、鹊鸲、白额燕尾、蓝矶鸫、黄喉鹀、灰喜鹊和淡色崖沙燕；中山地区冬季常见鸟类 24 种，为红腹角雉、勺鸡、山斑鸠、大斑啄木鸟、松鸦、红嘴蓝鹊、喜鹊、星鸦、小嘴乌鸦、大山雀、绿背山雀、煤山雀、黑冠山雀、银喉长尾山雀、红头长尾山雀、棕头鸦雀、白领凤鹛、灰眶雀鹛、白喉噪鹛、黑领噪鹛、橙翅噪鹛、红嘴相思鸟、紫啸鸫和酒红朱雀；高山地区冬季常见鸟类 20 种，为黑鸢、秃鹫、鹰雕、血雉、红腹角雉、勺鸡、大斑啄木鸟、松鸦、红嘴蓝鹊、绿背山雀、黄腹山雀、黑冠山雀、银喉长尾山雀、红嘴鸦雀、三趾鸦雀、白领凤鹛、橙翅噪鹛、灰头鸫、酒红朱雀和灰头灰雀。

五、同科属物种空间和多度格局

认识保护区鸟类中形态类似、亲缘关系较近的同类物种之间的分布和种群多度，加深对各类群鸟类种群状况、相对多度和分布的了解，针对同一科内有多个物种的类群，对其分布和相对多度进行详细分析和评价，以便了解保护区相同类群鸟类的生存状况。

（一）鸡形目雉科

该科共有 7 种雉类，在保护区内种群数量和遇见率最大的是红腹锦鸡、红腹角雉，主要分布在中低山地区；种群数量次之的是环颈雉、灰胸竹鸡、血雉，灰胸竹鸡主要分布在低山，环颈雉分布在中低山，血雉分布在高山；勺鸡较以上雉类种群数量偏少，主要分布在中高山；白冠长尾雉是雉类种数量最少的种类，主要分布在平河梁等地高山，偶见，也是保护区近年来发现的新分布种。

（二）鸽形目鸠鸽科

该科共 6 种鸟类，山斑鸠、珠颈斑鸠最常见，主要分布于中低山，其余鸽类都少见。

（三）鹃形目杜鹃科

杜鹃科鸟类在保护区有 9 种，噪鹃在保护区遇见率最高，尤其是凌晨；其次是小杜鹃，尤其在高海拔区域遇见率比其他杜鹃都高，大杜鹃、大鹰鹃、四声杜鹃在保护区也常见，其余种类在保护区偶见，红翅凤头鹃分布于低海拔区域，褐翅鸦鹃为近年来保护区的新分布。

（四）鹰形目鹰科

该科共 12 种猛禽，遇见率最高的是赤腹鹰，主要分布于低海拔区域；其次是黑鸢、雀鹰，大鵟是秋冬季保护区内遇见率较高的鹰类，其余鹰类遇见率总体偏低，黑冠鹃隼为本次考察在新矿三岔河发现的新分布。

（五）鸮形目鸱鸮科

鸱鸮科共有 8 种，主要分布在中低山区域。雕鸮遇见率最高，也是近年来在秦岭地区分布区不断扩散、种群数量稳定增加的鸮类，遇见率次之的鸮类是斑头鸺鹠和红角鸮，其余种类遇见率都较低。

（六）啄木鸟目啄木鸟科

保护区共有 8 种啄木鸟，大斑啄木鸟为遇见率最高的种类，在全境有分布；其次是赤胸啄木鸟和灰头绿啄木鸟，其他啄木鸟为偶见。

（七）雀形目伯劳科

伯劳科共有 5 种伯劳，红尾伯劳是最常见的物种，主要分布在低海拔地区，有成为留鸟的趋势，其次是棕背伯劳，其余物种偶见。

（八）雀形目鸦科

该科有 9 种鸦类，除红嘴山鸦、大嘴乌鸦、白颈鸦外，其余鸦类都在保护区常见，其中在低海拔和保护区周边最常见的依次为红嘴蓝鹊、喜鹊、小嘴乌鸦、灰喜鹊等，在森林内遇见率最高的是松鸦、其次是星鸦，红嘴山鸦在保护区主要分布于高海拔地区的平河梁、火地沟梁、东平沟等地。

（九）雀形目山雀科

山雀科共有 9 种鸟类，大山雀是分布最广、遇见率最高的山雀，也是保护区内最常见的鸟类之一；其次是绿背山雀，分布海拔略高于大山雀；高海拔地区遇见率最高的是绿背山雀和黄腹山雀，其次是黑冠山雀，其他种类山雀为偶见。

（十）雀形目鹎科

鹎科共有 5 种，除黑短脚鹎外，其余种类在保护区都较为常见，白头鹎是低海拔地区最常见的鹎，也是最常见的鸟类之一；领雀嘴鹎是低海拔林缘最常见的种类；黄臀鹎和绿翅短脚鹎也常见，但遇见率较前两种低，黄臀鹎在繁殖季常见，绿翅短脚鹎在秋季常见。

（十一）雀形目柳莺科

柳莺科共有 19 种，黄腹柳莺、黄眉柳莺、黄腰柳莺、暗绿柳莺是遇见率最高的种类，其次是金眶鹟莺、棕脸鹟莺、冕柳莺、褐柳莺、栗头鹟莺、峨眉柳莺等，峨眉柳莺在高海拔平河梁地区有发现，栗头鹟莺在东峪河有发现。

（十二）雀形目长尾山雀科

该科有 3 种长尾山雀，低海拔地区的林灌边缘和农地疏林以红头长尾山雀为主；在高海拔地区以银喉长尾山雀为主，如平河梁等地，在秋末银喉长尾山雀也会下降到低海拔地区；银脸长尾山雀在保护区的遇见率低、分布较少。

（十三）雀形目莺鹛科

该科有 11 种莺鹛，棕头鸦雀是遇见率最高的种类，在保护区各种生境都有分布，也是保护区最常见的鸟类之一；红嘴鸦雀和三趾鸦雀是保护区较常见的莺鹛，但这两种鸦雀主要分布在高海拔地区，调查期间在平河梁、东峪河梁有发现。

（十四）雀形目噪鹛科

噪鹛科是保护区种群数量较大的一鸟类群，在鸟类区系成分中比重较大，尤其是森林灌丛生境中该类型鸟类占主体。低海拔地区灌丛中最常见的噪鹛是白颊噪鹛，其次是画眉，部分区域有红嘴相思；森林环境中遇见率最高的是白喉噪鹛，尤其以东峪河流域最常见，在秋季成 20 只以上的群分布；遇见率次之的是黑领噪鹛，中、低海拔均有分布，在灌丛和较高海拔地区较白喉噪鹛更常见；红嘴相思在中、低海拔的林下稀疏灌丛中常见；橙翅噪鹛是高海拔地区遇见率最高的噪鹛，在龙潭子、鸡山架等地都有分布；大噪鹛是本次科考期间在新矿三岔河发现的新分布；其他噪鹛偶见。

（十五）雀形目鸫科

鸫科鸟类有 8 种，种群多度总体不高，在低海拔地区的繁殖季最常见的是乌鸫；在高海拔地区遇见率最高的是灰头鸫，以平河梁等地最常见；虎斑地鸫是中山森林灌丛中常见的鸫；其余种类偶见。

（十六）雀形目鹟科

鹟科鸟类有 31 种，是保护区鸟类物种和种群数量都为最大的类群，是保护区区系成分的主体。遇见率最高的物种有北红尾鸲、灰林䳭、红胁蓝尾鸲、紫啸鸫、红尾水鸲等物种，北红尾鸲、灰林䳭主要分布在低海拔区域的林缘，极常见；红胁蓝尾鸲在森林中常见、遇见率高；紫啸鸫在河谷、沟谷遇见率高，保护区东峪河、三缸河等地极常见；其余常见鹟科鸟类有红尾水鸲、蓝矶鸫、鹊鸲等，另外种类偶见，如白眉姬鹟、棕腹仙鹟、虎斑地鸫等。

（十七）雀形目鹡鸰科

鹡鸰科有 9 种鸟类，白鹡鸰是遇见率最高的种类，也是保护区最常见的鸟类之一；灰鹡鸰较常见，分布较白鹡鸰高；粉红胸鹨是保护区秋季低海拔区域较常见的种类，如东峪河口、火地沟等地。

（十八）雀形目燕雀科

燕雀科共有 10 种鸟类，遇见率最高的是酒红朱雀，春夏季在平河梁等高海拔地区、秋季在旬阳坝低海拔地区都较常见；其次是金翅雀遇见率较高，但主要在低海拔地区；灰头灰雀只在高海拔的森林分布，也较常见；燕雀在秋、冬季在低海拔地区的森林中成大群活动，每群在 30 只以上，在东峪河河口、东平沟口等地较为常见。

（十九）雀形目鹀科

鹀科有 8 种鸟类，三道眉草鹀是遇见率最高的种类，在保护区全境均有分布；其次是黄喉鹀、黄胸鹀、小鹀，主要分布在低海拔地区；灰眉岩鹀只在平河梁等高海拔地区有分布；其余种类偶见。

六、红腹锦鸡和红腹角雉调查

（一）概况

红腹锦鸡和红腹角雉同属鸡形目雉科物种，均为我国 II 级重点保护野生动物，在保护区内广泛分布，都为保护区雉类种群数量较大的珍稀物种，红腹锦鸡属我国特有物种；两种雉类主要分布在保护区中山地带的森林灌丛，都是典型的山地森林雉类。两种雉类同样也为国内学者研究较深入的物种，二者均为以植物性食物为主的杂食性鸟类，两物种具有高度重叠的地理范围和海拔分布，以及相似的食性和相似的生境需求与选择偏好。作为保护区分布的主要雉类，为掌握其栖息地要素的主要特征和分布，了解种群的数量、结构等信息，本次科考专门对两物种进行了专项调查。

（二）调查和种群数量计算方法

由于两物种有相似的食性、生境需求和空间分布，专项调查中对两物种采用相同方法同步进行野外调查和数据分析。

调查采用样线调查并结合红外相机监测进行，样线调查数据主要用于确定物种的分布区、适宜生境指标及阈值等重要参数，红外相机监测数据主要用于计算种群密度和数量的估计值。由于红外相机产生了大量数据，需要进行物种识别和数量计算，具体方法如下：（1）红外相机数据中的物种识别和计数原则。以每台相机监测时间段内最大的群数量为统计依据（防止群个别个体没有进入红外相片而漏判，基于每个群体拥有自己固定家域进行假设），群包括雌雄混合群、雌性群、雄性群，按种群数量、雄性、雌性或不好区分性别的幼体 / 亚成体分别记录其性别和年龄特征；数量为 1 的个体群一般只记录一次，除非有明显差异特征的单只再进行二次计数，纳入进行种群参数统计。（2）种群密度计算方法。由于红外相机样线的布设大多沿沟谷，沟谷的环境特征和因子组合是支撑其完成生活史和估计种群数量的基础；选取一具有覆盖物种分布区、红外相机设置较为完整的沟谷作为样线，在确定其栖息地和分布区的基础上，基于红外相机获取的监测数据进行种群密度估算。（3）栖息地质量和范围的确定方法。基于选定的沟谷及样线，以物种发现频次较高、种群数量较大点的位置环境参数作为该物种对环境因子选择的标准和栖息地分析样点，统计各样点的海拔、坡度、坡向、植被等信息，用于建立该物种对环境变量选择的阈值和栖息地分析建模，然后在此基础上计算物种适宜栖息地的分布和面积。

用各样点记录物种种群数量的群平均值作为该点种群数量，结合家域、迁徙规律、景观特征（山脊线、流域范围等）等因素计算红外相机所在沟谷的适宜栖息地面积，作为分布范围来计算调查、监测期间物种的种群密度值，并在此基础上模拟整个保护区的适宜栖息地分布，估算该物种在保护区的种群数量及分布区间。

（三）结果

本次考察，主要根据新矿区域的样线调查数据和在三岔河、三缸河两条沟的红外相机监测数据进行红腹锦鸡和红腹角雉栖息地因子、分布区域的分析（表3-9），评估种群数量和种群结构。由于两雉类具有相似的生境需求和选择偏好，同域分布时可能会成为互相的潜在竞争者，根据本次调查，并结合已有研究发现两种雉类虽然在大尺度生境上重叠程度较大，但其微生境利用存在显著的种间分化，使其能够分享共同栖息地内的有限资源而无强烈的种间竞争关系，最大程度维持了各自的适合度。具体地：（1）红腹角雉的适宜生境的海拔较红腹锦鸡更高，两者之间存在一定的平移，本次科学考察发现，在保护区内红腹锦鸡的适宜生境的海拔区间为1 900～2 100 m，而红腹角雉的适宜生境海拔区间则为1 900～2 200 m；（2）红腹锦鸡主要选择落叶阔叶林、暖性针叶林、温性针阔混交林和农耕地栖息，红腹角雉则偏好更多类型的植被，包括温性针叶林、落叶阔叶林、灌丛及灌草丛、温性针阔混交林和常绿阔叶林，红腹角雉对原生性较好的森林环境具有更高的选择性；（3）虽然二者都倾向于选择靠近河流的生境，但红腹锦鸡受与河流距离的影响更为显著，其生境适宜性随着远离河流快速下降；（4）红腹角雉比红腹锦鸡更加倾向于选择远离居民点的生境。

表3-9 红腹锦鸡和红腹角雉样点调查数据（2019年）

地点		海拔（m）	物种名	数量	雄	雌	幼体或亚成体	时间
东经	北纬							
108.5774	33.43114	1971.8	红腹锦鸡	6		1	5	7～10月
108.5774	33.43114	1971.8	红腹锦鸡	1	1			7～10月
108.5774	33.43114	1971.8	红腹锦鸡	1		1		7～10月
108.5462	33.45529	2131.6	红腹锦鸡	4		4		8～10月
108.5462	33.45529	2131.6	红腹锦鸡	2		2		8～10月
108.5462	33.45529	2131.6	红腹锦鸡	1		1		8～10月
108.5484	33.45471	2100.0	红腹锦鸡	4		2	2	8～10月
108.5484	33.45471	2100.0	红腹锦鸡	2	2			8～10月

地点		海拔（m）	物种名	数量	雄	雌	幼体或亚成体	时间
东经	北纬							
108.5484	33.45471	2100.0	红腹锦鸡	2		1	1	8～10月
108.5484	33.45471	2100.0	红腹锦鸡	1	1			8～10月
108.5512	33.45492	2025.8	红腹锦鸡	4		4		7～10月
108.5512	33.45492	2025.8	红腹锦鸡	3		3		7～10月
108.5512	33.45492	2025.8	红腹锦鸡	2	2			7～10月
108.5512	33.45492	2025.8	红腹锦鸡	2		2		7～10月
108.5512	33.45492	2025.8	红腹锦鸡	1		1		7～10月
108.5512	33.45492	2025.8	红腹锦鸡	1	1			7～10月
108.5542	33.45354	2000.0	红腹锦鸡	6		6		8～10月
108.5542	33.45354	2000.0	红腹锦鸡	2	2			8～10月
108.5542	33.45354	2000.0	红腹锦鸡	2		2		8～10月
108.5542	33.45354	2000.0	红腹锦鸡	2		2		8～10月
108.5542	33.45354	2000.0	红腹锦鸡	1	1			8～10月
108.5512	33.42966	1859.3	红腹锦鸡	1	1			1～4月
108.559	33.44934	1900.0	红腹锦鸡	2		2		8～10月
108.559	33.44934	1900.0	红腹锦鸡	1	1			8～10月
108.4494	33.52958	1810.1	红腹锦鸡	1	1			8～9月
108.5003	33.44694	2189.9	红腹锦鸡	2	2			8～10月
108.5508	33.43944	1915.8	红腹锦鸡	1	1			4～5月
108.5806	33.43194	2019.1	红腹角雉	1	1			2～4月
108.5774	33.43114	1971.8	红腹角雉	2		1	1	7～10月
108.5462	33.45529	2131.6	红腹角雉	4	1	2	1	8～10月
108.5462	33.45529	2131.6	红腹角雉	1		1		8～10月
108.5484	33.45471	2100.0	红腹角雉	2		1	1	8～10月
108.5484	33.45471	2100.0	红腹角雉	1	1			8～10月
108.5484	33.45471	2100.0	红腹角雉	1		1		8～10月
108.5484	33.45471	2100.0	红腹角雉	1			1	8～10月
108.5512	33.45492	2025.8	红腹角雉	1		1		7～10月
108.5512	33.42966	1859.3	红腹角雉	1	1			1～4月
108.5512	33.42966	1859.3	红腹角雉	1		1		1～4月
108.5542	33.45354	2000.0	红腹角雉	1	1			8～10月
108.5482	33.44864	2153.4	红腹角雉	3		1	2	8～10月

| 地点 | | 海拔（m） | 物种名 | 数量 | 雄 | 雌 | 幼体或亚成体 | 时间 |
东经	北纬							
108.5482	33.44864	2153.4	红腹角雉	1	1			8～10月
108.5482	33.44864	2153.4	红腹角雉	1		1		8～10月
108.559	33.44934	1900.0	红腹角雉	3	2		1	8～10月
108.4494	33.52958	1810.1	红腹角雉	2		2		8～9月
108.5508	33.43944	1915.8	红腹角雉	1	1			8～10月

基于以上方法和本次科考数据，最终计算得出保护区两种雉类的种群分布和数量。结果表明，红腹锦鸡的种群规模和数量都比红腹角雉更大、更多。基于新矿三岔河的红外相机监测数据，红腹锦鸡在该区域的平均群数量为2.31只/群，种群密度为0.118只/hm²，根据红腹锦鸡适宜栖息地的生境特征计算出保护区内红腹锦鸡的适宜栖息地为6 230 hm²（图3-1，模拟结果与大熊猫四调时的红腹锦鸡分布点匹配率为74%），保护区红腹锦鸡种群总量为735只左右；保护区红腹锦鸡的种群结构中雄性：雌性：亚成体/幼体的比例为9∶23∶3。保护区红腹角雉的平均群数量为1.74只/群，种群密度为0.064只/hm²，根据红腹角雉适宜栖息地的生境特征计算出保护区红腹角雉的适宜栖息地为8 708 hm²（图3-2），保护区红腹角雉种群总量为558只左右；保护区红腹角雉的种群结构中雄性：雌性：亚成体/幼体的比例为5∶11∶6。

平河梁保护区红腹锦鸡及其主要栖息地分布图

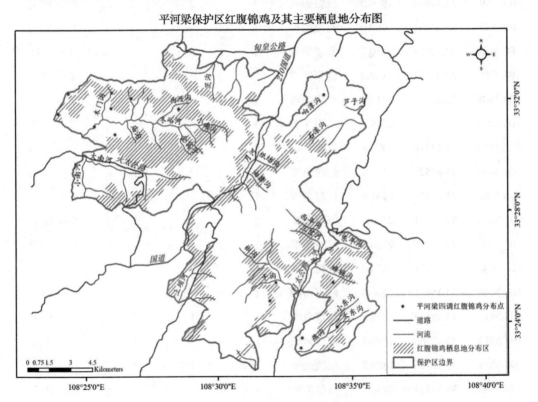

图3-1 保护区红腹锦鸡及其主要栖息地分布图

平河梁保护区红腹角雉及其主要栖息地分布图

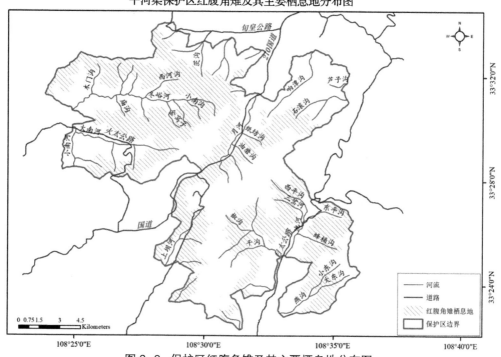

图 3-2　保护区红腹角雉及其主要栖息地分布图

七、血雉调查

血雉是我国特有雉类，为国家 II 级保护动物，雄鸟大覆羽，尾下覆羽、尾上覆羽，脚、头侧、腊膜为红色，故称血雉。本次科考主要根据实地调查结合保护区监测数据以及走访相关工作人员进行，血雉种群密度的计算主要根据调查和监测数据，种群数量的估计还结合了保护区员工对冬季血雉集群数量的监测结果。

根据样线中血雉痕迹点和发现地的环境指标，结合秦岭地区已有血雉生物学研究成果和保护区监测数据，发现保护区血雉栖息地主要分布于海拔 2 300 ～ 2 600 m 之间的区域，偏好选择一些针叶林、桦木林间散落的低矮灌丛、竹林和空旷草地栖息，由于主要分布在山体的上坡，其栖息地的乔木高度较矮（5 ～ 10 m），郁闭度较低（0.3 ～ 0.5），林下灌木稀疏，多为原生或原生性较好的针阔混交林；从地形情况来看，则多活动于山坡的上坡位或梁脊处，坡度相对较为平缓（≤ 25°）地带的半阴半阳坡。

本次考察期间发现的血雉对、个体均在平河梁原采伐公路上与平河梁龙潭子、鸡山架主脊的区域，海拔均高于 2 400 m，基于调查到的实体及遇见率，结合保护区监测数据，龙潭子西坡区域（平河梁往北半山公路以上）血雉的种群密度为 0.058 只 / hm²，基于保护区血雉适宜栖息地分布，估算保护区血雉种群数量在 165 只左右，主要分布在平河梁、龙潭子、上坝河源头和新矿区域鹰嘴石西坡（图 3-3）。根据保护区工作人员2017—2019 年秋冬季在龙潭子和其他区域监测到的血雉集群数量，结合保护区内的分布区估算，保护区血雉总量估计在 200 只左右。调查期间所监测到的血雉种群大多结对活动，其性别比例接近 1：1，但雄性偏多。

平河梁保护区血雉及其主要栖息地分布图

图 3-3　保护区血雉及其主要栖息地分布图

八、勺鸡调查

　　勺鸡为国家Ⅱ级保护动物，体型较大，头部完全被羽，无裸出部，并具有枕冠。雌雄异色，雄鸟头部呈金属暗绿色，并具棕褐色和黑色的长冠羽；颈部两侧各有一白色斑；体羽呈现灰色和黑色纵纹；下体中央至下腹深栗色。雌鸟体羽以棕褐色为主；头不呈暗绿色，下体也无栗色。颈侧白斑后面及背的极上部均淡棕黄色，形成领环状，羽片中央贯以乳白色纵纹；上体羽毛呈披针形，概紫灰色，内外翈各具一个黑色沾栗的稍阔纵条，两者合成"V"形，两者之间并具虫蠹状黑斑所成的纵条一对，沿着白色羽干的两侧；尾上覆羽及中央尾羽，其中部为褐灰色，再外为"V"形栗色纵带，栗带的内外两侧并缘为黑色，羽缘灰色。

　　根据调查和监测数据，勺鸡在保护区内喜栖息于 1 800～2 200 m 之间、天敌和干扰较少的针阔混交林，以林缘附近发现较多。适宜栖息地坡度适中，坡向南或者东南、下坡位，巢向向阳；视野开阔、离水源近，地形较为开阔，有松林及灌丛等构成的环境。栖息高度随季节变化而上下迁移，喜欢在低洼的山坡和山脚的沟缘灌木丛中活动。较秦岭西部区域（长青、桑园等地），保护区勺鸡的遇见率较低，根据红外相机和野外监测数据，目前勺鸡主要在平河梁、上坝河、东峪河上游和火地沟梁等地有发现，在新矿三缸河、三岔河和东平沟等地遇见率较低，仅在新矿蜂桶沟区域有发现（图 3-4）。同时，由于雌性识别困难，一般与雄性在一起时才能确定是雌性勺鸡，较难确认，因此调查和监测数据发现物种主要以雄性为主，雌性较少，幼体发现更少。本次调查发

平河梁保护区勺鸡及其主要栖息地分布图

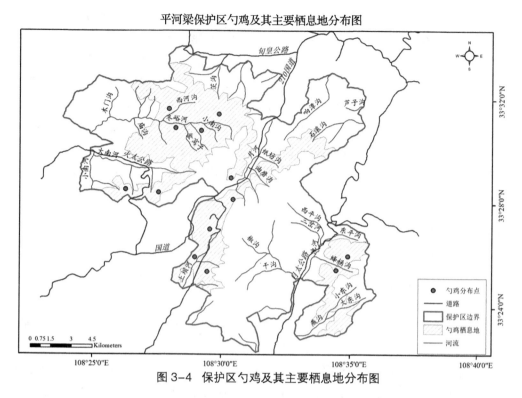

图 3-4　保护区勺鸡及其主要栖息地分布图

现勺鸡遇见率和种群密度最高为上坝河—平河梁区域，其次是东峪河上游，基于调查所发现的成体为种群密度估算依据，结合勺鸡栖息地的环境因子特征，本次调查确定保护区勺鸡适宜栖息地面积约 7 000 hm²，东峪河、上坝河—平河梁、蜂桶沟等地的分布密度为 0.04 ～ 0.05 只 / hm²，保护区勺鸡总量为 300 只左右。新矿三缸河等地遇见率较低的原因可能与地形陡峻、峡谷较多相关，也可能与羚牛密度和其他雉类密度较大有关。

第五节　兽　类

一、调查方法

兽类动物调查采用样线法进行，在保护区内根据兽类分布、地形地貌、植被状况、食物分布、海拔、动物习性以及后勤保障条件等因素布设调查样线，开展调查。样线布设原则、方法和强度参照《全国第四次大熊猫调查技术规程》，在实际调查中，沿样线收集各种兽类信息，包括各种兽类的痕迹、实体、粪便的位置、数量和生境数据，填写野外调查记录表，采集物种及其栖息地的相关数据和指标，收集头骨、粪便、毛发等样品。为提高调查效果，调查样线以最短的距离尽可能多地穿过调查区域内各种生境和植被类型，尽可能地覆盖调查区域的所有兽类栖息地类型。另外，结合保护区开展的监测工作，选择一些兽类经常活动的地点安放红外相机，对保护区内的大、中型兽类活动进行定点监测，结合监测数据对保护区物种区系、分布进行完善，以此分析保护区动物群落的时间和空间格局，并对种群数量和密度进行估计。对大熊猫、羚牛、黑熊、金丝猴等珍稀物种专门进行专项调查，并形成相关保护和研究成果，作为保护区对相关物种监测、评估的基础。为深入认识保护区小型兽类的空间格局及种群情况，项目组与中国科学院动物研究所共同开展了保护区境内啮齿目和食虫目兽类的专项研究。在物种鉴定、区系统计和分析过程中，根据最新的兽类分类系统（中国兽类名录2021 版）对区系名录进行了调整，还参考了保护区及宁陕县已有的兽类动物研究论文、著作等成果，结合保护区长期的监测数据和已有生物多样性调查报告等成果，形成了本次科考成果。

二、区系组成及特点

（一）种类组成

基于本次科考实地调查数据，结合相关文献、监测记录等信息，最后确定保护区兽类共 87 种（表 3-10、附录 7），隶属于 7 目 26 科，占陕西省兽类物种的 59%。基于科考结果，根据最新的兽类分类系统（中国兽类名录 2021 版）对区系名录进行了整理，物种数最多的目是啮齿目，8 科 36 种，占兽类物种数的 41.38%；其次是食虫目（劳亚食虫目），3 科 21 种，占兽类物种数的 24.14%；食肉目第三，6 科 13 种，占兽类物种数的 14.94%。物种数最多的科是啮齿目鼠科，有 15 种；其次是食虫目鼩鼱科，有 12 种；物种数第三的科是啮齿目仓鼠科，有 9 种。单科单属哺乳动物 11 种，单目单科单属兽类 1 种，为灵长目猴科川金丝猴（*Rhinopithecus roxellana*）。较保护区已有哺乳动物区系记录，本次科考新增兽类 4 种，分别为大足鼠（*Rattus nitidus*）、白腹鼠（*Niviventer coxingi*）、灰头小鼯鼠（*Petaurista elegans*）、狍（*Capreolus capreolus* Linnaeus），大足鼠和白腹鼠记录为本次科考所采集标本，灰头小鼯鼠为保护区员工 2019 年 7 月的记录（视频），狍来自保护区员工在平河梁顶的记录和红外相机在火地塘区域的监测记录；同时，根据长期监测和已有研究成果，将原科考报告中的达乌尔黄鼠和中华鼢鼠这两物种从保护区兽类名录中去除；通过调整，兽类种数增加 2 种。保护区兽类区系组成具有以啮齿目、食虫目、食肉目动物为主，单型科较多，小型动物组成复杂、大型动物相对简单的特点。

表 3-10　保护区兽类目、科、种组成

序号	科	种	小计
I. 劳亚食虫目 EULIPOTYPHLA	一、猬科 Erinaceidae	2	21
	二、鼹科 Talpidae	7	
	三、鼩鼱科 Soricidae	12	
II. 翼手目 CHIROPTERA	四、菊头蝠科 Rhinolophidae	2	5
	五、蝙蝠科 Vespertilionidae	3	
III. 兔形目 LAGOMORPHA	六、鼠兔科 Ochotonidae	2	3
	七、兔科 Leporidae	1	

续表

序号	科	种	小计
	八、松鼠科 Sciuridae	5	36
	九、鼯鼠科 Petauristidae	3	
	十、仓鼠科 Cricetidae	9	
IV . 啮齿目 RODENTIA	十一、竹鼠科 Rhizomyidae	1	
	十二、鼠科 Muridae	15	
	十三、刺山鼠科 Platacanthomyidae	1	
	十四、跳鼠科 Dipodidae	1	
	十五、豪猪科 Hystricidae	1	
V. 灵长目 PRIMATES	十六、猴科 Cercopithecidae	1	1
	十七、犬科 Canidae	1	13
	十八、熊科 Ursidae	1	
VI. 食肉目 CARNIVORA	十九、大熊猫科 Ailuropodidae	1	
	二十、鼬科 Mustelidae	5	
	二十一、灵猫科 Viverridae	2	
	二十二、猫科 Felidae	3	
	二十三、猪科 Suidae	1	8
VII. 鲸偶蹄目 CETARTIODACTYLA	二十四、麝科 Moschidae	1	
	二十五、鹿科 Cervidae	3	
	二十六、牛科 Bovidae	3	
总计			87

（二）区系组成

保护区兽类物种中东洋界物种 54 种，占保护区兽类物种数的 62%；食虫类和啮齿目物种占东洋界物种的主体，保护区内的一些保护物种也属于该类群，如川金丝猴（*Rhinopithecus roxellana*）、大熊猫（*Ailuropoda melanoleuca*）、金猫（*Profelis temminckii Vigorset*）、林麝（*Moschus berezovs*）、毛冠鹿（*Elaphodus cephalophus*）、中华斑羚（*Naemorhedus goral caudatus*）、中华鬣羚（*Capricornis sumatraensis milneedwardsi*）和羚牛（*Budorcas taxicolor bedfordi*）；古北界兽类 12 种，占保护区兽类物种数的 13.8%，主要是一些分布于秦岭以北的食虫类和啮齿类，如麝鼹（*Scaptochirus moschatus gilliesi*）、甘肃仓鼠（*Canusmys canus ningshaanensis*）、斯氏鼢鼠（*Myospalax smithii*）、棕背䶄（*Clethrionomys rufocanus shanseius*）和苛岚绒䶄（*Eothenomys inez*），狍（*Capreolus capreolus* Linnaeus）是唯一的大型古北界物种；广布种 21 种，占保护区兽类种数的 24%，区系组成以东洋界成份为主，并具有南北物种过渡的特点。

（三）地理型

按张荣祖（1999）对中国动物地理的区划，保护区应属于东洋界、中印亚界、华中区、西部山地高原亚区、秦岭—武当型。保护区兽类分布型共有 11 种地理型，分别为 W 东洋型、H 喜马拉雅—横断山区型、S 南中国型、U 古北型、B 华北型 (主要分布于华北区)、E 季风型 (东部湿润地区为主)、P 或 I 高地型、X 东北—华北型、D 中亚型（中亚温带干旱区分布）、O 不易归类的分布。其中，分布型为 W 东洋型的物种最多，有 23 种，占保护区兽类物种数的 26%，如常见的小型兽类有社鼠（*Niviventer confucianus sacer*）、安氏白腹鼠（*Niviventer andersoni*）、中华竹鼠（*Rhizomys sinensis vestitus*）、隐纹花鼠（*Tamiops swinhoei swinhoei*），常见大型兽类为豹猫（*Felis bengalensis euptilura*）、青鼬（*Martes flavigula*）、猪獾（*Arctonyx collaris albogularis*）、金猫（*Profelis temminckii Vigorset*）和中华鬣羚（*Capricornis sumatraensis milneedwardsi*）等；H 喜马拉雅—横断山区型兽类 19 种，占保护区兽类物种数的 22%，为分布型物种数第二，小型兽类较多、常见物种有鼩鼹（*Uropsilus soricipes gracilis*）、纹背鼩鼱（*Sorex cylindricauda*）、灰黑齿鼩鼱（*Blarinella griselda*）、四川短尾鼩（*Anourosorex squamipes*）、复齿鼯鼠（*Trogopterus xanthipes*）、洮州绒鼠平（*Eothenomys eva*）和中华豪猪（*Hystrix hodgsoni*）等，常见大型兽类为川金丝猴（*Rhinopithecus roxellana*）、大熊猫（*Ailuropoda melanoleuca*）、羚牛（*Budorcas taxicolor bedfordi*）；S 南中国型兽类 15 种，占保护区兽类物种数的 17%，常见小型兽类为中华姬鼠（*Apodemus draco*）、高山姬鼠（*Apodemus chevrieri*）、长吻鼩鼹（*Nasillus gracilis*）、黑腹绒鼠（*Eothenomys melanogaster*），常见大型兽类为鼬獾（*Melogale moschata ferreogrisea*）、林麝（*Moschus berezovs*）、小麂（*Muntiacus reevesi*）、毛冠鹿（*Elaphodus cephalophus*）；U 古北型兽类 11 种，占保护区兽类物种数的 13%，常见小型兽类有花鼠（*Tamias sibiricus albogularis*）、黑线姬鼠（*Apodemus agrarius ningpoensis*）、褐家鼠（*Rattus norvegicus socer*）、小家鼠（*Mus musculus tantillus*）和黄鼬（*Mustela sibirica moupinensis*），该分布型大型兽类为水獭（*Lutra lutrachinensis Gray*）、野猪（*Sus scrofa moupinensis*）、狍（*Capreolus Linnaeus*）等；保护区还有典型的古北界分布型物种中亚型 D 长尾仓鼠（*Cricetulus longicaudatus*）、东北—华北型 X 大仓鼠（*Cricetulus triton collinus*）和大林姬鼠（*Apodemus peninsulae qinghaiensis*）等。

（四）特有种

保护区有中国特有兽类 24 种，占保护区兽类种数的 28%；有主要分布于我国的特有兽类 8 种；保护区共有兽类特有种 32 种，占保护区兽类物种数的 37%，特有种占比较高。保护区较常见、遇见率较高的小型兽类特有种有长吻鼩鼹（*Nasillus gracilis*）、纹背鼩鼱（*Sorex cylindricauda*）、川西缺齿鼩鼱（*Chodsigoa hypsibius*）、黄河鼠兔（*Ochotona huangensis*）、岩松鼠（*Sciurotamias davidianus saltitans*）、复齿鼯鼠（*Trogopterus xanthipes*）、黑腹绒鼠（*Eothenomys melanogaster*）、洮州绒鼠平（*Eothenomys eva*）、中华姬鼠（*Apodemus draco*）和高山姬鼠（*Apodemus chevrieri*），常见大型兽类特有种有川金丝猴（*Rhinopithecus roxellana*）、小麂（*Muntiacus reevesi*）、毛冠鹿（*Elaphodus cephalophus*）和羚牛（*Budorcas taxicolor bedfordi*），包括旗舰物种大熊猫（*Ailuropoda melanoleuca*），这些特有种也是保护区的主要保护对象。

（五）保护物种

保护区有国家Ⅰ级保护兽类 8 种、国家Ⅱ级保护兽类 7 种，共 15 种，占保护区兽类种数的 17.2%。国家Ⅰ级保护兽类为大熊猫、豹、林麝、羚牛、川金丝猴、豺、大灵猫、金猫，其中羚牛、林麝、川金丝猴为常见种，尤其是羚牛在保护区保有较大的种群规模，保护区国家Ⅰ级保护兽类占陕西省Ⅰ级保护兽类的57.1%；国家Ⅱ级保护兽类为黑熊、青鼬、豹猫、水獭、毛冠鹿、中华斑羚、中华鬣羚，保护区国家Ⅱ级保护兽类占陕西省Ⅱ级保护兽类的44%，其中毛冠鹿、青鼬、豹猫、中华斑羚、黑熊、中华鬣羚为常见种，在保护区内遇见率较高，水獭为在保护区野外消失20年后再发现的物种。

（六）特点

总体上，保护区兽类区系组成以啮齿目、食虫目、食肉目动物为主体，单型科较多，小型动物组成复杂、大型动物相对简单；区系成分以东洋种为主，南北物种交汇、过渡；分布型多样、多类型交汇分布明显；特有种丰富，具有多个旗舰物种，保护价值较大。

由于秦岭地区经历了宁陕断裂带等多样的地质演化过程，形成了复杂、多样的地貌景观，使得许多物种存留下来并成为孑遗物种，保护区除有大量食虫类物种分布外，从更新世早期分化并延续到现代的种类有黑熊、大熊猫、豪猪、猪獾、花面狸、豺等，从更新世中期分化并演化到现代的种类有毛冠鹿、中华鬣羚、竹鼠、大灵猫、麝和青鼬等，这些物种的存在表明保护区物种起源较久远、区系组成原生性显著的特点，也反映了保护区景观多样、生境复杂、环境稳定，能为多个类群的物种提供适宜栖息地，适合不同类型物种生存和发展。

保护区兽类除了维持较好的原生性外，一些新分布物种（狍）和一些因猎捕出现区域性消失或灭绝的物种在保护区重新发现（水獭），2021年多次采集到豹的影像，说明了保护区生态环境不断向好的事实，尤其是一些重点保护物种种群数量增长、种群结构更为健康（羚牛、黑熊），进一步说明了保护区栖息地对兽类适宜水平不断提升。当然，也存在大型猫科动物较少、顶级消费者功能缺失，大熊猫种群规模小、隔离程度大、灭绝概率高等风险，人为干扰和非法猎捕的现象仍然存在等问题，需要在后续保护工作中着力解决。

三、空间格局、多度

（一）小型兽类

2005年中国科学院昆明动物研究所蒋学龙等曾对保护区兽类进行了研究，本次科考在此基础上通过专项调查，重点对小型兽类的空间格局进行分析，对区系组成进行完善。本次调查发现分布广、遇见率最高的物种是大林姬鼠，其次是中华姬鼠和社鼠，与2005年有所区别（2005年社鼠遇见率较高，其次是大林姬鼠和中华姬鼠）。小型兽类中高山姬鼠和褐家鼠随海拔升高遇见率和占比减少；安氏白腹鼠在3个海拔段的组成率都较低；苛岚绒䶄主要分布于低海拔，在中高海拔也有少量分布；社鼠和中华姬鼠主要分布于中高海拔，在低海拔有少量分布；灰黑齿鼩鼱所占比例随海拔升高而增加；鼩鼹的组成率在中海拔＞高海拔＞低海拔；四川短尾鼩的分布较为平均，大体趋势为高低海拔大于中海拔。大林姬鼠仅出现于中低海拔（1 300～2 000 m），而长吻鼩鼹、黄河鼠兔和洮州绒䶄则分布在中高海拔（1 600～2 500 m）。另外13种小型兽类则是在相对较为狭窄的海拔区间内采集到，大足鼠、白腹鼠、巢鼠、川西缺齿鼩鼱、甘肃仓鼠、岩松鼠和小纹背鼩鼱等 7 种主要分布于低海拔地区（1 100～1 400 m），而白尾鼹（2 400～2 500 m）、藏鼠兔（2 300～2 500 m）、黑腹绒鼠（2 200～2 500 m）、纹背鼩鼱（2 100～2 400 m）、长尾鼹（2 000～2 400 m）5 种则主要分布高海拔地区，其他 3 个种川西白腹鼠（2 400 m 左右）、滇攀鼠（2 000 m 左右）、刺毛鼠（2 000 m 左右）也出现在高海拔地区。

综合以上物种分布，在保护区低海拔地区常见的小型兽类为大林姬鼠、中华姬鼠、川西缺齿鼩鼱、黑线姬鼠和褐家鼠等；在中山地带常见的小型兽类为隐纹花鼠、复齿鼯鼠、苛岚绒、刺毛鼠、中华豪猪和中华竹鼠；在平河梁、火地沟梁等高海拔地区常见的小型兽类主要为社鼠、藏鼠兔和秦岭鼢鼠；在保护区全境分布、遇见率高的小型兽类为鼩鼹、灰黑齿鼩鼱、四川短尾鼩、岩松鼠、黑腹绒鼠、洮州绒、中华竹鼠、高山姬鼠和社鼠。

（二）大型兽类

大型兽类物种相对较少，但部分物种种群数量较大，遇见率也较高，其空间分布按全境分布、主要在中低山分布和主要在中高山分布进行格局分析。在保护区高、中、低山均有分布的物种有黑熊、青鼬、猪獾、豹猫、野猪、小麂、毛冠鹿、中华斑羚、中华鬣羚和羚牛 10 种，遇见率高的物种依次有豹猫、野猪、毛冠鹿、羚牛、青鼬等；主要在保护区中、低山分布的大型兽类有黄鼬、鼬獾、水獭、花面狸，总体遇见率不高，水獭只分布于河流中；主要在中高山分布的大型兽类有川金丝猴、豺、大熊猫、鼬獾、大灵猫、金猫、豹、林麝和狍，大熊猫、狍主要只在保护区平河梁、三岔河尾等高山地区分布，遇见率高的有川金丝猴、林麝，其他物种遇见率都较低，珍稀物种较多。

四、时间格局、多度

兽类时间格局相对较简单，小型兽类由于代谢水平高，大多只在春、夏、秋活动，冬季活动频率显著减少，遇见率也较低；主要在低海拔地区，高海拔地区冬季大多穴居生活，如藏鼠兔和秦岭鼢鼠。大型兽类时间格局在遇见率上区别不明显，总体上春夏分布较离散、在高海拔分布较多，冬季较集群、在低海拔区域分布较多，以有蹄类的羚牛、中华斑羚，灵长目的金丝猴等物种最为明显；也有时间格局不明显的物种，如豹猫、黑熊、野猪等在时间尺度上没有明显的界限，尤以食肉目物种较难区分其时间格局。

五、同科属物种空间和多度格局

（一）食虫目（劳亚）鼹科

该科共有 7 种鼹，长尾鼩鼹是遇见率和捕获率最高的物种，主要分布在保护区中高山地区；其次是鼩鼹和长吻鼩鼹，在保护区全境分布，较常见；其余物种偶见。

（二）食虫目（劳亚）鼩鼱科

该科共 12 种鼩鼱，物种数较多，遇见率最高的是四川短尾鼩；其次是纹背鼩鼱、灰黑齿鼩鼱、川西缺齿鼩鼱，主要分布在中低山地区；其余物种偶见。

（三）翼手目菊头蝠科、蝙蝠科

该目共有 5 种，全部都分布于低海拔地区，以社区的房舍和部分山洞为栖息地，最常见的是灰伏翼，其次是大耳菊头蝠。

（四）兔形目鼠兔科和兔科

该目共 3 物种，草兔较常见，在中低山均有分布；鼠兔科以藏鼠兔为主，主要分布于高山地区；黄河鼠兔在保护区有记载，罕见。

（五）啮齿目松鼠科

该科共有 6 种松鼠，岩松鼠是遇见率最高的物种，也是保护区遇见率最高的兽类之一，高、中、低山均有分布，低海拔地区遇见率高于高海拔地区；隐纹花鼠遇见率明显低于岩松鼠，主要分布于中山区域，在新矿三岔河、蜂桶沟等地常见；其他种类偶见。

（六）啮齿目鼯鼠科

保护区有 3 种鼯鼠，遇见率最高的是复齿鼯鼠，在保护区全境分布，中高山地区较低海拔地区更常见；其次是红白鼯鼠，在保护区也较常见；灰头小鼯鼠为本次调查在保护区发现的新分布。

（七）啮齿目仓鼠科

该科共有 10 种小型兽类，黑腹绒鼠、苛岚绒䶄是遇见率最高的物种，捕获率也最高，在保护区各个生境都有分布；其次是洮州绒䶄，遇见率和捕获率都较高，各个海拔段均有分布；秦岭䶄鼠是中高海拔区域较常见的仓鼠科物种，尤其在平河梁顶和东峪河沟尾等地；大仓鼠是低海拔地区最常见的物种，捕获率较高。

（八）啮齿目鼠科

鼠科是兽类最大的科，有 15 种鼠类分布。最常见的大林姬鼠、中华姬鼠，分布也较广，以大林姬鼠遇见率和捕获率最高；遇见率和捕获率其次是黑线姬鼠、高山姬鼠、白腹鼠和社鼠，主要分布在中低海拔的林缘地带；邻近社区的常见家鼠是褐家鼠，偶见黄胸鼠和小家鼠。

（九）食肉目鼬科

鼬科共 5 种兽类，是食肉目物种最多的科。青鼬遇见率最高、分布广，尤其是中山地区森林环境中最常见，也是食肉目中最常见的物种之一；遇见率其次是猪獾，主要分布于中、低山；黄鼬是低山地区常见的小型兽类，在保护区内的遇见率低于猪獾；水獭为近年来重发现的物种，2019 年 9 月在保护区月河河段旬阳坝保护站附近发现，为近 20 年消失后在保护区被再次发现，也是保护区生态系统恢复和保护成效提升的标志性事件。

（十）食肉目猫科

猫科有 3 物种，豹猫是保护区最常见的兽类和动物物种之一，遇见率最高，调查期间多次发现保护区境内豹猫粪便含有草和竹笋的现象，在东平沟、三岔河、平河梁等地都有发现，推测该行为与排除体内寄生虫等异物有关，相关现象值得重视，需要加强对保护区动物疫病的监测和防治；金猫是截止目前在保护区内调查和监测到的最大猫科动物，分别发现粪便、足迹等痕迹 4 次，红外相机在三岔河记录到实体 1 次，总体遇见率较低；2021 年保护区在新矿片区多次拍摄到金钱豹的影像资料，补充了该区域豹分布信息的空白（西侧天华山保护区和东侧鹰嘴石保护区都已采集到豹影像），也反映了保护成效提升和生态系统逐渐完善的效果。

（十一）偶蹄目（鲸偶蹄目）猪科、麝科、鹿科、牛科

偶蹄目共有 4 科 8 种兽类，物种少、但生物量较大。野猪、毛冠鹿、羚牛是保护区内遇见率最高的物种，在各个生境均有记录和分布；其次是小麂、中华斑羚；中华鬣羚遇见率较以上物种更低；林麝本次科考期间仅发现 2 处痕迹，尽管保护区外有林麝放归的种群，本次调查仍未发现更多的该物种痕迹，表明该物种的种群数量仍处于较低水平；狍为保护区近年来新发现的新分布物种，仅分布于平河梁等高海拔地区，也为偶见。

羚牛、中华斑羚和中华鬣羚偶蹄目牛科物种，也是保护区生物量最大的兽类类群。根据保护区 2015 年以来的监测和走访，发现近年来低海拔地区冬、春季节都有羚牛、中华鬣羚、中华斑羚死亡的情况，在旬阳坝—平河梁—龙潭子、新矿三缸河、东峪河等地都有发现，并且以上有蹄类的死亡均伴随动物患疥螨的现象，但死亡现象在 2019 年冬和 2020 年春则发现较少。以上现象除了种群正常的消长和调节外，以下两方面的问题值得在后续保护管理中思考：一是保护区周边的人为干扰可能比较大，导致有蹄类种群发展起来后向外扩散的压力较大，对外扩散受阻碍，导致境内局部环境容量超载、种群内社区压力过大，从而出现患病并在境内死亡的现象；二是保护区内顶级消费者（豹、豺、金猫等）的种群数量较低，对有蹄类种群的调节能力有限，从而使部分物种种群增长过快，局部区域出现种群数量过高而死亡率较高的现象。

六、物种专项及调查

（一）大熊猫及保护对策

1. 平河梁种群现状

平河梁局域大熊猫种群位于陕西省宁陕县境内，为秦岭最东部的大熊猫种群，全国第三次大熊猫调查该种群有 5 只大熊猫个体、全国第四次大熊猫调查该种群现有 7 只大熊猫个体，栖息地面积约 200 km^2，主要分布于保护区内。该种群往东无大熊猫分布，与西部最近的大熊猫种群距离 30 km（图 3-5），该种群的持续生存对整个秦岭山系大熊猫种群空间格局稳定和种群发展具有重要意义。

图 3-5　平河梁种群及秦岭大熊猫网络分布图

目前，保护区有210国道、旬皇公路、月太公路、火太公路纵横交叉过保护区，周边社区涉及三个乡镇，受历史上的森林采伐、道路交通、开矿、旅游等人为干扰的影响，导致其适宜栖息地被挤压、侵占和严重破碎化，该种群分布区和规模不断缩减，最终形成目前的格局。

2012全国第四次大熊猫调查所确定的7只大熊猫主要分布在平河梁龙潭子往三缸河、三岔河的中上坡山体（图3-6），其余在保护区西部东峪河梁有零星分布，但均为不新鲜粪便痕迹。另外，根据保护区监测，2017年2月18日13时10分，保护区新矿保护站两位护林员在三岔河中上坡发现死亡大熊猫尸体一具。通过采集该熊猫的组织样品，提取其DNA样品、并进行遗传分型，对该个体与四调大熊猫调查在该区域最近处2012年采集的大熊猫个体的粪便DNA分型结果进行比对。基于样本（PHL-feces、PHL-tissue）的DNA样品进行遗传分型，对粪便样品识别个体和组织样品识别个体进行比对，发现：（1）尽管两组样品采集地相近（108.54827，33.4521；108.547828，33.454765，但据两组样品在11个可比对的微卫星基因型位点中有3个等位基因存在差异，两组样本应判定为不同个体（表3-11）；（2）对组织样品进行3次性别鉴定PCR反应，均显示该样品为雌性个体。该结论的性别鉴定结果与当时对死亡熊猫的解剖结果一致，死亡个体为未产仔的雌性熊猫。由于全国四调没有在保护区采集到更多的DNA样品，以上结论只能证明死亡熊猫与2012年采集的DNA样品不为同一个体，保护区大熊猫数量再减少一只。以上结论，除了表明该种群除种群规模较小外，其性别结构也不合理，死亡大熊猫作为成年个体没有得到繁殖的机会。因此，针对现有大熊猫种群规模小、结构不合理现状，亟待通过救护措施来提升种群的自我维持能力和遗传多样性，降低灭绝风险。

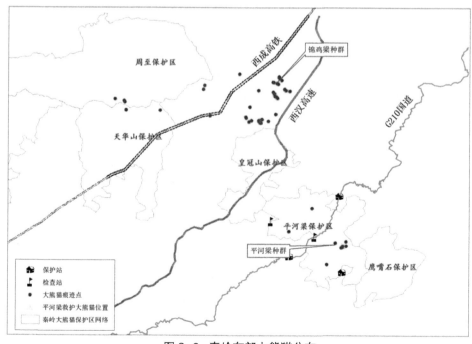

图3-6　秦岭东部大熊猫分布

表 3-11 平河梁死亡个体与邻近大熊猫个体 DNA 分析结果对比

ID	A11		A10		A22		A217		A79		A95		A24
PHL-faece	116	116	0	0	*126*	128	112	112	144	*156*	144	*147*	112
PHL-tissue	116	116	133	135	*128*	128	112	112	144	155	144	147	112

ID	A24		A213		A15		A13		A26		A27		SZX
PHL-faece	112	112	127	127	127	127	136	136	107	113	129	129	F
PHL-tissue	112	112	127	127	127	127	136	136	107	113	129	129	F

2. 保护区及秦岭东部大熊猫种群概况

由于平河梁种群位于秦岭东部，为全面研究该种群的保护对策，需要把该种群融入整个秦岭东部大熊猫保护进行统筹思考，探索保护措施。目前，秦岭东部大熊猫主要聚集在两个区域：一个区域为以保护区为中心，包括皇冠山和鹰嘴石保护区在内的秦岭东南部大熊猫种群分布区，种群数量 7 只，分布于保护区内；一个区域为以锦鸡梁（宁东林业局管辖范围）为中心，包括部分天华山和周至保护区在内的锦鸡梁种群分布区，种群数量 17 只，主要分布于现宁东林业局管理辖区范围内，是秦岭目前分布于保护区网络外的最大种群。

3. 平河梁种群生存力分析

基于 Gong 等（Minghao et al. 2012）针对已有大熊猫种群生存力分析所设定的参数，在不考虑种群迁入、迁出情况下，通过 Vortex 模型对平河梁大熊猫种群做 30 年内、不同基础种群下生存力的模拟，模拟结果表明，在当前 6 只的种群规模下，30 年内该种群灭绝的可能性为 71%（表 3-12）；基础种群为 7 只，在 30 年灭绝的可能性为 67%；基础种群数量增加到 12 只，30 年内灭绝的概率下降到 12%；基础种群数量增加到 13 只的情况下，该种群灭绝的概率下降到 10% 以下。以上分析表明，该种群数量必须维持在 12 只左右才能有效避免种群灭绝风险。

表 3-12 平河梁大熊猫种群生存力模拟结果

Initial population size	#Runs	Det-r	Stoc-r	SD(r)	PE
6	500	0.037	−0.019	0.166	0.71
7	500	0.037	−0.025	0.167	0.67
8	500	0.037	−0.019	0.164	0.65
9	500	0.037	−0.012	0.149	0.37
10	500	0.037	−0.001	0.136	0.23
11	500	0.037	−0.005	0.135	0.22
12	500	0.037	0.003	0.124	0.12
13	500	0.037	0.003	0.123	0.10
14	500	0.037	0.004	0.118	0.09
15	500	0.037	0.004	0.118	0.07

小种群由于种群规模小，难以形成较稳定的分布区，大多为主体种群或大种群往外的扩散结果，一旦与主体种群形成隔离，种群交流中断，大多面临较高的生存风险。受历史上的森林采伐、西汉高速、210国道、开矿、旅游等人为干扰的影响，目前该种群大熊猫的生存空间主要局限于210国道东侧、海拔1 900 m以上的区域。由于从未对该种群实施专项保护工程，与西部最近种群锦鸡梁距离30 km，一些关键区域植被退化和公路围栏阻隔等因素，导致种群间的交流较少、使该种群长期处于隔离状态；全国大熊猫第四次调查该种群数量为7只，由于难以通过扩散、交流等方式增加种群规模，使种群数量长期处于较低水平，2000年以来该种群仅增长2只。基于已有大熊猫种群生存力分析，由于该种群规模小（6只）和遗传多样性较低，结合长期隔离和栖息地适宜性较低等因素，若该状况长期保持，该种群在30年内灭绝的可能性较大（王昊 et al. 2002），其长期生存面临较多的不确定性及较高的风险，急需对该种群实施有针对性的保护工程，增加其遗传多样性、优化其生存环境，从而提升种群安全水平。

4. 平河梁及秦岭东部大熊猫栖息地的评价

开展栖息地评价是认识物种空间格局、环境适宜性和生存状况最直接的方式，也是制定保护对策、实施保护工程和措施的科学基础。为准确认识平河梁大熊猫种群的生存环境，需要对包括平河梁种群分布区在内的整个秦岭东部地区的大熊猫栖息地进行适宜性评估，以便了解其适宜生存环境的空间异质性、分布格局和景观特征，评估其环境容纳能力，为制定保护对策提供基础信息。

（1）评估方法

评估基于大熊猫对空间利用特性的研究与监测，结合数理统计方法、GIS技术，通过关联物种的空间分布、利用与栖息地因子之间的定量关系认识栖息地适宜性状况。保护生物学已经开发了多种用于评估野生动物栖息地的模型和方法，Conceptual framework model 等 (Store and Kangas 2001) 开发的景观机理模型是最早用于野生动物栖息地适宜性评价的模型，根据物种对栖息地生物因子、环境因子和威胁因子（人类干扰）的选择喜好和回避规律，预先对每一栖息地因子下不同类型进行赋值（如将植被内的乔木赋值为3，灌草丛为2，其他为1），然后将对栖息地有积极贡献的因子及重要性进行累积（如植被、海拔、食物等），并在此基础上去除对栖息地有消极作用的因子（如道路、景观、居民点等干扰因子或威胁因子），最后得出栖息地的适宜性评价结果。在栖息地适宜性评价结果基础上根据当前物种对不同适宜性下栖息地的利用情况对栖息地进行分类，将栖息地分为适宜、较适宜、不适宜等类型，根据最适宜栖息地的景观特征评估研究区域栖息地的完整性、破碎化水平和环境容量等。

考虑到本项目主要探索人为活动对大熊猫种群交流和栖息地恢复的影响，有必要了解在没有人为干扰情况下东部地区大熊猫栖息地的状况，以便通过比较原生栖息地状况和人为干扰影响下栖息地的差异，研究提升栖息地质量、促进栖息地恢复的技术途径和方法。考虑到道路是人为干扰或威胁因子进入大熊猫栖息地的主要基础条件，是其他威胁因子加剧对大熊猫栖息地干扰和影响的前提，因此本研究分别对秦岭东部大熊猫做了有、无人为干扰（道路影响）下的栖息地评价，以便更全面地认识栖息地的状况，思考保护对策。

（2）评估标准

根据平河梁及秦岭地区大熊猫对栖息地的选择利用规律，我们将植被、海拔、坡度等因子作为栖息地主要的生物和非生物因子纳入模型，并根据已有大熊猫对以上因子选择喜好的研究成果对各单因子对大熊猫的适宜性进行分类和赋值（表3–13）。考虑到秦岭东部大熊猫栖息地内的居民点相对较少，同时居民点大多沿道路分布，并且其他人为干扰（旅游、开发）主要通过路网进入栖息地，本模型只把路网作为人为干扰因子的代表引入模型，路网对大熊猫的影响参照龚明昊等2012的研究结果；在路网分析中，通过该区域的两大干线（西成高铁和西汉高速）都主要以隧道形式通过大熊猫栖息地，其运营期对大熊猫的影响较小，因故没有将其作为重大干扰源引入栖息地评估模型。

表3–13　秦岭东部大熊猫栖息地因子分类及适宜性赋值

栖息地因子	因子属性	赋值
植被	林地	3
	灌丛、疏林地、天然草丛、>25度的退耕地	2
	次生草地、农地、居民区	1
海拔	1950～2450 m	3
	1800～1950 m，2450～2600 m	2
	0～1800 m，2600 m以上	1
坡度	0°～35°	3
	35°～45°	2
	45°以上	2
道路	0～500 m	1
	500～1000 m	2
	1000 m以上	3

（3）评价结果

1）秦岭东部地区大熊猫栖息地适宜性状况

基于所评估模型，秦岭东部地区有、无人为干扰（道路）影响下的栖息地分别如附图10。评估结果表明，秦岭东部大熊猫适宜栖息地主要集中分布在锦鸡梁和平河梁两核心区域，适宜栖息地斑块密集完整，也与目前大熊猫种群的空间分布一致（表3–14）。从景观结构上看秦岭锦鸡梁区域栖息地主要通过秦岭主脊与西部观音山、佛坪等地的大熊猫栖息地连接；往东南适宜栖息地则在大茨沟、岩屋坪等地与保护区西北部的适宜栖息地连接；就适宜栖息地的空间结构，皇冠山保护区适宜栖息地分布较少，对秦岭东部和东南部大熊猫栖息地的连接功能不明显。

表3–14　秦岭东部道路影响下大熊猫栖息地适宜性变化

栖息地类型	无道路影响		有道路影响	
	面积（hm²）	百分比（%）	面积（hm²）	百分比（%）
一般栖息地	241 197	56.8	244 095	57.5
较适宜栖息地	96 283.6	22.7	95 525.3	22.5
适宜栖息地	87 298.6	20.6	84 800.9	20.0

从栖息地适宜性结构上看，在道路影响下，大熊猫栖息地的适宜面积有一定下降，但下降程度较低，道路对栖息地适宜性的影响不大。但从景观格局上分析，道路对大熊猫栖息地的破碎化影响较大，尤其造成了适宜栖息地较大规模的隔离，以210国道和旬皇公路的影响尤为显著。

基于大熊猫适宜栖息地的空间格局分析，在景观水平上影响大熊猫栖息地完整性和连接性，造成栖息地破碎、隔离的区域主要为：①天华山保护区内麻房子至灵口子往上的区域由于植被原因，栖息地出现一定程度的隔离；②柞树坪—板房沟、蔡子坪—邓二沟口之间由于道路、人为干扰和植被退化等因素造成栖息地质量较差，导致该区域大熊猫栖息地深度破碎，对整个东部大熊猫栖息地的连接和种群扩散影响较大；③皇冠山保护区内的马家坪和宁西林业局两河林场往上区域也是影响大熊猫栖息地连接和完整性的区域；④保护区西北部旬皇公路（皇冠镇—旬阳坝镇）大茨沟梁顶段的公路围栏造成沿线栖息地隔离，使锦鸡梁栖息地与平河梁栖息地的隔离程度加剧，该区域是两种群扩散和交流的理论通道，其栖息地保护意义重大（附图11）；⑤保护区内部210国道经旬阳坝穿越保护区，沿线公路围栏使平河梁保护区内部的栖息地隔离，影响保护区内部熊猫种群的交流和扩散。

2）秦岭东部大熊猫保护区适宜栖息地情况

结合道路影响下栖息地的适宜性评估结果，发现秦岭东南部种群分布区大熊猫适宜栖息地以平河梁保护区比例最高（48.6%），皇冠山保护区占比最低（16.3%），表明保护区为秦岭东南部地区大熊猫栖息地质量最好的区域（表3-15），该结论也支持平河梁保护区是该区域大熊猫的主要分布区，是目前东南部地区有大熊猫痕迹分布的区域。

表 3-15　平河梁种群大熊猫栖息地适宜性组成

栖息地类型	皇冠山		鹰嘴石		平河梁	
	面积 (hm²)	百分比 (%)	面积 (hm²)	百分比 (%)	面积 (hm²)	百分比 (%)
一般栖息地	7210	57.2	4282	36.4	4536	20.9
较适宜栖息地	3341	26.5	3681	31.3	6627	30.5
适宜栖息地	2052	16.3	3791	32.3	10560	48.6

5. 平河梁种群保护的必要性和意义

秦岭平河梁是大熊猫在秦岭最东的分布区和种群，若该种群灭绝、将导致秦岭大熊猫分布区退缩近30公里，该种群的持续生存对整个秦岭山系大熊猫种群空间格局的稳定和发展具有重要意义，也影响未来该山系大熊猫种群的发展。同时，根据全国第三、第四次大熊猫调查成果对比和秦岭地区新近的大熊猫监测数据分析（Zhang et al. 2013），2000年以来秦岭大熊猫种群呈现向东部扩散的趋势（龚明昊 et al. 2016）（图3-7）；基于气候变化对秦岭大熊猫栖息地影响的预测，未来秦岭东部地区大熊猫栖息地适宜性水平还将提升，更适宜大熊猫生存（Songer et al. 2012, Gong et al. 2016），秦岭东部可为将来大熊猫扩散和发展提供新的生存空间。实施该种群的救护工程，既是该种群当前保护的迫切需要，也符合秦岭大熊猫种群和栖息地未来发展的趋势。

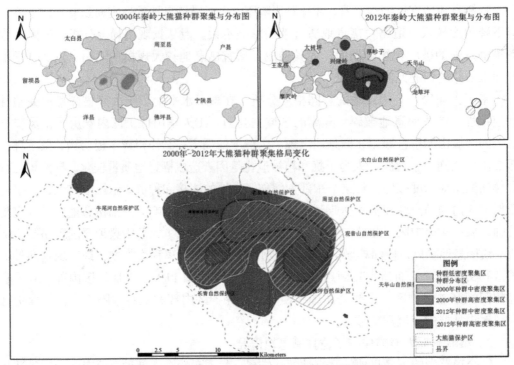

图 3-7　2000 年与 2012 年秦岭大熊猫种群格局对比

6. 主要对策及规划

（1）主要思路

基于平河梁大熊猫种群保护的迫切性，对其种群的救护应在准确掌握平河梁种群及周边栖息地状况的基础上，将该种群的保护置于整个秦岭东部地区大熊猫种群保护需求进行综合思考，根据平河梁种群救护及发展的需要，分析栖息地适宜性状况和环境容量，制定该种群救护专项规划和对策。

基于已有保护实践及经验，目前保护生物学理论研究和救护实践中针对小种群保护的保护对策主要有迁地和就地两种措施，计划对该种群的救护进行综合施策，从增加种群规模、促进种群扩散与交流、提升栖息地质量和连接水平等综合途径对该种群进行保护。具体：①考虑通过迁地措施增加其种群规模和遗传多样性，增强种群的繁殖和发展能力，复壮现有种群；②将平河梁种群的保护融入秦岭东部大熊猫种群整体保护中，开展关键区域栖息地营造和修复，增加栖息地的连接水平，建立生态廊道并打通与西部种群交流和扩散的栖息地障碍，为西部种群的交流和扩散创造条件；③持续提升锦鸡梁地区栖息地质量和适宜性，促进锦鸡梁种群的发展，通过促进平河梁西部种群的发展、引导种群向东扩散实现对平河梁种群的永久性救护。

（2）主要目标

基于现有管理政策、可能获得的资源、可利用的技术手段，对该种群的救护制定以下目标：

①尽快将平河梁种群提升到 12 只左右，建设用于迁地保护的基础设施；

②营造、重建和提升关键区域的栖息地适宜性，拆除部分公路围栏，建成东部地区大熊猫保护廊道；

③提升包括锦鸡梁、平河梁在内的栖息地质量，降低破碎化水平，促进东部地区栖息地适宜性和容纳量的提升；

④加强重点区域栖息地优化与管理，引导锦鸡梁种群向东扩散，促进锦鸡梁种群与平河梁种群的交流，持续提高东部种群数量和遗传多样性，实施东部种群整体救护。

（3）主要行动

对平河梁大熊猫种群的救护具有迫切性。比较而言，一旦一个种群灭绝后，重建种群的巨大人力、物力和时间耗费远大于维持现有种群的投入，同时浪费掉一个拯救自然种群的机会，对该物种遗传资源所造成的损失更无法估量。基于平河梁种群现有的种群数量和增长能力，对其进行保护迫在眉睫，否则可能坐视该种群的灭绝，应及时采取相关行动延缓这一进程，结合当前的实际积极思考救护措施，重视平河梁小种群保护的迫切性，积极开展相应的救护行动。根据以上研究和思考，建议通过以下措施开展保护行动：

①实施迁地保护

针对现有种群规模小、结构不合理现状，急需通过人为措施增加种群数量进而提升种群自我维持能力和遗传多样性，降低灭绝风险，实施迁地保护是确保该种群持续存在不可或缺的行动。结合大熊猫秦岭亚种圈养种群的现状和可能的野生个体来源（救护、移地），协调省大熊猫保护主管部门，制定种群复壮方案，并尽快实施；同时，根据圈养种群的发展，选定放归野化适应基地地点，启动相关建设工作，为将来圈养种群放归奠定条件。

由于长期隔离和演化，秦岭种群已经被认定为一个亚种，并出现了棕色熊猫等新的性状，从四川等地引入圈养种群个体到平河梁恐引起遗传侵蚀（erosion）、污染、漂变和疫病传播的风险，也面临跨行政区域管理许可上的困难。目前秦岭用于救护的个体来源可能有三处：一是陕西省楼观台救护中心的圈养种群，二是秦岭高密度野生种群，三是救护个体放归。

目前，楼观台救护中心的圈养种群由于起步晚、疫病等原因发展缓慢，种群总量不足 20 只，圈养种群数量小，结构也不尽合理，尚不具备将圈养种群放归野外的条件。根据陕西省目前大熊猫保护的资源，以下途径是该种群救护获取熊猫个体来源较可行的对策：一是秦岭地区救护的野生大熊猫个体经评估后放归平河梁是一较可行途径，保护区应积极协调国家和省主管部门，将目前和将来救护的大熊猫个体尽可能地放归在平河梁保护区，尽管该途径面临较大的不确定性，不能成为复壮个体较为稳定的来源，但还是应努力实施；二是从秦岭山系现有野生种群来解决复壮个体来源，并且是目前救护该种群另一较为可行的途径。因为随着近年来的持续保护，秦岭地区目前也确实存在部分地区大熊猫种群密度过高、向外扩散受阻的情况（Gong et al. 2010），转移部分个体可减小高密度种群的社群压力，有益于其种群发展和健康，同时也为小种群提供了优质的野生个体资源。

②迁地保护设施建设

为配合迁地保护的实施，规划在平河梁保护区新矿保护站辖区内选取一区域作为迁地保护实施中用于放归个体暂养、培训野外生存能力的基地（图3-8）。该区域位于保护区东侧、沿溪流的坡地，东南（108.532E，33.424N），西北（108.531E，33.436N）长1.2 km、宽1.1 km，面积120 hm² 左右。主要为平缓的坡地，坡度为30° 左右，海拔在1 800 ～ 2 100 m之间，有缓坡、陡坡、河谷、山脊等多种地貌，景观丰富，植被为次生针阔叶混交林为主，以华山松、油松、锐齿槲栎为优势种。该区域距新矿保护站3.5 km，原有林区公路可抵达，现由于部分桥梁损毁，暂时不能通行，将部分损毁桥梁修复后即可恢复通行。同时，该区域处于封闭状态，入口处有保护区设立的铁门，人、家畜都不能进入，处于较好的隔离状态，是开展大熊猫放归和野化培训的理想场所。同时，该基地的建设还可为秦岭其他地区开展大熊猫放归和野化培训提供示范。

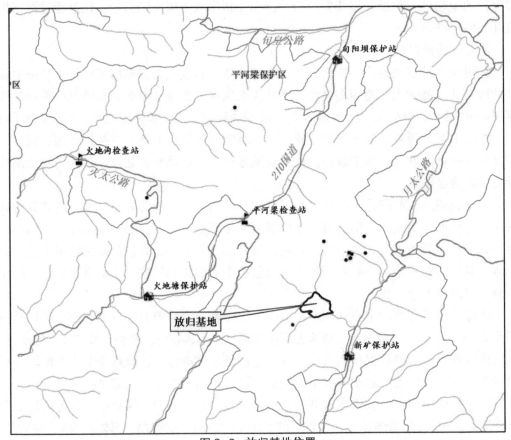

图3-8 放归基地位置

③建设生态廊道

大熊猫具有较为强大的移动能力，秦岭大熊猫的最长移动距离34 km（潘文石2001），最大巢域面积60.39 km²，其移动能力能支持其长距离扩散和迁徙，从而提升局部种群的规模和遗传多样性。通过在一些关键区域实施栖息地修复和提升工程，拆除旬皇公路（皇冠镇—旬阳坝镇）大茨沟梁顶段的公路围栏、拆除210国道在保护区内的公路围栏，增加栖息地的连接和完整性，建成大熊猫生态廊道，促进种群的交流和扩散是进行小种群保护的有效措施。根据平河梁种群保护的需要和秦岭东部大熊猫保护的实际，优先建成大熊猫廊道的区域为：平河梁保护区西北部大石板、岩屋坪周边地区，平河梁保护区内部210国道沿旬阳坝往上中、高海拔区域，皇冠山保护区内的马家坪和宁西林业局两河林场往秦岭主脊方向；其次为天华山保护区内麻房子至灵口子往秦岭主脊区域，柞树坪—板房沟、蔡子坪—邓二沟口往秦岭主脊区域（附图10）。

④全面提升秦岭东部栖息地质量，引导和促进锦鸡梁种群发展和向东扩散

栖息地修复和提升是种群保护不可或缺的内容，通过提升栖息地的适宜性和完整性，提高锦鸡梁种群栖息地的环境容纳量，促进锦鸡梁种群的增长，方向性地引导和促进区域种群的增长和扩散（附图11），从而为其他种群的救护和增长提供个体资源，是实现平河梁小种群保护和生存状况根本性好转的重要保障。在评估栖息地现状及导致破碎化的主要因素基础上，编制东部地区栖息地修复规划，完善栖息地优化和提升技术标准和方案，制定包括廊道建设在内的工程规划，实施栖息地恢复和提升项目，提高整个秦岭东部地区栖息地的适宜性和景观完整性。

促进锦鸡梁栖息地恢复和种群发展还具有较好的可行性，由于锦鸡梁种群也是平河梁保护区管理单位宁东林业局管辖区（与保护区隶属同一单位），目前开展的主要工作是天然林保护，其实际效果也有助于大熊猫种群的发展和栖息地的改善，通过干扰管控、栖息地提升等措施可有目的地促进熊猫种群向东扩散，从权属和行政管理的角度确保该措施的实施具有可行性。

⑤建立有效的多部门协调和保障机制

建议组成由平河梁保护区、陕西省林业厅野生动物保护处、陕西省野生动物救护中心、中国科学院、中国林科院、西北动物研究所、WWF等单位组成的项目联席议事机制，由平河梁保护区为该项目的牵头单位，负责项目的立项、执行，省野生动物保护处负责项目监管、评估，中国科学院、中国林科院、陕西省野生动物救护中心、西北动物研究所等单位为技术支持单位，凝聚各部门共识、智慧和资源，协同推进该项目的实施与成效。决策部门应对项目的必要性和可行性进行评估，从大熊猫保护的阶段性历史任务来认识小种群保护的重要意义，发挥担当和责任意识，积极作为、果敢决策；项目实施者应对野外个体迁移的案例进行充分调研，学习和交流相关经验和教训，充分论证，做好技术储备和相关预案。

尽快制定平河梁大熊猫小种群专项规划，列入国家或地方的财政专项，结合可能的资源和技术提出相应的保护行动，制定经费、技术、管理等保障措施。

⑥开展种群扩散和栖息地恢复监测，评估保护成效

在实施以上就地和迁地保护措施的同时，结合红外相机、样线监测开展种群和栖息地监测。主要针对生态廊道等区域开展监测工作，掌握种群空间利用和分布的变化，了解保护行动的成效和存在问题，科学评估成效，及时修改、调整保护措施和行动，

确保项目目标实现。

⑦攻关相关的技术问题

小种群救护中的异地转移、种群扩散引导、栖息地优化和提升都是我国保护实践中的一项新事物，需要加大科技攻关的力度，尽快形成可用于实践的技术和规范。就地和迁地二者都是平河梁小种群救护的主要措施，但迁地措施应成为该种群救护的优先选择。应在加快楼观台圈养种群发展的基础上，积极探索从高密度野生种群迁移个体的可行性，力促救护个体放归平河梁措施的开展，并对已有圈养种群的野外培训、放归技术、监测方法和经验进行整理和总结，形成相应的技术标准，为大规模放归创造条件。针对目前栖息地存在的问题和已有栖息地恢复中存在的问题，基于栖息地质量和适宜性提升的思路，根据东部大熊猫生物学特性、栖息地适宜性和景观完整性需求确定栖息地恢复的区域，优化栖息地修复的相关生态、景观指标和参数，提出可供执行的栖息地提升技术和方法。

⑧积极实施野生大熊猫异地转移行动

针对现有制度、政策和法规禁止从野外捕捉大熊猫的问题，尝试为从野生大熊猫高密度区域转移部分个体用于小种群救护创造条件和法律依据。尽管目前尚无明确的政策许可捕捉野生熊猫，但《野生动物保护法》第二十一条规定："因科学研究、种群调控、疫源疫病监测或者其他特殊情况，需要猎捕国家Ⅰ级保护野生动物的，应当向国务院野生动物保护主管部门申请特许猎捕证。"从高密度区域转移大熊猫用于小种群救护应属于上述情形。野生动物职能部门和相关专家学者应从新时代大熊猫保护的历史任务高度来认识小种群保护的重要意义，发挥担当和责任意识，积极作为，将小种群保护需要列入该条款，为该小种群救护提供明确的法律和政策支持。

⑨加强宣传和舆论引导

实施大熊猫小种群救护除了政策和技术问题外，也面临社会舆论环境问题。首先在多年保护大熊猫种群数量持续增长的情况下，为何还需要进行小种群救护，许多公众对此并不一定了解和接受，容易引起误会，需要将开展该措施的必要性和意义提前向公众进行讲解和交流，积极解答公众的疑虑，为该项目的实施争取更多的舆论和资源支持，创建和谐、友好的社会和舆论环境。

（二）羚牛调查

1. 概况

秦岭羚牛（*Budorcas taxicolor bedfordi*）是保护区主要的保护对象之一，在保护区广泛分布、遇见率较高，属偶蹄目牛科动物，又被称为"秦岭金毛扭角羚"。雄性和雌性均具较短的角，角呈扭曲状，一般长约 20 cm。羚牛集群性强，林中含盐较多的地方常是牛群的集聚点，喜群栖常十多只一起活动，多至二三十只，甚至多达百只以上的大群，冬季还会出现数量更多的集群。羚牛春季采食禾本科、百合科青草、竹笋与竹叶以及灌丛的一些嫩枝幼叶；夏季迁移至高处采食富含多种维生素及淀粉的草本植物；秋季采食植物果实，冬季进入高山台地或向阳山地，主食箭竹、冷杉等植物的树皮及灌木嫩枝。羚牛行进时的队伍非常有纪律，健壮的公牛分别走在队伍的前面和后面，队伍中间是母牛和幼牛。羚牛每年 7 ～ 8 月进入交配季节，这时雄牛的性情变得格外凶猛，为了争夺雌牛，强壮雄牛间互相展开殊死角斗，失败者退居群后，胜利者才得以与雌性交配。羚牛孕期约 9 个月，一般在翌年 3 ～ 5 月产仔，每胎一头，平均寿命为 12 ～ 15 年。

2. 调查和种群数量计算方法

羚牛调查采用样线法结合红外相机监测完成。首先查阅历史资料和监测数据，总结其生物学特性对栖息地选择的主要环境指标，结合访问确定羚牛在保护区的可能分布区，在此基础上开展样线调查，并在其遇见率较高的区域（迁移和扩散通道、舔盐场等）设置红外相机。根据样线调查中发现的羚牛实体、头骨、粪便、食物痕迹等信息，确定羚牛分布的主要区间，设定羚牛选择空间环境的参数；结合样线调查数据和红外相机监测数据进行羚牛种群密度和数量的估计；根据羚牛对空间的选择频次和选择点的环境因子信息构建羚牛对空间环境及适宜栖息地的选择阈值，确定羚牛适宜空间的分布和面积。

基于羚牛具有集群和稳定家域的特性，以一定区域内所调查到羚牛的主要种群数量来计算种群密度，并在此基础上进行保护区境内的种群数量估计。选择一环境相对封闭、红外相机监测数据较完整的沟谷作为羚牛种群数量和密度计算的样线，样线上红外相机监测数据中的羚牛个体及组成是种群密度估计和结构分析的主要基础，在对红外相机监测照片识别基础上，对照片中的羚牛个体的计数原则如下：①对容易辨识的独牛或小群（2 ～ 5 只）进行单独计数，统计其年龄、性别等结构；②对大群只计算最大群羚牛的种群数量（防止重复计数），除非有明显标志可识别为另外一群的可再次计数。样线范围确定原则：在计算羚牛的最小分布单元时，根据羚牛具有稳定家域、具有较大采食和迁徙区间（佛坪为 1 500 ～ 2 000 m 以上，保护区在 1 800 m 以上）的特性，以羚牛群发现地所在区域周边环境较为闭合的区域作为样线调查种群分布区的范围，一般为一条较大沟谷（包括全部汇水区）从沟谷到沟尾山脊所包含的全部空间，两侧一般为大山脊线（基于能量的摄入和消耗平衡规律，假设羚牛不喜选择翻越这些山脊线，以避免过多的能量消耗）。在以上样点数据和范围计算原则的基础上，计算选择样线的羚牛适宜分布区和种群数量，计算种群密度和估计种群数量。

3. 结果

（1）保护区羚牛种群数量及栖息地

羚牛在保护区 1 800 m 以上区域广泛分布（图 3-9），根据本次科考的样线调查和红外相机监测数据，分新矿、旬阳坝—平河梁、东峪河三个区域计算保护区羚牛的种群密度和数量。新矿以三岔河红外相机监测数据为基础（表 3-16），结合样线调查数据和东部蜂桶沟的监测数据，综合计算新矿三岔河区域的种群数量为（24±2）只，适宜栖息地范围 1 234.77 hm²，种群密度平均值为 0.019 只 /hm²；根据羚牛对适宜栖息地的选择特征，新矿区域羚牛适宜栖息地面积为 5 838 hm²，以此计算平河梁主脊以东、鹰嘴石以西、新矿保护站管辖区域羚牛种群数量估计值为（113±9）只。集群种群的雄性∶雌性为 3∶2 左右，亚成体和幼体占 44%，羚牛群规模总体上呈现增长态势；新矿区域也是监测到羚牛幼体和亚成体最多的区域；调查期间发现的最大牛群分别为新矿的蜂桶沟（108.5774，33.43114），数量 8 只、时间 2019 年 1 月 28 日；庙梁（108.5507，33.439），数量 18 只、时间 2019 年 5 月 7 日；另据保护区工作人员介绍，曾在三缸河监测到 30 多只一群的羚牛种群，是目前监测到的最大羚牛群。总体上，该区域干扰较小、栖息地质量好，羚牛种群规模较大、种群结构也较为健康；同时，经过对 2018 年以来监测数据分析，并结合对保护区工作人员的访谈，近年来羚牛种群增长明显，保持持续增长的态势，且自然消耗的比例小于中华鬣羚和中华斑羚，估计与其扩散能力和繁殖能力较强、周边存在较为充足的适宜栖息地（鹰嘴石保护区）有较大关系。

表 3-16 保护区新矿区域羚牛监测记录表（2019 年）

地点		海拔（m）	数量	雄	雌	幼体或亚成体	时间段
108.5806	33.43194	2019.1	2	2			2～4 月
108.5806	33.43194	2019.1	7	2	1	4	2～4 月
108.5774	33.43114	1971.8	8	3	2	3	7～10 月
108.5462	33.45529	2131.6	1			1	8～10 月
108.5462	33.45529	2131.6	14	4	2	8	8～10 月
108.5462	33.45529	2131.6	2	2			8～10 月
108.5462	33.45529	2131.6	1			1	8～10 月
108.5462	33.45529	2131.6	1	1			8～10 月
108.5462	33.45529	2131.6	1	1			8～10 月
108.5484	33.45471	2100.0	1	1			8～10 月
108.5512	33.45492	2025.8	1	1			7～10 月
108.5507	33.439	1915.2	18	6	4	8（3 崽）	8～10 月
108.5482	33.44864	2153.4	23	2	15	6	8～10 月
108.53	33.42346	1900.0	1	1			8～10 月
108.5563	33.43766	1812.5	1	1			8～10 月
108.5003	33.44694	2189.9	2	2			8～10 月
108.5003	33.44694	2189.9	2	2			8～10 月
108.5003	33.44694	2189.9	2	1	1		8～10 月
108.5003	33.44694	2189.9	1	1			8～10 月
108.5508	33.43944	1915.8	1	1			8～10 月
108.5508	33.43944	1915.8	1	1			8～10 月

旬阳坝—平河梁区域的羚牛分布于中高山区域，以平河梁、大茨沟等地分布较多，该区域种群数据来自平河梁至上坝河公路两侧红外相机监测数据和样线调查数据，该区域种群密度 0.012 只 / hm²，根据其适宜栖息地分布（5 717 hm²），种群数量估计值为 65～72 只左右。基于监测数据，该区域独牛或小集群牛较多，没有监测到大规

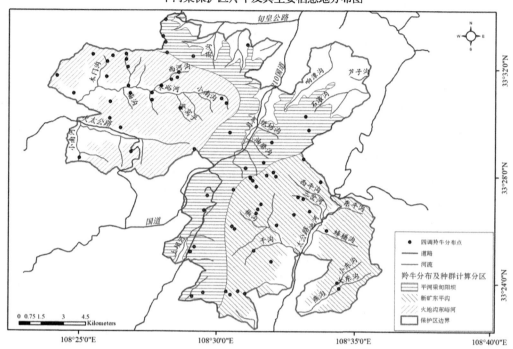

图 3-9 保护区羚牛及其栖息地分布图

模集群的种群，并且以成年和老年个体为主，雄性偏多。该区域也是羚牛死亡个体发现较多的区域，从 210 国道至平河梁主脊的中、下坡区域均发现死亡羚牛个体，保护区工作人员也反映 2015—2019 年在旬阳坝—平河梁—龙潭子，尤其是低海拔地区冬、春季节都能发现羚牛、苏门羚、中华斑羚死亡的情况，该区域发现的羚牛死亡个体、头骨也较其他区域多。推测这种现象发生的主要原因是冬季羚牛跨越主脊向外扩散困难，在体质、疾病等因素作用下死亡在山谷内部；另外，该现象也可能与其种群结构有关系。

火地沟保护站管理区域羚牛主要分布在火地沟梁、大南河、东峪河流域等地，并在不同季节沿海拔进行垂直迁徙，大南河流域主要分布中、上坡，大南河北部山地遇见率较高，是该区域种群密度和数量最大的区域；东峪河在庙沟、火地坪以上区域分布较多；文宫庙梁往东的山脊平缓处是一处羚牛的迁徙通道，痕迹较多。根据样线调查和红外相机监测数据计算，该区域羚牛种群密度 0.016 只 / hm²，结合其适宜栖息地的分布（4 937 hm²），该区域种群数量估计值为 77 ～ 82 只左右。该区域发现的羚牛个体也以成年个体为主，幼体和亚成体较少，在东峪河流域火地坪以上区域也发现了几处死亡羚牛的痕迹，监测到的独牛体质都较弱，种群结构和健康状况不如新矿区域。

根据对三区域羚牛种群的调查和数量估计，保护区羚牛总量估计值为 246 ～ 276 只，新矿区域种群数量和结构都较健康，其次是东峪河，旬阳坝—平河梁区域种群数量和密度最低。新矿区域栖息地质量较好，除人为干扰较少外，保护区东部边界鹰嘴石山向西形成由高到低的一南北向内凹山体，与西部龙潭子、鸡山架的内凹山体构成保护区东部相对闭合和隔离的空间，尽管有月太公路穿行，由于道路等级和管控等因素，车流量一直都比较小，物种及栖息地受外界的影响和干扰也较低。另外，保护区除羚牛外，其他有蹄类如中华斑羚、毛冠鹿、小麂、黑熊也保持较高的遇见率和种群规模，是保护区物种遇见率和丰富度最高的区域。该区域有蹄类物种生存状况较好，除了栖息地状况和保护管理外，也与周边环境的保护状况有关。新矿区域东部连接鹰嘴石保护区，地形、植被都相同，保护区间有动物长期交流、扩散形成的通道，共同成为邻近区域动物的栖息地，成为相互可替代和利用的生存空间，也使得该区域较保护区其他区域具有更高栖息地质量，种群的数量和结构都较其他区域好。

调查期间发现针对羚牛等野生动物偷盗猎事件的现象仍然存在，在新矿三岔河区域（108.5462、33.45529）2019 年 10 月 2 日监测到一只成年公羚牛的左后腿被钢套伤害导致残疾的现象，物种保护任务仍然艰巨。

（2）保护区有蹄类种群季节性变化分析

保护区有蹄动物冬季死亡率呈现过几年冬季突然升高的现象，尤其是在 210 国道沿线在死亡季节发现死亡羚牛、中华鬣羚、中华斑羚的遇见率较高。东峪河、平河梁等地有蹄动物种群数量较低的分布格局，与其自然环境、景观格局、人为干扰较大有较为密切的联系。东峪河、火地沟是一向西开放的谷地，当地村民及外来干扰进入保护区及栖息地都较为便捷，人为干扰很容易进入保护区，尽管保护区加强了监管，当地村民放牧、采药等行为和痕迹在保护区内仍较容易发现，对物种和栖息地的干扰都比较大；旬阳坝—平河梁区域有 210 国道、旬皇公路及沿线村民的生产生活和近年持续增长的旅游活动，常年保持较大规模的人流和车流量，使得该区域人为干扰较大；东峪河、平河梁外的区域为集体林和社区，社区生产活动和外来人流、车流都较为频繁，干扰较大，使境内羚牛等物种往外扩散困难，从而使这两区域的羚牛种群的增长受到有效空间的限制，所调查和监测到的羚牛密度较新矿较低，种群规模和结构都低于新矿区域。

同时，210 国道两侧都为山脊线，羚牛等有蹄类在冬季体质较差时难以翻越，向外扩散和迁徙都较困难；区域内部由于车流等人为干扰较大，适宜空间有限，导致冬季部分有蹄类在局部聚集、社群压力加剧，从而出现因疥螨等疾病引发死亡的现象，每年冬季发现的死亡个体最多，其死亡遇见率远高于东峪河和新矿区域。当然，这种现象其实也是羚牛等有蹄类种群自我调节的对策，出现的原因有适宜栖息地季节性供给不足的因素，有高级捕食者偏少的原因，种群在死亡、减小种群规模后，又将再次进入新一轮的种群增长期，此种死亡现象属于种群的自然消长和调节。

（三）金丝猴调查

1. 概况

秦岭金丝猴（*Rhinopithecus roxellana qinlingensis*）又名川金丝猴秦岭亚种，是保护区主要的保护对象之一，是在中国分布的特有濒危物种之一，属灵长目猴科动物。在动物学分类上属四川金丝猴的秦岭种群，是金丝猴的家族中比较特殊的一支。体型中等猴类。鼻孔向上仰，颜面部为蓝色，无颊囊。秦岭金丝猴是一种典型的群居动物，有着明显的社会等级，按家族性的小集群为活动单位。秦岭金丝猴是一夫多妻式的母系社会，每一个猴群都是由若干个"小家庭"与一个全雄群体组成，小家庭内由一只成年雄猴和多个成年雌猴、亚成年雌猴以及它们的后代组成，并形成不同层级的社会体系。金丝猴优势等级往往与食物资源、空间资源以及交配资源密切相关。秦岭金丝猴的活动范围在海拔 1 500 ～ 3 000 m 的落叶阔叶林、针阔混交林和亚高山针叶林带，对常绿阔叶林和落叶阔叶林有明显的选择偏好，有垂直迁移习性，夏季多在高海拔山林活动，冬季及早春则多在 2 000 m 左右低海拔地带活动。

2. 调查和种群数量计算方法

根据金丝猴具有社群行为的特性，食物丰盛时聚合，食物匮乏时分离，在冬、春季遇见率较高，保护区监测和巡护人员大多在野外都遇见过相关猴群，样线调查中也有其食迹、咬痕和粪便记录，红外相机也有其实体的照片。本次科考对该物种的分布和种群数量估计主要来自保护区工作人员的访谈信息，分布区的确定参考样线调查数据和红外相机监测数据。

3. 结果

金丝猴曾经在保护区内广泛分布，随着森林采伐、人为活动模式及强度的变化，金丝猴在保护区内的分布区也发生较大的变化，根据保护区长期监测数据和走访当地社区和保护区工作人员的结果，目前金丝猴主要分布在东峪河梁以西的区域（图3-10），从北往南包括大茨沟、文宫庙梁、东峪河河谷、大南河河谷、火地沟梁区域，在210国道西、东峪河梁东坡偶有发现（2019 年在 210 国道白杨坪发现并救助过一只打斗失败的公猴）。

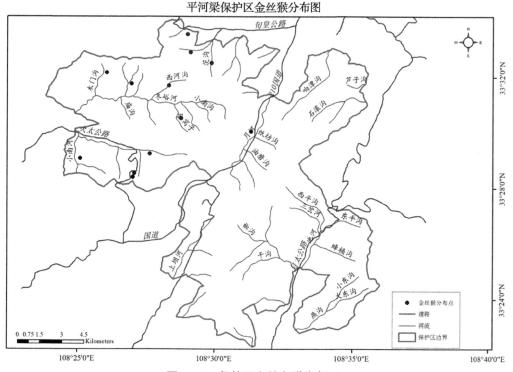

图 3-10　保护区金丝猴群分布图

根据孟祥明、王波、郝红兵等在巡护和监测中遇到的猴群信息,将保护区金丝猴社群按区域统计如下:①在保护区西北大茨沟以南、文宫庙梁北坡附近区域近年发现金丝猴较多,每群约30～40只,共发现两群,估计是东峪河翻梁扩散过来(2018—2019年观察数据);②在火地沟梁—小南河有1～2群,数量30～40只左右(2019年观察数据);③东峪河木门沟—干沟有1群,数量30只左右(与大茨沟可能有交流,或重复统计);④在其他区域如东峪河梁东坡、张家沟梁等地偶有发现。综上分布与观察数据,保护区金丝猴总量估计在90～120只之间。

(四)黑熊调查

1. 概况

黑熊(*Selenarctos thibetanus mupinensis*)是保护区内较常见的大型动物,也是保护区主要的保护对象之一,国家Ⅱ级保护动物。黑熊体毛黑亮而长,下颏白色,胸部有一块"V"字形白斑。头圆,耳大,眼小,吻短而尖,鼻端裸露,足垫厚实,前后足具5趾,爪尖锐不能伸缩。身体粗壮。栖息于山地森林,主要在白天活动,善爬树,游泳;能直立行走。视觉差,嗅觉、听觉灵敏;杂食动物,以植物叶、芽、果实、种子为食,有时也吃昆虫、鸟卵和小型兽类。

2. 调查和种群数量计算方法

黑熊在保护区内广泛分布,其痕迹、粪便在样线上的遇见率也较高,并且在各种景观、植被中都有分布,因此其分布区的确定主要依据各痕迹点的海拔、植被、坡度等相关环境指标,并参考保护区对该物种的监测数据。由于黑熊大多独栖或小家族活动,也有相对固定的家域等习性,其种群密度的计算也基于新矿三岔河、庙梁,旬阳坝、平河梁、上坝河,东峪河、西河沟等地的红外相机监测数据,结合所在区域适宜栖息地面积计算种群密度和数量。

3. 结果

根据样线数据和红外相机监测数据,保护区黑熊利用率最高的空间为海拔1 600～2 200 m之间、坡度40°以下的针阔混交和落叶阔叶林,尤其是栎类林中痕迹最多。根据新矿三岔河、庙梁两条沟调查和红外相机数据计算,得到该区域黑熊密度为0.008 3只/hm²,该区域黑熊适宜分布区为4 178 hm²,新矿区域黑熊种群数量估计值为27只;平河梁区域样点的黑熊密度为0.004 2只/hm²、该区域黑熊适宜分布区为面积5 394 hm²,该区域黑熊种群数量估计值为22只(结合后期大茨沟区域的数据,该区域黑熊数量估计值偏低);东峪河流域西河沟的黑熊密度为0.005 1只/hm²,该区域黑熊适宜分布区为5 649 hm²,该区域黑熊种群数量估计值为28只;综上估计结果,结合后期监测数据,保护区黑熊总量在80只左右。基于红外相机监测到的黑熊照片,东峪河、平河梁等地的黑熊以成体为主;新矿区域成体与亚成体(含幼仔)的比例为1∶1,连续监测到了多处黑熊幼仔,是黑熊幼仔最多的区域,种群数量和繁殖能力都较高,表明该区域黑熊种群为呈发展状态的健康种群。根据保护区近年来的监测数据和对社区的走访,黑熊在总体上都呈增长态势,以新矿区域最为明显(图3-11)。

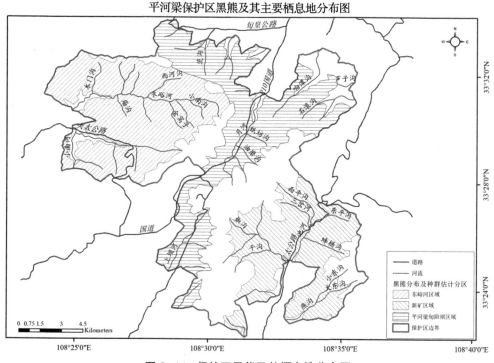

平河梁保护区黑熊及其主要栖息地分布图

图 3-11　保护区黑熊及其栖息地分布图

七、小型兽类群落专项（啮齿目和食虫目）

小型兽类是保护区内最常见的动物类群，主要由啮齿目和食虫目物种构成，为较为全面、系统认识保护区小型兽类的区系和群落结构特征，项目组与中国科学院动物研究所共同开展了啮齿目和食虫目兽类专项调查。

（一）调查方法

啮齿目和食虫目动物体型小、穴居生活，主要在夜间活动，采用传统的样线法很难发现，也较难获取物种的多度、空间分布等信息，因此，专项调查采用铗日法开展调查，调查时间为 2020 年 7 月，调查区域为新矿区域的东平沟，旬阳坝区域的响潭沟、油磨沟、纸坊沟，火地塘区域的火地沟梁、大南河、小南河、兴隆村等地，每个区域进行 300 个铗日，本次调查共 1 500 个铗日。

（二）调查结果

1. 捕获率

本次调查区域为保护区内的火地塘、火地沟、旬阳坝、小南沟和东平沟五个区域，捕获啮齿类和食虫目动物标本数量共 83 个（表 3-17），平均捕获率 5.53%；其中啮齿目动物 69 个，食虫目动物 14 个。保护区内啮齿目和食虫目动物的分布具有很大区域差异；小南沟啮齿类动物的捕获率最大 8.7%，其次是旬阳坝 8.0%，东平沟和火地沟的捕获率都是 2.3%，火地塘的捕获率最低，只有 2%；旬阳坝食虫目动物的捕获率最大 2.7%，其次是东平沟 1%，火地沟和火地塘的捕获率只有 0.33%，而在小南沟没有捕到食虫目动物。

表 3-17 啮齿目和食虫目动物调查样点记录

序号	采集地点	中文名	经度	纬度	海拔（m）	生境类型
1	火地塘	社鼠	108°26′29.447″	33°28′16.799″	2035	针阔混交林
2	火地塘	社鼠	108°26′28.086″	33°28′18.944″	2019	针阔混交林
3	火地塘	大林姬鼠	108°26′56.108″	33°28′57.043″	1752	针阔混交林
4	火地塘	大林姬鼠	108°26′55.180″	33°28′55.258″	1752	针阔混交林
5	火地塘	大林姬鼠	108°26′55.604″	33°28′54.264″	1760	针阔混交林
6	火地塘	四川短尾鼩	108°26′55.259″	33°28′55.301″	1779	针阔混交林
7	火地塘	社鼠	108°27′19.512″	33°29′18.197″	1645	针阔混交林
8	火地沟	社鼠	108°25′01.610″	33°30′42.408″	1459	落叶阔叶林
9	火地沟	社鼠	108°25′01.610″	33°30′42.408″	1459	落叶阔叶林
10	火地沟	社鼠	108°25′01.610″	33°30′42.408″	1459	落叶阔叶林
11	火地沟	大林姬鼠	108°25′01.610″	33°30′42.408″	1459	落叶阔叶林
12	火地沟	大林姬鼠	108°25′01.610″	33°30′42.408″	1459	落叶阔叶林
13	火地沟	高山姬鼠	108°25′02.453″	33°29′44.243″	1454	落叶阔叶林
14	火地沟	大林姬鼠	108°25′02.453″	33°29′44.243″	1454	落叶阔叶林
15	火地沟	四川短尾鼩	108°25′02.453″	33°29′44.243″	1454	落叶阔叶林
16	旬阳坝	四川短尾鼩	108°31′27.070″	33°29′48.725″	1669	针阔混交林
17	旬阳坝	四川短尾鼩	108°31′27.070″	33°29′48.725″	1669	针阔混交林
18	旬阳坝	四川短尾鼩	108°31′27.070″	33°29′48.725″	1669	针阔混交林
19	旬阳坝	四川短尾鼩	108°31′27.070″	33°29′48.725″	1669	针阔混交林
20	旬阳坝	四川短尾鼩	108°31′27.070″	33°29′48.725″	1669	针阔混交林
21	旬阳坝	大林姬鼠	108°31′27.070″	33°29′48.725″	1669	针阔混交林
22	旬阳坝	大林姬鼠	108°31′27.070″	33°29′48.725″	1669	针阔混交林
23	旬阳坝	大林姬鼠	108°31′27.070″	33°29′48.725″	1669	针阔混交林
24	旬阳坝	社鼠	108°31′27.070″	33°29′48.725″	1669	针阔混交林
25	旬阳坝	四川短尾鼩	108°31′26.497″	33°29′12.422″	1847	针阔混交林
26	旬阳坝	大林姬鼠	108°31′26.497″	33°29′12.422″	1847	针阔混交林
27	旬阳坝	中华姬鼠	108°31′26.497″	33°29′12.422″	1847	针阔混交林
28	旬阳坝	大林姬鼠	108°31′26.497″	33°29′12.422″	1847	针阔混交林
29	旬阳坝	中华姬鼠	108°31′26.497″	33°29′12.422″	1847	针阔混交林
30	旬阳坝	社鼠	108°31′26.497″	33°29′12.422″	1847	针阔混交林
31	旬阳坝	四川短尾鼩	108°31′28.751″	33°29′19.662″	1816	针阔混交林
32	旬阳坝	四川短尾鼩	108°31′28.751″	33°29′19.662″	1816	针阔混交林
33	旬阳坝	甘肃仓鼠	108°31′28.751″	33°29′19.662″	1816	针阔混交林
34	旬阳坝	高山姬鼠	108°31′28.751″	33°29′19.662″	1816	针阔混交林
35	旬阳坝	大林姬鼠	108°31′28.751″	33°29′19.662″	1816	针阔混交林
36	旬阳坝	大林姬鼠	108°31′28.751″	33°29′19.662″	1816	针阔混交林
37	旬阳坝	大林姬鼠	108°31′28.751″	33°29′19.662″	1816	针阔混交林
38	旬阳坝	大林姬鼠	108°31′28.751″	33°29′19.662″	1816	针阔混交林
39	旬阳坝	中华姬鼠	108°31′28.751″	33°29′19.662″	1816	针阔混交林
40	旬阳坝	中华姬鼠	108°31′28.751″	33°29′19.662″	1816	针阔混交林
41	旬阳坝	中华姬鼠	108°31′28.751″	33°29′19.662″	1816	针阔混交林

序号	采集地点	中文名	经度	纬度	海拔（m）	生境类型
42	旬阳坝	中华姬鼠	108°31′28.751″	33°29′19.662″	1816	针阔混交林
43	旬阳坝	中华姬鼠	108°31′28.751″	33°29′19.662″	1816	针阔混交林
44	旬阳坝	中华姬鼠	108°31′28.751″	33°29′19.662″	1816	针阔混交林
45	旬阳坝	黑腹绒鼠	108°31′28.751″	33°29′19.662″	1816	针阔混交林
46	旬阳坝	大林姬鼠	108°31′28.751″	33°29′19.662″	1816	针阔混交林
47	旬阳坝	大林姬鼠	108°31′28.751″	33°29′19.662″	1816	针阔混交林
48	小南沟	高山姬鼠	108°34′11.348″	33°32′17.369″	1418	落叶阔叶林
49	小南沟	社鼠	108°34′11.348″	33°32′17.369″	1418	落叶阔叶林
50	小南沟	大林姬鼠	108°34′11.348″	33°32′17.369″	1418	落叶阔叶林
51	小南沟	中华姬鼠	108°34′11.348″	33°32′17.369″	1418	落叶阔叶林
52	小南沟	高山姬鼠	108°34′12.659″	33°32′16.228″	1412	落叶阔叶林
53	小南沟	社鼠	108°34′12.054″	33°32′04.621″	1415	落叶阔叶林
54	小南沟	高山姬鼠	108°34′12.054″	33°32′04.621″	1415	落叶阔叶林
55	小南沟	高山姬鼠	108°34′12.054″	33°32′04.621″	1415	落叶阔叶林
56	小南沟	中华姬鼠	108°34′12.054″	33°32′04.621″	1415	落叶阔叶林
57	小南沟	中华姬鼠	108°34′12.054″	33°32′04.621″	1415	落叶阔叶林
58	小南沟	大林姬鼠	108°34′12.054″	33°32′04.621″	1415	落叶阔叶林
59	小南沟	中华姬鼠	108°34′12.054″	33°32′04.621″	1415	落叶阔叶林
60	小南沟	大林姬鼠	108°34′12.054″	33°32′04.621″	1415	落叶阔叶林
61	小南沟	大林姬鼠	108°34′12.054″	33°32′04.621″	1415	落叶阔叶林
62	小南沟	社鼠	108°34′11.939″	33°32′56.908″	1334	落叶阔叶林
63	小南沟	社鼠	108°34′11.939″	33°32′56.908″	1334	落叶阔叶林
64	小南沟	高山姬鼠	108°34′11.939″	33°32′56.908″	1334	落叶阔叶林
65	小南沟	大林姬鼠	108°34′11.939″	33°32′56.908″	1334	落叶阔叶林
66	小南沟	大林姬鼠	108°34′11.939″	33°32′56.908″	1334	落叶阔叶林
67	小南沟	大林姬鼠	108°34′11.939″	33°32′56.908″	1334	落叶阔叶林
68	小南沟	中华姬鼠	108°34′11.939″	33°32′56.908″	1334	落叶阔叶林
69	小南沟	社鼠	108°34′16.543″	33°33′09.781″	1330	落叶阔叶林
70	小南沟	社鼠	108°34′16.543″	33°33′09.781″	1330	落叶阔叶林
71	小南沟	大林姬鼠	108°34′16.543″	33°33′09.781″	1330	落叶阔叶林
72	小南沟	中华姬鼠	108°34′16.543″	33°33′09.781″	1330	落叶阔叶林
73	小南沟	中华姬鼠	108°34′16.543″	33°33′09.781″	1330	落叶阔叶林
74	东平沟	社鼠	108°34′49.940″	33°26′49.420″	1784	针阔混交林
75	东平沟	中华姬鼠	108°34′49.940″	33°26′49.420″	1784	针阔混交林
76	东平沟	中华姬鼠	108°34′49.940″	33°26′49.420″	1784	针阔混交林
77	东平沟	大林姬鼠	108°34′49.940″	33°26′49.420″	1784	针阔混交林
78	东平沟	大林姬鼠	108°34′49.940″	33°26′49.420″	1784	针阔混交林
79	东平沟	大林姬鼠	108°34′49.940″	33°26′49.420″	1784	针阔混交林
80	东平沟	鼩鼱	108°34′46.700″	33°26′51.774″	1783	针阔混交林
81	东平沟	四川短尾鼩	108°34′46.700″	33°26′51.774″	1783	针阔混交林
82	东平沟	四川短尾鼩	108°34′46.700″	33°26′51.774″	1783	针阔混交林
83	东平沟	四川短尾鼩	108°34′46.700″	33°26′51.774″	1783	针阔混交林

2. 小型兽类区系组成概况

本次实地采集到小型兽类 8 种，啮齿目 6 种、食虫目 2 种，本次采集的物种也是保护区小型兽类的常见种（表 3-18）。大林姬鼠是保护区啮齿类动物的优势物种，捕获的个体有 28 个，占到啮齿类动物总数的 40.6%；其次是中华姬鼠和社鼠，分别捕获到 17 个和 15 个。食虫目动物共捕获到四川短尾鼩和少齿鼩鼱 2 种，分别捕获到 13 个和 1 个；四川短尾鼩是保护区内食虫目动物的优势物种。

表 3-18 保护区啮齿目和食虫目动物采集

采集地	啮齿目						食虫目		总计
	大林姬鼠	甘肃仓鼠	高山姬鼠	黑腹绒鼠	社鼠	中华姬鼠	四川短尾鼩	鼩鼱	
东平沟东	3				1	2	3	1	10
火地沟	3		1		3		1		8
火地塘	3				3		1		7
小南沟	8		5		6	7			26
旬阳坝	11	1	1	1	2	8	8		32
总计	28	1	7	1	15	17	13	1	83

3. 小型兽类物种的空间格局

本次调查小型兽类分布海拔最高的物种为社鼠，采集地海拔 2 035 m（火地沟梁），其次是大林姬鼠、中华姬鼠等物种，分布海拔较低的物种有大林姬鼠、中华姬鼠等物种（表 3-19）。海拔跨度区间最大的是社鼠，采集记录海拔高差 705 m，实际分布区海拔区间应更大；其次是大林姬鼠、中华姬鼠、高山姬鼠分布海拔区间跨度较大；其余鼠类分布海拔区间较小。两种食虫目中四川短尾鼩分布海拔区间也较大，是分布较为广泛的物种，在东平沟、油磨沟等地采集的标本最多；鼩鼱分布较少，主要在 1 800 m 左右发现，仅在东平沟采集到标本。

基于捕获率，保护区分布广、遇见率最高的物种是大林姬鼠，其次是中华姬鼠和社鼠，高山姬鼠也较常见，其他鼠类遇见率相对较低。

表 3-19 保护区啮齿目和食虫目兽类海拔分布格局

动物名称	分布海拔平均值	分布海拔最大值	分布海拔最小值	分布海拔区间	捕获量 / 多度
大林姬鼠	1628	1847	1330	517	28
甘肃仓鼠	1816	1816	1816	0	1
高山姬鼠	1466	1816	1334	482	7
黑腹绒鼠	1816	1816	1816	0	1
社鼠	1569	2035	1330	705	15
中华姬鼠	1636	1847	1330	517	17
四川短尾鼩	1724	1847	1454	393	13
少齿鼩鼱	1783	1783	1783	0	1

4. 不同海拔区间小型兽类群落特征

基于各物种分布的海拔区间，本次调查还对保护区不同海拔区间内小型兽类的组成、多度进行了分析（表3-20）。海拔2 000 m左右及以上的高山区域分布物种较少，以社鼠为常见物种，遇见率较高，其余物种较少遇见；海拔1 800 m左右是小型兽类物种数分布最多的区域，有7个物种分布，也是啮齿目多度最高的区域，共采集到标本20号，是大林姬鼠和中华姬鼠捕获率最高的区域；海拔1 400 m是物种数较多、种群多度较为均匀的区域，有5个物种分布，并且大林姬鼠、高山姬鼠、社鼠、中华姬鼠的种群多度相近的区域，也是啮齿目兽类遇见率和捕获率最高的区域，共采集到21号标本。两种食虫类物种分布海拔相对较低，主要分布在1 800 m以下的区域，集中分布在1 600～1 800 m之间的区域。

表3-20　不同海拔区间内小型兽类群落结构

海拔区间	啮齿目							食虫目			物种数	捕获量/多度
	大林姬鼠	甘肃仓鼠	高山姬鼠	黑腹绒鼠	社鼠	中华姬鼠	小计	四川短尾鼩	鼩鼱	小计		
1300	4		1		4	3	12				4	12
1400	7		5		5	4	21	1		1	5	22
1600	3				2		5	5		5	3	10
1700	6				1	2	9	4	1	5	5	14
1800	8	1	1	1	1	8	20	3		3	7	23
2000					2		2				1	2
总计	28	1	7	1	15	17	69	13	1	14		83

第六节　国家重点保护野生动物

一、保护物种组成概况

本次科学考察发现保护区共有国家重点保护野生脊椎动物69种，占保护区野生脊椎动物总量的17%；其中国家Ⅰ级保护物种13种，国家Ⅱ级保护物种56种，保护区国家Ⅰ级保护物种占陕西省国家Ⅰ级保护脊椎动物的33.3%，国家Ⅱ级保护物种占陕西省国家Ⅱ级保护脊椎动物的41%。

保护区脊椎动物由鱼类、两栖类、爬行类、鸟类和兽类5大类群组成，其中鱼类无保护物种；两栖类有3种国家重点保护动物，均为国家Ⅱ级保护动物；爬行类有2种国家重点保护动物，均为国家Ⅱ级保护动物，占陕西省国家Ⅱ级重点保护爬行类物种的33.3%；有国家Ⅰ级保护鸟类5种、国家Ⅱ级保护鸟类44种，共49种，占保护区鸟类种数的18.7%，国家Ⅰ级保护鸟类占陕西省国家Ⅰ级保护鸟类的21.7%，国家Ⅱ级保护鸟类占陕西省国家Ⅱ级保护鸟类的45.8%；有国家Ⅰ级保护兽类8种、国家Ⅱ级保护兽类 7 种，共 15 种，占保护区兽类种数的 16%，国家 I 级保护兽类占陕西省国家 I 级保护兽类的 57.1%，国家 II 级保护兽类占陕西省国家 II 级保护兽类的 44%。

二、保护物种名录

保护区分布的 69 种国家重点保护野生脊椎动物按类别分别为：兽类 15 种，鸟类 49 种，两栖类 3 种，爬行类 2 种，详见表 3-21。

表 3-21 平河梁保护区国家重点保护物种名录

类别	序号	保护物种	保护等级	I 级物种	II 级物种	占陕西国家保护物种比例	
						I 级比例	II 级比例
兽类	1	大熊猫 *Ailuropoda melanoleuca*	I	8	7	57.1%	44%
	2	豹 *Panthera pardus fusca*	I				
	3	林麝 *Moschus berezovs*	I				
	4	羚牛 *Budorcas taxicolor bedfordi*	I				
	5	川金丝猴 *Rhinopithecus roxellana*	I				
	6	豺 *Cuon alpinus fumosus*	I				
	7	大灵猫 *Viverra zibetha ashtoni*	I				
	8	金猫 *Profelis temminckii* Vigorset	I				
	9	黑熊 *Selenarctos thibetanus mupinensis*	II				
	10	青鼬 *Martes flavigula*	II				
	11	豹猫 *Felis bengalensis euptilura*	II				
	12	水獭 *Lutra lutrachinensis* Gray	II				
	13	毛冠鹿 *Elaphodus cephalophus*	II				
	14	中华斑羚 *Naemorhedus goral caudatus*	II				
	15	中华鬣羚 *Capricornis sumatraensis milneedwardsi*	II				
鸟类	1	白冠长尾雉 *Syrmaticus reevesii*	I	5	44	21.7%	45.8%
	2	朱鹮 *Nipponia nippon*	I				
	3	金雕 *Aquila chrysaetos*	I				
	4	秃鹫 *Aegypius monachus*	I				
	5	黄胸鹀 *Emberiza aureola*	I				
	6	血雉 *Ithaginis cruentus*	II				
	7	红腹角雉 *Tragopan temminckii*	II				
	8	勺鸡 *Pucrasia macrolopha*	II				
	9	红腹锦鸡 *Chrysolophus pictus*	II				
	10	褐翅鸦鹃 *Centropus sinensis*	II				
	11	黑鸢 *Milvus migrans*	II				
	12	凤头蜂鹰 *Pernis ptilorhyncus*	II				
	13	黑冠鹃隼 *Aviceda leuphotes*	II				

类别	序号	保护物种	保护等级	I级物种	II级物种	占陕西国家保护物种比例	
						I级比例	II级比例
鸟类	14	凤头鹰 Accipiter trivirgatus	II				
	15	赤腹鹰 Accipiter soloensis	II				
	16	雀鹰 Accipiter nisus	II				
	17	松雀鹰 Accipiter virgatus	II				
	18	苍鹰 Accipiter gentilis	II				
	19	大鵟 Buteo hemilasius	II				
	20	普通鵟 Buteobuteo buteo	II				
	21	白尾鹞 Circus cyaneus	II				
	22	鹰雕 Nisaetus nipalensis	II				
	23	红角鸮 Otus scops	II				
	24	领角鸮 Otus lettia	II				
	25	雕鸮 Bubo bubo	II				
	26	斑头鸺鹠 Glaucidium cuculoides	II				
	27	领鸺鹠 Glaucidium brodiei	II				
	28	纵纹腹小鸮 Athene noctua	II				
	29	灰林鸮 Strix aluco	II				
	30	燕隼 Falco subbuteo	II				
	31	游隼 Falco peregrinus	II				
	32	灰背隼 Falco columbarius	II				
	33	红隼 Falco tinnunculus	II				
	34	红脚隼 Falco amurensis	II				
	35	红腹山雀 Poecile davidi	II				
	36	云雀 Alauda arvensis	II				
	37	金胸雀鹛 Lioparus chrysotis	II				
	38	三趾鸦雀 Paradoxornis paradoxus	II				
	39	白眶鸦雀 Sinosuthora conspicilata	II				
	40	红胁绣眼鸟 Zosterops japonicus	II				
	41	斑背噪鹛 Garrulax lunulatus	II				
	42	画眉 Garrulax canorus	II				
	43	橙翅噪鹛 Garrulax elliotii	II				
	44	红嘴相思鸟 Leiothrix lutea	II				
	45	大噪鹛 Garrulax maximus	II				
	46	蓝喉歌鸲 Luscinia svecica	II				
	47	红喉歌鸲 Calliope calliope	II				
	48	红交嘴雀 Loxia curvirostra	II				
	49	蓝鹀 Emberiza siemsseni	II				

续表

类别	序号	保护物种	保护等级	I级物种	II级物种	占陕西国家保护物种比例	
						I级比例	II级比例
两栖类	1	山溪鲵 *Batrachuperus pinchonii*	II	0	3	0	60.0%
	2	大鲵 *Andrias davidianus*	II				
	3	宁陕齿突蟾 *Scutiger ningshanensis*	II				
爬行类	1	横斑锦蛇 *Euprepiophis perlacea*	II	0	2	0	33.3%
	2	极北蝰 *Vipera berus*	II				
合计			69	13	56	33.3%	40.1%

第七节　动物资源调查相关分析方法及标准

一、动物分布时空格局划分

为准确掌握保护区脊椎动物资源划分的空间和时间特征，需要根据保护区主要动物物种的生物学习性，提前制定保护区时空格局的标准，对保护区动物种群及群落的时间和空间尺度进行划分，以便更为直观地了解动物资源的分布规律。

（一）空间格局划分及干扰状况

为分析保护区动物资源的空间和时间分布特征，认识其时空格局，根据保护区的地貌状况、海拔区间和植被分布情况，结合保护区和秦岭地区已有对动物空间分布空间环境的划分，本次科考报告空间格局分析中将保护区动物的栖息地类型按海拔区间划分为3类，分别为1 300～1 800 m、1 800～2 200 m、2 200～2 600 m三个海拔区间，根据调查和监测数据的空间信息，结合GIS等空间分析技术分析其空间分布特征，得出空间格局。根据海拔区间的划分，各海拔段对应的主要植被类型为：1 300～1 800 m之间以落叶阔叶林为主、针阔混交林为辅的植被类型，主要物种有锐齿槲栎、蒙古栎、短柄袍栎、山杨，针叶林有油松、华山松等；1 800～2 200 m以针阔混交林为主，低海拔地区的针叶树种为华山松、油松，部分低海拔地区有日本落叶松，高海拔地区的针叶树为巴山冷杉，阔叶树主要以栎、山杨、桦类、槭类、榆类等；2 200 m以上区域主要以冷杉、桦类为主，采伐前以针叶林为主，目前属于残留的原始针叶林（山顶高海拔地区）、次生针叶林和部分针阔混交林共存的状态。

具体地，各区间的主要区域、地貌、植被及人为干扰概述如下：1 300～1 800 m之间的区域主要涉及新矿保护站区域月太公路从保护站—东平沟两侧深入三缸河、蜂桶沟、大东沟中下游区域；旬阳坝保护站区域沿210国道从油磨沟往下经纸坊沟、白杨岭等低海拔地区，以及保护区北部旬阳坝东西两侧、大茨沟和月河以南的大部分低海拔地区；火地塘保护站区域的大南河流域沿火太公路的低海拔地区、东峪河流域金窝子沟以下的低海拔地区；该类型区域以旬阳坝保护站管辖区域比重较大，中低坡次生植被丰富，人为干扰较为严重。海拔1 800～2 200 m的区域在新矿保护站区域包含三缸河、三岔河、蜂桶沟、大东沟的中上游地区；旬阳坝保护站区域的中上坡区域；火地塘保护站区域东峪河、大南河流域的中上坡；该海拔区域火地塘保护站区域和新矿保护站区域占比较高、旬阳坝保护站区域占比较低，该区域总体上坡度较大、地形陡峻，景观和植被组成丰富，除平河梁沿210国道周边有一定的人为干扰外，其余区域干扰较小。海拔2 200～2 600 m之间的区域主要聚集在平河梁东部的龙潭子、鸡山架等地；其次是东峪河梁沿西南的山脊的部分区域，以及沿山脊往西北的文宫庙梁、包家梁等极少部分区域；东部大东沟、蜂桶沟上游至保护区边界的鹰嘴石区域；该区域处于山体上部和顶部，坡度相对平缓、植被组成也较为简单，人为干扰也较小。

（二）时间格局

尽管保护区地处秦岭南坡、为暖温带气候带，由于主要为山区地貌，海拔较高（2 000 m以上区域占50%），具有山区气候典型的特点，气温季节变化明显，表现为春迟、夏短、秋早、冬长。结合该区域已有对动物时间格局的研究，根据当地植被变化和动物多样性时间格局及动态的监测，在与相关专家讨论基础上，将平河梁所在区域时间格局划分为3个季节，具体时间段划分如下：春夏季——每年5月至8月，秋季——每年9月至10月，冬季——每年11月至翌年4月。在此基础上，结合调查和监测数据的时间信息，综合分析得出了保护区动物分布的时空格局。考虑到两栖类、爬行类动物具有冬眠的习性，其时间格局划分为两个季节即可，时间格局的分析主要针对鸟类和兽类两大类群。

二、种群多度估计

种群多度是动物重要的种群特征，除了对保护区主要保护物种的种群数量进行估算外，还需对保护区的一些常见物种的种群规模、多度进行评估，也需要制定种群多度估计的方法和阈值。

综合考察针对保护区的重要珍稀物种，如大熊猫、羚牛、黑熊等，调查期间进行了专项调查，结合野外调查和保护区监测数据，对主要保护对象的种群数量、结构和分布都进行详细分析和统计，分析种群及保护存在的问题，尽可能为物种保护与管理提供详细数据。对保护区内的常见物种，尤其是一些非保护物种的种群状况主要通过调查期间的遇见率估计其种群多度。本次科考种群多度的评估标准主要根据调查期间所发现物种的频次制定，将种群多度按遇见率分为三类。一般：标记为+，遇见1～10次的物种。较高：标记为++，遇见10～20次的物种。高：标记为+++，遇见20次以上的物种。

三、区系类型

基于物种起源、演替和分布区域，动物的区系类型可分为三种类型：（1）广布种：即繁殖范围跨古北与东洋两界，甚至超出两界；或者现知分布范围极有限，很难从其分布范围分析出区系从属关系的物种。（2）东洋种：即完全或主要分布于东洋界的物种。（3）古北种：即完全或主要分布于古北界的物种。

四、分布型

物种分布型是动物重要的空间属性，本次依据张荣祖的《中国动物地理》的中国陆栖脊椎动物分区分布与分布型代码对每个物种的分布型进行确定。各分布型及代码如下：

C 全北型

U 古北型

    a 寒带至寒温带（苔原—针叶林带）

    b 寒温带至中温带（针叶林带—森林草原）

    c 寒温带（针叶林带）为主

    d 温带（落叶阔叶林带—草原耕作景观）

    e 北方湿润—半湿润带

    f 中温带为主

    g 温带为主，再伸至热带（欧亚温带—热带型）

    h 中温带为主，再伸至亚热带（欧亚温带—亚热带型）

A 澳大利亚—东南亚群岛

    w 海洋

    p 太平洋

    i 印度洋—太平洋

    l 世界性

    n 北极圈

M 东北型（我国东北地区或再包括附近地区）

    a 包括贝加尔、蒙古、阿穆尔、乌苏里（或部分，下同）

    b 包括乌苏里及朝鲜半岛

    c 包括朝鲜半岛

    d 再分布至蒙古

    e 包括朝鲜半岛和蒙古

    f 包括朝鲜半岛、乌苏里及远东地区

    g 包括乌苏里及东西伯利亚

K 东北型（东部为主）

    a 包括阿穆尔、东西伯利亚、乌苏里、朝鲜半岛

    b 包括乌苏里及朝鲜半岛

    c 包括 a、b 及俄罗斯远东

    d 包括朝鲜半岛

    e 包括西伯利亚及乌苏里

    f 包括朝鲜半岛及日本

B 华北型（主要分布于华北区）

　　a 还包括周边地区

　　b 主要分布在东部

　　c 主要分布在西部

X 东北—华北型

　　a 再包括阿穆尔、乌苏里、朝鲜半岛

　　b 再包括乌苏里、朝鲜半岛、俄罗斯远东

　　c 再包括朝鲜半岛

　　d 伸展至蒙古

　　e 伸展至朝鲜半岛与蒙古

　　f 伸展至朝鲜半岛与俄罗期远东

　　g 伸展至阿穆尔、乌苏里、蒙古东部、贝加尔

E 季风型（东部湿润地区为主）

　　a 包括阿穆尔或再延展至俄罗斯远东地区

　　b 包括乌苏里或再延展至朝鲜及俄罗斯远东

　　c 包括蒙古及贝加尔湖地区

　　d 包括至朝鲜与日本

　　e 包括蒙古、贝加尔、与朝鲜

　　f 包括上述大部分地区更至西伯利亚

　　g 包括乌苏里、朝鲜

　　h 包括俄罗斯远东地区、日本

D 中亚型（中亚温带干旱区分布）

　　a 塔里木—准噶尔或再包括附近地区

　　b 塔里木为主或再包括附近地区

　　c 准噶尔为主或再包括附近地区

　　d 阿拉善为主

　　e (a)+(b) 再包括柴达木或更包括青海湖盆区

　　f 伸展至天山或附近地区

　　g (a)，再包括柴达木或更包括青海湖盆区

　　h 伊犁地区为主

　　i 阿尔泰山地或更包括附近地区

　　m 塔城一带

　　k (i)+(m)

　　n 内蒙古草原为主

　　p 天山或包括附近山地

G 蒙古高原（草原型）

　　a 草原为主

b 荒漠戈壁为主

P 或 I 高地型

a 包括附近山地

b 羌塘与大湖区

c 青藏高原东部

d 青藏高原东南部

e 西部

f 东北部

g 北部

h 南部

I 以青藏高原为中心可包括其外围山地

a 包括天山与横断山中部或更包括附近山地

b 包括天山或再包括附近山地

c 主要包括横断山地

d 包括横断山地中部并向东伸延

H 喜马拉雅—横断山区型

a 喜马拉雅南坡

b 喜马拉雅及附近山地

e 喜马拉雅东南部（喜马拉雅—横断山交汇地区）

d 雅鲁藏布江流域

m 横断山及喜马拉雅（南翼为主）

c 横断山

Y 云贵高原

a 包括附近山地

b 包括横断山南部

c (a)+(b)

d 大部分地区

S 南中国型

a 热带

b 热带—南亚热带

c 热带—中亚热带

d 热带—北亚热带

e 南亚热带—中亚热带

f 南亚热带—北亚热带

g 南亚热带

h 中亚热带—北亚热带

i 中亚热带

n(j) 北亚热带

m 热带—暖温带

v 热带—中温带

t 中亚热带

W　东洋型（包括少数旧热带型或环球热带）

a 热带

b 热带—南亚热带

c 热带—中亚热带

d 热带—北亚热带

e 热带—温带

f 中亚热带—北亚热带

o 还分布于大洋洲热带

J　岛屿型

L　局地型

O　不易归类的分布，其中不少分布比较广泛的种，大多与下列类型相似但又不能视为其中的某一类

01 旧大陆温带、热带或温带—热带

02 环球温带—热带

03 地中海附近—中亚或包括东亚

04 旧大陆—北美

05 东半球 (旧大陆—大洋洲) 温带—热带

06 中亚—南亚或西南亚

07 亚洲中部

(01，03，06，07 均可视为广义的古北型)。

第四章

昆虫资源

采用网捕法和诱捕法，结合文献资料查询等对保护区昆虫调查，调查结果表明保护区目前已知昆虫有29目、287科、2 100种，鳞翅目是最大的昆虫类群，其次是鞘翅目、同翅目、膜翅目等类群。昆虫区系成分包括众多的古北界和东洋界的昆虫种类，呈现融合、过渡的特点，古北界物种比例远高于脊椎动物类群。较已有昆虫区系研究和记录，本次调查在保护区内新发现了96种，极大地丰富了保护区昆虫的种类和区系成分，尤其是一些具有较大影响的物种，如发现了一度被认为绝迹的珍稀蝴蝶周氏虎凤蝶，确认保护区是茂环峡蝶宁陕亚种，宁陕牡蛎蚧、暗蚊蝎蛉、背叉草蛉和二带锦织蛾新种和新记录的发现地和模式标本产地，对研究相关物种的起源和演替，更新秦岭昆虫区系具有重要价值。

一、昆虫资源概况

（一）种类组成

本次调查结果显示平河梁国家级保护区目前已知昆虫有29目、287科、2 100种（附录8）。在2 100种昆虫中鳞翅目昆虫有53科689种，是保护区内科和种类数最大的昆虫类群，占到了全区昆虫种类的30.81%，其中夜蛾科种类最多，有116种，其次是枯叶蛾科62种，尺蛾科60种，天蛾科54种，舟蛾科53种（表4-1）。

表4-1 保护区昆虫鳞翅目科及种类数

科	种数	科	种数
蝙蝠蛾科 Hepialidae	1	钩蛾科 Drepanidae	11
木蠹蛾科 Cossidae	4	尺蛾科 Qeometridae	60
豹蠹蛾科 Zeuzeridae	4	天蛾科 Sphingidae	54
长角蛾科 Adeidae	1	蚕蛾科 Bombycidae	2
潜蛾科 Lyonetiidae	4	大蚕蛾科 Saturniidae	14
谷蛾科 Tineidae	3	箩纹蛾科 Brahmaeidae	2
细蛾科 Gracilariidae	2	锚纹蛾科 Callidulidae	1
雕蛾科 Glyphipterygidae	1	枯叶蛾科 Lasiocampidae	62
举肢蛾科 Heliodinidae	1	带蛾科 Eupterotidae	2
菜蛾科 Plutellidae	1	舟蛾科 Notodontidae	53

续表

科	种数	科	种数
巢蛾科 Yponomeutidae	3	灯蛾科 Arctidae	25
尖蛾科 Cosmopterygidae	2	瘤蛾科 Nolidae	5
麦蛾科 Gelechiidae	6	苔蛾科 Lithosiidae	41
木蛾科 Xyloryctidae	1	鹿蛾科 Amatidae	4
草蛾科 Ethmiidae	1	毒蛾科 Lymantriidae	32
织蛾科 Oecophoridae	2	夜蛾科 Noctuidae	116
细卷蛾科 Cochylidae	2	虎蛾科 Agaristidae	7
卷蛾科 Tortricidae	21	凤蝶科 Papilionidae	11
羽蛾科 Pterophoridae	1	绢蝶科 Pamassiidae	1
螟蛾科 Pyralidae	29	粉蝶科 Pieridae	15
透翅蛾科 Aegeriidae	1	环蝶科 Amathusiidae	3
蓑蛾科 Psychidae	2	眼蝶科 Satyridae	13
斑蛾科 Zygaenidae	3	蛱蝶科 Nymphalidae	23
刺蛾科 Limacodidae	10	蚬蝶科 Riodinidae	1
网蛾科 Thyridiae	3	灰蝶科 Lycaenidae	7
敌蛾科 Epiplemidae	1	弄蝶科 Hesperidae	10
波纹蛾科 Thyatiridae	4		

鞘翅目昆虫有 49 科 484 种，占到了全区昆虫种类的 23.05%，是科和种类数都位于第二位的昆虫类群；其中叶甲科种类最多，有 89 种，其次是天牛科 68 种，瓢虫科 49 种（表 4-2）。

表 4-2 保护区昆虫鞘翅目科及种类数

科	种数	科	种数
虎甲科 Cicindelidae	7	粉蠹科 Lyctidae	2
步甲科 Carabidae	43	叩甲科 Elateridae	4
龙虱科 Dytiscidae	2	吉丁虫科 Bupresidae	3
棒角甲科 Paussidae	1	瓢虫科 Coccicelidae	49
水龟虫科 Hydrophilidae	1	芫菁科 Meloidae	4
隐翅甲科 Staphylinidae	2	葬甲科 Silphidae	3
阎甲科 Histeridae	1	丽金龟科 Rutelidae	21
坚甲科 Colydiidae	1	金龟科 Melolonthidae	29
萤科 Lampyridae	1	花金龟科 Cetoniidae	16
花萤科 Cantharidae	1	斑金龟科 Trichiidae	3
郭公甲科 Cleridae	1	黑蜣科 Passalidae	1
皮蠹科 Dermestidae	4	锹甲科 Lucanidae	1
扁甲科 Cucujidae	3	粪蜣科 Geotrupidae	1
锯谷盗科 Silvanidae	1	蜉金龟科 Aphodiidae	1
大蕈甲科 Erotylidae	1	蜣螂科 Scarabaeidae	3

续表

科	种数	科	种数
薪甲科 Lathridiidae	3	犀金龟科 Dynastidae	1
小薪甲科 Mycetophagidae	1	天牛科 Cerambycidae	68
花蚤科 Mordellidae	1	负泥虫科 Crioceridae	2
大花蚤科 Rhipiphoridae	1	叶甲科 Chrysomelidae	89
蚁甲科 Anthicidae	1	肖叶甲科 Eumolpidae	23
朽木甲科 Alleculidae	1	铁甲科 Hispidae	14
拟步甲科 Tenebrionidae	6	卷象科 Attelabidae	2
窃蠹科 Anobiidae	1	象虫科 Curculionidae	10
蛛甲科 Ptinidae	2	小蠹科 Scolytidae	45
长蠹科 Bostrychidae	2		

同翅目昆虫有 40 科 188 种，占到了全区昆虫种类的 8.95%，科数位居第三，种类数位居第四，为昆虫的重要类群；其中小叶蝉科种类最多，有 27 种，其次是蚜科 16 种，蝉科 14 种（表 4-3）。

表 4-3 保护区昆虫同翅目科及种类数

科	种数	科	种数
蝉科 Cicadidae	14	颜蜡蝉科 Eurybrachidae	1
角蝉科 Membracidae	4	蚁蜡蝉科 Tettigometridae	2
沫蝉科 Cercopidae	4	颖蜡蝉科 Achilidae	1
尖胸沫蝉科 Aphrophoridae	3	飞虱科 Delphacidae	8
大叶蝉科 Cicadellidae	5	粉虱科 Aleyrodidae	2
叶蝉科 Jassidae	3	木虱科 Psylidae	1
离脉叶蝉科 Coelidiidae	2	个木虱科 Triozidae	1
铲头叶蝉科 Hecalidae	1	球蚜科 Adelgidae	2
横脊叶蝉科 Evacanthidae	7	瘿绵蚜科 Pemphigidae	8
殃叶蝉科 Euscelidae	12	群蚜科 Thelaxidae	2
隐脉叶蝉科 Nirvanidae	3	大蚜科 Lachnidae	3
小叶蝉科 Typhlocybidae	27	斑蚜科 Callaphididae	1
脊冠叶蝉科 Aphrodidae	3	毛蚜科 Chaitophoridae	6
菱蜡蝉科 Cixiidae	2	蚜科 Aphididae	16
扁蜡蝉科 Tropiduchidae	2	珠蚧科 Margarodidae	3
脉蜡蝉科 Meenopliidae	1	粉蚧科 Pseudococcidae	4
袖蜡蝉科 Derbidae	2	绛蚧科 Kermesidae	2
象蜡蝉科 Dictyopharidae	2	链蚧科 Asterolecaniidae	1
广蜡蝉科 Ricaniidae	3	蚧科 Coccidae	10
蜡蝉科 Fulgoridae	1	盾蚧科 Diaspididae	13

膜翅目昆虫有 35 科 243 种，科数位居第四，种类数位居第三，占到了全区昆虫种类的 11.57%（表 4-4）。

表 4-4　保护区昆虫膜翅目科及种类数

科	种数	科	种数
扁叶蜂科 Pamphiliidae	2	蚜小蜂科 Aphelinidae	8
树蜂科 Siricidae	4	跳小蜂科 Encyrtidae	6
锤角叶蜂科 Cimbicidae	1	旋小蜂科 Eupelmidae	3
叶蜂科 Tenthredinidae	5	赤眼蜂科 Trichogrammatidae	7
松叶蜂科 Diprionidae	1	缨小蜂科 Mymaridae	1
姬蜂科 Ichneumonidae	44	缘腹细蜂科 Scelionidae	8
茧蜂科 Braconidae	21	肿腿蜂科 Bethylidae	1
蚜茧蜂科 Aphidiidae	1	瘿蜂科 Cynipidae	1
小蜂科 Chalcididae	7	胡蜂科 Vespidae	8
褶翅小蜂科 Leucospidae	2	马蜂科 Polistidae	5
长尾小蜂科 Torymidae	7	蜾蠃科 Eumenidae	5
蚁小蜂科 Eucharidae	1	青蜂科 Chrysididae	1
巨胸小蜂科 Perilampidae	1	土蜂科 Scoliidae	4
广肩小蜂科 Eurytomidae	7	蛛蜂科 Pompilidae	1
扁股小蜂科 Elasmidae	1	蚁科 Formicidae	34
姬小蜂科 Eulophidae	2	泥蜂科 Sphecidae	4
金小蜂科 Pteromalidae	15	蜜蜂科 Apidae	23
刻腹小蜂科 Ormyridae	1		

其余种类较多的目为半翅目昆虫，有 21 科 171 种，占到了全区昆虫种类的 8.14%，为昆虫的主要类群；其中蝽科种类最多，有 44 种，其次是缘蝽科有 18 种（表 4-5）；双翅目昆虫有 17 科 115 种，虻科种类最多，有 25 种，其次是食蚜蝇科 17 种（表 4-6）。

表 4-5　保护区昆虫半翅目科及种类数

科	种数	科	种数
黾蝽科 Derridae	1	皮蝽科 Piesmidae	1
龟蝽科 Plataspidae	3	红蝽科 Pyrrhocoridae	4
土蝽科 Cydnidae	3	扁蝽科 Aradidae	5
蝽科 Pentatomidae	44	网蝽科 Tingidae	9
同蝽科 Acanthosomatidae	12	奇蝽科 Enicocephalidae	2
异蝽科 Urostylidae	11	瘤蝽科 Phymatidae	3
缘蝽科 Coreidae	18	猎蝽科 Reduviidae	13
跷蝽科 Berytidae	1	姬蝽科 Nabidae	5
兜蝽科 Dinidoridae	1	花蝽科 Anthocoridae	6
荔蝽科 Tessaratomidae	1	盲蝽科 Miridae	11
长蝽科 Lygaeidae	17		

表 4-6　保护区昆虫双翅目科及种类数

科	种数	科	种数
大蚊科 Tipulidae	1	眼蝇科 Conopidae	2
摇蚊科 Chironomidae	6	实蝇科 Tephritidae	2
菌蚊科 Mycetophilidae	3	花蝇科 Anthomyiidae	4
粪蚊科 Scatopsidae	1	厕蝇科 Fanniidae	3
水虻科 Stratiomyiidae	3	蝇科 Muscidae	11
食虫虻科 Asilidae	11	丽蝇科 Calliphoridae	3
蜂虻科 Bombyliidae	1	麻蝇科 Sarcophagidae	9
虻科 Tabanidae	25	寄蝇科 Tachinidae	13
食蚜蝇科 Syrphidae	17		

　　其余类群昆虫均为科、种数量都相对较少种类。原尾目昆虫有 3 科 5 种，科数和种类数都较小；双尾目昆虫只有 2 科 7 种，铗科的种类数占据优势有 5 种；弹尾目昆虫有 3 科 3 种，每科内只有 1 种；缨尾目昆虫只有 2 科 2 种，每科也只有 1 种；蜉蝣目昆虫有 3 科 7 种，四节蜉科只有 1 种，其他 2 科各有 3 种；蜻蜓目昆虫有 5 科 9 种，蜻科种类数最多，有 3 种；襀翅目昆虫只有 1 科 3 种；螳螂目昆虫虽然也只有 1 科螳螂科，但是有 12 种；蜚蠊目昆虫有 4 科，但是也只有 7 种，地鳖科昆虫最多，有 3 种；等翅目昆虫有 2 科 3 种，种类较少；直翅目昆虫有 14 科 66 种，斑腿蝗科和斑翅蝗科种类最多，各有 15 种，其次是螽斯科有 11 种；竹节虫目昆虫有 2 科 4 种，主要是棒虫脩科，有 3 种；革翅目昆虫有 3 科 7 种，球蝗科有 5 种，种类最多。啮虫目昆虫有 3 科 4 种；食毛目昆虫有 4 科 7 种，兽鸟虱科种类最多，有 3 种；虱目昆虫有 3 科 7 种，颚虱科种类最多，有 4 种；缨翅目昆虫有 3 科 13 种，其中蓟马科种类最多，有 10 种；捻翅目昆虫只有 1 科 2 种；广翅目昆虫只有 2 科 3 种；蛇蛉目昆虫只有 1 科 1 种；脉翅目昆虫有 5 科 22 种；长翅目昆虫有 2 科 24 种，其中主要是蝎蛉科，有 23 种；毛翅目昆虫有 3 科 4 种（表 4-7）。

表 4-7　保护区昆虫原尾目—毛翅目科及种类数

目	科	种数
原尾目	夕蚖科 Hesperentomidae	2
	蚖科 Acerentomidae	2
	古蚖科 Eosentomidae	1
双尾目	副铗科 Parajapygidae	2
	铗科 Japygidae	5
弹尾目	长角跳科 Entomobryidae	1
	圆跳科 Sminthuridae	1
	短角跳科 Neelidae	1
缨尾目	石蛃科 Machilidae	1
	衣鱼科 Lepismidae	1

目	科	种数
蜉蝣目	四节蜉科 Baetidae	1
	蜉蝣科 Ephemeridae	3
	河花蜉科 Potamanthidae	3
蜻蜓目	蜻科 Libellulidae	3
	伪蜻科 Corduliidae	1
	色蟌科 Agriidae	2
	蟌科 Coenagrionidae	1
	箭蜻科 Gomphidae	2
襀翅目	襀科 Perlidae	3
螳螂目	螳螂科 Mantidae	12
蜚蠊目	蜚蠊科 Blattidae	2
	姬蠊科 Phyllodromiidae	1
	地鳖科 Polyphagidae	3
	弯翅蠊科 Panesthiidae	1
等翅目	鼻白蚁科 Rhinotermitidae	2
	白蚁科 Termitidae	1
直翅目	螽斯科 Phasgonuridae	11
	沙螽科 Stenopelmatidae	1
	蟋螽科 Gryllacridae	1
	蟋蟀科 Gryllidae	6
	树蟋科 Oecanthidae	2
	蚤蝼科 Tridactylidae	1
	蝼蛄科 Gryllotalpidae	2
	菱蝗科 Tetrigidae	2
	癞蝗科 Pamphagidae	1
	锥头蝗科 Pyrgomorphidae	3
	斑腿蝗科 Catantopidae	15
	斑翅蝗科 Oedipodidae	15
	网翅蝗科 Arcypteridae	6
	剑角蝗科 Acrididae	4
竹节虫目	棒虫䗛科 Phasmidae	3
	枝虫䗛科 Bacteriidae	1
革翅目	大尾螋科 Pygidicranidae	1
	肥螋科 Anisolabididae	1
	球螋科 Forficulidae	5

目	科	种数
啮虫目	双啮科 Amphipsocidae	1
	狭啮科 Stenopsocidae	1
	单啮科 Caeciliidae	2
食毛目	短角鸟虱科 Menoponidae	2
	水鸟虱科 Laemobothriidae	1
	鸟虱科 Ricinidae	1
	兽鸟虱科 Trichodectidae	3
虱目	血虱科 Haematopinidae	1
	颚虱科 Linognathidae	4
	甲肋虱科 Hoplopleuridae	2
缨翅目	蓟马科 Thripidae	10
	纹蓟马科 Aeolothripidae	1
	皮蓟马科 Phlaeothripidae	2
捻翅目	栉虫扇科 Halictophagidae	2
广翅目	齿（鱼）蛉科 Corydalidae	2
	泥蛉科 Sialidae	1
蛇蛉目	蛇蛉科 Raphidiidae	1
脉翅目	螳蛉科 Mantispidae	1
	褐蛉科 Hemerobiidae	7
	蚁蛉科 Myrmeleontidae	6
	蝶角蛉科 Ascalaphidae	1
	草蛉科 Chrysopidae	7
长翅目	蝎蛉科 Panorpidae	23
	纹蝎蛉科 Bittacidae	1
毛翅目	纹石蛾科 Hydropsychidae	2
	角石蛾科 Stenopsychidae	1
	长角石蛾科 Leptoceridae	1

　　本次调查在保护区内新发现了 96 种（表 4-8），分属于 7 目 23 科，极大地丰富了保护区昆虫的种类和区系成分，尤其是一些具有较大影响的物种，如发现了一度被认为绝迹的珍稀蝴蝶周氏虎凤蝶，新种有茂环峡蝶宁陕亚种、宁陕牡蛎蚧、暗蚊蝎蛉、背叉草蛉，新记录为二带锦织蛾，对研究相关物种的起源和演替，更新秦岭昆虫区系具有重要价值。

表 4-8　保护区新增加的昆虫种类

目	科	种
同翅目	盾蚧科	宁陕牡蛎蚧 *Lepidosaphes ningshanensis*，秦岭幡盾蚧 *Poliaspoides qinlingensis*
双翅目	食蚜蝇科	宁陕拟木蚜蝇 *Temnostoma ninshaanenses*
长翅目	蝎蛉科	暗蚊蝎蛉 *Bittacusobscurus*
脉翅目	草蛉科	脊背叉草蛉 *Dichochrysa carinata*
鞘翅目	瓢虫科	宁陕毛瓢虫 *Scymnus (Neopullus) ningshanensis*
	步甲科	中国丽步甲
半翅目	蝽科	绿岱蝽 *Dalpada smaragdina*，宽碧蝽 *Palomena viridissima*
	缘蝽科	条蜂缘蝽 *Riptortus linearis*，月肩奇缘蝽 *Derepteryx lunata*，波赭缘蝽 *Ochrochira potanini*
	红蝽科	突背板红蝽 *Physopelta gutta*
	盲蝽科	陕平盲蝽 *Zanchius shaanxiensis*
鳞翅目	织蛾科	二带锦织蛾 *Periacma bifasciaria*
	潜蛾科	尖瓣异宽蛾 *Agonopterix acutivalvula*
	刺蛾科	丽绿刺蛾 *Latoia lepida* (Cramer)，斜纹刺蛾 *Oxyplax* Hampson
	钩蛾科	青冈树钩蛾 *Zanclabara scablosa*
	尺蛾科	胡麻斑白波尺蛾 *Naxidia punctata*
	灯蛾科	星白雪灯蛾 *Spilosoma menthastri*
	毒蛾科	侧柏毒蛾 *Parocneria furva*
	天蛾科	白须天蛾 *Kentrochrysalis sievers*，绒星天蛾 *Dolbina tancre*，芝麻鬼脸天蛾 *Cherontia styx*，霜天蛾 *Psilogramm menephron*，华中松天蛾 *Hyloicus pinastri arestu*，桂花天蛾 *Kentrochrysalis consimili*，白薯天蛾 *Agrius convolvuli*，洋槐天蛾 *Clanis deucalion*，苹六点天蛾 *Marumba gaschkewitschicarstanjeni*，黄边六点天蛾 *Marumba maack*，盾天蛾 *Phyllosphingia dissimilis*，紫光盾天蛾 *Phyllosphingia dissimilis sinensis* Breme，榆绿天蛾 *Callambulyx tatarinovi* Bremer et Grey，中国天蛾 *Amorpha sinica*，眼斑天蛾 *Callambulyx orbita* Chu et Wang，西昌榆绿天蛾 *Callambulyx tatarinovi sichangensis*，枇杷六点天蛾 *Marumba spectabilis*，月天蛾 *Parum porphyria* Butler，梨六点天蛾 *Marumba gaschkewitschi complacens*，南方豆天蛾 *Clanis bilineata*，构月天蛾 *Parum colligata*，木蜂天蛾 *Sataspes tagalica tagalica*，黄点缺角天蛾 *Acosmeryx miskini*，葡萄缺角天蛾 *Acosmeryx naga*，葡萄天蛾 *Ampelophaga rubiginosa rubiginosa*，小豆长喙天蛾 *Macroglossum stellatarum*，白肩天蛾 *Rhagastis mongoliana mongoliana*，红天蛾 *Deilephila elpenor*，平背天蛾 *Cechenena minor*，锯线白肩天蛾 *Rhagastis acuta aurifera*，华中白肩天蛾 *Rhagastis mongoliana centrosinaria*，雀纹天蛾 *There japonica*，深色白眉天蛾 *Celerio gallii*，芋双线天蛾 *Theretra oldenlandiae*

目	科	种
鳞翅目	枯叶蛾科	落叶松毛虫 *Dendrolimus superans*，侧柏松毛虫 *Dendrolimus suffuscus suffuscus*，明纹柏松毛虫 *Dendrolimus suffuscus illustratus*，马尾松毛虫 *Dendrolimus punctatus*，高山松毛虫 *Dendrolimus angulata*，云南松毛虫 *Dendrolimus houi*，黄山松毛虫 *Dendrolimus marmoratus*，双波松毛虫 *Dendrolimus monticola*，室纹松毛虫 *Dendrolimus atrilineis*，阿纹枯叶蛾 *Euthrix albomaculata*，赛纹枯叶蛾 *Euthrix isocyma*，环纹枯叶蛾 *Euthrix tangi*，竹纹枯叶蛾 *Euthrix laeta*，远东褐枯叶蛾 *Gastropacha orientalis*，赤李褐枯叶蛾 *Gastropacha quercifolia lucens*，杨褐枯叶蛾 *Gastropacha populifolia*，北李褐枯叶蛾 *Gastropacha quercifolia cerridifolia*，黄斑波纹杂枯叶蛾 *Kunugia undans fasciatella*，褐杂枯叶蛾 *Kunugia brunnea brunnea*，波纹杂枯叶蛾 *Kunugia undans undans*，太白杂枯叶蛾 *Kunugia tamsi taibaiensis*，杨黑枯叶蛾 *Pyrosis idiota*，栎黑枯叶蛾 *Pyrosis eximia* Oberthü，申氏黑枯叶蛾 *Pyrosis schintlmeisteri*，杉黑枯叶蛾 *Pyrosis undulosa*，甘肃李枯叶蛾 *Amurilla subpurpurea kansuensis*，黄褐幕枯叶蛾 *Malacosoma neustria testacea*，桦幕枯叶蛾 *Malacosoma betula*，苹果枯叶蛾 *Odonestis pruni*，月光枯叶蛾 *Somadasys lunata*，大黄枯叶蛾 *Trabala vishnou gigantina*，分线枯叶蛾 *Arguda bipartite*，斜带枯叶蛾 *Bharetta cinnamomea*，油茶大枯叶蛾 *Lebeda nobilis sinina*，黄角枯叶蛾 *Radhica flavovittata flavovittata*，大陆刻缘枯叶蛾 *Takanea excisa yangtsei*，东北栎枯叶蛾 *Paralebeda femorata femorata*，松栎枯叶蛾 *Paralebeda plagifera*，秦岭小枯叶蛾 *Cosmotriche chensiensis*，秦岭云枯叶蛾 *Pachypasoides qinlingensis*
	凤蝶科	碧凤蝶 *Papilio bianor*，周氏虎凤蝶 *Luehdorfia choui*
	粉蝶科	暗脉菜粉蝶 *Pieris napi*、秦岭绢粉蝶 *Aporia tsinglingica*、绢粉蝶 *Aporia crataegi*、锯纹绢粉蝶 *Aporia goutellei*
	眼蝶科	蛇眼蝶 *Minois dryas*、矍眼蝶 *Ypthima balda*、牧女珍眼蝶 *Coenonympha amaryllis*、黑纱白眼蝶 *Melanargia lugens*
	蛱蝶科	茂环蛱蝶 *Neptis nemorosa* Oberthür

（二）区系组成

保护区虽位于秦岭南坡，但仍融合了我国南、北两地的昆虫，其区系成分包括众多的古北界和东洋界的昆虫种类，区系成分呈现融合、过渡的特点。基于已有研究基础，以保护区内小叶蝉科、蟪科、金龟科、丽金龟科、天蛾科、枯叶蛾科、蜜蜂科和蚁科作为样本研究保护区昆虫区系组成，可发现保护区古北界和东洋界成分的昆虫在此都有分布（见表4-9），呈现交汇、融合、过渡的特点，保护区具备适合古北界和东洋界部分昆虫栖息的环境，在区系成分比例上，古北界物种比例远高于脊椎动物类群。

在27种小叶蝉科昆虫当中，古北界有10种，东洋界12种，跨界种5种，小叶蝉科昆虫幼虫阶段是典型的地下昆虫，成虫阶段是典型的森林昆虫；在44种蟪科昆虫当中，东洋界有14种、古北界16种、跨界种14种，蝽科昆虫是典型的生活在杂草和灌木生境的昆虫。

在29种金龟科昆虫当中，古北界有15种、东洋界11种、跨界种3种；在21种丽金龟科昆虫当中，古北界有7种、东洋界8种、跨界种6种；金龟科和丽金龟科昆虫是典型的地下昆虫，如果将这两类昆虫的区系成分进行综合考虑，在50个种类当中东洋界属于的有19种、古北界23种、跨界种9种，其比率分别是38%、46%、18%，即古北界的种类组成略占优势。

在23种蜜蜂科昆虫当中，古北界有6种、东洋界10种、跨界种7种；但在34种蚁科昆虫当中，古北界和东洋界均有11种、跨界种有12种；如果将这两类昆虫的区系成分进行综合考虑，在57个种类当中古北界属有17种、东洋界21种、跨界种19种，其比率分别是30%、37%、33%，即东洋界的种类组成略占优势；蜜蜂科和蚁科昆虫多活动于地面、草丛及灌木等小生境中。这有可能表明该地其他相似的生境中的昆虫类群也有同样的区系和成分结构。

在天蛾科昆虫当中，古北界有16种、东洋界22种、跨界种12种，其比率分别是29.63%、40.71%和22.22%。在62种枯叶蛾科昆虫当中，古北界有21种、东洋界25种、跨界种16种，其比率分别是33.87%、40.32%、25.81%。天蛾科和枯叶蛾科昆虫都是东洋界组分占优势，古北界和跨界种类次之；东洋界华中区、西南山地区和少量华南区的天蛾和枯叶蛾种类先辈扩展至秦岭山区，也有少量蒙新区西部荒漠亚区和天山山地亚区种类，又有青藏区青海藏南亚区和羌塘高原亚区种类出现，表明保护区天蛾科和枯叶蛾组成种类比较丰富。也从侧面证明秦岭是我国南北动物交汇区，资源丰富，应当积极做好保护工作。在保护该区丰富的生物资源的同时，应当加强对该区域物种多样性的研究。

表4–9 保护区昆虫的所属区系

科	古北界		东洋界		跨界	
	种数	占比（%）	种数	占比（%）	种数	占比（%）
小叶蝉科	10	37.04	12	44.44	5	18.52
蝽科	16	36.36	14	31.82	14	31.82
金龟科	15	51.73	11	37.93	3	10.34
丽金龟科	7	33.33	8	38.10	6	28.57
蜜蜂科	6	26.09	10	43.48	7	30.43
蚁科	11	31.43	11	31.43	12	37.14
天蛾科	16	32	22	44	12	24
枯叶蛾科	21	33.87	25	40.32	16	25.81

（三）区系特点

1. 物种丰富，多样性高，具有重要保护价值

随着研究的深入和调查监测工作的持续开展，在保护区发现的昆虫种类不断增加，尤其是科和种的增长较为显著，区系交汇分布的特点更为明显，在目—科—种水

平上，保护区昆虫种类多样性相当丰富，类群之间相比较优势度很明显，种类数最多的昆虫目为鳞翅目 689 种、鞘翅目 484 种、膜翅目 243 种、同翅目 188 种、半翅目 171 种、双翅目 114 种，这 6 目的昆虫种类数分别占保护区昆虫总数的 32.81%、23.05%、11.57%、8.95%、8.14%、5.43%，物种数量的持续增长反映了保护区的自然环境比较稳定，人为干扰较少，保护成效明显。在保护区的资源昆虫当中，属于国家Ⅱ级保护野生动物的有鳞翅目凤蝶科的三尾褐凤蝶 [*Bhutanitis thaidina* (Blanchard)] 和中华虎凤蝶（*Luedhorfia chinensis*）2 种。

2. 特有种丰富

在保护区的资源昆虫当中，属于我国特有的蝶类有宽尾凤蝶 *Agehana elwesi* Leech、黑紫蛱蝶（*Sasakia funebris* Leech）、丝带凤蝶（*Sericinus montela* Gray）等昆虫。属于陕西或秦岭山区特有的物种有鳞翅目天蛾科的秦岭松毛虫（*Dendrolimus ginlingensis*）、华山松毛虫（*Dendrolimus huashanensis*）、宁陕松毛虫（*Dendrolimus ningshanensis*）、旬阳松毛虫（*Dendrolimus xunyangensis*）、火地松毛虫（*Dendrolimus rubripennis*）、秦岭云毛虫（*Hoenimnema qinlingensis* Hou）、留坝天幕毛虫（*Malacosoma liupa* Hou）、秦岭小枯叶蛾（*Cosmotriche chensiensis*），秦岭云枯叶蛾（*Pachypasoides qinlingensis*）；粉蝶科的秦岭绢粉蝶（*Aporia tsinglingica*）；茧蜂科的秦岭刻鞭茧蜂（*Coeloides qinlingensis*）。直翅目斑腿蝗科的秦岭小蹦蝗（*Pedopodisma tsinlingensis*），周氏秦岭蝗（*Qinlingacris choui*），太白秦岭蝗（*Qinlingacris taibaiensis*）；斑翅蝗科的秦岭束颈蝗（*Sphingonotus tsinlingensis*）；剑角蝗科的秦岭金色蝗（*Chrysacris qinlingensis*）。同翅目小叶蝉科的德氏长柄叶蝉（*Alebroides dworakowskae*），柳长柄叶蝉（*Alebroides salicis*）、秦岭长柄叶蝉（*Alebroides qinlinganus*）、陕西长柄叶蝉（*Alebroides shaanxiensis*）、太白长柄叶蝉（*Alebroides taibaiensis*）、陕西沙小叶蝉（*Shaddai shaaxiensis*）、西安沙小叶蝉（*Shaddai xianensis*）。鞘翅目小蠹科的秦岭梢小蠹（*Cryphalus chinlingensis*）、华山松梢小蠹（*Cryphalus lipingensis*）、伪秦岭梢小蠹（*Cryphalus pseudochinlingensis*）。长翅目蝎蛉科的拟华山蝎蛉（*Panorpa dubia*）、华山蝎蛉（*Panorpa emarginata*）、太白蝎蛉（*Panorpa obtuse*）、秦岭蝎蛉（*Panorpa qinlingensis*）。双翅目虻科的佛坪瘤虻（*Hybomitra fopingensis* Xu）、太白山瘤虻（*Hybomitra taibaishanensis* Xu）、秦岭虻（*Tabanus qinlingensis* Wang）等昆虫。

3. 模式物种多，是许多新种的产地

随着对该区域昆虫研究和监测的深入，越来越多的新物种、新记录在保护区被发现。2009 年在保护区境内发现了一度被认为绝迹、以著名昆虫学家周尧先生命名的珍稀蝴蝶周氏虎凤蝶，还在保护区及周边火地塘等地发现了同翅目盾蚧科的宁陕牡蛎蚧和秦岭幡盾蚧，长翅目蝎蛉科的暗蚊蝎蛉，脉翅目草蛉科的脊背叉草蛉等新种和新记录，保护区为新发现物种的模式标本产地。

二、时间格局

昆虫种类在保护区虽然很多，有各种生态保护适应，但外界环境的影响很大，特别是在保护区内一旦温度下降即停止发育。保护区冬季时间长，夏季时间短，春季长于秋季，且随海拔升高，夏季缩短，冬季延长。因此保护区昆虫只能在每年的春末—夏季—秋初有较高的遇见率，具体时间为每年的4月下旬至9月下旬或10月初。

三、空间格局

保护区的昆虫分布于各种不同的小生境，不同类型的昆虫占有适宜其生活和繁殖的生活环境和生态位；某生态位容纳的昆虫种类越多，表明其在该地生态环境对于昆虫分布就越重要，保护区价值也越大。

保护区已知昆虫有29目、287科、2 100种，其中在海拔1 000～1 500 m分布有1 532种，1 500～2 000 m分布有1 795种，2 000～2 300 m分布有607种，各海拔范围的昆虫分别占该区昆虫数量的76.25%、89.12%、30.14%。海拔1 500～2 000 m范围植被茂密，昆虫种数最为丰富。

在海拔1 000～2 300 m范围内，保护区的昆虫生境按照昆虫的食性可区分为菌物、水域、地衣、土壤与腐食、植物5类（表4-10）。保护区2 100种昆虫在食物生境的生态位当中种类数量的分配，由多到少依次是植物环境、土壤与腐殖质、地衣、水域及菌物环境，其所占比率分别是66.58%、12.62%、2.00%、1.55%及0.75%。以上组成结构既是这5类生境在该地昆虫分布中重要性的体现，也表示了该地昆虫的生境和生态位的序列和主次。

表4-10　保护区昆虫栖息地类型

栖息地类型	昆虫类群	主要目	优势种
大型真菌和各类菌类	3目15种	鞘翅目双翅目鳞翅目	戈氏大覃甲 *Episcopha gorhomi* Lewis、黑菌虫 *Alphitobius diaperinus* Panz.、小粉虫 *Alphitobius laevigatus* Fabricius、二带黑菌虫 *Alphitophagus bifasciatus* Say.、十二斑黑瓢虫 *Vibidia duodecimguttata*、草菇折翅菌蚊 *Allactoneuta valvaceae* Yang et Wang、隐真菌蚊 *Mycomya occultans*、中华新菌蚊 *Neoempheria sinica* Wu et Yang、菌谷蛾 *Atabyria bucephala* Snellen、鸟谷蛾 *Monopis monachella* Hübner、四点谷蛾 *Tinea tugurialis* Megrick
水域及水生植物	9目31种	蜉蝣目蜻蜓目襀翅目广翅目毛翅目	双翼二翅蜉 *Cloeon dipterun*、直线蜉 *Ephemera lineata* Eaton、大眼拟河花蜉 *Potamanthodes macrophthalmus*、白尾灰蜻 *Orthetrum albistylum speciosum*、夏赤蜻 *Sympertrum darwinianum* Selys、华箭蜻 *Sinogomphus suensoni*、东方拟卷襀 *Paraleuctra orientalis*、黄色扣襀 *Kamimuria biocellata*、东方巨齿蛉 *Acanthacorydalis orientalis*、普通齿蛉 *Neoneuromus ignobilis* Navas、西伯利亚泥蛉 *Sialis siberica* Mclachlan、中庸离脉石蛾 *Hydromanicus intermedius* Martynov、鳍茎纹石蛾 *Hydropsyche pellucidula*
地衣植物类	2目40种	弹尾目鳞翅目	长角蚣虫 *Tomocerus plumbeus*、头橙华苔蛾 *Agylla gigantean* (Oberthür)、一点艳苔蛾 *Asura unipuncta* (Leech)、褐条金苔蛾 *Chrysorabdia viridata* (Walker)、雪土苔蛾 *Eilema degenerella* (Walker)、四点苔蛾 *Lithosia quadra* (Linnaeus)、黄痣苔蛾 *Stigmatophora flava*

栖息地类型	昆虫类群	主要目	优势种
土壤及腐殖质	14目253种	双尾目 螱螊目 半翅目 鞘翅目 双翅目 长翅目 鳞翅目	华山夕蚖 *Hesperentomon huashanensis* Yin、陕西小蚖 *Acerentulus shensiensis*、黄副铗 *Parajapyx isabellae*、华山缅铗 *Burmajapyx huashanensis* Chou、黑胸大蠊 *Periplaneta fuliginosa*、褐翅地鳖 *Arenivaga rugosa*（Schulthess-Rechberg）、中华真地鳖 *Eupolyphaga sinensis*、三点边土蝽 *Legnotus triguttulus*、根土蝽 *Stibaropus formosanus* Takado et Yamagihara、白边光土蝽 *Sehirus niviemarginatus*、五斑棒角甲 *Platyrhopalus paussoides* Wasmann、大隐翅虫 *Creophilus maxillosus* Linnaeus、窗胸萤 *Pyrococelia analis* Fabricius、黄朽木甲 *Cteniopinus hypocrita* Marseul、姬粉盗 *Palorus ratzeburgi* (Wissmann)、细胸叩甲 *Agriotes subvittatus* Motschulsky、黑负葬甲 *Necrophorus concolor* Kraatz、二色真葬甲 *Eusilpha bicolor* (fairmaire)、尼负葬甲 *Necrophorus nepalensis* Hope、中华日大蚊 *Tipula sinica* Alexander、黑施密摇蚊 *Smittia atterima* (Meigen)、广粪蚊 *Coboldia fuscipes* (Meigen)、南方指突水虻 *Ptecticus australis* Schiner、猎黄虻 *Atylotus agrestis* (Wiedemann)、佛坪瘤虻 *Hybomitra fopingensis* Xu、三重虻 *Tabanus trigeminus* Coquillett、粪种蝇 *Adia cinerella* (Fallen)、黑边家蝇 *Musca hervei* Villeneuve、拟东方辛麻蝇 *Seniorwhitea krameri* Bottcher、二角蝎蛉 *Panorpa bicornifera* Chou et Wang、淡黄蝎蛉 *Panorpa fulvastra* Chou、染翅蝎蛉 *Panorpa tincta*、肋土苔蛾 *Eilema costalis* (Moore)、后褐土苔蛾 *Eilema flavociliata* Lederer、乌土苔蛾 *Eilema ussurica* (Daniel)、小地老虎 *Agrotis ypsilon* (Rottemberg)、绿鲁夜蛾 *Amathes semiherbida* Walker、大地老虎 *Agrotis tokionis* Butler、黄斑粘夜蛾 *Leucania flavostigma* Bremer、白钩粘夜蛾 *Leucania proxima* Leech
针叶林	5目108种	同翅目 半翅目 鞘翅目 鳞翅目 膜翅目	周氏寒蝉 *Meimuna choai* Lei、松寒蝉 *Meimuna opalifera* (Walker)、落叶松球蚜指明亚种 *Adelges laricis laricis* Vall.、华山松球蚜 *Pineus armandicola*、金缘宽盾蝽 *Poecilocoris lewisi* (Distant)、细齿同蝽 *Acanthosoma denticauda* Jakovlev、松地长蝽 *Rhyparochromus pini*、西泊利亚几丁 *Buprestis sibirica* (Fleischer)、圆斑象 *Paroplapoderus semiamulatus* Jekel、哈氏松茎象 *Hylobius abietis haroldi* Faust、松瘤象 *Sipalinus gigas* (Fabricius)，天牛科的椎天牛 *Spondylis buprestoides* (Linnaeus)、褐梗天牛 *Arhopalus rusticus* (Linnaeus)、松幽天牛 *Asemum amurense* Kraatz、椎天牛 *Spondylis buprestoides* (Linne)、曲纹花天牛 *Leptura arcuata* Panzer、长角灰天牛 *Acanthocinus aedilis* Linnaeus、松墨天牛 *Monochamus alternatus* Hope、油松巢蛾 *Swammerdamia pyrella* De Villers、铁杉木蛾 *Metathrinca tsugensis* Kearfott、苹黄卷蛾 *Archips ingentana* Christoph、云杉黄卷蛾 *Archips piceana* Linnaeus、油松球果小卷蛾 *Gravitarmata margarotana* Heinemann、松褐卷蛾 *Pandemis cinnamomeana* (Treitschke)、松果梢斑螟 *Dioryctria amendacella* Staudinger、微红梢斑螟 *Dioryctria rubella* Hampson、碧皑蓑蛾 *Acanthoecia bipars* Walker、杉霜尺蛾 *Alcis angulifera* Butler、松黑天蛾 *Hyloicus caligineus sinicus* Rothschild et Jordan，枯叶蛾科的秦岭小毛虫 *Cosmotriche chensiensis* Hou、宁陕松毛虫 *Dendrolimus ningshanensis* Tsai et Hou、秦岭云毛虫 *Hoenimnema qinlingensis* Hou、华山松毛虫 *Dendrolimus huashanensis*、红头阿叶甲 *Arthrotus freyi* Gressitt et Kimoto、闽克萤叶甲 *Cneorane fokiensis* Weise、松横坑切梢小蠹 *Blastophagus minor* Hartig、华山松大小蠹 *Dendroctonus armandi* Tsai et Li、十二齿小蠹 *Ips sexdentatus* Boerner、云杉四眼小蠹 *Polygraphus polygraphus* Linnaeus、松阿扁叶蜂 *Acantholyda posticalis* Matsumura、新渡户树蜂 *Sirex nitobei* Matsumura、类台大树蜂 *Urocerus similis* Xiao et Wu、落叶松叶蜂 *Pristiphora erichsonii* (Hartig)、落叶松锉叶蜂 *Pristiphora laricis* (Hartig)、魏氏锉叶蜂 *Pristiphora wesmaeli* Tischbein、青扦吉松叶蜂 *Gilpinia wilsonae*

续表

栖息地类型	昆虫类群	主要目	优势种
草丛植被	9目508种	直翅目 同翅目 半翅目 鞘翅目 鳞翅目	斑腿沙螽 *Tachycines elegantissimus* (Griffini)、油葫芦 *Gryllus testaceus* Walker、山蟋蟀 *Loxoblemmus aomoriensis* Shiraki、笨蝗 *Haplotropis brunneriana* Saussure、短额负蝗 *Atractomorpha sinensis* I. Bol.、红胫小车蝗 *Oedaleus manjius* Chang、秦岭金色蝗 *Chrysacris qinlingensis*、隐纹大叶蝉 *Atkinsoniella thalia* (Distant)、褐脊铲头叶蝉 *Hecalus prasinus* (Matsumura)、中华消室叶蝉 *Chudania sinica* Zhang et Yang、多点蒿小叶蝉 *Eupteryx adspersa* (Herrich–Schäffer)、中野象蜡蝉 *Dictyophara nakanonis* Matsumura、中华珞颜蜡蝉 *Loxocephala sinica* Chou et Huang、乳香平翅根蚜 *Aploneura lentisci* (Passerini)、菊小长管蚜 *Macrosiphoniella sanborni*、黑厉蝽 *Cantheconidea thomsoni* Distant、金绿曼蝽 *Menida metallica* Hsiao et Cheng、二星蝽 *Stollia guttiger* (Thunberg)、齿匙同蝽 *Elasmucha fieberi* (Jakovlev)、褐奇缘蝽 *Derepteryx fuliginosa* (Uhler)、黑盾肿鳃长蝽 *Arocatus rufipes* Stål、宽大眼长蝽 *Geocoris varius* (Uhler)、白斑地长蝽 *Rhyparochromus albomaculatus* (Scott)、菊贝脊网蝽 *Galeatus spinifrons* (Fallen)、硕裸菊网蝽 *Tingis veteris* Drake、九斑食植瓢虫 *Epilachna freyana* Bielawski、爱菊瓢虫 *Epilachna plicata* Weise、暗头豆芫菁 *Epicauta obscurocephala* Reitter、小黑环斑金龟 *Paratrichius septemdecimguttatus* (Snellen)、黑翅脊筒天牛 *Nupserha infantula* Ganglbauer、蒿金叶甲 *Chrysolina aurichalcea* (Mannerheim)、圆尾莹叶甲 *Arthrotidea ruficollis* Chen、二纹柱萤叶甲 *Gallerucida bifasciata* Motschulsky、黄胸长跗莹叶甲 *Monolepta xanthodera* Chen、陕西后脊莹叶甲 *Paragetocera flavipes* Chen、克顶丝跳甲 *Hespera sericea* Weise、兰拟球跳甲 *Sphaeroderma nilum* Gressitt et Kimoto、艾蒿隐头叶甲 *Cryptocephalus agnus* Weise、隐头叶甲 *Cryptocephalus yangweii*、禾尖蛾 *Cosmopterix fulminella* Stringer、百花山草蛾 *Ethmia angarensis* Caradja、尖翅小卷蛾 *Bactra lancealana* (Hübner)、二点织螟 *Aphomia zelleri* De Joannis、艾锥额野螟 *Loxostege aeruginalis* Hübner、豆荚野螟 *Maruca testulalis* Geyer、浩波纹蛾 *Habrosyna derasa* Linnaeus、二线绿尺蛾 *Euchloris atyche* Prout、西南褐苔尺蛾 *Hirasa contubernalis deminuta* Sterneck、菊四目绿尺蛾 *Thetidia albocostaria* (Bremer)、条背天蛾 *Cechenena lineosa* (Walker)、白雪灯蛾 *Chionarctia nivea* (Ménétriés)、污灯蛾 *Spilarctia lutea* Hufnagel、朽木夜蛾 *Axylia putris* Linnaeus、白条夜蛾 *Argyrogramma albostriata*
灌林	7目555种	同翅目 半翅目 鞘翅目 鳞翅目	绿姬蝉 *Cicadetta pellosoma* (Uhler)、雅氏山蝉 *Leptopsalta yamashitai* (Esaki and Ishihara)、黑圆角蝉 *Gargara genistae* (Fabricius)、牧草长沫蝉 *Philaenus spumarius* (Linnaeus)、三角辜小叶蝉 *Aguriahana triangularis* (Matsumura)、中华珞颜蜡蝉 *Loxocephala sinica* Chou et Huang、双痣圆龟蝽 *Coptosoma biguttula* Motschulsky、黑厉蝽 *Cantheconidea thomsoni* Distant、紫蓝丽盾蝽 *Chrysocoris stolii* (Wolff)、川甘碧蝽 *Palomina haemorrhoidalis* Lindberg、耳蝽 *Troilus luridus* (Fabricius)、短壮异蝽 *Urochela falloui* Reuter、褐伊缘蝽 *Rhopalus sapporensis* (Matsumura)、乌毛盲蝽 *Parapantilius thibetanus* Reuter、银莲花瓢虫 *Epilachna convexa* (Dieke)、小黑环斑金龟 *Paratrichius septemdecimguttatus* (Snellen)、多带天牛 *Polyzonus fasciatus* (Fabricius)、亮叶甲 *Chrysolampra splendens* Baly、黑腹克叶甲 *Cneorane cariosipennis* Fairmaire、黄腹埃萤叶甲 *Exosoma flaviventris* (Motschulsky)、

栖息地类型	昆虫类群	主要目	优势种
灌林	7目555种	同翅目 半翅目 鞘翅目 鳞翅目	宽缘瓢萤叶甲 *Oides maculatus* (Olivier)、黑跗瓢萤叶甲 *Oides tarsatus* (Baly)、甘肃长跗跳甲 *Longitarsus sjostedti* Chen、葡萄叶甲 *Bromius obscurus* (Linnaeus)、准小龟甲 *Cassida parvula* Boheman、荚蒾梢小蠹 *Cryphalus viburni* Stark、稠李巢蛾 *Yponomeuta evonymellus* Linnaeus、卫矛巢蛾 *Yponomeuta polystigmellus* Felder、绣线菊麦蛾 *Compsolechia metagramma* Meyrick、杜鹃长翅卷蛾 *Acleris latifasciana* Haworth、棉双斜卷蛾 *Clepsis strigana* Hübner、竹织叶野螟 *Algedonia coclesalis* (Walker)、葡萄卷叶野螟 *Sylepta luctuosalis* Guenée、丝棉木金星尺蛾 *Abraxas suspecta* Warren、锈胸黑边天蛾 *Haemorrhagia staudingeri* staudingeri (Leech)、锚纹蛾 *Pterodecta felderi* Bremer、褐白洛瘤蛾 *Roeselia albula* Denis et Schiffermüller、肾毒蛾 *Cifuna locuples* Walker、客来夜蛾 *Chrysorithrum amata* （Bremer）、暗冬夜蛾 *Euscotia inextricata* Moore、黄环蛱蝶 *Neptis themis* Leech、星弄蝶 *Celaenorrhinus consanguinea*
阔叶乔木林	6目649种	同翅目 鞘翅目 鳞翅目	山姬蝉 *Cicadetta shanxiensis* (Esaki and Ishihara)、雅氏山蝉 *Leptopsalta yamashitai* (Esaki and Ishihara)、四斑尖胸沫蝉 *Aphrophora quadriguttata* Melichar、八字纹肖顶带叶蝉 *Athysanopsis salicis* Matsumura、八点广翅蜡蝉 *Ricania speculum* (Walkler)、陕红喀木虱 *Cacopsylla shaanirubra* Li et Yang、杨枝瘿绵蚜 *Pemphigus immunis* Buckton、柳粉毛蚜 *Pterocomma salicis* (Linnaeus)、扁平球坚蚧 *Parthenolecanium corni*、柳沟胸吉丁 *Nalanda rutilicollis* Obenberger、大山坚天牛 *Callipogon relicctus* Semenov-Tian-Shansky、桔接眼天牛 *Priotyrranus closteroides* (Thomson)、赤杨缘花天牛 *Anoplodera rubra dichroa* (Blanchard)、四斑厚花天牛 *Pachyta quadrimaculata* (Linnaeus)、帽斑紫天牛 *Purpuricenus petasifer* (Fairmaire)、双簇污天牛 *Moechotypa diphysis* (Pascoe)、柳二十斑叶甲 *Chrysomela vigintipunctata* (Scopoli)、杨弗叶甲 *Phratora laticollis* (Suffrian)、二带凹翅莹叶甲 *Paleosepharia excavata* Chujo、栗厚缘叶甲 *Aoria nucea* (Fairmaire)、波纹斜纹象 *Lepyrus japonicus* Roelofs、芳香木蠹蛾东方亚种 *Cossus cossus orientalis* Gaede、咖啡豹蠹蛾 *Zeuzera coffeae* Nietner、金纹细蛾 *Lithocolletis ringoniella* Matsumura、鹅耳枥长翅卷蛾 *Acleris cristana* Schiffer-müller et Denis、扁刺蛾 *Thosea sinensis* (Walker)、桦霜尺蛾 *Alcis repandata* Linnaeus、栓皮栎波尺蛾 *Larerannis filipjevi* Wehrli、灰天蛾 *Acosmerycoides leucocraspis leucocraspis* (Hampson)、鹰翅天蛾 *Oxyambulyx ochracea* (Butler)、栗黄枯叶蛾 *Trabala vishnou* Lefebure、栎掌舟蛾 *Phalera assimilis* (Bremer et Grey)、污灯蛾 *Spilarctia lutea* Hufnagel、茸毒蛾 *Dasychira pudibunda* (Linnaeus)、苹梢鹰夜蛾 *Hypocala subsatura* Guenée、朽镰须夜蛾 *Zanclognatha lunalis* Scopoli

四、资源昆虫

资源昆虫是保护区昆虫类群当中有经济价值或特殊生态价值的昆虫，保护区的资源昆虫包括传粉、药用、观赏和天敌昆虫4类、共计603种，占保护区已知昆虫总数的30.09%；除天敌昆虫外，传粉、药用与观赏昆虫隶属于11目、60科、210种，其中鳞翅目、鞘翅目及膜翅目种类数最多（表4-11）。丰富的资源昆虫使保护区具有了保存经济昆虫遗传资源的意义，也显示了保护区具备昆虫资源库的价值特征。

表4-11 保护区资源昆虫

昆虫类群	目	主要种	功能及效用
传粉昆虫	膜翅目	中华蜜蜂 *Apis cerana* Fabricius、意大利蜜蜂 *Apis mellifera* Linnaeus、杏色熊蜂 *Bombus armeniacus* Radoszkowski、重黄熊蜂 *Bombus flavus* Friese、仿熊蜂 *Bombus imitator* Pittioni、疏熊蜂 *Bombus remotus* (Tkalcu)、三条熊蜂 *Bombus trifasciatus* Smith、方头淡脉隧蜂北京亚 *Lasioglossum politum pekingensis* Bluthgen、黄芦蜂 *Ceratina flavipes* Smith、斑宽痣蜂 *Macropis hedini* Alfken、双色切叶蜂 *Megachile bicolor* Fabricius、拟小突切叶蜂 *Megachile disjunctiformis* Cockerell、拟蔷薇切叶蜂 *Megachile subtranquilla* Yasumatsu、彩艳斑蜂 *Nomada versicolor* Panzer、齿彩带蜂 *Nomia punctulata* Westwood、角额壁蜂 *Osmia cornifrons* (Radoszkowski)、凹唇壁蜂 *Osmia excavata* Alfken、叉壁蜂 *Osmia pedicornis* Cockerell、忠拟熊蜂 *Psithyrus pieli* (Maa)、角拟熊蜂 *Psithyrus cornutus* (Frison)、中国四条蜂 *Tetralonia chinensis* Smith、黄胸木蜂 *Xylocopa appendiculata* Smith、红足木蜂 *Xylocopa rufipes* Smith	显花植物包括绝大多数阔叶林木、果树、蔬菜、牧草及农作物,它们要依靠昆虫传粉而结实,该类昆虫在未来农林业生产的可持续发展中所发挥的增产效益,将会节省大量的土地资源、品种资源及人力和物力资源。 传粉昆虫是保护区许多草本、灌木、乔木林树种的授粉昆虫,尤其是菊科、珍珠菜属、椴、玫瑰、马鞭草、蔷薇、黄荆、千屈菜、鸭跖草、蒲公英、黄花草、猕猴桃、豆类及野生水果等显花植物不可缺少的授粉昆虫。
药用昆虫	鞘翅目 螳螂目 同翅目 直翅目 蜻蜓目 蜚蠊目 鳞翅目 半翅目	薄翅螳螂 *Mantis religiosa* Linnaeus、大刀螳螂 *Tenodera aridifolia* (Stöll)、中华真地鳖 *Eupolyphaga sinensis* Walker、地鳖 *Polyphaga plancyi* Bolivar、肚倍蚜 *Kaburagia rhusicola* Takaki、五倍子蚜 *Schlechtendalia chinensis* (Bell)、小皱蝽 *Cyclopelta parva* Distant、中华豆芫菁 *Epicauta chinensis* Laporte、锯角豆芫菁 *Epicauta gorhami* Marseul、暗头豆芫菁 *Epicauta obscurocephala* Reitter、红头豆芫菁 *Epicauta ruficeps* Illiger、神农洁蜣螂 *Catharsius molossus* (Linnaeus)、一点蝠蛾 *Phassus sinifer sinensis* Moore	药用昆虫是很多传统中药和西药的重要原料和组成分。其中芫菁类药用昆虫含有抗御恶性肿瘤的斑蝥素。斑蝥素是我国正在开发利用的虫源性抗癌药物,因此应特别注意进行保护和利用。
观赏昆虫	鳞翅目 鞘翅目 膜翅目 蜻蜓目 直翅目 同翅目 广翅目 蛇蛉目	中国虎甲 *Cicindela chinensis*、弯股彩丽金龟 *Mimela excisipes* Reitter、粗绿彩丽金龟 *Mimela holosericea*、大云斑鳃金龟 *Polyphylla laticollis*、弯角鹿花金龟 *Dicranocephalus wallichi*、光斑鹿花金龟 *Dicranocephalus dabryi*、黄粉鹿花金龟 *Dicranocephalus wallichi bowringi*、亮绿星花金龟 *Protaetia nitididorsis*、日铜罗花金龟 *Rhomborrhina japonica* Hope、双叉犀金龟 *Allomyrina dichotoma*、大山坚天牛 *Callipogon relicctus*、曲芽土天牛 *Dorysthenes hydropicus*、	保护区有观赏价值的昆虫有146种。

昆虫类群	目	主要种	功能及效用
观赏昆虫	鳞翅目 鞘翅目 膜翅目 蜻蜓目 直翅目 同翅目 广翅目 蛇蛉目	蓝翅瓢萤叶甲 *Oides bowringii* (Baly)、十星瓢萤叶甲 *Oides decempunctatus*、黑纹宽卵莹叶甲 *Oides laticlava*、宽缘瓢萤叶甲 *Oides maculatus*、黑跗瓢萤叶甲 *Oides tarsatus*、黄尾大蚕蛾 *Actias heterogyna* Mell、绿尾大蚕蛾 *Actias selene ningpoana* Felder、豹目大蚕蛾 *Loepa oberthuri* Leech、女贞箩纹蛾 *Brahmaea ledereri* Rogenhofer、枯球箩纹蛾 *Brahmophthalma wallichii*、栎枯叶蛾 *Bhima eximia*、褐斑带蛾 *Apha subdives* Walker、褐带蛾 *Palirisa cervina formosana* Matsumura、夜蛾科的柳裳夜蛾 *Catocala electa* Borkhausen、缟裳夜蛾 *Catocala fraxini* Linnaeus、麝凤蝶 *Byasa alcinous* (Klug)、中华虎凤蝶 *Luehdorfia chinensis* (Leech)、柑橘凤蝶 *Papilio xuthus* Linnaeus、冰清绢蝶 *Parnassius glacialis*、箭环蝶 *Stichophthalma howqua*、奇纹黛眼蝶 *Lethe cyrene* Leech、柳紫闪蛱蝶 *Apatura ilia* (Denis et Schiffermuller)、紫闪蛱蝶 *Apatura iris* (Linnaeus)、大闪蛱蝶 *Apatura schrenckii* Ménétriés、新渡户树蜂 *Sirex nitobei* Matsumura、黑顶角树蜂 *Tremex apicalis* Matsumura、烟角树蜂 *Tremex fusicornis* (Fabricius)、类台大树蜂 *Urocerus similis*	保护区有观赏价值的昆虫有 146 种。
天敌昆虫	鞘翅目 膜翅目 脉翅目	大刀螳螂 *Tenodera aridifolia* (Stöll)、污黑盗猎蝽 *Pirates turpis* Walker、云斑真猎蝽 *Harpactor incertus* (Distant)、黄边胡蜂 *Vespa crabro crabro* Linnaeus、角马蜂 *Polistes antennalis* Perez、七星瓢虫 *Coccinella septempunctata* Linnaeus、中国双七瓢虫 *Coccinula sinensis* (Weise)、隐斑瓢虫 *Harmonia obscurosignata* (Liu)、狭带贝食蚜蝇 *Betasyrphus serarius* (Wiedemann)、绵蚧阔柄跳小蜂 *Metaphycus pulvinariae* (Howard)、夏威黄食蚧蚜小蜂 *Coccophagus hawaiiensis* Timberlake、双带花角蚜小蜂 *Azotus perpeciosus* (Girault)、螟虫顶姬蜂 *Acropimpla persimilis* (Ashmead)、松毛虫黑胸姬蜂 *Hyposoter takagii* (Matsumura)、夜蛾瘦姬蜂 *Ophion luteus* (Linnaeus)、广大腿小蜂 *Brachymeria lasus* (Walker)、舟蛾赤眼蜂 *Trichogramma closterae* Pang & Chen、松毛虫赤眼蜂 *Trichogramma dendrolimi* Mats.	虽然保护区害虫种类数量的发展、危害程度和发生规律主要取决于气候，但该地害虫的天敌昆虫，对于控制保护区重要害虫的危害仍然有重要作用。

五、虫害昆虫

保护区有 1 365 种植食性昆虫，以木材类为食物的昆虫有 11 种，取食植物种子的有 18 种，以种实和花为食的有 35 种，蛀食树干的有 120 种，在地下取食植物根系的有 257 种，在灌木和乔木枝梢部位取食的有 273 种，取食各类植物叶部的有 634 种。但真正能成为保护区植被害虫的种类并不多，目前保护区内真正造成危害的昆虫是华山松大小蠹，是防治的重点对象。各害虫类群中的重要种类见表 4–12。

表 4-12 保护区虫害昆虫

昆虫类群	目	主要种	虫害影响
地下害虫	鞘翅目 鳞翅目	中华喙丽金龟 *Adoretus sinicus* Burmeiste、斑喙丽金龟 *Adoretus tenuimaculatus* Waterhouse、铜绿丽金龟 *Anomala corpulenta* Motschulsky、东北大黑鳃金龟 *Holotrichia diomphalia* (Bates)、暗黑鳃金龟 *Holotrichia parallela* Motschulsky、阔胫鳃金龟 *Maladera verticollis* Fairmaire、大云斑鳃金龟 *Polyphylla laticollis* Lewis、小青花金龟 *Oxycetonia jucunda* (Faldermann)、小地老虎 *Agrotis ypsilon*、八字地老虎 *Amathes cnigrum*、白点粘夜蛾 *Leucania loreyi* Duponchel	以植物根系为食物的昆虫达 257 种,但这类昆虫食性杂,既取食杂草的根系,也取食各类灌木、乔木的幼嫩根系,常对一些木本植物的幼苗造成较大的危害。
种实害虫	鳞翅目	栗实象 *Curculio davidi* Fairmaire、核桃举肢蛾 *Atrijuglans hetauhei* Yang、油松球果小卷蛾 *Gravitarmata margarotana* Heinemann、松果梢斑螟 *Dioryctria mendacella* Staudinger、微红梢斑螟 *Dioryctria rubella* Hampson、豆荚野螟 *Maruca testulalis* Geyer	保护区林木的种实害虫相对较少,但个别种类对部分林木的结实影响很大。
叶部害虫	鳞翅目 鞘翅目 膜翅目 直翅目	油松毛虫 *Denerolimus tabulae formis* Tsai et Liu、黄褐天幕毛虫 *Malacosoma neustria testaces* Motschulsky、杨扇舟蛾 *Cllstera anchoreta* (Fabricius)、苹掌舟蛾 *Phalera flavescens* (Bremer et Grey)、松梢小卷蛾 *Rhyacionia oinicolana* (Doubleday)、黄刺蛾 *Cnidocampa flavescens* (Walker)、栓皮栎尺蛾 *Erannis dira* Butler、舞毒蛾 *Lymantria dispar* (Linnaeus)、等;鞘翅目的柳圆叶甲 *Plagiodera versicolora* (Laicharting)、柳十八斑叶甲 *Chrysomela salicivorax* Fairmaire、等;膜翅目的松阿扁叶蜂 *Acantholyda posticalis* Matsumura、杨扁角叶蜂 *Stauronematus compressicornis* (Fabricius)、杨锤角叶蜂 *Cimbex taukushi* Marl、落叶松红腹叶蜂 *Pristiphora erichsonii* (Hvartig)	食叶昆虫中的害虫是保护区最为常见的重要害虫类群之一,其中以鳞翅目的危害最重,其次为鞘翅目、膜翅目和直翅目的种类。保护区林木的食叶昆虫有 634 种,但能产生危害并造成损失的种类并不多。
林木蛀干害虫	鳞翅目 鞘翅目	柳沟胸吉丁 *Nalanda rutilicollis* Obenberger、锯天牛 *Prionus insularis* Motschulsky、光胸断眼幽天牛 *Tetropium castaneum* (Linnaeus)、二斑黑绒天牛 *Embrik-strandia bimaculata* (White)、长角灰天牛 *Acanthocinus aedilis* Linnaeus、松墨天牛 *Monochamus alternatus* Hope、华山松大小蠹 *Dendroctonus armandi* Tsai et Li、六齿小蠹 *Ips acuminatus* Gyllenhal、十二齿小蠹 *Ips sexdentatus* Boerner、中穴星坑小蠹 *Pityogenes chalcographus* Linnaeus、芳香木蠹蛾东方亚种 *Cossus cossus orientalis* Gaede、秦岭木蠹蛾 *Sinicossus qinlingensis* Hua et Chou、咖啡豹蠹蛾 *Zeuzera coffeae* Nietner、秦豹蠹蛾 *Zeuzera qinensis* Hua et Chou、新渡户树蜂 *Sirex nitobei* Matsumura、烟角树蜂 *Tremex fusicornis*	危害林木主干

续表

昆虫类群	目	主要种	虫害影响
枝梢害虫	鳞翅目 鞘翅目 同翅目	松大蚜 *Cinara pinitabulaeformis* Zhang et Zhang、白毛蚜 *Chaitophorus populialbae*、柳蚜 *Aphis farinose* Gmelin、中华松针蚧 *Matsucoccus sinensis* Chen、中华雪盾蚧 *Chionaspis chinensis* Cockerell、卫矛矢尖蚧 *Unaspis euonymi* (Comstock)、赤杨缘花天牛 *Anoplodera rubra dichroa* (Blanchard)、微小天牛 *Gracillia minuta* (Fabricius)、拟蜡天牛 *Stenygrinum quadrinotatum* Bates、松横坑切梢小蠹 *Blastophagus minor* Hartig、秦岭梢小蠹 *Cryphalus chinlingensis*	危害林木枝梢

六、调查方法

本次昆虫调查主要采用网捕法、诱捕法和文献资料查询等方法。从 2019 年 5 月至 2019 年 8 月采用网捕法和诱捕法在保护区全域进行昆虫调查。网捕法首先根据海拔和植被类型规划调查路线，基本涵盖所有植被类型和不同海拔梯度，然后沿调查路线进行网捕昆虫。诱捕法采用两种方式进行，第一种是采用诱捕器安置在不同海拔梯度和植被类型中，进行长期收集；第二种是在夜晚采用马氏灯光诱捕。在后期区系名录整理中，还收录了上次科考以来已发表文献报道在宁陕和平河梁保护区发现的新种和新分布物种。

第五章
大型真菌

　　"大型真菌"是指子实体类型比较大的一类真菌，它不仅是生态系统的重要组成部分，在维持生态平衡、促进系统物质循环和能量流动等方面具有重要作用，而且也是与人类联系紧密的生物资源和生态服务产品，并成为促进社区发展、当地民众脱贫致富方面的重要资源。本次调查表明保护区共有已知真菌213种（本次增补2种），隶属2亚门4纲10目40科107属，其中核菌纲8种，盘菌纲9种，腹菌纲21种，层菌纲数量最多，为175种。食用菌产业是保护区所在地陕南地区的农民脱贫致富的支柱产业，通过发展食用菌产业可提升保护区社区民众的经济收入，可减少社区发展对森林资源的消耗，对保护区及周边地区森林资源和生态系统保护具有积极效应。

一、种类组成

　　保护区位于秦岭南坡中段腹地，属亚热带与暖温带气候的过渡带。这里海拔跨度较大，降水充足，气候温暖湿润，生长季节较长，是秦岭林区真菌资源最为丰富的主要区域之一。保护区植物种类繁多，植被类型丰富多样，加之优越的气候环境条件，这里孕育了种类丰富的大型真菌。从保护区大型真菌地理分布特点来看，区内真菌区系具有多成分交汇和过渡的性质。区系成分以温带属为主，兼有亚热带、热带属，并成为华北、华东、华中与华南区地理分布的交汇点。通过调查和鉴定，保护区共有已知真菌213种（附录9），隶属2亚门4纲10目40科107属，其中核菌纲8种，盘菌纲9种，腹菌纲21种，层菌纲数量最多，为175种。本次调查较已有真菌区系名录增补2种。

二、区系特征

　　根据对保护区内大型真菌优势科（含5种以上的科）的统计分析，保护区共有12个大型真菌优势科，其中以多孔菌科、白蘑科为最多，其次为牛肝菌科、马勃科。优势属（种数≥4）为马勃属，其次为小皮伞属和红菇属。

表 5-1 保护区大型真菌统计

类别	纲	目数	科数	属数	种数
子囊菌亚门 Ascomycotina	核菌纲	2	3	7	8
	盘菌纲	1	3	5	9
担子菌亚门 Basidiomycotina	层菌纲	4	27	78	146
	腹菌纲	3	6	8	20
合计		10	39	98	183

三、分布格局

由于不同种类的大型真菌各有其特定的形态特征、生理特点和生态学特性，且这些特征均比较稳定而且具有遗传性，因此，不同大型真菌对环境条件的适应和要求具有较大差异。大型真菌的分布、生长发育和丰富度与海拔、气候、植被类型等自然因素之间有着密切的关系。总的趋势是大型真菌的数量、种类和种群密度随着海拔的升高而递减，在海拔 1 300 ～ 1 800 m 范围内物种较多，1 800 ～ 2 600 m 范围内随着海拔升高，物种数目相对减少。

保护区植物种类繁多、植被类型多样，结构复杂，除低山有少量含常绿阔叶树的落叶阔叶混交林外，大部分为落叶阔叶林、针阔混交林和针叶林。林内枯枝落叶较多、土壤腐殖质层较厚，给大型真菌的生长、繁殖创造了丰富的基质和条件。在海拔 1 300 ～ 1 700 m 的中山落叶阔叶林及针阔混交林下，真菌以中型的种类居多，并伴生有少量大型的种类，如香菇（*Lentinus edodes*），木蹄层孔菌（*Pyropolyporus fomentarius*）等。在河谷稀树灌木草丛和落叶阔叶林下，由于空气流通，真菌孢子易传播，尤其是林间小道两侧的腐朽木、倒木上真菌数量较多。在海拔 1 750 m 以上的针叶林中，优势真菌主要为白蘑科（Tricholomataceae）的一些物种，如绒柄小皮伞（*Marasmius confluens*）、盾状小皮伞（*Marasmius peronatus*）、杯伞（*Clitocybe infundibuliformis*）等。

四、主要类群及概况

大型真菌不仅是生态系统的重要组成部分，在维持生态平衡、促进系统物质循环和能量流动等方面具有重要的作用，而且是我们人类重要的生物资源，是食品加工、医药、生物农药制造等方面的重要原料，与人类生产生活关系密切，大型真菌按其应用价值可分为食用菌、药用菌、毒菌三大类。

大部分真菌可食用，约为 120 种，占区内大型真菌总种数的 56%。主要集中在白蘑科（Tricholomataceae）、红菇科（Russulaceae）和牛肝菌科（Boletaceae）。白蘑科食用菌的种类丰富，味道鲜美，如盔盖小菇（*Mycena galericulate*）、杯伞（*Clitocybe infundibuliformis*）、硬柄小皮伞（*Marasmius oreades*）、安络小皮伞（*Marasmius androsaceus*）等。红菇科的有紫薇菇（*Russula puellaris*）、怡红菇（*Russula amoena*）等。牛肝菌科食用菌不仅种类多、产量大，而且肉质肥厚，不乏食用佳品，如美味牛肝菌（*Boletus edulis*）、褐疣柄牛肝菌（*Leccinum scabrum*）等。此外，毛木耳（*Auricularia polytricha*）、羊肚菌（*Morchella esculenta*）、香菇（*Lentinus edodes*）等也是当地采集的主要对象。

保护区可入药的真菌共有 82 种，占区内大型真菌总种数的 38%，且大多数为食药兼用种类，如洁小菇（*Mycena prua*）、盔盖小菇（*Mycena galericulate*）、褐小菇（*Mycena alcalina*）等。药用真菌的使用方法可分为三类：①直接食用菌类子实体；②菌类子实体与其他药物配合制成中成药；③直接从菌类子实体或用工业深层发酵的菌丝体和发酵滤液等中提取多糖。其中，含具抗癌效能多糖的有香菇（*Lentinus edodes*）、彩绒革盖菌（*Polystictus versicolor*）、木耳（*Auricularia auricula*）、猴头菌（*Hericium erinaceus*）、裂褶菌（*Schizophyllum commune*）等。

具毒的真菌 23 种，占区内大型真菌总种数的 11%。常见的有黄粉牛肝菌（*Pulveroboletus ravenelii*）、小美牛肝菌（*Boletus speciosus*）、网孢松塔牛肝菌（*Strobilomyce retisporus*）、鳞皮扇菇（*Panellus stipticus*）、苦白口蘑（*Tricholoma album*）、肉色香蘑（*Lepista irina*）、红鬼笔（*Phallus rubicundus*）、粪锈伞（*Bolbitius vitellinus*）等，大家要提高鉴别意识，尽量不要采摘或食用不熟悉的真菌。

保护区蕴藏着丰富的食用、药用真菌种质资源，具有良好的开发应用前景，从中进一步筛选出可栽培的优良品种，对提高食用菌产量和品质以及保护真菌种质资源具有极其重要意义。药用真菌的研究，有利于研制出具良好药效的抗癌药物、免疫药物和营养保健品，同时也为有害生物的生物防治提供新的途径。菌根真菌的研究也对森林生态环境恢复和森林的可持续发展具有重要意义。同时，基于保护区宝贵的大型真菌种质资源，通过对一些珍稀野生食药用菌的人工驯育研究与示范栽培，探索科学、高效的种植技术，以科技助力产业扶贫，可以为产业转型升级、群众脱贫致富提供有力的科技支撑。

五、大型真菌助力社区发展

食用菌产业是一项集经济效益、生态效益和社会效益于一体的短平快的致富项目，尤其这一产业是陕南地区农民脱贫致富的支柱产业。保护区所在的宁陕县政府始终把产业扶贫作为重要支撑手段，抢抓"乡村振兴"战略契机，不断创新工作思路，大力发展食用菌种植产业，通过项目企业与建档立卡贫困户签订协议，开展食用菌种植项目，为贫困户提供原料和技术，定期回收食用菌产品，带动群众增收致富。通过发展食用菌产业可提升保护区社区民众的经济收入，并通过种植技术创新减少对森林资源的消耗，对保护区及周边地区森林资源和生态系统保护具有积极效应。目前保护区周边主要发展种植的食用菌如下：

（一）香菇 *Lentinus edodes* (Berk.) Sing.

子实体较小至稍大。菌盖直径 5 ~ 12 cm，可达 20 cm，扁平球形至稍平展，表面菱色、浅褐色、深褐色至深肉桂色，有深色鳞片，而边缘往往鳞片色浅至污白色，以及有毛状物或絮状物。菌肉白色，稍厚或厚，细密。菌褶白色，菌柄中生至偏生，白色，常弯曲，长 3 ~ 8 cm，粗 0.5 ~ 1.5 cm，菌环以下有纤毛状鳞片，内实纤维质。菌环易消失，白色。孢子印无色，光滑，椭圆形至卵圆形。

资源价值：香菇是我国传统的著名食用菌，最早人工驯化栽培。含有维生素 B_1、B_2、PP、矿物盐及十余种氨基酸，其中有 7 种人体必需的氨基酸。香菇含不饱和脂肪酸甚高，除含有菌甾醇外，还含有麦角甾醇。大量的麦角甾醇可转变为维生素 D，对于增强人体抵抗疾病和预防感冒及治疗有良好效果。可预防人体各种黏膜及皮肤炎症。含香菇肽、酪氨酸氧化酶，可降低血压。从香菇中还分离出降血清胆固醇的成分。香菇含有水溶性鲜味物质，可用于食品调味品等。

生态特性：生于阔叶树倒木上。人工大量栽培生产，冬春生长，夏秋季很少生长。

（二）侧耳（平菇、北风菌、糙皮侧耳）Pleurotus ostreatus (Jacq.) P. Kumm.

资源价值：可食用，味道鲜美，是重要栽培食用菌之一。含有人体必需的氨基酸 8 种，即异亮氨酸、亮氨酸、赖氨酸、色氨酸、苯丙氨酸、苏氨酸、缬氨酸、蛋氨酸等。另含维生素 D_1、B_2 和 PP。作为中药用于治腰酸腿疼痛、手足麻木、筋络不适。

生态特性：生于阔叶树腐木上，覆瓦状丛生。

（三）木耳 Auricularia auricula (Hook.) Underw.

子实体胶质，浅圆盘形，耳形或不规则形，宽 2～12 cm，新鲜时软，干后收缩。子实层生里面，光滑或略有皱纹，红褐色或棕褐色，干后变深褐色或黑褐，外面有短毛，青褐色。担子细长，柱形，有三个横隔，孢子无色，光滑，常弯曲，腊肠形。

资源价值：木耳以干燥的子实体入药。性平、味甘。具有益气强身、止血、活血、补血止痛、通便等功能，并具有润肺清涤胃肠功能，是纺织工人、理发工人和矿山工人常用的保健品。中药用于医治寒湿性腰腿疼痛、手足抽筋麻木、痔疮出血、痢疾、崩淋和产后虚弱等症。

生态特性：木耳常在栎、榆、杨、槐等阔叶树上或朽木及针叶树冷杉上密集成丛生长。

（四）毛木耳（牛皮木耳）Auricularia polytricha (Mont.) Sacc.

子实体一般较大，胶质，浅圆盘形、耳形或不规则形，直径 2～15 cm，有明显基部，无柄，基部稍皱，新鲜时软，干后收缩。子实层生里面，平滑或稍有皱纹，紫灰色，后变黑色。外面有较长绒毛，无色，仅基部褐色，常成束生长。担子棒状，三横隔，具 4 小梗。孢子无色，光滑，圆筒形，弯曲。

资源价值：质脆，可食用，质地硬脆，别有风味，已广泛栽培。可药用，其功效与木耳近似。可抗癌。

生态特征：生于柳树、洋槐、桑树等多种树干上或腐木上，丛生。

（五）冬菇（金针菇）Flammulina velutipes (Curtis.) Sing.

资源价值：可食用，肉质细嫩，软滑，味鲜宜人，人工栽培较广泛。子实体含粗蛋白、脂肪、及多种维生素，并含有精氨酸，可预防和治疗肝脏系统疾病及胃肠道溃疡。子实体含赖氨酸，对幼儿增加身高和体重十分有益。

生态特性：生于阔叶林腐木桩上或根部，丛生。

（六）猴头菌 Hericium erinaceus (Bull.) Pers.

子实体中等、较大或更大，直径 5～10 cm 或可达 30 cm，呈扁半球形或头状，由无数肉质软刺生长在狭窄或较短的柄部，刺细长下垂，长 1～3 cm，新鲜时白色，后期浅黄至浅褐色，子实层生刺之周围。孢子无色光滑，球形或近球形，含一油滴。

资源价值：是我国宴席上的名菜，味鲜美，广泛人工栽培。含有氨基酸 16 种，其中 6 种人体必需的氨基酸。子实体含有多糖体和多肽类物质，有增强抗体免疫功能。对治疗胃部及十二指肠溃疡、慢性萎缩性胃炎，胃癌及食道癌有一定疗效。

生态特性：生于栎等阔叶树立木上或腐木上，少生于倒木。

（七）猪苓 *Grifola umbellata* (Pers. : Fr.) Pil

子实体大或很大，肉质、有柄、多分枝、末端生圆形白色至浅褐色菌盖，一丛直径可达 35 cm。菌盖圆形，中部下凹近漏斗形，边缘内卷，被深色细鳞片，宽 1 ～ 4 cm。菌肉白色，孔面白色，干后草黄色。孔口圆形或破裂呈不规则齿状，延生，平均每毫米 2 ～ 4 个。孢子无色，光滑，圆筒形，一端圆形，一端有歪尖。

资源价值：子实体幼嫩时可食用，味道十分鲜美。其地下菌核黑色、形状多样，是著名中药，有利尿治水肿之功效。含猪苓多糖 (glucan)，具抗癌作用。

生态特性：生于阔叶林中地上或腐木桩旁。

第六章

旅游资源

保护区境内的地质、地貌、植被和珍稀物种具有重要的景观和文化价值，能带给民众美好的视觉体验和服务，也是极具价值的旅游资源。通过实地调查，本次科考对保护区旅游资源进行了整理和评估，更新了保护区旅游资源信息库，可作为保护区未来对境内旅游资源保护、管理和利用的科学依据。本次科考将保护区旅游资源划分为 8 个主类、14 个亚类、27 个基本类型、32 个旅游资源单体。地貌景观、森林生态系统和动物资源及栖息地是保护区的主体景观和特色景观。保护区是所在地宁陕县旅游规划功能区的重要节点，被作为宁陕发展全域旅游战略的重要资源，保护区旅游资源与周边景观资源的异质性、互补性强，对宁陕县及陕南地区的旅游发展具有重要价值。

第一节　保护区旅游资源概况

一、旅游资源类型和分布

（一）旅游资源的基本类型

根据《旅游资源分类、调查与评价》（GB/T 18972—2003）的分类系统，对保护区的旅游资源进行了分类，可划分为 8 个主类、14 个亚类、27 个基本类型、32 个旅游资源单体，具体见表 6-1（附图 12）。

表 6-1　保护区旅游资源类型及分布

主类	亚类	基本类型	旅游资源单体分布
A 地文景观	AA 综合自然旅游地	AAB 谷地型旅游地 AAF 自然标志地 AAG 垂直自然地带	210 国道旬阳坝—平河梁段谷地 平河梁—区域性地标 龙潭子—三缸河
	AB 沉积与构造	ABA 断层景观 ABB 褶曲景观 ABF 矿点矿脉与矿石积聚地	龙潭子—三缸河断层 东峪河和三缸河断裂及褶曲 东平沟钼矿
	AC 地质地貌过程形迹	ACE 奇特与象形山石 ACG 峡谷段落 ACH 沟壑地	鹰嘴石、鸡山架山体 东峪河峡谷、三缸河峡谷 大南河流域
	AD 自然变动遗迹	ADB 泥石流堆积 ADF 冰川堆积体 ADG 冰川侵蚀遗迹	龙潭子乱石窖 鸡山架流石滩

主类	亚类	基本类型	旅游资源单体分布
B 水域景观	BA 河段	BAA 观光游憩河段	月河、大南河、东峪河
	BC 瀑布	BCA 悬瀑 BCB 跌水	平河梁瀑布、三缸河瀑布和跌水
C 生物景观	CA 树木	CAA 林地	保护区全境林地 平河梁—龙潭子、火地沟梁—火地沟保护站
	CD 野生动物栖息地	CDA 水生动物栖息地	旬阳坝——宁陕齿突蟾
		CDB 陆地动物栖息地	龙潭子、蜂桶沟、三缸河的羚牛
		CDC 鸟类栖息地	东峪河、三缸河、平河梁
D 天象与气候景观	DB 天气与气候现象	DDB 避暑气候地	平河梁、龙潭子
E 遗址遗迹	EB 社会经济文化活动遗址遗迹	EBB 军事遗迹与古战场	陕南抗日第一军遗址
		EBC 废弃寺庙	太山庙、文观庙
		EBE 交通遗迹	子午古道
F 建筑与设施	FA 综合人文旅游地	FAA 教学科研实验场所	西北农林科技大学实验林场 国家生态定位监测站
		FAB 康体游乐休闲度假地	上坝河森林公园 宁东林业局康养基地
	FD 居住地与社	FDA 传统与乡土建筑	陕南民居——太山村、兴隆村等社区 旬阳坝古镇
G 旅游商品	GA 地方旅游商品	GAB 农林畜产品与制品	腊肉、蜂蜜、香菇、木耳等
H 人文活动	HC 民间民俗	HCA 地方风俗与民间礼仪	陕南传统人文，如龙抬头、丰收节、戏曲表演等乡村活动，服饰、美食、嫁娶等习俗

（二）旅游资源的分布状况

保护区旅游资源分布格局为：地文景观，尤其是自然变动遗迹类型如泥石流堆积、冰川侵蚀遗迹主要存留在保护区最高海拔龙潭子和鸡山架等区域，其余地文景观在保护区全境均有分布，以东峪河和三缸河流域的断裂及褶曲现象尤为明显，垂直地带以龙潭子—三缸河最有代表性；保护区内没有成规模的湖泊和沼泽，水域景观主要是河段跌水和瀑布，月河、大南河较平缓，三缸河和东峪河的瀑布和跌水较丰富；生物景观全境分布，林地、植被的典型性和完整性以平河梁—龙潭子、火地沟梁—火地沟保护站区域较完整和容易体验，雀形目鸟类的观察在东峪河、三缸河较理想，尤其是白喉噪鹛、黑领噪鹛、红腹锦鸡等物种，高海拔平河梁等地是观察红腹角雉、血雉等鸟类的适宜区域，羚牛是秦岭地区的代表性物种，在保护区龙潭子、蜂桶沟、三缸河遇见率较高；天象景观在龙潭子、微波站、鸡山架等地容易体验；在保护区龙潭子、鸡山架等山脊的高海拔区域可远瞻秦岭的大景观，感受群山连绵、层出不穷的秦岭山系，和脚下烟雾弥漫、身傍凉风习习的大自然的风光；保护区及周边建有宁东林业局康养基地、西北农林科技大学实验林场、上坝河森林公园等较为成熟的旅游地，社区有保存完好的陕南民居和民俗文化，也是保护区可共享的旅游资源。

二、主要旅游资源概述

（一）地文景观

地质、地貌是保护区重要的旅游资源，是认识秦岭地质、地貌的天然实验室和观光胜地。由于保护区地处南秦岭最重要地质构造活动——宁陕断裂带的核心区，自印支期、中生代、中新世、第四纪冰期等地质阶段以来，经历了华北板块与扬子板块发生陆—陆碰撞造山作用、古夷平面形成、喜马拉雅运动和第四纪冰期物理风化作用等地质构造和演替过程，形成了以断层、断裂为特色的地质和地貌景观。主要景观资源有：

1. 龙潭子—三缸河断层

保护区最高海拔龙潭子、鸡山架往东都为陡崖，其形成主要由于陆—陆碰撞造山作用和宁陕断裂等地质事件，地形陡峻、体量较大，可以感受地质移动、形变、冲击等活动的痕迹，是保护区独具特色的地质景观。

2. 龙潭子、东峪河梁、平河梁古夷平面

保护区龙潭子西部、东峪河梁东和平河梁部分区域，地势平坦、开阔，主要以竹林、灌丛和草丛等植被为主，为保护区仅有的几处高山草地景观。这些平缓地形为起源于中生代末至第三纪初秦岭隆起与外动力剥蚀平衡和稳定后发生夷平作用的残存。

3. 花岗岩峰岭、景观石和石海

由于宁陕断裂及后期剪切变形，经后续冰期时寒冻物理风化作用，在保护区最高处平河梁、鸡山架、鹰嘴石和东峪河梁顶分别形成了多少、大小不一，形状各异的花岗岩石单体和岩石群，呈现各具特色的景观和峰岭，有的突兀若杵，有的浑圆似球，奇形怪状，参差叠磊，峰岭纵横，山峰群集，峥嵘突兀，妙趣天成。在保护区最高峰龙潭子—鸡山架山脊两侧部分区域分布面积、形状大小不同的石海，当地人称"乱石窖"，这些乱石窖由大小、形态各不相同花岗岩砾石组成，在岩石表面发育有苔藓地衣，由于不同的水热条件，这些地衣使岩块表面呈红色、灰黑色、绿色等不同颜色。这些石海的形成是秦岭高海拔地区表层花岗岩及片麻岩受到中生代以来的构造运动和冰期时寒冻物理风化共同作用，并在一些平缓区域得以保存的结果。

4. 峡谷

由于宁陕断裂、后续冰期时寒冻物理风化作用，在冰川、河流、坡面径流等外地质营力的作用下，保护区形成了丰富的峡谷景观，也是保护区旅游资源的主体。由于重力作用，各峡谷切割程度不同、长短各异，最长的峡谷是东峪河峡谷，切割剧烈、落差较大的是三缸河峡谷，这两条峡谷最具特色，景观丰富、品质较高。沿峡谷行进，层林悠悠，两岸山势陡峭，重峦叠嶂，沟谷狭窄，飞泉奔泻，极具特色。

（二）水域景观

保护区所在地宁陕县河流属于子午河、旬河、池河三个分水系，保护区内的河流在三个水系都有分布，是三个水系的主要水源地。其中子午河流域涉及较大的河流有保护区西北部的东峪河、西南部的长安河、上坝河；旬河流域主要包括起源于平河梁北部月河，然后吸纳大茨沟、响潭沟等小河水流后在保护区外汇入旬河；池河源于保护区东部新矿区域平河梁主峰、古山墩和鸡山架，新矿区域的三岔河、三缸河、蜂桶沟、大东沟等河流是池河的水源区，为池河水系的源头。各水系与周边地貌、植被构成极具价值的景观及组合，主要有：

1. 河流、跌水、深潭组合景观

该类型景观是保护区最丰富和常见的旅游资源。在保护区水系中流量较大、流域最长的是东峪河，流量大、落差最大的是三缸河，流量大、较平缓的是大南河、三岔河和月河，这些河流由于流域的地貌、水文等因素，在流域形成激流、深潭、缓流、跌水等水体景观，在不同季节形成不同的水体景观，同时也与周边的峡谷、森林、野生动植物在不同区域、不同季节组合形成内容丰富、体验多样的旅游景观；尤其是三缸河口—西河、东峪河庙沟—金窝子沟河段，由于水量大，沿途峡谷、宽谷、断层等地貌丰富，因此形成了较多的跌水、深潭，组合形成串珠状的水体景观，极具观赏价值。

2. 月河旬阳坝观光游憩河段

月河是旬河水系，月河平河梁至旬阳坝河段是保护区水域风光旅游资源的代表，该河段发源于平河梁，汇集了油磨沟、纸坊沟等地的水流，沿210国道从平河梁经旬阳坝流入旬河，在流出保护区后在旬阳坝河段由于河谷开阔，水流变得平缓，形成了具有观光游憩价值的河流景观，河流域周边山谷、森林、社区房舍、谷地共同构景，是旅游者夏季郊游、避暑纳凉、野餐活动的适宜区域。

3. 瀑布景观

由于保护区内水资源丰富，主体地貌为山地峡谷，海拔落差较大，保护区境内河流水量丰富，就山势随岩跌落，形成多个瀑布，大小不同，各具特色，并且瀑布互相承接，形成连续瀑布，成为保护区具有竞争力的旅游资源。保护区瀑布资源中较壮观的为沿210国道相间隔的三个连续瀑布，水流量大且湍急，位于210国道旁，地理位置很好，来往的客流较多。较大的一个瀑布在距平河梁顶约3 km处，海拔2 000 m，落差约30 m，宽约5 m，垂直从岩壁上飞泻而下，直扑山谷，粗壮时若大海倒悬，天河决口，雪涛滚滚，气势磅礴；消瘦时又如匹练悬挂，悠然飘扬。远眺瀑布，耳畔传来轰然巨响，声如雷鸣；另外的二个瀑布顺一坡度而下，冲击力小，落差约10多米，水较多。三个瀑布流域面积约1.5 km²。瀑布与周边山石峰洞、林木花草、白云蓝天、文化古迹等环境要素的协调结合，形成了千岩竞秀、万峰争流、喷珠溅玉、美若仙境的奇妙世界。

另外，在保护区东峪河流域、三缸河流域和大南河流域也有不同数量和规模的瀑布及瀑布群分布。

（三）生物景观

生物多样性丰富是保护区的一大特点，区内丰富的野生动植物景观和森林植被是保护区内重要的旅游资源。区内森林茂密，山峦叠嶂，山高沟深，植被类型多样，森林垂直带谱完整，最具观赏价值的生物景观为龙潭子高山针叶林植被带、上坝河次生林植被带，两处均为保护区典型的地带性植被；区内有特色的动物景观资源为保护区的雉类群、羚牛群、金丝猴群等景观资源。

1. 上坝河、火地沟次生林植被带

位于平河梁南坡上坝河方向和火地沟梁北，该区域主要是由针叶林和针阔混交林组成的天然次生林和原始林，林层结构复杂、群落稳定，植物种类多样，生态环境良好，林地景观丰富。保护区经历了采伐，但是在山脊和高海拔区域鸡山架等地保留了部分原始的云杉林和冷杉，一直保持原生状态；天保工程禁伐后，由于秦岭南坡适宜的气候条件，保护区中下坡的植被迅速恢复、长势也比较好，形成了以栎类、华山松、油松、山杨、桦类、槭类、榆树等组成的针阔混交林和阔叶林次生植被。同时，在不同海拔高度还分布有杜鹃、胡颓子、野蔷薇、忍冬等灌丛，一年四季呈现不同的色彩及组成，较为完整地反映保护区的植被景观。

2. 龙潭子高山针叶林植被带

龙潭子区域是保护区最高处，该区域集成了保护区高海拔地区和秦岭南坡较完整的地带性植被，从高往低为由高山竹林、草甸、杜鹃灌丛和针叶林组成植被。保护区最高处花岗岩峰岭和石海周边以秦岭箭竹林（松花竹）为主，秦岭箭竹在该区域为纯林、呈丛状分布；往下为竹林、太白杜鹃、禾叶蒿草草丛组成的灌丛景观，部分区域形成较大面积的草地，该类型植被组成面积较大，远观给人草甸的感觉，是保护区较少见的有草甸特征的景观；再往下就为保护区针叶林的优势种巴山冷杉林，大部分高海拔区域仍保持原生状态，虽然部分巴山冷杉林经历雷击后枯死，但仍保留干枯、高耸的树干，较好地保留了保护区自然生态系统的原生风光和特征，也是感受生态系统进化和演替过程的好去处。

3. 珍稀动物景观

保护区在动物地理区划上处于古北界和东洋界的交汇处，良好的生态环境孕育了丰富的野生动物资源，是秦岭地区野生动物的重要栖息地之一，境内的羚牛、金丝猴、雉类动物群和雀形目林栖息鸟类是保护区开展科普教育和旅游的重要资源。保护区共有 7 种雉类，其中以红腹锦鸡、红腹角雉种群数量最多，红腹锦鸡种群总量为 735 只左右、红腹角雉种群总量为 558 只左右，在保护区内也较常见，适合开展科考旅游；保护区雀形目鸟类 193 种，其中鹟科、噪鹛科、燕雀科鸟类较多，一些对观鸟界有吸引力的鸟类如蓝喉歌鸲、白尾蓝地鸲、三趾鸦雀、灰眶雀鹛、灰头灰雀等物种在保护区较为常见，一些观赏性较强的鸟类，如橙翅噪鹛、红嘴相思鸟、画眉在保护区极常见；保护区东峪河河谷的白喉噪鹛遇见率极高，是国内观看白喉噪鹛、黑领噪鹛等物种难得的地点；保护区有羚牛 270 头左右，最大群在 30 多只，是秦岭地区考察和研究羚牛的适宜区域；保护区有 3 ～ 4 群金丝猴群，总量在 90 ～ 120 只之间，冬季在保护区西部大茨沟、东峪河、火地沟梁等地较容易发现，是保护区独有的动物景观资源。

（四）天象景观

天象景观资源包括因天气变化形成的各种景色（气象旅游资源）及不同气候条件下形成的各类旅游胜地（气候旅游资源），是旅游景区规划和发展的重要可利用资源之一。保护区属北亚热带湿润季风气候，四季分明，夏季炎热多雨，冬季干燥微寒，气候垂直分布明显，具有典型的大陆性气候和较为完整的从低山到高山不同栖息地类型，山体高差悬殊，地形复杂多变，形成了变化多样的气候和天象景观。一会风起云涌，一会又是云雾顿开，山峰重现，有时天空还呈现彩虹，这些变化给游客以不同的美感和多变感。

云雾也是保护区山地景观中的一大景观，保护区内山高谷低，林木繁茂，日照时间短，水分不易蒸发，因而湿度大，水气多。气流在山间穿行，上行下跌，环流活跃，漫天的云雾和层积云，随风飘移，甚是壮观，尤其旬阳坝等地雨后山谷常见缕缕轻雾，自山谷升起，缥缈朦胧，美轮美奂。

云海是保护区又一天象景观资源，保护区海拔跨度较大，峡谷较多，容易形成云海景观。平河梁等地交通便利、地势开阔，是观看云海的极佳位置。云以峰为体，峰以云为衣，云海具有美、胜、奇、幻等特点，尤其是雨、雪后的初晴，山涧日出或回落时的霞海最为壮观。

天文观测。保护区空气清新，平均无霜期约 210 d，能见度高，保护区内的大多数夜晚都可见到繁星在蓝蓝的夜空闪烁，非常适合天文观测，尤以平河梁、龙潭子等地，因为拥有便捷的交通和后勤保障条件，最为适宜。

（五）遗址遗迹

1. 子午栈道

保护区所在地自古就是关中通往四川的交通要道——子午栈道，是关中至陕南的主要古道之一。因南北走向的谷道称"子午谷"，由子午谷山南行的道路即称"子午道"，现存子午道遗址共长 590.6 m，两路沿线发现栈桥等遗址 6 处，保护区东部新矿保护站所辖区域就保留有一处古栈道。子午道是西汉元始五年，王莽当政，为宣扬被立为皇后的女儿"有子孙瑞"，而指挥开凿了从长安"直通梁汉"的大道。在古代的军事中，该栈道曾发挥了很重要的作用：三国时期，汉景元四年（公元 263 年），魏遣钟会统兵 10 万，从斜峪、子午栈道直取汉中，一举灭蜀汉；东晋时期，"桓温伐秦，命司马勋出子午道"，以策应对关中的进攻；唐时子午道成为贵妃献荔枝的"荔枝道"；明末，双调和传庭镇压李自成的农民起义军，也曾派兵出此，夺取前路；清同治二年（1863 年）五月，太平军陈德才部也由此进攻西安。

2. 陕南抗日第一军遗址

在第二次国内革命战争时期，宁陕是鄂豫陕革命根据地和重点革命活动区，李先念、徐海东、程子华、王震、郑位三等前辈都曾带领部队在这崇山峻岭间历尽艰险，为中国革命的胜利英勇战斗过。现在遗留下来的遗址、宣传标语及烈士陵园，成为对青少年进行爱国主义教育的好场所。

3. 遗址遗迹

区内文物和遗迹丰富，历史悠久。除了子午道，还有古寺庙遗址（如大寺沟、文观庙、徐家坪的佛庙）、古山寨遗址、古墓遗址等，这些都具有重要的史料价值和文化价值。

（六）建筑与设施

1. 宁东森林康养体验基地

宁东森林康养体验基地地处秦岭腹地旬阳坝镇，位于保护区中部旬阳坝保护站所在地。保护区所在地宁陕县位于秦岭腹地和秦巴生物多样性重点生态功能区的核心区，目前正在实施全域旅游发展战略，保护区及周边良好的森林资源和自然景观也成为区域的优质旅游资源。保护区所在地属山地暖温带季风湿润气候，雨量充沛，温暖湿润，冬无严寒，夏无酷暑。年均日照时数 1 321.4 h，最热月（七月）平均气温 22℃，被誉为"清凉世界"，是消夏避暑的绝佳场所。森林中负氧离子含量高达 4 万个 /cm³，是名副其实的天然氧吧。PM$_{2.5}$ 含量平均为 15 μg/m³，细菌总数浓度平均为 200 个菌落单位 / m³，其负氧离子含量、PM$_{2.5}$、细菌总数、地表水、土壤等指标远优于国家最高标准。依托保护区完好的森林资本和高质量的生态服务价值，保护区所属单位宁东林业局积极开展康养产业建设。

基地辖区面积 1 001 hm²，现有景观林多为原始林、天然次生林，森林覆盖率达 95.3%，有开展康养活动步道 14.6 km，包括休闲步道 3.5 km，旬阳坝后山沙石步道 2.3 km，平河梁—龙潭子休闲步道 8 km、滴水岩沟亲水步道 0.8 km，体能测试、操场 2 处，身体指标检测室 5 个。基地可为游客提供住宿床位 326 个，附设餐厅、多功能厅、会议室等，设有棋牌室、练歌房、抄经室、羽毛球、篮球、乒乓球场，可供游客休闲娱乐。

基地在陕西率先成立了以森林康养和自然体验为主要任务的"宁东自然学校"，组建了森林康养引导师团队，设计了宁东自然学校 LOGO，组织编写了《宁东自然学校森林康养读本》，制订了包括森林漫步、森林早操、森林休憩、森林呼吸、日光浴等康养课程，2019 年基地被中国林业产业联合会授予 2019 年"中国森林养生基地"，被中国绿色时报社授予 2019"森林健康养生 50 佳"荣誉称号，基地逐渐成为陕西省境内有名的康养基地和旅游目的地。

2. 旬阳坝古镇

旬阳坝古镇位于保护区中部旬阳坝保护站所在地。旬阳坝镇历史悠久，地处关中通往川蜀的六条古道之一子午道中部，子午道是川蜀古道开通较早的一条。旬阳坝镇是古时南北商贾及物资重要集散地，来往客商、人流密集，为子午道上的重镇。历经 200 多年的风雨沧桑，旬阳坝镇目前保留的古镇老街全长 800 多米，宽约 3 m，街道两边房屋均为砖木结构土瓦房，门前木柱支撑，顶部青瓦覆顶，古意悠长，是秦岭南坡保存较为完好的古镇。

3. 上坝河国家森林公园

上坝河国家森林公园毗邻保护区西南部，距省会西安 148 km，车程 2 h；距汉中 193 km，车程 2.5 h；距安康 190 km，车程 2.2 h。公园占地面积 201 km²，南北环线 118 km，森林覆盖率 98%。上坝河在公园境内流长约 12 km，面积约 20 km²，有大小 12 条支流，蓄水量 1 800 m³，具有瀑布、碧滩、溪流等多种水体景观，是陕西南部水文景观的缩影。公园的森林植被类型包含了亚热带的长绿落叶阔叶林、暖温带的落叶阔叶林、温带的针阔混交林、亚高山针叶林，是陕西南部森林景观最丰富、周边森林环境最好的森林风景资源，具有独特的资源优势和区位优势，是安康地区森林旅游的龙头景区。

4. 教学实习基地

教育实习基地最能充分体现旅游的教育功能。保护区森林垂直分布比较明显，海拔从高到低依次分布为冷杉林带、桦木林带、松栎林带与针阔叶混交林带。生物多样性丰富，动植物区系组成具有南北交汇的典型性特点，物种的原生性得到了较好保存，是很好的生命科学教学实习基地。由于较好的自然环境和完善的后勤保障措施，现在已成为陕西师范大学秦岭生物学野外教学实习基地、延安大学实习基地，同时也有中国科学院、中国林业科学研究院、复旦大学、北京林业大学、西北大学的学者来此地开展科研工作。保护区除了协助学校完成教学任务，帮助科学家产出了丰硕的科研成果外，也为保护区积累和丰富了本地信息和数据，成为陕西省境内著名的教学实习和科研基地。

5. 西北农林科技大学火地塘试验林场

西北农林科技大学火地塘试验林场毗邻保护区西南，是学校重要的实践教学和科学研究基地、国家林业科普基地和生态文明教育基地。林场始建于1958年，林场总面积41 595亩。有500多平方米的学生食堂、480个床位的学生宿舍、30个标准间和3个套间的专家公寓，还有会议室、教室、实验室、展室等，建筑面积6 500 m^2，具备一次接待400名学生实习的能力。

6. 陕西秦岭森林生态系统国家野外科学观测研究站

陕西秦岭森林生态系统国家野外科学观测研究站是国家林业局十大森林生态系统观测研究站之一。观测研究站设立在西北农林科技大学火地塘试验林场，是重要的科学研究基地，自建立以来，曾先后承担国家攻关课题和多项省部级课题，主要开展了森林生态学、林木遗传育种学、森林经理学、生物多样性保护、森林保护等多方面的试验研究和定位观测，积累了丰富的调查研究资料。"九五"以来承担国家自然科学基金重大项目、陕西省自然科学基金项目、省部级重点项目和国际合作项目27项。近年来，接待国内外专家及学者300多人次，有来自美国加州大学、奥地利维也纳农业大学、日本九州大学及德国、加拿大等国家的专家和北京林业大学、东北林业大学、中国林科院、中科院地理所、武汉大学、合肥农大、陕西师大、西北大学等国内知名学府与我国台湾的专家学者等，已成为西北农林科技大学对外开展合作研究与交流的重要基地。

7. 宁陕民居

保护区地处陕南，具有湿潮多雨的气候和多山的地理特征，其民居又有其自身特点。宁陕民居以穿斗式木构架和夯土墙为主，屋顶覆盖青瓦，建筑外观笨重而原始，但居住效果冬暖夏凉。由于现代生活方式的侵入，传统民居逐渐被淘汰，现存的古民居逐渐成为反映陕南文化和地域特色的文化符号和遗产。

（七）旅游商品

保护区内及周边社区有不少地方特色产品，可以开发为旅游商品，其中以木耳、香菇、腊肉、土鸡蛋、豆制品、保健酒、木制工艺品为主。天然中药材品类较多，保护区内可供药用的植物种类有100多种，如金银花、黄姜、茯苓、山药、细辛等。林副产品有板栗、核桃、猕猴桃、天麻、生漆、食用菌等。

（八）人文活动

陕南地理位置处于南北分界点，来往人口众多而复杂，不同的文化与习俗在此交汇，加之这里曾有过大规模移民迁徙，使得陕南文化具有南北交融和汇集众家的特点。保护区社区发展相对滞后，一些较为原生的文化和习俗在保护区周边得以保存，并成为当前稀缺的旅游资源。社区以汉民为主，但也具有当地居民为适应地方特点而创造的具有浓厚乡土气息的特色服饰、特色美食和生活习俗，特色服饰有包帕子、草鞋、套裤、棕袜子、毛裹腿等；特色美食有山里人一日三餐离不开的洋芋，甚至还有一条沟他们称为洋芋沟，当地人用洋芋可制成许多可口的佳肴，如洋芋蒸碗肉、洋芋稀粥等，另外还有血粑粑、腊肉、苞谷浆粑等美食也是地方特有风味。

此外当地的婚丧嫁娶、节日喜庆等习俗也具有地方特色。这些人文资源充分反映了保护区周边的生产、生活的习俗和特点，具有浓郁的人文风情，是感受陕南乡村特色、体验乡村生活和文化的理想场所。

三、旅游资源评价

（一）自然风景资源评价

1. 资源丰富，类型多样

保护区内有断层、古夷平面、花岗岩峰岭、石海、峡谷等地文景观，也有瀑布、河流、跌水、深潭等水文景观，还有完整的森林植被和丰富的野生动物群生物景观以及云雾、云海等天象景观，具有秦岭南坡地质和生态系统的典型特征，集各种旅游资源为一体，类型多样、分布广泛。

2. 特色鲜明，品位较高

保护区的地貌景观、森林生态系统和动物资源及栖息地是保护区的主体景观和特色景观，典型的山地暖温带季风湿润气候使旅游环境更为适宜，也是宁陕县的核心旅游资源禀赋，作为国家级保护区和"森林健康养生50佳"基地，旅游资源特色鲜明、品位较高，是提高该地区旅游资源价值和品位的主导因素，将成为宁陕和安康地区旅游提速和高质量发展的主要驱动力。

3. 景观组合自然、和谐

保护区旅游资源由高山、峡谷、河流、森林、野生动植物、天象、气候等景观组合，通过长期演化形成了具有不同的时间和空间格局的景观及景观群，给人的感受多样、丰富，景观之间过渡和组合自然、和谐。

（二）人文资源评价

1. 历史悠久，文化内涵丰富

保护区境内及社区的旬阳坝古镇、子午栈道起源久远，传承了丰富的汉文化、三国文化，拓展了旅游产品和项目的时空尺度，为旅游发展提供了比较优势。

2. 创新发展，切合需求

依托保护区温暖湿润的季风气候，以及周边良好的森林资源和自然景观开展康养旅游，依托陕南抗日第一军遗址开展红色旅游，积极响应宁陕县实施的全域旅游发展战略，也符合红色旅游发展的需求，更切合当前都市人群走进自然、提高生活质量和健康水平的需求。

3. 人文气息浓郁，乡村特色显著

保护区人文气息浓郁，一些较为原生的文化和习俗得以在社区保存，旬阳坝古镇、宁陕民居等资源充分反映了保护区社区的生产、生活习俗和特点，具有浓郁的人文风情，是都市人群感受乡村特色、体验乡村生活的适宜场所。

（三）周边资源和环境评价

保护区周边的宁东森林康养体验基地、上坝河国家森林公园、旬阳坝古镇等均为已经成熟的景点，其基础设施建设、游客市场和服务项目都已初具规模。这些景观资源侧重通过自然资源与人为设施及服务的结合为游客提供亲近自然和人文的体验，与保护区较为原生状态的旅游资源具有较强的异质性和互补性，可以支撑保护区旅游的差异发展及管理。

保护区周边可借资源丰富，与景观异质性、互补性强。同时，保护区所在地宁陕县和陕南地区都正在实施全域旅游发展战略，从规划和项目设计中都将保护区作为提升旅游资源品位和竞争力的核心因素，对外宣传和市场拓展的重要资源。保护区旅游资源对促进宁陕县和陕南地区旅游发展具有重要价值。

第二节　保护区在区域旅游发展中的地位和角色

一、宁陕县旅游规划简介

（一）发展战略

十三五期间，宁陕县制定了"生态立县、文化兴县、旅游富民"发展战略，计划以"山、水、田、城、村"旅游资源为基础，打好秦岭牌、唱好山水经，形成旅游产业与一、二、三产业深度融合发展的全域旅游格局，打造秦岭山地国际休闲度假目的地，建成省级旅游示范县。

为落实"全民参与，全域发展"的理念，宁陕县提出以道路形成特色旅游廊道并串接各旅游产业集群、重大项目和基地，规划了"一核两线、四环五区、十二个节点"的全域全覆盖式旅游空间结构，建设 1 条自驾休闲廊道和 9 大旅游集群，形成覆盖全县域的旅游集群空间布局模式，带动全域旅游发展，将宁陕建成乡村旅游示范基地和最美丽的乡村旅游目的地，努力实现生态宁陕向美丽宁陕的转型升级。

（二）旅游发展格局简介

本着发挥优势、特色资源，凸显主体功能原则，宁陕县制定了"一核两线、四环五区、十二个节点"的旅游发展空间结构，简称"1245"结构。具体如下：

"一核"：指以宁陕县城为依托形成集餐饮、住宿、观光等多功能为一体的县域旅游综合服务中心。

"两线"：指以 210 国道和西汉高速为载体形成的区域旅游交通线路，是县域旅游发展的基础，210 国道从中部穿越平河梁保护区。

"四环"：指依托铁文路、江七路、旬皇路、四汤路—关池路分别连接 210 国道和西汉高速公路所形成的生态旅游环线。

"五区"：指北部大蒿沟回乡休闲度假区、南部筒车湾—梅子亲水娱乐区、东部人文历史度假区、中部皇冠度假区、西部山地穿越体验区，涉及保护区的有两个区，为东部人文历史度假区和中部皇冠度假区。东部人文历史度假区位于宁陕东部，主要包括太山庙镇、龙王镇和城关镇的部分区域。以宁陕民俗村、宁陕老城遗址、城隍庙、朱鹮野生放飞基地、十八丈瀑布、蓬莱仙境石佛台、上坝河国家森林公园、度假养老村落、种植体验园等为主要发展内容。分区内包含宁陕老县城文化旅游集群和太山庙子午古道文化旅游集群。中部皇冠度假区位于宁陕中部，主要包括皇冠镇和城关镇的部分区域，以皇冠大酒店、朝阳沟风景区、生态度假村、商务会议中心、培训中心、休闲景观别墅、休闲会所、养生茶秀等为主要发展内容。分区内包含皇冠山地生态度假旅游集群和平河梁山地休闲旅游集群。

"多节点"：指以皇冠副中心镇、县域其他各镇、景区和旅游名村形成的片区旅游服务中心，以环线串联 A 级景区（铁文路沿线大蒿沟景区、秦岭峡谷漂流景区，江七路沿线大江河景区，旬皇路沿线朝阳沟景区、平河梁景区，关池—汤四路沿线胭脂坝景区、上坝河景区、悠然山景区、筒车湾景区、天华山景区）。

二、保护区与宁陕县旅游发展

（一）保护区与旅游功能分区

根据宁陕县全域旅游规划和旅游功能分区，平河梁保护区在空间布局上涉及宁陕县五大旅游功能区中的"东部人文历史度假区"和"中部皇冠度假区"，包括 210 自驾休闲廊道、平河梁山地休闲旅游集群和太山庙子午古道文化旅游集群。其中，太山庙子午古道文化旅游集群涉及保护区东部和社区，属于东部人文历史度假区，该区域还有宁陕县子午古道、太山庙镇、胭脂坝石林、上坝河国家森林公园等旅游资源；210 自驾休闲廊道、平河梁山地休闲旅游集群位于保护区中部和西部区域，周边有宁东林业局场部、康养基地、实习基地、生态定位站等旅游资源；中部皇冠度假区涉及保护区及社区的范围较小，仅火地沟兴隆村部分区域涉及，主要以发展社区农家乐为主。

（二）保护区与旅游廊道规划

根据宁陕旅游廊道规划，保护区涉及 5 条旅游廊道中的 3 条，分别为旬皇路生态体验廊道、210 综合旅游体验廊道和月太路古道体验廊道。其中旬皇路生态体验廊道位于保护区西北，主要突出"幽"（幽静、静谧）特色，以原生态体验、森林氧吧、徒步旅行、自行车骑行体验等为发展主题；210 综合旅游体验廊道位于保护区中部，主要突出"感"（不同区段不同的感受）特色，以休闲商业、激情漂流、古城文化体验等为发展主题；月太路古道体验廊道位于保护区东部，主要突出"古"（感受子午古道的沧桑）特色，以子午古道穿越、森林游览、人文遗迹体验等为发展主题。

（三）保护区与旅游集群规划

根据宁陕旅游集群规划，保护区涉及 9 大旅游集群中的 2 大集群，分别为平河梁山地休闲旅游集群和太山庙子午古道文化旅游集群。

平河梁山地休闲旅游集群位于保护区中部区域，依托便利的交通条件和平河梁的草甸、森林及周边的溶洞资源，形成以观光林区、户外运动、自然科普基地为主要功能的旅游集群。太山庙子午古道文化旅游集群位于保护区东部及社区，以森林公园、槐树农家乐、月太路子午古道遗迹为基础，建设上坝河旅游服务中心、子午古道博物馆、特色民俗安置新村、陕南抗日军部，形成以休闲疗养基地、遗址观光、历史文化展示为主要功能的旅游集群。

第七章

社区概况

保护区地处秦岭腹地，是秦巴生物多样性重点生态功能区及水源涵养区的核心区。保护区社区涉及宁陕县3镇5村，分别为城关镇大茨沟村、月河村、寨沟村，太山庙镇太山村，皇冠镇兴隆村，社区总人口4285人。县域经济发展速度和水平都比较滞后，社区居民人均可支配收入在10 000～15 000元之间，社区经济及居民收入来源主要有种植业、养殖业、旅游业、外出务工这几部分，种植业是社区产业的主体；社区均建有基本的生活和服务设施，社区主要居民点均有公路连通，农村电网和通信网络全境覆盖，大部分人口聚集区实现集中供水和垃圾集中处理，各乡镇都设立有邮政和物流网点，所在乡镇均建有学校、医院等社会服务设施和公共设施。长期以来，当地村民的住房、生产和生活对森林资源依赖较大，对保护区周边森林资源和生态功能有直接影响，需要关注社区生产生活对整个生态系统的影响，积极探索生态保护和社区协同发展的管理和产业模式。

第一节 宁陕县县域经济社会概况

一、经济社会现状

保护区所在地宁陕县隶属陕西省安康市，地处秦岭腹地，是秦巴生物多样性重点生态功能区及水源涵养区的核心区，集贫困地区、重点林区、引汉济渭库区、南水北调中线水源地于一地。截至2019年末，全县所辖11个镇，68个行政村，12个社区，357个村民小组。全县公安户籍总户数27 012户，户籍总人口70 562人，全县常住人口70 476人，城镇人口21 419人、占总人口比重30.35%，男性占53.86%、女性占46.14%，60岁以上人口比重19.73%，人口自然增长率为1.03‰，城镇化率48.5%。

2019年全县实现生产总值（GDP）31.72亿元。其中，第一产业增加值5.42亿元，第二产业增加值14.97亿元，第三产业增加值11.33亿元。一、二、三产业增加值占GDP的比重分别为17.1%、47.2%、35.7%。人均生产总值45 059元；全年非公有制经济增加值19.20亿元，占生产总值的比重达60.5%。2019年全县全体居民人均可支配收入16 643元，其中城镇居民人均可支配收入26 207元，农村居民人均可支配收入10 141元。

全县境内公路里程1 625.8 km，其中高等级公路101.4 km，县乡村道1 392.5 km，普通国省干道 131.9 km；全县 68 个行政村通电话，全县固定及移动电话年末用户总数 69 359 户，电话普及率 98.4 部 / 百人；全县宽带接入用户 17 426 户，实现智慧乡村（光网）村村通。

全县森林面积 346 300.69 hm²，绿化覆盖率 41.49%，中心城区空气质量达到和高于 Ⅱ 级以上天数 343 d，生活垃圾无害化处理率 98.99%，城镇生活污水处理率 94%。

二、区域发展战略

"十三五"期间，宁陕县提出以追赶超越、绿色发展为主线，全面实施"生态立县、文化兴县、旅游富民"发展战略，按照"五位一体"的要求，协同推进新型工业化、信息化、新型城镇化、农业现代化和绿色化进程，确保全面建成小康社会的宏伟目标如期实现。围绕全面建成小康社会，实现全面脱贫攻坚任务，在"全域旅游、城镇建设、基础设施"三方面追赶，确定基本建成"生态美、百姓富、保障好"的美丽富裕新宁陕目标。

第二节　保护区经济社会概况

一、土地资源

保护区社区涉及陕西省安康市宁陕县 3 镇 5 个行政村，分别为城关镇大茨沟村、月河村、寨沟村，太山庙镇太山村，皇冠镇兴隆村，社区总面积 32 628 hm²（图 7-1）。

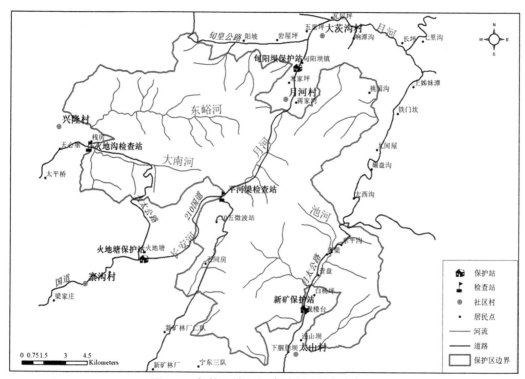

图 7-1　保护区社区行政村和居民点分布图

社区土地资源由耕地、林地、居民用地和其他用地构成，耕地总面积 424 hm²、林地总面积 13 577 hm²，太山庙镇太山村面积最大，其次是城关镇寨沟村和皇冠镇兴隆村，月河村最小。

二、人口状况

保护区总人口 4 285 人，较 10 年前增长 1 966 人；男女比例接近 1∶1，60 岁以上人口比例占 20% 左右；社区义务教育阶段无辍学学生，适龄儿童入学率 100%，接受高中以上教育人口数量稳定增长。人口总量最大的是太山庙镇的太山村和城关镇寨沟村，这些社区居民点离散分布在保护区周边地区。近年来随着扶贫移民和新农村建设，社区人口的空间布局出现了一些细微变化，一些偏远社区的人口呈下降趋势，局部区域出现了居住地废弃的现象。

三、产业结构及居民收入

宁陕县是"九山半水半分田"的典型山区县，县域经济发展速度和水平都比较滞后，保护区社区经济及居民收入来源主要由种植业、养殖业、旅游业、外出务工这几部分组成。种植业是社区产业的主体，在社区各个村均有开展，农产品种植的主要项目为有机水稻、有机杂粮、有机土豆、甜玉米、猕猴桃、黄花菜、油葵、袋料食用菌、核桃、板栗等。林下中药材种植，主要品种为天麻、杜仲、猪苓等。养殖业主要以中蜂养殖、养猪、养鸡、养牛羊为主，同时大力发展林麝、梅花鹿和大鲵等特色养殖；中蜂养殖是社区最普遍、最具潜力的项目，但开展的范围和产品价值挖掘仍需加强，特色养殖只在太山村等局地开展，已初具规模，取得了一定的成效，但示范和带动效应仍需提升。旅游业是近些年兴起、对社区经济发展具有实际效应和驱动的产业，在兴隆等地启动了一些观光项目；依托保护区的森林资源和康养生态服务功能，在旬阳坝等地自发形成了以农家乐为主的旅游服务产业；但社区旅游产业仅处于起步阶段，对该产业的规划、开发、管理多为空白，需大力引导和发展。务工为当前社区收入的主要来源，有外出务工和就近务工，以外出务工为主，就近务工主要有护林员、扶贫项目打工等，参与人数极为有限。

由于产业结构、项目不同，社区各村的收入来源和水平各有差异，综合社区整体情况计算保护区社区人均年收入为 1 万元左右，总体上处于较低水平。

四、交通、能源及通讯

保护区有 4 条公路纵横保护区，210 国道自北向南从旬阳坝经平河梁穿越保护区中部，月太公路在保护区东部从东平沟往南经新矿保护站穿越保护区，火太公路从火地塘、经火地沟梁从火地沟保护站穿越保护区西南，旬皇公路在保护区西北从张家沟梁经大茨沟过境保护区。随着村村通工程的建设，目前主要居民点均有公路连通，大部分公路为沥青路或水泥硬化公路。各村均连接"大网"电，全部村民接通并正常使用生活用电，各村民小组和群众居住院落接通动力用电。社区大部分人口聚集区有集中供水设施，实现了自来水入户，建有季节性缺水备用水源和保障措施，但仍有部分农户没有解决用水问题。各乡镇都设立有邮政和物流网点，移动网络能覆盖全部社区，通信设施较为完善。

五、文化、教育及医疗卫生

随着国家对农村社会事业建设，社区文化、教育及医疗等基础设施不断完善，社会服务功能得以加强。目前，在社区各镇、村均建有卫生院、卫生室，能基本满足社区居民日常看病、治疗和买药的需求，大病、疑难病症仍需到宁陕县城或其他大医院治疗；建有全日制小学和幼儿园，以旬阳坝、太山庙等地均建设有设施完善、规模较大的小学，基本能满足社区学龄儿童小学入学的需求，由于宁陕县学生和学校结构的改变，目前旬阳坝、太山庙社区没有设置中学，社区学生初、高中就学需到宁陕县、安康或西安等地；目前，宁陕县在社区主要人口聚居区设置了多处垃圾投放点，有专人管理、运输、填埋垃圾，有效解决了社区垃圾处理和相关环境污染问题。

六、居住和生活习惯

保护区社区村民的住房为土木结构的陕南民居和砖混结构的楼房，在距离乡镇、道路较近较近区域楼房较多，在偏远地区民居较多，传统民居建造需要利用木材作为建筑材料，造成森林资源的消耗。当地社区村民的日常生活做饭、烤火主要以柴火、电能、天然气为能源，绝大部分村民，尤其是偏远区域的村民主要依靠木材，平均每人每年需要 1 吨木材作为能源，需要利用森林资源。

第三节　社区对保护区的影响

一、社区对保护区的直接影响

目前，社区对保护区的直接影响主要是其生产生活对保护区自然资源的直接利用，主要有进入保护区采集中药材，如猪苓、天麻、重楼等；采集林产品，如野菜、食用菌等；也有依托保护区空间和森林资源放牧、养殖中蜂等；也包括一些非法的猎捕活动，本次考察期间在三缸河就发现羚牛被钢套伤害的情况。对保护区自然资源间接利用主要是依托保护区的景观资源和优良生态环境开展农家乐等旅游活动，新矿、旬阳坝、火地塘三区域都有公路可以直接穿行保护区，目前尚无措施对其进行管理，导致进入保护区的人流和车流无序，管控困难。

同时，社区发展对保护区周边地区森林资源的依赖较大，村民发展种植业和养殖业也需要利用森林资源，如食用菌种植需要木屑做原料、梅花鹿养殖需要树叶做饲料，对保护区周边的森林资源和生态功能有直接影响。保护区的管理也需要关注社区生产生活对包含保护区在内的整个生态系统的影响，需要探索生态保护和社区协同的道路和产业模式。

由于保护区所在地及周边地区经济社会发展，社区对保护区的干扰格局也在不断变化中。总体上，新矿区域相对偏僻，外来人流、车流较少，保护区在部分区域实行了封闭管理，社区干扰最低。旬阳坝由于有210国道穿行，旬阳坝—平河梁区域逐渐成为陕南地区近年来的旅游热点地区，过往车流、人流一直比较大，是保护区干扰强度最大的地区。火地塘站管护区域东峪河、大南河等地是开放的区域，当地社区依托保护区放牧活动较多，社区居民进入保护区较频繁，其干扰强度远大于新矿；尤其是该区域的兴隆村也是宁陕县发展乡村旅游的重要区域，将来进入该区域观光旅游的人流将增加，需要管控其对保护区可能的干扰和影响。

二、社区发展对保护成效的促进

随着社区经济社会发展、扶贫和乡村振兴战略的实施，社区经济、社会、人口形态的改变也对保护区有积极效应。近年来，随着扶贫移民和新农村建设，社区人口逐渐向城镇聚集，一些偏远社区的人口呈下降趋势，部分区域出现了废弃的居住地，社区人口空间布局的变化将有助于减少对保护区的直接干扰。在当前的扶贫工作中，各地都引进了一些非传统种、养殖业，发展有机农业，大多是环境友好型产业，对自然资源的直接利用较少，可有效减少对保护区的干扰和影响；尤其是宁陕县正在大力实施的全域旅游战略将有助于盘活社区的自然和文化资源，通过开展乡村旅游来增加收入来源，从而减少传统种、养殖业的比例，从根本上减少对保护区周边森林资源的消耗，社区产业结构的调整将有助于为保护区营造更为和谐友好的社区环境。

第八章

保护区建设与管理

平河梁自然保护区成立于 2006 年 12 月，2013 年 6 月晋升为国家级自然保护区。保护区管理机构为陕西平河梁自然保护区管理局，隶属陕西省宁东林业局；保护区总面积 21 152 hm²，全部为国有林地。保护区成立以来，开展了一期基础设施建设，完成了勘界立标和基层保护站、哨卡建设，制定了完善的管理制度，在野外设有长期植物监测样地和样线，依托宁东林业局建成了完备的巡护监测队伍，对大熊猫等自然资源和环境状况进行长期、系统监测，与境内外高校、科研院所和组织开展合作研究，倡议成立了 "秦岭东部大熊猫保护联盟"，广泛开展公众宣传教育，提高环境和保护意识，支持社区发展，积极整改环境问题和恢复受损栖息地。通过长期建设，保护区建成了能满足管护工作的基础设施和保护管理体系，形成了较为系统的巡护、监测队伍和工作方案，在宣传教育、巡护管理、服务社区、对外交流方面的成效和能力不断提升。当然，保护区也存在专业人员数量不足、专业能力薄弱、缺乏稳定经费支持等制约保护管理能力和成效持续提升的问题，需要在后续工作中着力解决。

一、沿革及机构建设

保护区成立于 2006 年 12 月，是经陕西省人民政府批准建立的以保护大熊猫及其栖息地为主的森林和野生生物类型的省级自然保护区；2013 年 6 月，经国务院办公厅批准（国办法 [2013]48 号），批准平河梁自然保护区晋升为国家级自然保护区；2016 年 11 月，陕西保护区新晋成为 "联合国教科文组织人与生物圈计划、中华人民共和国人与生物圈国家委员会" 中国生物圈保护区网络（CBRN）成员。

保护区是在陕西省宁东林业局旬阳坝林场、火地塘林场和新矿林场部分范围内建立的自然保护区，隶属于陕西省宁东林业局和陕西省森林资源管理局。根据《关于陕西平河梁省级自然保护区管理局组织机构及人员编制的通知》（陕林字 [2007]34 号）成立陕西平河梁省级自然保护区管理局，管理局为正处级事业单位建制，下设办公室、保护科、科研宣教科、社区共管科，基层设立保护站、检查站、林业派出所等单位；保护区人员编制 60 人，由陕西省宁东林业局调配，工资标准可参照现行事业单位标准执行。

该保护区管理局自成立以来，长期与陕西省宁东林业局合署办公，目前有 7 人专门从事保护区工作；保护区基层保护站与宁东林业局林场合署办公，每个保护站有 1～2

人专门从事保护区相关工作。目前，该保护区性质仍为国有企业，不具有独立法人资格，与宁东林业局两块牌子，一套人马。

保护区没有事业经费来源，目前工作人员经费来源于宁东林业局项目经费（陕西省宁东林业局天保工程管护费）。2017 年至 2019 年累计收入项目资金 1245 万元，其中 2017 年 2 项 285 万元，2018 年 1 项 960 万元，主要集中于日常管理、管护、监测等基础能力建设，以及大熊猫物种专项科研监测。因"两块牌子、一套班子"的管理体制，保护区无独立财务科室，资金使用和财务工作未与宁东林业局分离脱钩。

二、基础设施建设

保护区于 2008 年完成保护区勘界立标工作，共埋设青石界碑 15 个，水泥界桩 410 个，警示标识标牌 50 个，并于 2018 年启动勘界立标完善工作，已新增标识牌 64 块。目前保护区警示标识、标牌、界碑、界桩等设施能够满足现有管护工作需求。

2014 年 8 月，国家林业局对《陕西平河梁国家级自然保护区总体规划（2013—2022 年）》予以批复。2016 年 1 月，国家林业局批复了《陕西平河梁国家级自然保护区基础设施建设项目可行性研究报告》。2018 年 7 月，保护区基础设施建设项目中央补助资金 960 万到账，项目建设期限 2 年。

目前，保护区基层保护站借用或沿用林场场部，哨卡借用或沿用林场管护站。保护区现有旬阳坝、火地塘和新矿 3 个基层保护站和 3 个哨卡，所有保护站均有办公室、会议室和档案室；保护站和哨卡配套生活设施齐全，部分哨卡已开始翻新整修，具有日常工作和生活的基础条件。为配合管理，新矿三缸河等地还在保护区入口处修建了铁门，实行封闭式管理，有效控制了进入保护区的人为干扰。虽然保护站和哨卡均位于保护区外，鉴于保护区内无常住居民和旅游项目，活动类型以林场职工作业和实验区车辆穿行为主，基本能够满足管护需求。当然，保护区所在地潮湿、冬季寒冷，设施和设备的老旧、老化率较高，也存在部分设施修建多年，需要进行更新和维护的问题。

三、功能区划、定边立界和土地权属

保护区总面积 21 152 hm²，核心区面积 6 150 hm²、缓冲区面积 6 200 hm²、实验区面积 8 442 hm²，功能区划合理，与 2014 年 8 月原国家林业局批复文件一致，边界清晰。

2006 年成立省级保护区，面积 15 578 hm²；2008 年 4 月，保护区面积增加至 21 152 hm²；2008 年 7 月完成了保护区各功能区勘界、立标工作，在进入保护区的边界处，设立有界碑等标识；保护区同其他保护地无重叠，边界范围清楚，无争议。

保护区总面积 21 152 hm²，全部为国有林地。2003 年，陕西省人民政府以"宁林证字（2003）第 0612424020 号证"颁发给陕西省宁东林业局 11 345 hm² 林权证；2008 年，陕西省人民政府以"040060 林证字（2008）第 0000000001 号证"颁发给陕西省宁东林业局 9 531.3 hm² 林权证；2009 年，陕西省人民政府以"040201 林证字（2009）第 0000000001 号证"颁发给陕西省宁东林业局 1 9495.5 hm² 林权证，总面积 40 371.8 hm²。保护区面积全部在这些林权证面积范围内，林地手续齐全，无争议纠纷，权属清楚。

四、保护与管理能力建设

保护区成立以来，首先进行了管理制度建设。依据有关法律、法规，制定了一系列的管理制度和管理办法，编写了管理制度汇编，包括陕西平河梁国家级自然保护区管理制度、保护管理站管理（试行）规定、各个科室工作职责、保护站工作职责、保护站量化考核办法、档案管理办法、巡护监测工作制度、巡护员量化考核管理办法、设备器材管理制度、进入自然保护区人员管理办法、检查哨卡工作职责等。各科室工作职责在该保护区办公室已实现上墙，保护区管理制度汇编中的制度也已在保护站上墙，这些管理制度有效地促进了自然保护工作的开展。

开展了管护能力建设。管理局制定了巡护监测工作制度和保护站、巡护员量化考核制度，实行林业局（保护区管理局）—林场（保护站）—管护站（哨卡）三级管护体制，建立 38 人的兼职巡护管护队伍。3 个管护站都坚持集体巡护制度，全面实行"2+3+N"巡护方式（注：林业局（保护区管理局）设线路 2 条、林场（保护站）设线路 3 条、管护站（哨卡）设线路 N 条），开展违法违规活动监管、林政稽查、野生动植物保护工作，基本做到日常巡护监测工作制度化、日常化。

五、专业和科研能力建设

保护区人员编制由陕西省宁东林业局调配，专职人员 7 人，高级技术人员 3 人。保护区在科研监测方面的工作主要由保护科负责实施，保护科有 3 名专职人员负责相关监测，制定有相关的监测工作制度，承担对保护区动植物资源的监测计划和行动。在野外设有长期的植物监测样地和动植物监测样线，尤其监测了主要保护对象大熊猫分布区的植被状况、主食竹资源及其栖息地质量状况。每次监测行动有详细的监测记录，也有完整的档案管理，并在此基础上建立了保护区珍稀濒危野生动植物的分布和数量的基础信息。由于保护区的类型和性质，保护区对动物的监测力度较大，除通过样线监测外，还布设红外相机进行长期、系统监测，对监测的影像数据进行了分类存储管理，构建有相应的数据库及保管档案。2007—2008 年完成第一次综合科学考察，形成《陕西平河梁省级自然保护区综合科学考察与生物多样性研究》综合科考报告；2013 年保护区还开展了大熊猫栖息地专项调查；保护区承担了大熊猫国际合作项目"大熊猫边缘栖息地小种群保护模式和廊道研究"，参与"秦岭平河梁种群救护规划与野化适应基地建设示范"等项目；2019 年 6 月委托中国林业科学研究院开展陕西平河梁国家级自然保护区综合科学考察工作。另外，保护区与中国科学院、中国林业科学研究院、复旦大学、北京林业大学和世界自然基金会等机构合作，开展保护区内大熊猫、金丝猴及其他物种的专项研究。

保护区建立以来，不定期邀请专家对保护区员工的专业技能和知识进行培训，以此提高员工对保护区内生物资源的鉴别能力和专业知识，学习新的监测技术和设备使用。已选派 100 多人次外出学习巡护监测、标本制作、自然体验、保护区和网络管理、社区工作等知识。

六、宣教能力建设

为广泛开展公众宣传教育，保护区加大社区宣传教育和培训工作，对周边社区采取聘请专家现场传授技术和环保理念、办板报、散发宣传材料、张贴标语、设置宣传牌等多种形式开展宣传教育工作。同时，保护区以每年的"野生动植物日""爱鸟周"等活动为契机，通过教育基地体验、学生夏令营、科普讲座等多种宣传方式，提高了人们保护野生动物及其栖息地、保护森林资源的意识和自觉性，具有较好的社会影响。2016年至今，每年均开展3次以上自然保护区相关的宣教培训活动，2016—2018年宣教次数超过3 000人次，2019年超过1 000人次。

七、对外合作与交流

积极开展对外合作，以此培训和锻炼人才。保护区除与中国科学院、复旦大学、北京林业大学、中国林业科学研究院和世界自然基金会等机构开展合作研究外，还为西北农林科技大学、杨凌职业技术学院、咸阳中医学院、西北大学、陕西师范大学、延安大学、陕西省动物研究所、榆林林校、延安林校等学校和科研单位提供教学和科研基地，开展科研和项目合作。

2013年由平河梁倡议牵头，天华山、皇冠山自然保护区和宁陕县相关单位和学校、森林公安一分局参与成立了"秦岭东部大熊猫保护联盟"，目的是紧紧围绕大熊猫等珍稀濒危野生动物及其栖息地的有效保护这个共同目标，以"增强合作交流，推进秦岭保护跨越发展"为主题，消除由于行政关系造成的对大熊猫等珍稀野生动物及其栖息地产生保护盲区，促使栖息地保护的连通性。"秦岭东部大熊猫保护联盟"工作，不仅加强了秦岭东部大熊猫保护联盟各成员单位的相互协调和联合行动能力，同时也为各成员单位每年提供一次良好的交流和分享机会，为保护好秦岭东部区域野生动植物资源，推动今后秦岭东部大熊猫保护工作起到了十分积极的作用。

八、巡护管理

保护区建立以来，实行"依法治区、依法保护、打防结合"的方针，推动自然保护区工作走上了法制化轨道。保护区协助当地林业派出所开展不定期执法检查活动；2014年以来，每年通过"秦岭东部大熊猫保护联盟"平台，与森林公安等联盟成员开展定期联合执法检查，打击乱捕滥猎、乱挖滥采、乱砍滥伐、清除东秦岭大熊猫走廊带内重要区域的猎具等破坏森林及野生动物违法犯罪活动；配合"绿盾"自然保护地监督检查行动，加强违法违规人类活动的监督检查。

针对2016年中央生态环保督察指出保护区内存在的两处问题：保护区和当地有关部门已对原东平沟滑石矿项目废弃矿区（实验区内）进行了拆除和清理，通过人工造林进行了恢复，2017年9月30日全面完成整改；对陕西省体育局宁陕高原训练基地项目（实验区内），经拆除、场地平整、土壤回填、苗木栽植、草籽撒播等恢复工作，完成整改；以上问题的整改已由陕西省生态环境厅官网公示，公示期内无异议，按程序同意销号。2018 年至今，该保护区全区无"四类聚焦"新增问题。

九、社区发展

保护区内无居民和农田。2008 年起，在 WWF 的资助下，成立了由保护区管理局、旬阳坝镇（现并入城关镇）政府和西北农林科技大学火地塘教学实验林场等单位组成的"平河梁保护区社区资源共管委员会"。群抓共管，对周边群众开展了农业技术培训，发放《秦岭地区主要中草药关键栽培技术》《简明新法中蜂养殖技术》等实用技术资料，指导地膜种植、天麻栽培、猪苓等半野生林下培育等活动，实施了"促进保护区周边社区经济基于生态保护的可持续发展项目"以扶持社区村民发展基于环境友好型的替代项目，实施了社区小额发展基金项目，约 180 人获资助。通过技术和资金扶持，促进了当地农村产业结构调整，增加了农民收益，减弱了群众对保护区自然资源的依赖。

第九章
保护成效与存在问题

一、保护成效与问题

经过多年的保护与建设，保护区在物种和生物多样性保护方面取得了较为显著的成效，生态系统的原生性、稳定性和完整性得到进一步加强，生态服务功能和价值明显提升。首先是一些起源较为久远的物种分布和种群规模维持稳定，如植物中的红豆杉、连香树、水青树、领春木等物种的分布数量保持稳定，动物中的秦巴拟小鲵、食虫目兽类等物种维持较高的遇见率，反映了保护区生态系统的原生性得到了较好保护。近年来，保护区生物多样性增加明显，物种数量和种群规模都增幅较大，动植物区系得到进一步丰富和完善，常见物种维持稳定增长，尤以优势种增长明显，主要保护对象羚牛、黑熊、红腹角雉、红腹锦鸡等物种的种群结构健康，种群数量持续增加；尤其是一些物种在保护区新发现和灭绝后再发现，如横斑锦蛇、白冠长尾雉、黑冠鹃隼、狍、水獭、豹等，充分说明了保护区生态环境和栖息地质量不断向好，更适合物种的生存和发展，环境容量增加，栖息地适宜性进一步提升的保护成效。保护区植被演替效果显著，群落结构更为复杂多样，林分稳定、森林资源蓄积增长，森林生态系统的服务功能持续加强，保护区大气环境常年为Ⅰ级空气质量，汛期仍然保持清澈水质，常年保持1～2类水平的水体质量，持续地为周边地区提供林产品、蜜源、水源、大气、优质景观等产品，保护区在优良生态环境维持、水源涵养、水土保持、气候调节等方面的生态服务功能不断提升，为周边提供的生态产品更为多元和丰富，充分展现了保护地的价值和成效。

当然，保护区生态系统和生物多样性保护也存在系统演替阶段和一些长期没有得到很好解决的问题，需要在未来工作中予以关注。首先，保护区大部分区域经历过大规模的采伐，大部分为次生林，阔叶林比重较大，部分区域还有日本落叶松人工林等外来种，总体上植被处于恢复演替阶段；生态系统对大小蠹、天牛等虫害的抵御能力较弱，在上坝河、三岔河等地华山松等树种局部死亡的现象较多。箭竹是境内大熊猫的主食竹之一，近年来在三缸河、三岔河等地出现了较大面积的死亡，对大熊猫食物安全构成风险。在动物资源保护方面最急迫的问题是境内大熊猫种群规模小、隔离程度严重，种群生存能力降低、安全风险较高；其他比较突出的问题主要有一些经过破坏性捕捞的物种仍未恢复其种群分布和规模，区域性的模式标本物种种群信息不明，高级消费者在保护区较少，尤其是大型猫科动物偏少；另外，还存在人畜共患病、豹猫寄生虫等疫病风险，有蹄类动物还存在局部扩散受限等问题。

二、管理成效与问题

通过长期建设，保护区建成了能满足管护工作的基础设施和保护管理体系，形成了较为系统的巡护、监测队伍和工作方案，在宣传教育、巡护管理、服务社区、对外交流方面开展了大量工作，在保护管理方面奠定了较好基础。当然，本次调查也发现保护管理方面仍然存在一些问题和新的挑战。首先，偷盗猎现象在保护区内仍然存在，调查期间在三缸河监测到羚牛腿被钢套伤害的场景，说明保护区内的非法猎捕仍未根除。其次，保护区的干扰格局发生了较大变化，需要及时调整管理措施和对策，由于道路等原因，保护区的可进入性大大增强，影响最大的是沿 210 国道的人流、车流干扰，如何管控外来人员和车辆是目前急需解决的问题；在新矿区域实行了封闭管理，干扰较少，主要是一些当地村民挖药等活动；东峪河区域是一开放环境，社区放牧对保护区影响较大，需要进行管控。另外，在管理上还存在专业人员不足、能力较低，缺乏稳定经费支撑和有效的管理机制，也存在部分设施老旧、老化，需要更新和维护等问题。

参考文献

[1] M. GONG, Z. FAN, X. ZHANG, et al. Measuring the effectiveness of protected area management by comparing habitat utilization and threat dynamics[J]. Biological Conservation, 2017, 210: 253–260.

[2] M. GONG, T. GUAN, M. HOU, et al. Hopes and challenges for giant panda conservation under climate change in the Qinling Mountains of China[J]. Ecology evolution, 2017, 7: 596–605.

[3] 北京农业大学 . 昆虫学通论 [M]. 农业出版社 ,1982.

[4] 陈芳芳 , 陈珂璐 , 刘绥鹏 , 等 . 宁陕齿突蟾生物学特性的初步研究 [J]. 陕西林业科技 , 2017, 59–63.

[5] 陈世骧 . 中国动物志 昆虫纲 鞘翅目 铁甲科 [J]. 生物科学信息 , 1990(6):250.

[6] 陈晓虹 , 李磊 , 江建平 , 等 . 宁陕齿突蟾的补充描述及地理分布探讨 [J]. 动物分类学报 , 2009, 34:647–653.

[7] 陈彦生 . 陕西维管植物名录 [M]. 高级教育出版社 ,2016.

[8] 陈业 , 李成德 . 中国蚜小蜂属 2 新记录种记述 (膜翅目 : 蚜小蜂科)[J]. 东北林业大学学报 , 2016, 44:100–103.

[9] 戴芳澜 . 中国真菌总汇 [J]. 科学出版社 , 1979.

[10] 邓叔群 . 中国的真菌 [J]. 科学出版社 , 1963.

[11] 狄维忠 , 于兆英 . 陕西省第一批国家珍稀濒危保护植物 [M]. 西北大学出版社 ,1989.

[12] 方树淼 , 许涛清 , 宋世良 , 等 . 陕西省鱼类区系研究 [J]. 兰州大学学报 , 1984, 97–115.

[13] 付达莉 . 秦岭大熊猫栖息地植物群落中物种多样性的初步分析 [D]. 北京 : 北京大学 , 1998.

[14] 龚明昊 , 刘刚 , 官天培 , 等 . 秦岭大熊猫种群扩散格局及研究方法 [J]. 生态学报 , 2016, 36:6.

[15] 巩会生 , 马亦生 , 曾治高 , 等 . 陕西秦岭及大巴山地区的鸟类资源调查 [J]. 四川动物 , 2007, 26:746–759.

[16] 郭威 , 庞桂珍 . 宁陕县旅游资源的开发利用 [J]. 国土资源与环境 , 2000, 3.

[17] 郭晓思 . 秦岭植物志 [M]. 科学出版社 ,2013.

[18] 郭晓思 , 徐养鹏 . 秦岭植物志 . 第二卷 , 石松类和蕨类植物 [M]. 科学出版社 ,2013.

[19] 国家林业局 . 全国第三次大熊猫调查报告 (精)[M]. 科学出版社 ,2006.

[20] 韩景卫 . 秦岭太白山地区石海探密 [J]. 宝鸡文理学院学报 (自然科学版), 1993(1):82–85.

[21] 胡健民 , 孟庆任 , 陈虹 , 等 . 秦岭造山带内宁陕断裂带构造演化及其意义 [J]. 岩石学报 , 2011,27(15).

[22] 花保祯 , 周尧 , 方德齐 . 中国木蠹蛾志 (鳞翅目 : 木蠹蛾科)[M]. 天则出版社 ,1990.

[23] 李福来 . 宁陕县枯叶蛾科昆虫区系分析研究 [J]. 陕西林业科技 , 2019,47(1):58–61.

[24] 李福来.宁陕县天蛾科昆虫区系分析研究[J].陕西林业科技,2018,46(5):48–52.

[25] 李思锋,黎斌.秦岭植物志增补:种子植物[M].科学出版社,2013.

[26] 李思忠.中国淡水鱼类的分布区划[M].科学出版社,1981.

[27] 李战刚,康克功,吴振海.陕西平河梁省级自然保护区综合科学考察与生物多样性研究[M].陕西科学技术出版社,2008.

[28] 梁刚,雷富民.宁陕齿突蟾雄性的发现(无尾目锄足蟾科)[J].陕西师大学报(自然科学版),1989,17(4):92–93.

[29] 刘吉权,文亚松.陕西宁陕县太山庙金矿地质特征及成因[J].云南地质,2018,37(1):67–1.

[30] 陆宇燕,李丕鹏,梁刚,等.宁陕齿突蟾蝌蚪的生物学特性[J].动物学报,2007,53(2):383–389.

[31] 罗根根,李宗会,赵东宏.陕西南秦岭宁陕－柞水一带钼矿床成矿地质特征及成矿时代[C]//中国地质学会2013年学术年会论文摘要汇编——S11西北地区重要成矿带成矿规律与找矿突破分会场.2013:102–103.

[32] 罗键,刘颖梅,高红英,等.重庆市两栖爬行动物分类分布名录[J].西南师范大学学报:自然科学版,2012,37(4):130–139.

[33] 骆荣君,石义勇,秦釲亚.宁陕县旅游开发的思考[J].陕西林业,2006(3):20–21.

[34] 卯晓岚.中国大型真菌[J].中国科学院微生物研究所,2000.

[35] 卯晓岚.中国蕈菌[M].科学出版社,2009.

[36] 孟祥明,熊月萍.陕西平河梁自然保护区面临的威胁与限制因素及保护对策[J].陕西农业科学,2008(6):123–124.

[37] 牛春山.陕西树木志[M].中国林业出版社,1990.

[38] 彭海练,李维成,李武杰,等.陕西宁陕县铷等稀有金属成矿地质特征及找矿前景分析[J].陕西地质,2016,34(2):21–26.

[39] 祁鹏,李峻志,李安利,等.五棱散尾鬼笔——陕西省新发现简报[J].中国食用菌,2014,(4)12–13.

[40] 祁鹏,李峻志,张黎光,等.重脉鬼笔——陕西省新记录种[J].中国食用菌,2016,35(4):5–6.

[41] 秦岭,孟祥明,KRYUKOV A,等.陕西秦岭平河梁自然保护区小型兽类的组成与分布[J].动物学研究,2007,28(3):231–242.

[42] 陕西省动物研究所.秦岭鱼类志[M].科学出版社,1987.

[43] 陕西省动物研究所.秦岭鱼类志[J].科学出版社,1987.

[44] 邵世才.东秦岭造山带南部宁陕花岗岩体群的地球化学及其构造环境研究[J].中南矿冶学院学报,1992,23(2):117–123.

[45] 寿建新,雷生辉.周氏虎凤蝶不同于中华虎凤蝶[J].西安文理学院学报,(自然科学版),2009,12(4):11–16.

[46] 宋延龄,曾治高,张坚,等.秦岭羚牛的家域研究[J].兽类学报,2000,20(41):241–249.

[47] 田宁朝,赵洪峰.陕西宁陕县朱鹮野化放飞区的鸟类区系[J].陕西林业科技,2007(4),55–56,76.

[48] 王根宝,岳康茂,张升全.陕西南秦岭地质组成及其演化[J].陕西地质,1996,7.14(1)20–26.

[49] 王昊,李松岗,潘文石.秦岭大熊猫(*Ailuropoda melanoleuca*)的种群存活力分析[J].北京大学

学报 , 2002, 38:756–761.

[50] 王利民 , 陈佩 . 陕西省宁陕县太山庙金矿床地质特征及找矿标志 [J]. 陕西地质 , 2020, 38(1):15–19.

[51] 王廷正 , 王德兴 , 魏宏 , 等 . 陕西宁陕地区啮齿动物区系和垂直分布的研究 [J]. 陕西师大学报 : (自然科学版) , 1989, 17(4):41–45.

[52] 王薇 , 李孟楼 . 平河梁林区昆虫的分布 [J]. 西北林学院学报 , 2009, 24(3):126–130.

[53] 魏辅文 , 杨奇森 , 吴毅 , 等 . 中国兽类名录 (2021 版)[J]. 兽类学报 , 2021, 41(5):487–501.

[54] 吴闻人 , 戴仲和 . 陕西宁陕一带构造及其与成矿的关系 [J]. 西北地质 , 1981(5):37–43.

[55] 许涛清 , 范维端 . 陕西省汉江鱼类及渔业问题 [J]. 淡水渔业 , 1987(5):3–7.

[56] 杨林森 , MESSENGER K, 廖明尧 . 湖北神农架国家级自然保护区两栖爬行动物物种多样性 [J]. 四川动物 , 2009, 28(2):286–290.

[57] 杨平厚 , 孙承骞 . 陕西野生兰科植物图鉴 [M]. 陕西科学技术出版社 ,2007.

[58] 姚肖永 . 秦岭地区虎凤蝶 (*Luehdorfia*) 的研究 [D]. 西安 : 西北大学 , 2007.

[59] 于晓东 , 罗天宏 , 周红章 . 长江流域鱼类物种多样性大尺度格局研究 [J]. 生物多样性 , 2005, 26(6):565–579.

[60] 于晓平 , 李金钢 . 秦岭鸟类野外实习手册 [M]. 北京 : 科学出版社 ,2015.

[61] 袁伟 , 高华影 , 原洪 , 等 . 秦岭宁陕林区鸟类资源调查 [J]. 西北林学院学报 , 1990, 5(1):66–74.

[62] 苑彩霞 , 刘长海 , 徐世右 , 等 . 陕西省平河梁自然保护区蝶类资源调查及区系研究 [J]. 安徽农业科学 , 2012, 40:(8)4478–4481.

[63] 张春光 . 中国内陆鱼类物种与分布 [M]. 北京 : 科学出版社 ,2016.

[64] 张荣祖 . 中国动物地理 [M]. 北京 : 科学出版社 ,1999.

[65] 郑光美 . 中国鸟类分类与分布名录 . 第 2 版 [M]. 科学出版社 ,2011.

[66] 郑生武 . 秦岭兽类志 [M]. 北京 : 中国林业出版社 ,2010.

[67] 郑智 , 龚大洁 , 孙呈祥 , 等 . 秦岭两栖、爬行动物物种多样性海拔分布格局及其解释 [J]. 生物多样性 , 2014, 22(5):596–607.

[68] 郑作新 . 秦岭鸟类志 [M]. 北京 : 科学出版社 ,1973.

[69] 吴逸群 , 王开锋 , 任锦利 . 陕西蛇类新记录——横斑丽蛇 [J]. 四川动物 , 2019, 38(6):1.

附　录

附录1　平河梁保护区石松类和蕨类植物名录

石松类 Lycophytes

1. 卷柏科 Selaginellaceae

卷柏属 *Selaginella* Beauv.

伏地卷柏 *S. nipponica* Franch.

卷柏 *S. tamariscina* (Beauv.) Spring

垫状卷柏 *S. tamariscina* var. *pulvinata* (Hook. et Grev.) Alston

江南卷柏 *S. moellendorffii* Hieron.

地柏枝 *S. involvens* (Sw.) Spring

蔓出卷柏 *S. davidii* Franch.

小卷柏 *S. helvetica* (L.) Spring

地卷柏 *S. prostrata* H. S. Kung

鞘舌卷柏 *S. vaginata* Spring

蕨类 Monilophytes

2. 木贼科 Equisetaceae

木贼属 *Equisetum* L.

问荆 *E. arvense* L.

木贼 *E. hyemale* L.

节节草 *E. ramosissima* Desf.

3. 瓶尔小草科 Ophioglossaceae

假阴地蕨属 *Botrypus* Michx.

蕨萁 *B. virginianum* (Linn.) Holub.

瓶尔小草属 *Ophioglossum* L.

心叶瓶尔小草 *O. reticulatum* L.

4. 紫萁科 Osmundaceae

紫萁属 *Osmunda* L.

紫萁 *O. japonica* Thunb.

5. 膜蕨科 Hymenophyllaceae

假脉蕨属 *Crepidomanes* Presl

翅柄假脉蕨 *C. lateatum* Cop.

膜蕨属 *Hymenophyllum* Sm.

华东膜蕨 *H. barbatum* Baker

6. 蘋科 Marsileaceae

蘋属 *Marsilea* Linn.

蘋 *M. quadrifolia* L.

7. 槐叶蘋科 Salviniaceae

槐叶蘋属 *Salvinia* Adans.

槐叶蘋 *S. natans* L.

满江红属 *Azolla* Lam.

满江红 *A. imbricata* (Roxb.) Nakai

8. 碗蕨科 Dennstaedtiaceae

蕨属 *Pteridium* Scopoli

蕨 *P. aquilinum* var. *latiusculum* (Desv.) Underw.

毛轴蕨 *P. revolutum* (Bl.) Nakai

碗蕨属 *Dennstaedtia* Bernh.

溪洞碗蕨 *D. wilfordii* (Moore) Christ

细毛碗蕨 *D. hirsuta* (Sw.) Mett.

9. 凤尾蕨科 Pteridaceae

凤尾蕨属 *Pteris* L.

凤尾蕨 *P. cretica* var. *nervosa* (Thunb.) Ching

狭叶凤尾蕨 *P. henryi* Christ

蜈蚣草 *P. vittata* L.

井栏边草 *P. multifida* Poir.

铁线蕨属 *Adiantum* L.

白背铁线蕨 *A. davidii* Franch.

掌叶铁线蕨 *A. pedatum* L.

普通铁线蕨 *A. edgworthii* Hook.

肾盖铁线蕨 *A. erythrochlamys* Diels

粉背蕨属 *Aleuritopteris* Fee

银粉背蕨 *A. argentea* (Gmel) Fee

陕西粉背蕨 *A. shensiensis* Ching

碎米蕨属 *Cheilosoria* Trev.

毛轴碎米蕨 *C. chusana* (HooK.) Ching

旱蕨属 *Pellaea* Link

滇西旱蕨 *P. mairei* Brause

金粉蕨属 *Onychium* Kaulf.

野鸡尾 *O. japonicum* (Thunb.) Kze.

栗柄金粉蕨 *O. japonicum* var. *lucidum* (Don) Christ

金毛裸蕨属 *Gymnopteris* Bernh.

耳羽金毛裸蕨 *G. bipinnata* var. *auriculata* (Franch.) Ching

凤了蕨属 Coniogramme Fee

紫柄凤了蕨 *C. sinensis* Ching

太白山凤了蕨 *C. taipaishanensis* Ching

普通凤了蕨 *C. intermedia* Hieron

10. 冷蕨科 Cystopteridaceae

冷蕨属 *Cystopteris* Bernh.

膜叶冷蕨 *C. pellucida*（Franch.）Ching ex C. Chr.

羽节蕨属 *Gymnocarpium* Newman

东亚羽节蕨 *G. oyamense*（Bak.）Ching

11. 铁角蕨科 Aspleniaceae

铁角蕨属 *Asplenium* L.

铁角蕨 *A. trichomanes* L.

虎尾铁角蕨 *A. incisum* Thunb.

宝兴铁角蕨 *A. moupinense* Franch.

华中铁角蕨 *A. sarelii* Hook.

北京铁角蕨 *A. pekinense* Hance

变异铁角蕨 *A. varians* Wall.

云南铁角蕨 *A. exiguum* Bedd.

甘肃铁角蕨 *A. kansuense* Ching

过山蕨 *A. sibiricus* Pupr.

钝齿铁角蕨 *A. tenuicaule* Hayata var. *subvarians*（Ching）Vians

12. 金星蕨科 Theylypteridaceae

金星蕨属 *Parathelypteris*（H. Ito）Ching

中日金星蕨 *P. nippchica*（Franch. et Sav.）Ching

针毛蕨属 *Macrothlypteris*（H. Ito）Ching

雅致针毛蕨 *M. oligophlebia* var. *elegans*（Kodz.）Ching

卵果蕨属 *Phegopteris* Fee

延羽卵果蕨 *P. decursive-pinnata*（Van Hall.）Fee

卵果蕨 *P. connectilis*（Michx.）Watt.

紫柄蕨属 *Pseudopegopteris* Ching

星毛紫柄蕨 *P. levingei*（Clarke）Ching

13. 岩蕨科 Woodsiaceae

岩蕨属 *Woodia* R. Br.

耳羽岩蕨 *W. polystichoides* Eaton

14. 蹄盖蕨科 Athyriaceae

蹄盖蕨属 *Athyrium* Roth

日本蹄盖蕨 *A. niponicum*（Mett.）Hance

麦秆蹄盖蕨 *A. fallaciosum* Milde

中华蹄盖蕨 *A. sinense* Rupr.

川滇蹄盖蕨 *A. mackinnonii*（Hope）C. Chr

假冷蕨 *A. spinulosa*（Maxim.）ching

大叶假冷蕨 *A. atkinsonii* Bedd.

三角叶假冷蕨 *A. subtriangulare*（Hook.）Bedd.

对囊蕨属 *Deparia* Hook. & Grev.

中华介蕨 *D. chinense* Ching.

朝鲜介蕨 *D. coreanum*（Christ）Tagawa

华中介蕨 *D. okuboanum*（Makino）Ching

陕甘介蕨 *D. confusum* Ching

鄂西介蕨 *D. Henryi*（Bak.）Ching

陕西峨眉蕨 *D. giraldii*（Christ）Ching

河北峨嵋蕨 *D. vegetius*（Kitagawa）Ching

华中峨眉蕨 *D. shennongense* Ching

双盖蕨属 *Diplazium* Sw.

黑鳞短肠蕨 *D. crenata*（Sommerf.）Ching

15. 球子蕨科 Onocleaceae

荚果蕨属 *Matteuccia* Todaro

荚果蕨 *M. struthiopteris*（L.）Todaro

尖裂荚果蕨 *M. struthiopteris* var. *acutiloba* Ching

东方荚果蕨属 *Pentarhizidium* Hayata

东方荚果蕨 *P. orientale*（Hook.）Hayata

中华荚果蕨 *P. intermedium*（C. Chr.）Hayata

16. 肿足蕨科 Hypodematiaceae

肿足蕨属 *Hypodematium* Kunze

光轴肿足蕨 *H. hisutum*（Don）Ching

修株肿足蕨 *H. Gracile* Ching

17. 鳞毛蕨科 Dryopteridaceae

鳞毛蕨属 *Dryopteris* Adanson

豫陕鳞毛蕨 *D. pulcherrima* Ching

川西鳞毛蕨 *D. rosthornii*（Diels）C. Chr.

腺毛鳞毛蕨 *D. sericea* C. Chr.

半岛鳞毛蕨 *D. peninsulae* Kitag

半育鳞毛蕨 *D. sublacera* Christ

两色鳞毛蕨 *D. setosa*（Thunb.）Akasawa.

耳蕨属 *Polystichum* Roth

鞭叶耳蕨 *P. craspedosorum*（Maxim.）Diels.

小狭叶芽胞耳蕨 *P. atkinsohii* Bedd.

对马耳蕨 *P. tsus-simense*（Hook.）J. sw.

宝兴耳蕨 *P. baoxingense* Ching et H. S. Kung

革叶耳蕨 *P. neololatum* Nakai

喜马拉雅耳蕨 *P. brachypterum* (Kmfe) ching

陕西耳蕨 *P. shensiense* Christ.

中华耳蕨 *P. sinense* Christ

秦岭耳蕨 *P. submite* (Christ) Diels

宁陕耳蕨 *P. ningshenense* Ching

密鳞耳蕨 *P. squarrosum* (Don) Fee

康定耳蕨 *P. kangdingense* H. S. Kung et L. B. Zhang

乌鳞耳蕨 *P. piceo-paleaceum* Tagawa

贯众属 *Cyrtomium* Pyresl

贯众 *C. fortunei* J Sm.

小羽贯众 *C. fortunei* f. *polyterum* (Diels) Ching

秦岭贯众 *C. tsinglingense* Ching

18. 水龙骨科 Polypodiaceae

水龙骨属 *Polypodiodes* Ching

中华水龙骨 *P. chinensis* (Christ) S. G

瓦韦属 *Lepisorus* (J. Sm.) Ching

鳞瓦韦 *L. oligolepidus* (Baker) Ching

狭叶瓦韦 *L. angustus* Ching

扭瓦韦 *L. contortus* (Christ) Ching

有边瓦韦 *L. marginatus* Ching

骨牌蕨属 *Lepidogrammitis* Ching

中间骨牌蕨 *L. intermidia* Ching

石韦属 *Pyrrosia* Mirbel

有柄石韦 *P. periolosa* (Christ) Ching

华北石韦 *P. dnvidii* (Baker) Ching

拟毡毛石韦 *P. pseudodrakeana* Shing

毡毛石韦 *P. drakeana* (Franch.) Ching

石蕨属 *Saxiglossum* Ching

石蕨 *S. angustissimu* (Gies) Ching

假瘤蕨属 *Phymatopteris* Pic. Serm.

陕西假瘤蕨 *P. shensiensis* (Christ) Pic

槲蕨属 *Drgnaria* (Bory) J. Sm

秦岭槲蕨 *D. sinica* Diels

剑蕨属 *Loxogramme* (Blume) C. Presl

褐柄剑蕨 *L. duclouxii* Chirst

匙叶剑蕨 *L. grammitoides* (Bak.) C. Chr.

睫毛蕨属 *Pleurosoriopsis* Fomin

睫毛蕨 *P. makinoi* (Maxim.) Fomin

附录 2　平河梁保护区种子植物名录

裸子植物门 GYMNOSPERMAE

1. 银杏科 Ginkgoaceae

　　银杏属 *Ginkgo*

　　银杏 **G. biloba* Linn.

2. 松科 Pinaceae

　　冷杉属 *Abies*

　　秦岭冷杉 *A. chensiensis* Van Tieghem

　　巴山冷杉 *A. fargesii* Franch.

　　雪松属 *Cedrus*

　　雪松 **C. deodara* (Roxb.) Loud.

　　落叶松属 *Larix*

　　日本落叶松 **L. kaempferi* (lamb) Carr.

　　华北落叶松 **L. principis rupprechtiii* Mayr

　　云杉属 *Picea*

　　云杉 *P. asperata* Mast.

　　大果青杆 *P. neoveitchii* Mast.

　　青杆 *P. wilsonii* Mast.

　　松属 *Pinus*

　　华山松 *P. armandii* Franch.

　　油松 *P. tabulaeformis* Carr.

　　铁杉属 *Tsuga*

　　铁杉 *T. chinensis* (Franch.) Pritz.

3. 柏科 Cupressaceae

　　柏属 *Cupressus*

　　柏木 *C. funebris* Endl.

　　刺柏属 *Juuiperus*

　　刺柏 *J. formosana* Hayata

　　侧柏属 *Platycladus*

　　侧柏 *P. orientalis* (Linn.) Franch.

　　圆柏属 *Sabina*

　　圆柏 *S. chinensis* (Linn.) Antoine

4. 杉科 Taxodiaceae

　　水杉属 *Metasequoia*

　　水杉 **M. glyptostroboides* Hu et Cheng

5. 红豆杉科 Taxaceae

红豆杉属 *Taxus*

红豆杉 *T. wallichiana* var. *chinensis*（Pilger）Florin

6. 三尖杉科 Cephalotaxaceae

三尖杉属 *Cephalotaxus*

三尖杉 *C. fortunei* Hook. f.

中国粗榧 *C. sinensis*（Rehd. et Wils.）Li

被子植物门 ANGIOSPERMAE

1. 八角科 Illiciaceae

八角属 *Illicium*

八角 *I. henryi* Diels

2. 五味子科 Schisandraceae

五味子属 *Schisandra*

华中五味子 *S. sphenanthera* Rehd. et Wils.

3. 三白草科 Saururaceae

蕺菜属 *Houttuynia*

蕺菜 *H. cordata* Thunb.

三白草属 *Saururus*

三白草 *S. chinensis*（Lour.）Baill.

4. 马兜铃科 Aristolochiaceae

马兜铃属 *Aristlolochia*

北马兜铃 *A. contorta* Bge.

马兜铃 *A. debilis* Sieb. et Zucc.

汉中防己 *A. heterophylla* Hemsl.

细辛属 *Asarum*

毛细辛 *A. himalaicum* Hook. f. et Thoms. ex P. Duch.

细辛 *A. sieboldii* Miq.

马蹄香属 *Saruma*

马蹄香 *S. henryi* Oliv.

5. 木兰科 Magnoliaceae

木兰属 *Magnolia*

望春玉兰 *M. biondii* Pamp.

玉兰 *M. denudata* Desr.

紫玉兰 *M. liliflora* Desr.

6. 腊梅科 Calycanthaceae

腊梅属 *Chimonanthus*

腊梅 *C. praecox*（Linn.）Link.

7. 樟科 Lauraceae

樟属 *Cinnamomum*

三条筋树 *C. tamala* Nees et Eberm

山胡椒属 *Lindera*

山胡椒 *L. glauca*（Sieb. et Zucc.）Bl.

黑壳楠 *L. megaphylla* Hemsl.

绿叶甘橿 *L. neesiana*（Wall. ex Nees）Kurz

三桠乌药 *L. obtusiloba* Bl.

木姜子属 *Litsea*

木姜子 *L. pungens* Hemsl.

秦岭木姜子 *L. tsinlingensis* Yang et P. H. Huang

桢楠属 *Machilis*

大叶楠 *M. ichangensis* Rehd. et Wils.

8. 金粟兰科 Chloranthaceae

金粟兰属 *Chloranthus*

宽叶金粟兰 *C. henryi* Hemsl.

湖北金粟兰 *C. henryi* var. *hupehensis*（Pamp.）K. F. Wu

银线草 *C. japonicus* Sieb.

9. 菖蒲科 Acoraceae

菖蒲属 *Acorus* Linn

白菖蒲 *A. calamus* Linn.

金菖蒲 *A. gramineus* Soland.

10. 天南星科 Araceae

魔芋属 *Amorphophallus*

魔芋 *A. rivieri* Durien

天南星属 *Arisaema*

天南星 *A. consanguineum* Schott

宽叶天南星 *A. consanguineum* Schott form. *latisectum* Engl.

象天南星 *A. elephas* S. Buchet

花南星 *A. lobatum* Engl.

偏叶天南星 *A. lobatum* Engl. var. *rosthornianum* Engl.

细齿天南星 *A. serratum*（Thunb.）Schott.

粗齿天南星 *A. sikokianum* var. *magnidens*（N. E. Brown）Hand.–Mazz.

短柄天南星 *A. brevipes* Engl.

芋属 *Colocasia*

野芋 **C. antiquorum* Schott

半夏属 *Pinellia*

半夏 *P. ternata*（Thunb.）Breit.

11. 泽泻科 Alismataceae

慈姑属 *Sagittaria*

矮慈姑 *S. pygmaea* Miq.

12. 花蔺科 Butomaceae

　　花蔺属 *Butomus*

　　花蔺 *B. umbellatus* L.

13. 眼子菜科 Potamogetonaceae

　　眼子菜属 *Potamogeton*

　　眼子菜 *P. distinctus* A. Benn

14. 薯蓣科 Dioscoreaceae

　　薯蓣属 *Dioscorea*

　　黄姜 *D. bulbifera* Linn.

　　穿龙薯蓣 *D. nipponica* Makino

　　薯蓣 *D. oppesita* Thunb.

　　盾叶薯蓣 *D. zingiberensis* C. H. Wright.

15. 藜芦科 Melanthiaceae

　　重楼属 *Paris*

　　重楼 *P. polyphylla* Smith.

　　北重楼 *P. verticillata* Rieb.

　　延龄草属 *Trillium*

　　延龄草 *T. tschonoskii* Maxim.

　　藜芦属 *Veratrum*

　　藜芦 *V. nigrum* Linn.

16. 菝葜科 Smilacaceae

　　菝葜属 *Smilax*

　　托柄菝葜 *S. discotis* Warb.

　　粉菝葜 *S. glauco-china* Warb.

　　防己叶菝葜 *S. menispermoides* A.DC.

　　小叶菝葜 *S. microphylla* C. H. Wright

　　黑叶菝葜 *S. nigrescens* Wang et Tang

　　草菝葜 *S. riparia* A.DC.

　　黑刺菝葜 *S. scobinicaulis* C. H. Wright.

　　鞘柄菝葜 *S. stans* Maxim.

　　糙柄菝葜 *S. trachypoda* J. B. Norton

17. 百合科 Lilliaceae

　　肺筋草属 *Aletris*

　　肺筋草 *A. spicata* (Thunb.) Franch.

　　葱属 *Allium*

　　野葱 *A. chrysanthum* Regel

　　天蓝韭 *A. cyaneum* Regel

　　野蒜（薤白）*A. macrostemon* Bge.

　　卵叶韭 *A. ovalifolium* Hand.-Mazz.

多叶韭 *A. plurifoliatum* Rendle

高山韭 *A. sikkimense* Baker

茖葱 *A. victorialis* Linn.

开口箭属 *Campylandra* Baker

开口箭 *C. chinensis* (Baker) M. N. Tamura & al.

大百合属 *Cardiocrinum* (Endl.) Lingl.

云南大百合 *C. giganteum* (Wall.) Makino var. *yunnanense* (Leichtlin ex Elwes) Stearn

七筋骨属 *Clintonia*

七筋菇 *C. udensis* Trautv. et Meyer

铃兰属 *Convallaria*

铃兰 *C. keiskei* Miq.

宝铎草属 *Disporum*

山竹花 *D. cantoniense* Merr.

宝铎草 *D. sessile* D. Don

萱草属 *Hemerocallis*

黄花菜 *H. citrina* Baroni

萱草 *H. fulva* Linn.

小黄花菜 *H. minor* Mill.

玉簪属 *Hosta*

紫玉簪 *H. ventricosa* Stern

百合属 *Lilium*

百合 *L.brownii* F. E. Brown

百合 *L.brownii* var. *colchesteri* (Wall. et Van Houtt.) Wils. ex Stapf

白花百合 *L.brownii* var. *leucanthum* Baker

川百合 *L. davidi* Duchartre

绿花百合 *L. fargesii* Franch.

山丹花 *L. leichtlinii* Hook. f. var. *maximowiczii* (Regel) Baker

细叶百合 *L. tenuifolium* Fisch.

卷丹 *L. tigrinum* Ker–Gawl.

山麦冬属 *Liriope*

山麦冬 *L. spicata* Lour.

舞鹤草属 *Maianthemum*

二叶舞鹤草 *M. bifolium* (Linn.) F. W. Schmidt

管花鹿药 *M. henryi* (Baker) LaFrank.

沿阶草属 *Ophiopogon*

沿阶草 *O. bulbunieri* Levl.

麦冬沿阶草 *O. japonicus* Ker–Gawl.

黄精属 *Polygonatum*

卷叶黄精 *P. cirrhifolium* Royle

垂叶黄精 *P. curvistylum* Hua

城口黄精 *P. cyrtonema* Hua

距药黄精 *P. franchetii* Hua

矮茎黄精 *P. hookeri* Baker

节根黄精 *P. nodosum* Hua

玉竹 *P. odoratum*（Mill.）Druce

点花黄精 *P. punctatum* Royle

黄精 *P. sibiricum* Redoute

湖北黄精 *P. zanlanscianense* Pamp.

吉祥草属 *Reineckea*

吉祥草 *R. carnea*（Andr.）Kunth.

绵枣儿属 *Scilla*

绵枣儿 *S. sinensis*（Lour.）Merr.

舞鹤草属 *Maianthemum*

少穗花 *M. henryi*（Baker）Wang et Tang

鹿药 *M. japonica* A. Gray

算盘七属 *Streptopus*

曲梗算盘七 *S. obtusatus* Fassett

油点草属 *Tricyrtis*

宽叶油点草 *T. latifolia* Maxim.

油点草 *T. macropoda* Miq.

18. 兰科 Orchidaceae

白及属 *Bletilla*

狭叶白及 *B. ochracea* Schltr.

白及 *B. striata*（Thunb.）Reichb.

小白及 *B. yunnanensis* Schltr.

石豆兰属 *Bulbophyllum* Thouars

城口卷瓣兰 *B. chondriophorum*（Gagn.）Seid.

虾脊兰属 *Calanthe*

流苏虾脊兰 *C. alpina* Hook. f. ex Lindl.

弧距虾脊兰 *C. arcuata* Rolfe

剑叶虾脊兰 *C. davidii* Franch.

头蕊兰属 *Cephalanthera* Rich.

银兰 *C. erecta*（Thunb.）Bl.

头蕊兰 *C. longifolia*（L.）Fritsch

杜鹃兰属 *Cremastra*

杜鹃兰 *C. appendiculata*（D. Don）Makino

杓兰属 *Cypripedium*

毛杓兰 *C. franchetii* Wils.

扇叶杓兰 *C. japonicum* Thunb.

火烧兰属 *Epipactis*

火烧兰 *E. mairei* Schltr.

山珊瑚属 *Galeola* Lour.

毛萼山珊瑚 *G. lindleyana*（Hook. f. & Thoms.）Reichb. f.

盆距兰属 *Gastrochilus* D. Don

台湾盆距兰 *G. formosanus*（Hayata）Hayata

天麻属 *Gastrodia*

天麻 *G. elata* Blume

斑叶兰属 *Goodyera*

小斑叶兰 *G. repens* R. Br.

角盘兰属 *Herminium*

角盘兰 *H. monorchis* R. Br.

羊耳蒜属 *Liparis*

羊耳蒜 *L. japonica* Maxim.

沼兰属 *Malaxis*

沼兰 *M. monophyllos*（Linn.）Sw.

鸟巢兰属 *Neottia*

尖唇鸟巢兰 *N. acuminata* Schltr.

对叶兰 *N. puberula*（Maxim.）Szlachetko

山兰属 *Oreorchis*

长叶山兰 *O. fargesii* Finet

囊唇山兰 *O. indica*（Lindl.）Hook. f.

舌唇兰属 *Platanthera*

舌唇兰 *P. japonica*（Thunb.）Lindl .

蜻蛉兰 *P. fuscescens*（Linn.）Lindl.

独蒜兰属 *Pleione*

状独蒜兰 *P. bulbocodioides*（Franch.）Rolfe

绶草属 *Spiranthes*

绶草 *S. sinensis*（Pers.）Ames

19. 鸢尾科 Iridaceae

射干属 *Belamcanda*

射干 *B. chinensis*（Linn.）DC.

鸢尾属 *Iris*

鸢尾 *I. tectorum* Maxim.

黄花鸢尾 *I. wilsonii* C. H. Wright

20. 石蒜科 Amaryllidaceae

石蒜属 *Lycoris*

石蒜 *L. radiata*（L'Herit.）Herb.

忽地笑 *L. aurea*（L'Her.）Herb.

21. 天门冬科 Asparagus

    天门冬属 *Asparagus* Linn.

    天门冬 *A. cochinchinensis*（Lour.）Merr.

    蕨叶天门冬 *A. filicinus* Buch.–Ham.

22. 棕榈科 Palmae

    棕榈属 *Trachycarpus*

    棕榈 *T. fortunei*（Hook. f.）H. Wendl.

23. 鸭跖草科 Commelinaceae

    水竹叶属 *Murdannia*

    水竹叶 *M. keisak*（Hassk.）Hand.–Mzt.

    鸭跖草属 *Commelina*

    鸭跖草 *C. communis* L.

    竹叶子属 *Streptolirion*

    竹叶子 *S. volubile* Edgew.

24. 雨久花科 Pontederiaceae

    雨久花属 *Monochoria*

    鸭舌草 *M. vaginalis* Presl.

25. 姜科 Zingiberaceae

    姜属 *Zingiber*

    姜 **Z. officinale*Rosc.

26. 香蒲科 Typhaceae

    香蒲属 *Typha*

    宽叶香蒲 *T. latifolia* Linn.

    小香蒲 *T. minima* Funck

    香蒲 *T. orientalis*Presl.

27. 谷精草科 Eriocaulaceae

    谷精草属 *Eriocaulon*

    赛谷精草 *E. sieboldianum* Sieb. et Zucc.exSteud.

28. 灯芯草科 Juncaceae

    灯芯草属 *Juncus*

    葱状灯心草 *J. allioides* Franch.

    小灯心草 *J. bufonius* Linn.

    灯心草 *J. effusus* Linn.

    细灯心草 *J. gracillimus*（Buchen.）V. Krecz. et Gontsch.

    笄石菖 *J. prismatocarpus* R. Br.

    拟灯心草 *J. setchuensis* Buchen. var. *effusoides* Buchen

    地杨梅属 *Luzula*

    散穗地杨梅 *L. effusa*Buchen.

硬杆地杨梅（亚种）*L. multiflora* subsp. *frigida*（Buchen）V. I. Krecz.

羽毛地杨梅 *L. plumosa* E. Mey.

29. 莎草科 Cyperaceae

扁穗草属 *Blysmus*

华扁穗草 *B.sinocompressus* Tang et Wang

节秆穗草 *B.sinocompressus* var. *nodosus* Tang et Wang

薹草属 *Carex*

钝侧柱薹草 *C.bostrychscoides* Maxim.

毛状薹草 *C. capiliiformis* Franch.

大毛状薹草 *C. capiliiformis* var. *major* Kukeuth

长芒薹草 *C. davidii* Franch.

秦岭薹草 *C. diplodon* Nelmes

签草 *C. doniana* Spreng

无脉薹草 *C. enervis* C. A. Mey.

箭叶薹草 *C. ensifolia* Turcz.

亮鞘薹草 *C. fargesii* Franch.

穹隆薹草 *C. gibba* Wahlb.

叉齿薹草 *C. gotoi* Ohwi

点叶薹草 *C. hancockiana* Maxim.

异穗薹草 *C. heterostachya* Bge.

长安薹草 *C. heudesii* Levl. & Vant.

大披针薹草 *C. lanceolata* Boott

亚柄状薹草 *C. lanceolata* var. *subpediformis* K ü kenth.

披针叶薹草 *C.lancifolia* Clarke

青菅 *C. leucochlora* Bge.

舌薹草 *C. ligulata* Nees

城口薹草 *C. luctuosa* Franch.

脉果薹草 *C. neurocarpa* Maxim.

云雾薹草 *C. nubigena* D. Don ex Tilloch& Taylor

宁陕薹草 *C. oederrhampha* Nelmes

针薹草 *C. onoei* Franch. et Sav.

柄状薹草 *C. pediformis* C. A. Mey.

扁秆薹草 *C. planiculmis* Kom.

白穗薹草 *C. polyschoena* Levl. et Vant.

鳞秕果薹草 *C. ramentaceofructus* K. T. Fu

疏穗薹草 *C. remotiuscula* Wahlb.

川康薹草 *C. schneideri* Nelmes

崖棕 *C. siderosticta* Hance

大理薹草 *C. taliensis* Franch.

乌苏里薹草 *C. ussuriensis* Kom.

莎草属 *Cyperus*

阿穆尔莎草 *C. amuricus* Maxim.

砖子苗 *C. cyperoides*（L.）Kuntze

褐穗莎草 *C. fuscus* Linn.

头状穗莎草 *C. glomeratus* Linn.

碎米莎草 *C. iria* Linn.

小碎米莎草 *C. microiria* Steud.

直穗莎草 *C. orthostachys* Franch.

莎草 *C. rotundus* Linn.

绵菅属 *Eriophorum*

丛毛绵菅 *E. comosum* Nees

飘拂草属 *Fimbristylis*

水虱草 *F. littoralis* Gaudich.

烟台飘拂草 *F. stauntonii* Deb et Franch.

荸荠属 *Heleocharis*

刚毛槽秆针蔺 *H. valleculosa* Ohwi form. *setosa*（Ohwi）Kitag.

牛毛毡 *H. yokoscensis*（Franch. et Sav.）Tang et Wang

水莎草属 *Juncellus*

水莎草 *J. serotinus*（Rottb.）Clarke

水蜈蚣属 *Kyllinga*

水蜈蚣 *K.brevifolia* Rottb.

光鳞水蜈蚣 *K.brevifolia* var. *leiolepis*（Franch. et Sav.）Hara

砖子苗属 *Mariscus*

砖子苗 *M. umbellatus* Vahl

扁莎草属 *Pycreus*

球穗扁莎草 *P. flavidus*（Retz.）T. Koyama

粟鳞扁莎草 *P. flavidus* var. *nilagiricus*（Hochst. ex Steud.）Clarke

少花扁莎草 *P. flavidus* var. *stricta*（Roxb.）Clarke

红鳞扁莎草 *P. sanguinolentus*（Vahl）Nees

蔍草属 *Scirpus*

东方蔍草 *S. orientalis* Ohwi

蔍草 *S. triqueter* Linn.

30. 禾本科 Gramineae

青篱竹属 *Arundinaria*

巴山木竹 *A.fargesii* E. G. Camus

箬竹属 *Indocalamus*

阔叶箬竹 *I. latifolius*（Keng）McClure.

箭竹属 *Fargesia* Franch.

秦岭箭竹 *F. qinlingensis* Yi et J. X. Shao f. *nitida* (Mitford) Nakai

龙头竹 *F. dracocephala* Yi

华西箭竹 *F. nitida*

芨芨草属 *Achnatherum*

远东芨芨草 *A. extremiorientale* (Hara) Keng

羽茅 *A. sibiricum* (L.) Keng ex Tzvel.

翦股颖属 *Agrostis*

小糠草 *A. alba* Linn.

华北翦股颖 *A. clavata* Trin.

多花剪股颖 *A. micrantha* Steud.

看麦娘属 *Alopecurus*

看麦娘 *A. aequalis* Sobol.

日本看麦娘 *A. japonicus* Steud.

荩草属 *Arthraxon*

荩草 *A. hispidus* (Thunb.) Makino

透芒荩草 *A. hispidus* var. *cryptatherus* (Hack.) Honda

茅叶荩草 *A. prionodes* (Steud.) Dandy

野古草属 *Arundinella*

野古草 *A. hirta* (Thunb.) Koidz.

猬草属 *Asperella*

猬草 *A. duthiei* Stapf ex Hook. f.

燕麦属 *Avena*

野燕麦 *A. fatua* Linn.

菵草属 *Beckmannia*

菵草 *B. syzigachne* (Stapf) Fernald

孔颖草属 *Bothriochloa*

白羊草 *B. ischaemum* (Linn.) Keng

臂形草属 *Brachiaria*

毛臂形草 *B. villosa* (Lamk.) A. Camus

短柄草属 *Brachypodium*

短柄草 *B. sylvaticum* (Huds) Beauv.

雀麦属 *Bromus*

雀麦 *B. japonicus* Thunb.

疏花雀麦 *B. remotiflorus* (Steud.) Ohwi

拂子茅属 *Calamagrostis*

拂子茅 *C. epigejos* (Linn.) Roth.

假拂子茅 *C. pseudophragmites* (Hall. f.) Koel.

细柄草属 *Capillipedium*

细柄草 *C. parviflorum* (R. Br.) Stapf

虎尾草属 *Chloris*

虎尾草 *C. virgata* Swartz

隐子草属 *Cleistogenes*Keng

小尖隐子草 *C. mucronata* Keng ex Keng f. & L. Liu

香茅属 *Cymbopogon*

芸香草 *C. distans*（Nees ex Steud.）W. Wats.

狗牙根属 *Cynodon*

狗牙根 *C. dactylon*（Linn.）Pers.

鸭茅属 *Dactylis*

鸭茅 *D. glomerata* Linn.

野青茅属 *Deyeuxia*

野青茅 *D. pyramidalis*（Host）Veldkamp

糙野青茅 *D. scabresce*（Griseb.）Munro ex Duthie

马唐属 *Digitaria*

止血马唐 *D. ischaemum*（Schreb.）Schreb. ex Muhl.

马唐 *D. sanguinalis*（Linn.）Beauv.

毛马唐 *D. sanguinalis* var. *ciliaris*（Retz.）Parl.

稗属 *Echinochloa*

稗 *E. crusgalli*（Linn.）Beauv.

无芒稗 *E. crusgalli* var. *mitis*（Pursh）Peterm.

西来稗 *E. crusgalli* var. *zelayensis*（H. B. K.）Hitchc.

穇子属 *Eleusine*

蟋蟀草 *E. indica*（Linn.）Gaertn

披碱草属 *Elymus*

纤毛披碱草 *E. ciliaris*（Trin. ex Bge.）Tzvel.

圆柱披碱草 *E. cylindricus*（Franch.）Honda

披碱草 *E. dahuricus* Turcz.

垂穗披碱草 *E. nutans* Griseb.

老芒麦 *E. sibiricus* Linn.

中华披碱草 *E. sinicus*（Keng）S. L. Chen

中间披碱草（变种）*E. sinicus* var. *medius*（Keng）S. L. Chen

纤毛鹅观草 *E. ciliaris*（Trin.）Nevski

鹅观草 *E. kamoji* Ohwi

画眉草属 *Eragrostis*

大画眉草 *E. cilianensis*（All.）Link ex Vign.–Lut.

画眉草 *E. pilosa*（Linn.）Beauv.

无毛画眉草 *E. pilosa* var. *imberbis* Franch.

小画眉草 *E. poaeoides* Beauv. ex Roem. et Schult.

蔗茅属 *Erianthus*

蔗茅 *E. fulvus* Nees

野黍属 *Eriochloa*

野黍 *E. villosa* (Thunb.) Kunth

黄金茅属 *Eulalia*

黄金茅 *E. speciosa* (Debeaux) Kuntze

拟金茅属 *Eulaliopsis*

拟金茅 *E. binata* (Retz.) C.E.Hubb.

羊茅属 *Festuca*

素羊茅 *F. modesta* Steud.

小颖羊茅 *F. parvigluma* Steud

中华羊茅 *F. sinensis* Keng.

异燕麦属 *Helictotrichon*

光华异燕麦 *H. leianthum* (Keng) Ohwi

黄茅属 *Heteropogon*

黄茅 *H. contortus* (Linn.) Beauv. ex Roem.

白茅属 *Imperata*

白茅 *I. cylindrica* (Linn.) Beauv. var. *major* (Nees) C. E. Hubb. ex Hubbard et Vanghan.

柳叶箬属 *Isachne*

柳叶箬 *I. globosa* (Thunb.) Kuntze

假稻属 *Leersia*

假稻 *L. japonica* Makino

千金子属 *Leptochloa*

千金子 *L. chinensis* (Linn.) Ness

臭草属 *Melica*

臭草 *M. scabrosa* Trin.

粟草属 *Milium*

粟草 *M. effusum* Linn.

芒属 *Miscanthus*

芒 *M. sinensis* Anderss.

乱子草属 *Muhlenbergia*

乱子草 *M. huegelii* Trin.

求米草属 *Oplismenus*

求米草 *O. undulatifolius* (Ard.) Beauv.

雀稗属 *Paspalum*

雀稗 *P. thunbergii* Kunth ex Steud.

狼尾草属 *Pennisetum*

狼尾草 *P. alopecuroides* (Linn.) Spreng.

白草 *P. flaccidum* Griseb.

长序狼尾草 *P. longissimum* S. L. Chen & Y. X. Jin

显子草属 *Phaenosperma*

显子草 *P. globosa* Munro ex Benth.

梯牧草属 *Phleum*

鬼蜡烛 *P. paniculatum* Huds

芦苇属 *Phragmites*

芦苇 *P. communis* (Linn.) Trin.

落芒草属 *Oryzopsis* Michx.

钝颖落芒草 *O. kuoi* S. M. Phill. & Z. L. Wu

湖北落芒草 *O. henryi* (Rendl) Keng

早熟禾属 *Poa*

早熟禾 *P. annua* Linn.

白顶早熟禾 *P. acroleuca* Steud.

草地早熟禾 *P. pratensis* Linn.

棒头草属 *Polypogon*

棒头草 *P. fugax* Nees ex Steud.

长芒棒头草 *P. monspeliensis* (Linn.) Desf.

细柄茅属 *Ptilagrostis*

细柄茅 *P. mongholica* (Turcz.) Griseb.

狗尾草属 *Setaria*

狗尾草 *S. viridis* (Linn.) Beauv.

大油芒属 *Spodiopogon*

大油芒 *S. sibiricus* Trin.

鼠尾粟属 *Sporobolus*

鼠尾粟 *S. indicus* (Linn.) R. Br. var. *purpurea-suffusus* (Ohwi) T. Koyama

菅属 *Themeda*

黄背草 *T. triandra* Forsk. var. *japonica* (Willd.) Makino

锋芒草属 *Tragus*

锋芒草 *T. racemosus* (Linn.) Scop.

荻属 *Triarrhena*

荻 *T. sacchariflora* (Maxim.) Nakai

草沙蚕属 *Tripogon*

中华草沙蚕 *T. chinensis* (Franch.) Hack.

三毛草属 *Trisetum*

三毛草 *T. bifidum* (Thunb.) Ohwi

31. 金鱼藻科 Ceratophyllaceae

金鱼藻属 *Ceratophyllum*

金鱼藻 *C. demersum* Linn.

32. 领春木科 Eupteleaceae

领春木属 *Euptelea*

领春木 *E. pleiosperma* Hook. f. et Thoms.

33. 罂粟科 Papaveraceae

白屈菜属 *Chelidonium*

白屈菜 *C.majus* Linn.

紫堇属 *Corydalis* DC.

尖瓣紫堇 *C. acuminata* Franch.

旱生紫堇 *C. adunca* Maxim.

秦岭紫堇 *C. cristata* Maxim.

陕西紫堇 *C. shensiana* Liden

倒卵果紫堇 *C. davidii* Franch.

紫堇 *C. edulis* Maxim.

巴东紫堇 *C. hemsleyana* Franch. ex Prain

铜锤紫堇 *C. linarioides* Maxim.

蛇果紫堇 *C. ophiocarpa* Hook. f. et Thoms

北京延胡索 *C. remota* Fisch. ex Maxim.

山延胡索 *C. remota* var. *heteroclita* K. T. Fu

城口紫堇 *C. temulifolia* Franch.

秃疮花属 *Dicranostigma*

秃疮花 *D. leptopodum*（Maxim.）Fedde

荷青花属 *Hylomecon*

荷青花 *H. japonica*（Thunb.）Prantl.

博洛回属 *Macleaya*

小果薄落回 *M. microcarpa*（Maxim.）Fedde

绿绒蒿属 *Meconopsis*

柱果绿绒蒿 *M. oliveriana* Franch. et Prain ex Prain

34. 星叶草科 Circaeasteraceae

星叶草 *C. agrestis* Maxim.

35. 木通科 Lardizabalaceae

木通属 *Akebia*

木通 *A. quinata* Decne.

多叶木通 *A. quinata* var. *polyphylla* Nakai

三叶木通 *A. trifoliata*（Thunb.）Koidz.

猫儿屎属 *Decaisnea*

猫屎瓜 *D. fargesii* Franch.

牛姆瓜属 *Holboellia*

鹰爪枫 *H. coriacea* Diels.

大花牛姆瓜 *H. grandiflora* Reaub.

串果藤属 *Sinofranchetia*

串果藤 *S. chinensis*（Franch.）Hemsl.

36. 大血藤科 Sargentodoxaceae

大血藤属 *Sargentodoxa*

大血藤 *S. cuneata* Rehd. et Wils.

37. 防己科 Menispermaceae

青藤属 *Cocculus*

毛木防己 *C. orbiculatus* var. *mollis*（Wall. ex Hook. f. & Thoms.）Hara

木防己（小青藤）*C. trilobus*（Thunb.）DC.

汉防己属 *Sinomenium*

汉防己 *S. acutum*（Thunb.）Rehd. et Wils. var. *cinereum*（Diels）Rehd. et Wils.

千金藤属 *Stephania*

金钱吊乌龟 *S. cepharantha* Hayata

38. 小檗科 Berberidaceae

小檗属 *Berberis*

秦岭小檗 *B. circumserrata*（Schneid.）Schneid.

密穗小檗 *B. dasystachys* Maxim.

黄花刺 *B. diaphana* Maxim.

黄檗刺 *B. dielsiana* Fedde

长穗小檗 *B. dolichobotrys* Fedde

异长穗小檗 *B. feddeana* Schneid.

毛脉小檗 *B. giraldii* Hesse

川鄂小檗 *B. henryana* Schneid.

显脉小檗 *B. oritrepha* Schneid.

网脉小檗 *B. reticulata* Byhouw.

假蚝猎刺 *B. soulieana* Schneid.

红毛七属 *Caulophyllum*

红毛七 *C. robustum* Maxim.

山荷叶属 *Diphylleia*

山荷叶 *D. sinensis* H. L. Li

淫羊藿属 *Epimedium*

短角淫羊藿 *E. brevicornum* Maxim.

柔毛淫羊藿 *E. pubescens* Maxim.

十大功劳属 *Mahonia*

阔叶十大功劳 *M. bealei*（Fort.）Carr.

39. 毛茛科 Ranunculaceae

乌头属 *Aconitum*

大麻叶乌头 *A. cannabifolium* Franch.

乌头 *A. carmichaelii* Debx.

爪叶乌头 *A. hemsleyanum* Pritz.

穿心莲乌头 *A. sinomontanum* Nakai

松潘乌头 *A. sungpanense* Hand.–Mazz.

类叶升麻 *A. asiatica* Hara

侧金盏花属 *Adonis*

短柱侧金盏花 *A. davidii* Franch.

蜀侧金盏花 *A. sutchuenensis* Franch.

银莲花属 *Anemone*

阿尔泰银莲花 *A. altaica* Fisch. ex C. A. May.

鹅掌草 *A. flaccida* F. Schmidt

野棉花 *A. hupehensis* V. Lem.

反萼银莲花 *A. reflexa* Steph.

小花草玉梅 *A. rivularis* Buch.–Ham. ex DC. var. *flore–minore* Maxim.

太白银莲花 *A. taipaiensis* W. T. Wang

大火草 *A. tomentosa* (Maxim.) Pei

秦岭银莲花 *A. ulbrichiana* Diels ex Ulbr.

耧斗菜属 *Aquilegia*

无距耧斗菜 *A. ecalcarata* Maxim.

华北耧斗菜 *A. oxysepala* Trautv. et Mey. var. *yabeana* (Kitag.) Munz

铁破锣属 *Beesia*

单叶升麻 *B. calthaefolia* (Maxim.) Ulbr

驴蹄草属 *Caltha*

驴蹄草 *C. palustris* Linn.

升麻属 *Cimicifuga*

小升麻 *C. acerina* (Sieb. et Zucc.) C. Tanaka

升麻 *C. foetida* Linn.

单穗升麻 *C. simplex* Wormsk.

铁线莲属 *Clematis*

女萎 *C. apiifolia* DC.

钝齿铁线莲 *C. apiifolia* var. *obtusidentata* Rehd. et Wils.

大木通 *C. argentilucisa* (Levl. et Vant.) W. T. Wang

短尾铁线莲 *C. brevicaudata* DC.

山木通 *C. finetiana* Levl. et Vant.

灌木铁线莲 *C. fruticosa* Turcz.

扬子铁线莲 *C. ganpiniana* (Levl. et Vant.) Tamura

毛果扬子铁线莲 *C. ganpiniana* var. *tenuisepala* (Maxim.) C. T. Ting

粉绿铁线莲 *C. glauca* Willd.

小蓑衣藤 *C. gouriana* Roxb. ex DC.

金佛铁线莲 *C. gratopsis* W. T. Wang

单叶铁线莲 *C. henryi* Oliv.

大叶铁线莲 *C. heracleifolia* DC.

毛蕊铁线莲 *C. lasiandra* Maxim.

绣球藤 *C. montana* Buch.–Ham.

秦岭铁线莲 *C. obscura* Maxim.

微尖巴山铁线莲 *C. pashanensis* var. *latisepala*（M. C. Chang）W. T. Wang

钝鄂铁线莲 *C. peterae* Hand.–Mazz.

须蕊铁线莲 *C. pogonandra* Maxim.

美花铁线莲 *C. potaninii* Maxim.

圆锥铁线莲 *C. terniflora* DC.

柱果铁线莲 *C. uncinata* Champ.

翠雀花属 *Delphinium*

卵瓣还亮草 *D. anthriscifolium* var. *calleryi*（Franch.）Fin. et Gagnep.

秦岭翠雀花 *D. giraldii* Diels

川陕翠雀花 *D. henryi*Franch.

人字果属 *Dichocarpum*

纵肋人字果 *D. fargesii*（Franch.）W. T. Wang et Hsiao

毛茛属 *Ranunculus*

茴茴蒜 *R. chinensis*Bge.

毛茛 *R. japonicus* Thunb.

石龙芮 *R. sceleratus* Linn.

扬子毛茛 *R. sieboldii* Thunb.

褐鞘毛茛 *R. vaginatus* Hand.–Mazz.

唐松草属 *Thalictrum*

贝尔加唐松草 *T. baicalense* Turcz.

城口唐松草 *T. fargesii* Franch. ex Fin. et Gagnep.

长啄唐松草 *T. macrorhynchum* Franch.

小果唐松草 *T. microgynum* Lec. ex Oliv.

东亚唐松草 *T. minus* Linn. var. *hypoleucum*（Sieb. et Zucc.）Miq.

长柄唐松草 *T. przewalskii* Maxim.

粗壮唐松草 *T. robustum* Maxim.

川陕金莲花 *T. buddae* Schipcz.

40. 清风藤科 Sabiaceae

泡花树属 *Meliosma*

泡花树 *M. cuneifolia* Franch.

红枝柴 *M. oldhamii* Miq.

暖木 *M. veitchiorum* Hemsl.

清风藤属 *Sabia*

鄂西清风藤 *S. campanulata* Wall. ex Roxb. ssp. *ritchieae*（Rehd. et Wils.）Y. F. Wu

41. 昆栏树科 Trochodendraceae

水青树属 *Tetracentron*

水青树 *T. sinensis* Oliv.

42. 黄杨科 Buxaceae

　　黄杨属 *Buxus*

　　黄杨 *B. microphylla* Sieb. et Zucc. var. *sinica* Rehd. et Wils.

　　三角咪属 *Pachysanda*

　　顶蕊三角咪 *P. terminalis* Sieb. et Zucc.

43. 芍药科 Paeoniaceae

　　芍药属 *Paeonia*

　　美丽芍药 *P. mairei* Levl.

　　草芍药 *P. obovata* Maxim.

　　毛叶草芍药 *P. obovata* var. *willmotiae* (Stapf.) Stern.

　　川赤芍 *P. veitchii* Lynch

44. 金缕梅科 Hamamelidaceae

　　枫香属 *Liquidambar*

　　枫香 *L. formosana* Hance

　　山白树属 *Sinowilsonia*

　　山白树 *S. henryi* Hemsl.

45. 连香树科 Cercidiphyllaceae

　　连香树属 *Cercidiphyllum*

　　连香树 *C. japonicum* Sieb. et Zucc.

46. 茶藨子科 Grossulariaceae

　　茶藨子属 *Ribes*

　　糖茶藨子 *R. emodense* Rehd.

　　瘤糖茶藨子 *R. emodense* var. *verruculosum* Rehd.

　　蔓茶藨子 *R. fasciculatum* Sieb. et Zucc. var. *chinense* Maxim.

　　腺毛茶藨子 *R. giraldii* Jancz.

　　冰川茶藨子 *R. glaciale* Wall.

　　东北茶藨子 *R. mandshuricum* (Maxim.) Komar.

　　穆坪茶藨子 *R. moupinense* Franch.

　　狭萼茶藨子 *R. tenue* Jancz.

　　小果茶藨子 *R. vilmorinii* Jancz.

　　光叶东北茶藨子（变种）*R. mandshuricum* var. *subglabrum* Kom.

　　渐尖茶藨子 *R. takare* D. Don

47. 虎耳草科 Saxifragaceae

　　红升麻属 *Astilbe*

　　落新妇 *A. chinensis* (Maxim.) Franch. et Sav.

　　金腰子属 *Chrsyosplenium*

　　秦岭金腰子 *C. biondianum* Engl.

　　纤细金腰子 *C. giraldiana* Engl.

大叶金腰子 *C. macrophyllum* Oliv.

微子金腰 *C. microspermum Franch.*

中华金腰子 *C. sinicum* Maxim.

溲疏属 *Deutzia* Thunb.

钩齿溲疏 *D. baroniana* Diels

小花溲疏 *D. parviflora* Bge.

异色溲疏 *D. discolor* Hemsl.

梅花草属 *Parnassia* Linn.

鸡肫草突隔梅花草 *P. wightiana* Wall.

索骨丹属 *Rodgersia*

索骨丹 *R. aesculifolia* Batal.

虎耳草属 *Saxifraga*

太白虎耳草 *S. giraldiana* Engl.

山地虎耳草 *S. montana* H. Smith

楔基虎耳草 *S. sibirica* Linn. var. *bockiana* Engl.

虎耳草 *S. stolonifera* Meerb.

黄水枝属 *Tiarella*

黄水枝 *T. polyphylla* D. Don

48. 景天科 Crassulaceae

八宝属 *Hylotelephium*

狭穗八宝 *H. angustum*（Maxim.）H. Ohba

轮叶八宝 *H. verticillatum*（Linn.）H. Ohba

瓦松属 *Orostachys*

瓦松 *O. fimbriatus*（Turcz.）Berger

红景天属 *Rhodiola*

凤尾七 *R. dumulosa*（Franch.）S. H. Fu

白三七 *R. henryi*（Diels）S. H. Fu

景天属 *Sedum*

费菜 *S. aizoon* Linn.

乳毛费菜 *S. aizoon* var. *scabrum* Maxim.

大苞景天 *S. amplibracteatum* K. T. Fu

离瓣景天 *S. barbeyi* Hamet

瘤果景天 *S. elatinoides* Franch.

石板菜 *S. emarginatum* Migo

小山飘风 *S. filipes* Hemsl.

山飘风 *S. filipes* var. *major* Hemsl.

佛甲草 *S. lineara* Thunb.

秦岭景天 *S. pampaninii* Hamet

叶花景天 *S. phyllanthum* Levl. et Vant.

狗牙瓣 *S. planifolium* K. T. Fu

豆瓣菜 *S. sarmentosu* Bge.

长药景天 *S. spectabile* A. Bor.

繁缕景天 *S. stellariifolium* Franch.

石莲花属 *Sinocrassula*

绿花石莲花 *S. indica* (Decne.) Berger var. *viridiflava* K. T. Fu

49. 扯根菜科 Penthoraceae

扯根菜属 *Penthorum*

扯根菜 *P. chinensis* Pursh

50. 葡萄科 Vitaceae

蛇葡萄属 *Ampelopsis*

掌裂草葡萄 *A. aconitifolia* Bge. var. *glabra* Diels

蛇葡萄 *A. bodinieri* (Lévl. et Vant.) Rehd.

毛叶蛇葡萄 *A. bodinieri* var. *cinerea* (Gagnep.) Rehd.

三裂叶蛇葡萄 *A. delavayana* Planch. ex Franch.

五裂叶蛇葡萄 *A. delavayana* var. *gentiliana* (Lévl. et Vant.) Hand.–Mazz.

毛三裂蛇葡萄（变种）*A. delavayana* var. *setulosa* (Diels & Gilg) C. L. Li

律叶蛇葡萄 *A. humulifolia* Bge.

大叶蛇葡萄 *A. megalophylla* Diels et Gilg

乌蔹莓属 *Cayratia*

尖叶乌蔹莓 *C. pseudotrifolia* W. T. Wang

爬山虎属 *Parthenocissus*

红三叶爬山虎 *P. himalayana* (Royle) Planch. var. *rubrifolia* (Lévl. et Vant.) Gagnep.

三叶地锦 *P. semicirdata* (Wall.) Planch.

爬山虎 *P. tricuspidata* (Sieb. et Zucc.) Planch.

葡萄属 *Vitis*

桦叶葡萄 *V. betulifolia* Diels & Gilg

刺葡萄 *V. davidii* (Carr.) Foex

桑叶葡萄 *V. ficifolia* Bge.

桑叶葡萄（亚种）*V. heyneana* subsp. *ficifolia* (Bge.) C. L. Li

毛葡萄 *V. quinquangularis* Rehd.

秋葡萄 *V. romanetii* Roman.

陕西葡萄 *V. shenxiensis* C. L. Li

51. 蒺藜科 Zygophyllaceae

蒺藜属 *Tribulus*

蒺藜 *T. terrestris* Linn.

52. 卫矛科 Celastraceae

南蛇藤属 *Celastrus*

苦皮藤 *C. angulatus* Maxim.

粉背南蛇藤 *C. hypoleucus*（Oliv.）Warb.

南蛇藤 *C. orbiculatus* Thunb.

短梗南蛇藤 *C. rosthornianus* Loes.

卫矛属 *Euonymus*

卫矛 *E. alatus*（Thunb.）Sieb.

丝棉木 *E. bungeanus* Maxim.

五角卫矛 *E. cornutus* Hemsl. var. *quinquecornutus*（Comber）Blakelock

扶芳藤 *E. fortunei*（Turcz.）Hand.–Mazz.

纤齿卫矛 *E. giraldii*Loes.

狭翅纤齿卫矛 *E. giraldii*Loes var. *angustialatus*Loes.

缘毛纤齿卫矛 *E. giraldii*Loes var. *ciliatus*Loes.

披针叶卫矛 *E. hamiltonianus* Wall. var. *lanceifolius*（Loes.）Blakelock

冬青卫矛 *E. japonicus* Thunb.

胶东卫矛 *E. kiautschovicus*Loes.

小果卫矛 *E. microcarpus*（Oliv.）Sprague

大果卫矛 *E. myrianthus*Hemsl.

少花卫矛 *E. myrianthus* var. *chinensis*（Maxim.）Rehd.

栓翅卫矛 *E. phellomanus* Loes.

紫花卫矛 *E. prophyreus* Loes.

石枣子 *E. sanguienus* Loes.

陕西卫矛 *E. schensianus* Maxim.

曲脉卫矛 *E. venosus* Hemsl.

疣枝卫矛 *E. verrucosoides*Loes.

53. 酢浆草科 Oxalidaceae

酢浆草属 *Oxalis*

白花酢浆草 *O. acetosella* Linn.

酢浆草 *O. corniculata* Linn.

山酢浆草 *O. griffithii*n Edgew. et Hook. f.

54. 大戟科 Euphorbiaceae

铁苋菜属 *Acalypha*

铁苋菜 *A. australis* Linn.

山麻杆属 *Alchornea*

山麻杆 *A. davidii* Franch.

假奓苞叶属 *Discocleidion*

假奓苞叶 *D. rufescens*（Franch.）Pax et Hoffm

大戟属 *Euphorbia*

泽漆 *E. helioscopia* Linn.

地锦草 *E. humifusa* Willd.

湖北大戟 *E. hylonoma* Hand.–Mazz.

甘肃大戟 *E. kansuensis* Prokh.

大戟 *E. pekinensis* Rupr.

白饭树属 *Flueggea* Willd.

一叶萩 *F. suffrutiosa* (Pall.) Baill.

雀儿舌头属 *Leptopus*

雀儿舌头 *L. chinensis* (Bge.) Pojark.

野桐属 *Mallotus*

石岩枫 *M. repandus* (Willd.) Muell.–Arg.

杠香藤（变种）*M. repandus* (Willd.) Muell.–Arg. var. *chrysocarpus* (Pamp.) S. M. Hwang

野桐 *M. tenuifolius* Pax.

叶底珠属 *Securinega*

叶底珠 *S. suffruticosa* (Pall.) Rehd.

油桐属 *Vernicia*

油桐 *V. fordii* (Hemsl.) Airy Shan

55. 杨柳科 Salicaceae

山桐子属 *Idesia*

毛叶山桐子 *I. polycarpa* Maxim. var. *vestita* Diels.

山拐枣属 *Poliothyrsis*

山拐枣 *P. sinensis* Oliv.

杨属 *Populus*

响叶杨 *P. adenopoda* Maxim.

青杨 *P. cathayana* Rehd.

山杨 *P. davidiana* Dode

楔叶山杨（变型）*P. davidiana form. laticuneata* Nakai

汉白杨 *P. ningshanica* C. Wang & Tung

小青杨 *P. pseudo–simonii* Kitag.

太白杨 *P. purdomii* Rehd.

小叶杨 *P. simonii* Carr.

柳属 *Salix*

黄花柳 *S. caprea* Linn.

中国柳 *S. cathayana* Diels

筐柳 *S. cheilophila* Schneid.

川鄂柳 *S. fargesii* Burk.

腺柳 *S. glandulosa* Seem.

紫枝柳 *S. heterochroma* Seem.

川柳（小叶柳）*S. hylonoma* Schneid.

康定柳（拟五蕊柳）*S. paraplesia* Schneid.

石泉柳 *S. shihtsuanensis* C. Wang et C. Y. Yu

无柄石泉柳（变种）*S. shihtsuanensis* var. *sessilis* C. Y. Yu

匙叶柳 *S. spathulifolia* Seem.

周至柳 *S. tangii* Hao

皂柳 *S. wallichiana* Anderss.

秦岭柳 *S. wuiana* K. S. Hao

崖柳 *S. xerophila* Floder.

56. 豆科 Fabaceae

两型豆属 *Amphicarpaea*

三籽两型豆 *A. trisperma* (Miq.) Baker ex Kitag.

黄耆属 *Astragalus* Linn.

秦岭黄耆 *A. henryi* Oliv.

紫云英 *A. sinicus* Linn.

云实属 *Caesalpinia* Linn.

云实 *C. decapetala* (Roth) Alston

毛叶云实 *C. decapetala* var. *pubescens* Tang et Wang

杭子梢属 *Campylotropis*

太白杭子梢 *C. giraldii* Schindl.

杭子梢 *C. macrocarpa* (Bge.) Rehd.

锦鸡儿属 *Caragana* Fabr.

树锦鸡儿 *C. arborescens* Lam.

锦鸡儿 *C. sinica* (Buchoz) Rehd.

柄荚锦鸡儿 *C. stipitata* Kom.

紫荆属 *Cercis* Linn.

垂丝紫荆 *C. racemosa* Oliv.

紫荆 *C. chinensis* Bge.

香槐属 *Cladrastis*

小花香槐 *G. sinensis* Hemsl.

香槐 *G. wilsonii* Takeda

黄檀属 *Dalbergia* Linn. f.

黄檀 *D. hupeana* Hance

山蚂蟥属 *Desmodium*

圆菱叶山蚂蟥 *D. podocarpum* DC.

山蚂蟥 *D. racemossum* (Thunb.) DC.

总状花序山蚂蟥 *D. spicatum* Rehd.

四川山蚂蟥 *D. szechuenense* (Craib) Schindl.

皂荚属 *Gleditsia*

皂荚 *G. sinensis* Lam.

大豆属 *Glycine*

野大豆 *G. soja* Sieb. et Zucc.

米口袋属 *Gueldenstaedtia*

米口袋 *G. multiflora* Bge.

岩黄芪属 *Hedysarum*

中国岩黄芪 *H. chinense* (B. Fedtsch) Hand–Mazz.

长柄山蚂蝗属 *Hylodesmum* Ohashi & Mill.

羽叶长柄山蚂蝗 *H. oldhami* (Oliv.) Ohashi & Mill.

木蓝属 *Indigofera* Linn.

多花木蓝 *I. amblyantha* Craib

铁扫帚 *I. bungeana* Walp.

苏木蓝 *I. carlesii* Craib

鸡眼草属 *Kummerowia* Schindl.

长萼鸡眼草 *K. stipulacea* (Maxim.) Makino

鸡眼草 *K. striata* (Thunb.) Schindl.

山黧豆属 *Lathyrus* Linn.

大山黧豆 *L. davidii* Hance

中华山黧豆 *L. dielsianus* Harms

山黧豆 *L. quinquaenervius* (Miq.) Litv.

胡枝子属 *Lespedeza* Michx.

胡枝子 *L. bicolor* Turcz.

绿叶胡枝子 *L. buergeri* Miq.

截叶铁扫帚 *L. cuneata* (Dum.–Cours.) G. Don

多花胡枝子 *L. floribunda* Bge.

美丽胡枝子 *L. formosa* (Vog.) Koehne

阴山胡枝子 *L. inschanica* (Maxim.) Schneid.

百脉根属 *Lotus* Linn.

百脉根 *L. corniculatus* Linn.

苜蓿属 *Medicago*

天蓝苜蓿 *M. lupulina* Linn.

小苜蓿 *M. minima* (Linn.) Lam.

草木樨属 *Melilotus*

草木樨 *M. suaveolens* Ledeb.

扁蓿豆属 *Melissitus*

花苜蓿 *M. ruthenicus* (Linn.) C. W. Chang

葛藤属 *Pueraria*

野葛 *P. lobata* (Willd.) Ohwi

鹿藿属 *Rhynchosia* Lour.

菱叶鹿藿 *R. dielsii* Harms

槐属 *Sophora*

苦参 *S. flavescens* Ait.

槐 *S. japonica* Linn.

野豌豆属 *Vicia* Linn.

山野碗豆 *V.amoena* Fisch.

草藤 *V. cracca* Linn.

小巢菜 *V. hirsuta* (L.)S. F. Gra

宽苞野豌豆 *V. latibracteolata* K. T. Fu

大叶野豌豆 *V. pseudo-orobus* Fisch. et May.

大巢菜 *V. sativa* Linn.

野豌豆 *V. sepium* Linn.

四籽野豌豆 *V. tetrasperma* (L.)Schreb.

歪头菜 *V. unijuga* A. Br.

紫藤属 *Wisteria*

紫藤 *W. sinensis* (Sims)Sweet

57. 远志科 Polygalaceae

远志属 *Polygala*

瓜子金 *P. japonica* Houtt.

西伯利亚远志 *P. sibirica* Linn.

小扁豆 *P. tatarinowii* Regel

远志 *P. tenuifolia* Willd.

58. 蔷薇科 Rosaceae

龙牙草属 *Agrimonia*

龙牙草 *A. pilosa* Ledeb. var. *japonica* (Miq.)Nakai

唐棣属 *Amelanchier*

唐棣 *A. sinica* (Schneid.)Chun

假升麻属 *Aruncus*

假升麻 *A. sylvester* Kostel.

樱属 *Cerasus Mill.*

微毛樱桃 *C. clarofolia* (Schneid.)Yu & Li

锥腺樱桃 *C. conadenia* (Koehne)Yu & Li

多毛樱桃 *C. polytricha* (Koehne)Yu & Li

托叶樱桃 *C. stipulacea* (Maxim.)Yu & Li

四川樱桃 *C. szechuanica* (Batal.)Yu & Li

盘腺樱桃 *C. discadenia* Koehne

毛樱桃 *C. tomentosa* Thunb.

木瓜属 *Chaenomeles* Lindl.

毛叶木瓜 *C. cathayensis* (Hemsl.)Schneid.

栒子属 *Cotoneaster*

尖叶栒子 *C. acutifolius* Turcz.

密毛尖叶栒子 *C. acutifolius* var. *villosulus* Rehd. et Wils.

四川栒子 *C. ambiguus* Rehd. et Wils.

铺地栒子 *C. horizontalis* Decne.

水栒子 *C. multiflorus* Bge.

细枝栒子 *C. gracilis* Rehd. et Wils.

西北栒子 *C. zabelii* Schneid.

山楂属 *Crataegus*

湖北山楂 *C. hupehensis* Sarg.

甘肃山楂 *C. kansuensis* Wils.

蛇莓属 *Duchesnea*

蛇莓 *D. indica* （Andr.）Focke

草莓属 *Fragaria*

东方草莓 *F. orientalis* Lozinsk.

五叶草莓 *F. pentaphylla* A. Los.

野草莓 *F. vesca* Linn.

水杨梅属 *Geum*

水杨梅 *G. aleppicum* Jacq.

柔毛水杨梅 *G. japonicum* Thunb. var. *chinense* F. Bolle

棣棠属 *Kerria*

棣棠花 *K. japonica* （Linn.）DC.

臭樱属 *Maddenia*

臭樱 *M. hypoleuca* Koehne

锐齿臭樱 *M. incisoserrata* Yu & Ku

华西臭樱 *M. wilsonii* Koehne

苹果属 *Malus*

山荆子 *M. baccata* （Linn.）Borkh.

毛叶山荆子 *M. baccata* var. *manshurica* （Maxim.）Schneid.

湖北海棠 *M. hupehensis* （Pamp.）Rehd.

无毛甘肃海棠 *M. kansuensis* （Batal.）Schneid. form. *calva* Rehd.

光叶陇东海棠 *M. kansuensis* var. *calva* （Rehd.）T. C. Ku & Spongb.

毛山荆子 *M. manshurica* （Maxim.）Kom.

绣线梅属 *Neillia*

绣线梅 *N. sinensis* Oliv.

稠李属 *Padus*

北亚稠李（变种）*P. avium* Mill. var. *asiatica* （Kom.）T. C. Ku & Barth.

橉木 *P. buergeriana* （Miq.）Yu & Li

细齿稠李 *P. obtusata* （Koehne）Yu & Ku

显脉稠李 *P. venosa* Koehne

稠李 *P. padus* Linn. var. *pubescens* Regel et Tiling

短柄稠李 *P. brachypoda* Batal.

石楠属 *Photinia*

中华石楠 *P. beauverdiana* Schneid.

委陵菜属 *Potentilla*

皱叶萎陵菜 *P. ancistrifolia* Bge.

华西银腊梅 *P. arbuscula* D. Don var. *veitchii*（Wils.）T. N. Liou

蛇莓委陵菜 *P. centigrana* Maxim.

萎陵菜 *P. chinensis* Ser.

狼牙萎陵菜 *P. cryptotaeniae* Maxim.

翻白草 *P. discolor* Bge.

莓叶委陵菜 *P. fragarioides* Linn.

大莓叶萎陵菜 *P. fragarioides* var. *sprengeliana*（Lehm.）Maxim.

蛇含委陵菜 *P. kleiniana* Wight. et Arn.

多茎萎陵菜 *P. multicaulis* Bge.

铺地萎陵菜 *P. paradoxa* Nutt.

华西委陵菜 *P. potaninii* Wolf.

绢毛细茎萎陵菜 *P. reptans* Linn. var. *sericophylla* Franch.

朝天委陵菜 *P. supina* Linn.

三叶朝天委陵菜（变种）*P. supina* var. *ternata* Peterm.

李属 *Prunus*

山杏 *P. sibirica*（L.）Lam.

山桃 *P. davidiana*（Carr.）Franch.

毛柱麦李 *P. glandulosa* Thunb. var. *trichostyla* Koehne

甘肃桃 *P. kansuensis* Rehd.

李 *P. salicina* Lindl.

火棘属 *Pyracantha*

火棘 *P. fortuneana*（Maxim.）H. L. Li

梨属 *Pyrus*

木梨 *P. xerophila* Y

蔷薇属 *Rosa*

假木香蔷薇 *R. banksiopsis* Baker

木香花 *R. banksiae* Ait.

单瓣白木香 *R. banksiae* var. *normalis* Regel.

复伞房蔷薇 *R. brunonii* Lindl.

伞房蔷薇 *R. corymbulosa* Rolfe

细圆齿火棘 *Pyracantha crenulata*（D. Don）Roem.

山刺玫 *R. davidii* Cr é p.

卵果蔷薇 *R. helenae* Rehd. & Wils.

湖北蔷薇（软条七蔷薇）*R. henryi* Boul.

黄蔷薇 *R. hugonis* Hemsl.

野蔷薇 *R. multiflora* Thunb.

蔷薇 *R. multiflora* var. *cathayensis* Rehd. et Wils.

峨嵋蔷薇 *R. omeiensis* Rolfe

缫丝花 *R. roxburghii* Tratt.

钝叶蔷薇 *R. sertata* Rolfe

刺梗蔷薇 *R. setipoda* Hemsl.& Wils.

扁刺蔷薇 *R. sweginzowii* Koehne

秋子梨 *P. ussuriensis* Maxim.

小叶蔷薇 *R. willmottianae* Hemsl.

悬钩子属 *Rubus*

美丽悬钩子 *R. amabilis* Focke

二花悬钩子 *R. biflorus* Buch.–Ham. ex Smith.

悬钩子 *R. corchorifolius* Linn. f.

覆盆子 *R. coreanus* Miq.

白绒覆盆子 *R. coreanus* Miq. var. *tomentosus* Card.

湖北悬钩子 *R. hupehensis* Oliv.

白叶莓 *R. innominatus* S. Moore

红花悬钩子 *R. inopertus* Focke

绵果悬钩子 *R. lasiostylus* Focke

喜阴悬钩子 *R. mesogaeus* Focke

红泡刺藤 *R. niveus* Thunb.

茅莓 *R. parvifolius* Linn.

多腺悬钩子 *R. phoenicolasius* Maxim.

弧帽悬钩子 *R. pileatus* Focke

陕西悬钩子 *R. piluliferus* Focke

疏刺悬钩子 *R. pungens* Camb. var. *indefensus* Focke

柔毛针刺悬钩子（变种）*R. pungens* var. *villosus* Card.

香莓（变种）*R. pungens* var. *oldhamii*（Miq.）Maxim.

黄果悬钩子 *R. xanthocarpus* Bureau et Franch.

地榆属 *Sanguisorba*

地榆 *S. officinalis* Linn.

珍珠梅属 *Sorbaria*

珍珠梅 *S. arborea* Schneid.

光叶珍珠梅 *S. arborea* var. *glabrata* Rehd.

花楸属 *Sorbus*

水榆花楸 *S. alnifolia*（Sieb. et Zucc.）K. Koch

北京花楸 *S. discolor*（Maxim.）Maxim.

石灰花楸 *S. folgneri*（Schneid.）Rehd.

湖北花楸 *S. hupehensis* Schneid.

陕甘花楸 *S. koehneana* Schneid.

绣线菊属 *Spiraea*

高山绣线菊 *S. alpina* Pall

绣球绣线菊 *S. blumei* G. Don

华北绣线菊 *S. fritschiana* Schneid.

灰毛绣线菊 *S. hirsuta*（Hemsl.）Schneid.

粉花绣线菊 *S. japonica* Linn. f.

长芽绣线菊 *S. longigemmia* Maxim.

南川绣线菊 *S. rosthornii* Pritz.

川滇绣线菊 *S. schneideriana* Rehd. var. *amphidoxa* Rehd.

绢毛绣线菊 *S. sericea* Turcz.

陕西绣线菊 *S. wilsonii* Duthie

59. 胡颓子科 Elaeagnaceae

胡颓子属 *Elaeagnus*

长叶胡颓子 *E. bockii* Diels

宜昌胡颓子 *E. henryi* Warb.

披针叶胡颓子 *E. lanceolata* Warb.

牛奶子 *E. umbellata* Thunb.

60. 鼠李科 Rhamnaceae

勾儿茶属 *Berchemia*

勾儿茶 *B. sinica* Schneid.

枳椇属 *Hovenia*

拐枣 *H. dulcis* Thunb.

马甲子属 *Paliurus*

铜钱树 *P. hemsleyanus* Rehd.

鼠李属 *Rhamnus*

刺鼠李 *R. dumetorum* Schneid.

圆叶鼠李 *R. globosa* Bge.

亮叶鼠李 *R. hemsleyana* Schneid.

薄叶鼠李 *R. leptophylla* Schneid.

小叶鼠李 *R. parvifolia* Bge.

皱叶鼠李 *R. rugulosa* Hemsl.

糙叶鼠李 *R. tangutica* J. Vass.

冻绿 *R. utilis* Decne.

毛冬绿（变种）*R. utilis* var. *hypochrysa*（Schneid.）Rehd.

雀梅藤属 *Sageretia*

对节刺 *S. pycnophylla* Schneid.

61. 榆科 Ulmaceae

朴属 *Celtis*

小叶朴 *C. bungeana* Bl.

珊瑚朴 *C. julianae* Schneid.

大叶朴 *C. koraiensis* Nakai

朴树 *C. tetrandra* Roxb. ssp. *sinensis* (Pers.) Y. C. Tang

翼朴属 *Pteroceltis*

青檀 *P. tatarinowii* Maxim.

榆属 *Ulmus*

兴山榆 *U. bergmanniana* Schneid.

蜀榆 *U. bergmanniana* var. *lasiophylla* Schneid.

黑榆 *U. davidiana* Planch.

大果榆 *U. macrocarpa* Hance

春榆 *U. propinqua* Koidz.

榆 *U. pumila* Linn.

榉属 *Zelkova*

榉 *Z. serrata* (Thunb.) Makino

62. 大麻科 Cannabidaceae

葎草属 *Humulus*

葎草 *H. scandens* (Lour.) Merr.

63. 桑科 Moraceae

构属 *Broussonetia*

构树 *B. papyrifera* (Linn.) L'Herit ex Vent.

拓树属 *Cudrania*

拓树 *C. tricuspidata* (Carr.) Bureau ex Lavall.

榕属 *Ficus*

异叶天仙果 *F. heteromorpha* Hemsl.

无柄爬藤榕 *F. sarmentosa* Buch.–Ham. ex J. E. Smith

岩石榴 *F. sarmentosa* var. *henryi* (King) Corner

爬藤榕 *F. sarmentosa* var. *impressa* (Champ.) Corner

桑属 *Morus*

桑 *M. alba* Linn.

鸡桑 *M. australis* Poir.

华桑 *M. cathayana* Hemsl.

64. 荨麻科 Urticaceae

苎麻属 *Boehmeria*

野苎麻 *B. gracilis* C. H. Wright

苎麻 *B. nivea* (Linn.) Gaud.

悬铃叶苎麻 *B. platanifolia* Franch. et Savat.

赤麻 *B. tricuspis* (Hance) Makino

水麻属 *Debregeasia*

水麻 *D. edulis* (Sieb. et Zucc.) Wedd.

楼梯草属 *Elatostema*

楼梯草 *E. involucratum* Franch. et Sav.

钝叶楼梯草 *E. obtusum* Wedd.

蝎子草属 *Girardinia*

大蝎子草 *G. cuspidata* Wedd ssp. *triloba* C. J. Chen

蝎麻属 *Laportea*

珠芽蝎麻 *L. bulbifeta* (Sieb. et Zucc.) Wedd.

蝎麻 *L. dielsii* Pamp.

蔓苎麻属 *Memorialis*

糯米团 *M. hirta* (Bl.) Miq.

冷水花属 *Pilea*

山冷水花 *P. japonica* (Maxim.) Hand.–Mazz.

透茎冷水花 *P. mongolica* Wedd.

大叶冷水花 *P. martinii* (Levl.) Hand.–Mazz.

荫地冷水花 *P. pumila* (Linn.) Gray

艾麻属 *Sceptrocnide*

艾麻 *S. macrostachya* Maxim.

荨麻属 *Urtica*

裂叶荨麻 *U. fissa* Pritz.

宽叶荨麻 *U. laetevirens* Maxim.

65. 壳斗科 Fagaceae

栗属 *Castanea*

板栗 *C. mollissima* Bl.

茅栗 *C. seguinii* Dode

椆属 *Cyclobalanopsis*

椆 *C. glauca* (Thunb.) Oerst.

小叶椆 *C. glauca* var. *gracilis* (Rehd. et Wils.) Y. T. Chang

水青冈属 *Fagus*

米心树 *F. engleriana* Seem.

青冈属 *Cyclobalanopsis* Oerst.

曼青冈 *C. oxyodon* (Miq.) Oerst.

栎属 *Quercus*

槲栎 *Q. aliena* Blume

岩栎 *Q. acrodonta* Seem.

麻栎 *Q. acutissima* Carr.

锐齿槲栎 *Q. aliena* Bl. var. *acuteserrata* Maxim.

橿子树 *Q. baronii* Skan

小青冈 *Q. engleriana* Seem.

短柄枹 *Quercus glandulifera* var. *Brevipetiolata* (DC.) Nakai

蒙古栎 *Q. mongolica* Fisch.

铁橡树 *Q. spinosa* David.

栓皮栎 *Q. variabilis* Bl.

66. 胡桃科 Juglandaceae

胡桃属 *Juglans*

野胡桃 *J. cathayensis* Dode

化香属 *Platycarya*

化香 *P. strobilacea* Sieb. et Zucc.

枫杨属 *Pterocarya*

湖北枫杨 *P. hupehensis* Skan

枫杨 *P. stenoptera* DC.

67. 桦木科 Betulaceae

鹅耳枥属 *Carpinus*

千金榆 *C. cordata* Bl.

毛叶千金榆 *C. cordata* var. *mollis*（Rehd.）Cheng ex Chen

鹅耳枥 *C. turczaninowii* Hance

榛属 *Corylus*

华榛 *C. chinensis* Franch.

榛 *C. heterophylla* Fisch. ex Trautv.

川榛 *C. heterophylla* Fisch. ex Trautv. var. *sutchuenensis* Franch.

刺榛 *C. tibetica* Batal.

桦木属 *Betula*

红桦 *B. albo-sinensis* Burk.

牛皮桦 *B. albo-sinensis* var. *septentrionalis* Schneid.

坚桦 *B. chinensis* Maxim.

香桦 *B. insignis* Franch.

光皮桦 *B. luminifera* Wink

虎榛子属 *Ostryopsis*

虎榛子 *O. davidiana*（Baill.）Decne.

68. 马桑科 Coriariaceae

马桑属 *Coriaria*

马桑 *C. nepalensis* Wall.

69. 葫芦科 Cucurbitaceae

绞股蓝属 *Gynostemma*

绞股蓝 *G. pentaphyllum*（Thunb.）Makino

裂瓜属 *Schizopepon*

湖北裂瓜 *S. dioicus* Cogn.

赤瓟属 *Thladiantha*

赤瓟 *T. dubia* Bge.

鄂赤爬 *T. oliveri* Cogn. ex Mottet

南赤爬 *T. nudiflora* Hemsl.

长毛赤苞 *T. villosula* Cogn.

栝楼属 *Trichosanthes*

栝楼 *T. kirilowii* Maxim.

华中栝楼 *T. rosthornii* Harms.

70. 秋海棠科 Begoniaceae

秋海棠属 *Begonia*

秋海棠 *B. grandis* Dryander

中华秋海棠（亚种）*B. grandis* subsp. *sinensis*（A. DC.）Irmscher

71. 堇菜科 Violaceae

堇菜属 *Viola*

鸡腿堇菜 *V. acuminata* Ledeb.

双花堇菜 *V. biflora* Linn.

南山堇菜 *V. chaerophylloides*（Regel）W. Beck

毛果堇菜 *V. collina* Bess.

深圆齿堇菜 *V. davidii* Franch.

蔓茎堇菜 *V. diffusa* Ging.

裂叶堇菜 *V. dissecta* Ledeb.

紫花堇菜 *V. grypoceras* A. Gray

犁头草 *V. japonica* Langsd.

东北堇菜 *V. manshurica* W. Beck

白花堇菜 *V. patrinii* DC.

深山堇菜 *V. selkirkii* Pursh

白毛堇菜 *V. yedoensis* Makino

72. 金丝桃科 Hypericaceae

金丝桃属 *Hypericum*

黄海棠 *H. ascyron* Linn.

金丝桃 *H. chinense* Linn.

长柱金丝桃 *H. longistylum* Oliv.

贯叶连翘 *H. perforatum* Linn.

突脉金丝桃 *H. przewalskii* Maxim

川陕遍地金 *H. subcordatum*（R. Keller）N. Robson

73. 牻牛儿苗科 Geraniaceae

老鹳草属 *Geranium*

尼泊尔老鹳草 *G. nepalense* Sweet

湖北老鹳草 *G. rosthornii* R. Knuth

陕西老鹳草 *G. shensianum* Kunth

鼠掌老鹳草 *G. sibiricum* Linn.

老鹳草 *G. wilfordii* Kunth

鄂西老鹳草 *G. wilsonii* Kunth

74. 千屈菜科 Lythraceae

水苋菜属 *Ammannia*

耳叶水苋 *A. arenaria* H. B. K.

千屈菜属 *Lythrum*

千屈菜 *L. salicaria* Linn.

节节菜属 *Rotala*

节节菜 *R. indica*（Willd.）Koehne

75. 柳叶菜科 Onagraceae

柳兰属 *Chamaenerion*

柳兰 *C. angustifolium*（Linn.）Scop.

露珠草属 *Circaea*

高山露珠草 *C. alpina* Linn.

牛泷草 *C. cordata* Royle

谷蓼 *C. erubescens* Franch. & Sav.

露珠草 *C. quadrisulcata*（Maxim.）Franch. et Savat.

柳叶菜属 *Epilobium*

柳叶菜 *E. hirsutum* Linn.

小花柳叶菜 *E. parviflorum* Schreb.

阔柱柳叶菜 *E. platystigmatosum* C. B. Robinson

长籽柳叶菜 *E. pyrricholophum* Franch. et Savat.

76. 省沽油科 Staphyleaceae

省沽油属 *Staphylea*

省沽油 *S. bumalda* DC.

膀胱果 *S. holocarpa* Hemsl.

玫红省沽油（变种）*S. holocarpa* var. *rosea* Rehd. & Wils.

77. 旌节花科 Stachyuraceae

旌节花属 *Stachyurus*

旌节花 *S. chinensis* Franch.

78. 漆树科 Anacardiaceae

黄栌属 *Cotinus*

粉背黄栌 *C. coggygria* Scop. var. *glaucophylla* C. Y. Wu

毛黄栌 *C. coggygria* var. *pubescens* Engl.

黄连木属 *Pistacia*

黄连木 *P. chinensis* Bge.

盐肤木属 *Rhus*

盐肤木 *R. chinensis* Mill.

青肤杨 *R. potaninii* Maxim.

红麸杨 *R. punjabensis* Stew. var. *sinica* (Diels.) Rehd. et Wils.

漆树属 *Toxicodendron*

漆树 *T. vernicifluum* (Stokes) F. A. Barkley

79. 无患子科 Sapindaceae

七叶树属 *Aesculus*

七叶树 *A. chinensis* Bge.

槭属 *Acer*

小叶青皮槭 *A. cappadocicum* Gled. var. *sinicum* Rehd.

多齿长尾槭 *A. caudatum* Wall. var. *multiserratum* (Maxim.) Rehd.

杈叶槭 *A. ceriferum* Rehd.

青榨槭 *A. davidii* Franch.

毛花槭 *A. erianthum* Schwer.

毛果槭 *A. franchetii* Pax

太白槭 *A. giraldii* Pax

茶条槭 *A. ginnala* Maxim.

血皮槭 *A. griseum* (Franch.) Pax

青蛙皮槭 *A. grosseri* Pax

建始槭 *A. henryi* Pax

庙台槭 *A. miaotaiense* Tsoong

地锦槭 *A. mono* Maxim.

飞蛾槭 *A. oblongum* Wall.

五裂槭 *A. oliverianum* Pax

五角枫（亚种）*A. pictum* Thunb. subsp. *mono* (Maxim.) Ohashi

陕西槭 *A. shensiense* Fang et L. C. Hu

陕甘槭 *A. shankanense* Fang

槭（亚种）*A. stachyophyllum* Hiem subsp. *betulifolium* (Maxim.) P. C. de Jong

秦岭槭 *A. tinglingense* Fang et Hsieh

金钱槭属 *Dipteronia*

金钱槭 *D. sinensis* Oliv.

栾属 *Koelreuteria*

栾树 *K. paniculata* Laxm.

文冠果属 *Xanthoceras* Bge.

文冠果 *X. sorbifolia* Bge.

80. 芸香科 Rutaceae

柑橘属 *Citrus* Linn.

枳 *C. trifoliata* Linn.

白鲜属 *Dictamuus*

白鲜 *D. dasycarpus* Turcz.

吴茱萸属 *Euodia*

臭檀 *E. daniellii* （Benn.）Hemsl.

吴茱萸 *E. rutaecarpa* （Juss.）Benth.

黄檗属 *Phellodendron*

秃叶黄皮树 *P. chinensis* Schneid. var. *glabriusculum* Schneid.

四数花属 *Tetradium* Lour.

吴茱萸 *T. ruticarpum* （Juss.）Hartley

花椒属 *Zanthoxylum*

竹叶花椒 *Z. armatum* DC.

毛竹叶椒 *Z. armatum* var. *ferrugineum* （Rehd. et Wils.）Huang

花椒 *Z. bungeanum* Maxim.

异叶花椒 *Z. dimorphophyllum* Hemsl.

刺异叶花椒（变种）*Z.dimorphophyllum* var. *spinifolium* Rehd. & Wils.

野花椒 *Z. simulans* Hance

狭叶花椒 *Z. stenophyllum* Hemsl.

波叶花椒 *Z. undulatifolium* Hemsl.

81. 苦木科 Simarubaceae

臭椿属 *Ailanthus*

臭椿 *A. altissima* （Mill.）Swingle

苦木属 *Piarasma*

苦木 *P. quassioides* （D. Don）Benn.

82. 楝科 Meliaceae

楝属 *Melia*

楝 *M. azedarach* Linn.

香椿属 *Toona*

香椿 *T. sinensis* （A. Juss.）Roem.

83. 银鹊树科 Tapisciaceae

银鹊树属 *Tapiscia*

银鹊树 *T. sinensis* Oliv.

84. 锦葵科 Malvaceae

秋葵属 *Abelmoschus*

黄蜀葵 *A. manihot* （Linn.）Medic.

苘麻属 *Abutilon*

苘麻 *A. theophrasti* Medic.

扁担杆属 *Grewia*

扁担木 *G. biloba* G. Don var. *parviflora* （Bge.）Hand.–Mazz.

椴树属 *Tilia*

华椴 *T. chinensis* Maxim.

网脉椴 *T. dictyoneura* Engl. ex Schneid.

少脉椴 *T. paucicostata* Maxim.

红皮椴 *T. paucicostata* var. *dictyoneura*（V. Engl. ex C. Schneid.）H. T. Chang & E. W. Miau

锦葵属 *Malva*

冬葵 *M. verticillata* Linn.

中华冬葵 *M. verticillata* var. *chinensis*（Mill.）S. Y. Hu

野锦葵 *M. rotundifolia* Linn.

锦葵 *M. sinensis* Cavan.

85. 瑞香科 Thymelaeaceae

瑞香属 *Daphne*

芫花 *D. genkwa* Sieb. et Zucc.

黄瑞香 *D. giraldii* Nitsche

甘肃瑞香 *D. tangutica* Maxim.

结香属 *Edgeworthia*

结香 *E. chrysantha* Lindl.

86. 假繁缕科 Theligonaceae

假繁缕属 *Theligonum*

假繁缕 *T. macranthum* Franch.

87. 十字花科 Cruciferae

南芥属 *Arabis*

毛南芥 *A. hirsuta*（Linn.）Scop.

圆锥南芥 *A. paniculata* Franch.

垂果南芥 *A. pendula* Linn.

荠菜属 *Capsella*

荠 *C. bursa-pastoris*（Linn.）Medic.

碎米荠属 *Cardamine*

裸茎碎米荠 *C. denudata* O. E. Schulz

光头山碎米荠 *C. engleriana* O. E. Schulz

碎米荠 *C. hirsuta* Linn.

弹裂碎米荠 *C. impatiens* Linn.

白花碎米荠 *C. leucantha*（Tausch）O. E. Schulz

大叶碎米荠 *C. macrophylla* Willd.

播娘蒿属 *Descurainia*

播娘蒿 *D. sophia*（Linn.）Schulz

花旗杆属 *Dontostemon*

花旗杆 *D. dentatus*（Bge.）Ledeb.

葶苈属 *Draba*

葶苈 *D. nemorosa* Linn.

糖芥属 *Erysimum*

桂竹糖芥 *E. cheiranthoides* Linn.

波齿糖芥 *E. macilentum* Bge.

山嵛菜属 *Eutrema*

山嵛菜 *E. yunnanense* Franch.

独行菜属 *Lepidium*

腺茎独行菜 *L. apetalum* Willd.

蔊菜属 *Rorippa*

焊菜 *R. montana* (Wall.) Small.

风花菜 *R. palustris* (Leyss.) Bess.

菥蓂属 *Thlaspi*

菥蓂 *T. arvense* Linn.

88. 蛇菰科 Balanophoraceae

蛇菰属 *Balanophora*

鞘苞蛇菰 *B. involucrata* Hook. f.

89. 檀香科 Santalaceae

米面蓊属 *Buckleya*

米面蓊 *B. henryi* Diels

秦岭米面蓊 *B. graebneriana* Diels

槲寄生属 *Viscum*

槲寄生 *V. coloratum* (Kom.) Nakai

90. 桑寄生科 Loranthaceae

桑寄生属 *Taxillus*

毛叶桑寄生 *T. yadoriki* (Sieb. ex Maxim.) Dans.

91. 蓼科 Polygonaceae

金线草属 *Antenoron*

短毛金线草 *A. neofiliforme* (Nakai) Hara

荞麦属 *Fagopyrum*

细梗荞麦 *F. gracilipes* (Hemsl.) Dammer

荞麦 *F. sagittatum* Gilib.

苦荞麦 *F. tataricum* (Linn.) Gaertn.

山蓼属 *Oxyria*

山蓼 *O. digyna* (Linn.) Hill

蓼属 *Polygonum*

头状蓼 *P. alatum* Buch.-Ham. ex D. Don

两栖蓼 *P. amphibium* Linn.

干型两栖蓼 *P. amphibium* Linn. var. *terrestre* Leyss.

扁蓄 *P. aviculare* Linn.

丛枝蓼 *P. caespitosum* Bl.

朱砂七 *P. ciliinerve* (Nakai) Ohwi

虎杖 *P. cuspidatum* Sieb. et Zucc.

酸模叶蓼 *P. lapathifolium* Linn.

绵毛酸模叶蓼 *P. lapathifolium* Linn. var. *salicifolium* Sibth.

球穗蓼 *P. macrophyllum* D. Don

何首乌 *P. multiflorum* Thunb.

荭草 *P. orientale* Linn.

桃叶蓼 *P. persicaria* Linn.

赤胫散 *P. runcinatum* Buch.–Ham. var. *sinense* Hemsl.

红三七 *P. suffultum* Maxim.

戟叶蓼 *P. thunbergii* Sieb. et Zucc.

珠芽蓼 *P. viviparum* Linn.

翼蓼属 *Pteroxygonum*

翼蓼 *P. giraldii* Dammer et Diels

大黄属 *Rheum*

大黄 *R. officinale* Baill.

酸模属 *Rumex*

酸模 *R. acetosa* Linn.

齿果酸模 *R. dentatus* Linn.

尼泊尔酸模 *R. nepalensis* Spreng.

披针叶酸模 *R. pseudonatronatus* (Borb.) Borb. ex Murb.

92. 石竹科 Caryophyllaceae

蚤缀属 *Arenaria*

秦岭蚤缀 *A. giraldii* (Diels) Mattf.

蚤缀 *A. serpyllifolia* Linn.

卷耳属 *Cerastium*

卷耳 *C. arvense* Linn.

卵叶卷耳 *C. wilsonii* Takeda

狗筋蔓属 *Cucubalus*

狗筋蔓 *C. baccifer* Linn.

石竹属 *Dianthus*

石竹 *D. chinensis* Linn.

瞿麦 *D. superbus* Linn.

石头花属 *Gypsophila*

华山石头花 *G. huashanensis* Y. W. Tsui & D. Q. Lu

剪秋箩属 *Lychnis*

剪秋罗 *L. senno* Sieb. et Zucc.

鹅肠菜属 *Malachium*

鹅肠菜 *M. aquaticum* (Linn.) Fries.

女娄菜属 *Melandrium*

女娄菜 *M. apricum* (Turcz.) Rohrb.

粗壮女娄菜 *M. firmum* (Sieb. et Zucc.) Rohrb.

孩儿参属 *Pseudostellaeia*

蔓孩儿参 *P. davidii*（Franch.）Pax ex Pax et Hoffm.

漆姑草属 *Sagina*

漆姑草 *S. japonica*（Sw.）Ohwi

鹤草属 *Silene*

麦瓶草 *S. conoidea* Linn.

鹤草 *S. fortunei* Vis.

繁缕属 *Stellaria*

中国繁缕 *S. chinensis* Regel

繁缕 *S. media*（Linn.）Cyrill.

鸡肠繁缕 *Stellaria neglecta* Weihe ex Bluff & Fingerh.

石生繁缕 *S. saxatilis* Buch.–Ham. et D. Don

王不留行属 *Vaccaria*

王不留行 *V. segetalis*（Neck.）Garcke

93. 苋科 Amaranthaceae

牛膝属 *Achyranthes*

牛膝 *A. bidentata* Bl.

千针苋属 *Acroglochin*

千针苋 *A. persicarioides*（Poir.）Moq.

苋属 *Amaranthus*

野苋 *A. ascendens* Loisel.

青葙属 *Celosia*

青葙 *C. argentea* Linn.

藜属 *Chenopodium*

藜 *C. album* Linn.

灰绿藜 *C. glaucum* Linn.

小藜 *C. serotinum* Linn.

94. 商陆科 Phytolaccaceae

商陆属 *Phytolacca*

商陆 *P. acinosa* Roxb.

95. 马齿苋科 Portulacaceae

马齿苋属 *Portulaca*

马齿苋 *P. oleracea* Linn.

96. 山茱萸科 Cornaceae

八角枫属 *Alangium*

八角枫 *A. chinense*（Lour.）Harms

瓜木 *A. platanifolium*（Sieb. et Zucc.）Harms

梾木属 *Cornus*

红瑞木 *C. alba* Linn.

沙梾 *C. bretschneideri* L. Henry

灯台树 *C. controversa* Hemsl.

红椋子 *C. hemsleyi* Schneid. et Wanger.

梾木 *C. macrophylla* Wall.

小梾木 *C. paucinervis* Hance

毛梾 *C. walteri* Wanger.

皮梾木 . *C. wilsoniana* Wanger

四照花属 *Dendrobenthamia*

四照花 *D. japonica*（A. P. DC.）Fang var. *chinensis*（Osborn）Fang

山茱萸属 *Macrocarpium*

山茱萸 *M. officinale*（Sieb. et Zucc.）Nakai

97. 绣球科 Hydrangeaceae

溲疏属 *Deutzia*

异色溲疏 *D. discolor* Hemsl.

大花溲疏 *D. grandiflora* Bge.

楔叶大花溲疏 *D. grandiflora* var. *baroniana*（Diels）Rehd.

粉背溲疏 *D. hypoglauca* Rehd.

小花溲疏 *D. parviflora* Bge.

长柄溲疏 *D. vilmorinae* Lem. et Bois

八仙花属 *Hydrangea*

东陵八仙花 *H. bretschneideri* Dipp.

长柄八仙花 *H. longipes* Franch.

山梅花属 *Philadelphus*

白毛山梅花 *P. incanus* Koehne

太平花 *P. pekinensis* Rupr.

98. 凤仙花科 Balsabinaceae

凤仙花属 *Impatiens*

裂距凤仙花 *I. fissicornis* Maxim.

秦岭凤仙花 *I. linocentra* Hand.–Mazz.

水金凤 *I. noli–tangere* Linn.

陇南凤仙花 *I. potaninii* Maxim.

窄萼凤仙花 *I. stenosepala* Pritz.

99. 花荵科 Polemoniaceae

花荵属 *Polemonium*

中华花荵 *P. coeruleum* Linn. var. *chinensis* Brand.

100. 柿科 Ebenaceae

柿属 *Diospyros*

君迁子 *D. lotus* Linn.

101. 报春花科 Primulaceae

点地梅属 *Androsace*

细蔓点地梅 *A. cuscutiformis* Franch.

莲叶点地梅 *A. henryi* Oliv.

点地梅 *A. umbellata*（Lour.）Merr.

紫金牛属 *Ardisia*

百两金 *A. crispa*（Thunb.）A. DC.

珍珠菜属 *Lysimachia*

耳叶珍珠菜 *L. auriculata* Hemsl.

狼尾花 *L. barystachys* Bge.

泽珍珠菜 *L. candida* Lindl.

过路黄 *L. christinae* Hance

珍珠菜 *L. clethroides* Duby

点腺过路黄 *L. hemsleyana* Maxim.

狭叶珍珠菜 *L. pentapetala* Bge.

假延叶珍珠菜 *L. silvestrii*（Pamp.）Hand.–Mazz.

腺药珍珠菜 *L. stenosepala* Hemsl.

铁仔属 *Myrsine*

铁仔 *M. africana* Linn.

报春花属 *Primula*

山西报春 *P. handeliana* W. W. Smith et Forrest

报春花 *P. malacoides* Franch.

齿萼报春 *P. odontocalyx*（Franch.）Pax

堇菜报春 *P. violaris* W. W. Sm. et Fletch.

102. 山茶科 Theaceae

紫茎属 *Stewartia*

陕西紫茎 *S. sinensis* Rehd. & Wils. var. *shensiensis*（H. T. Chang）T. L. Ming & J. Li

103. 山矾科 Symplocaceae

山矾属 *Symplocos*

白檀 *S. paniculata*（Thunb.）Miq.

104. 安息香科 Styracaceae

白辛树属 *Pterostyrax* Sieb. & Zucc.

白辛树 *P. psilophyllus* Diels ex Perk

野茉莉属 *Styrax*

老鸹铃 *S. hemsleyanus* Diels

野茉莉 *S. japonicus* Sieb. et Zucc.

105. 猕猴桃科 Actinidiaceae

猕猴桃属 *Actinidia*

软枣猕猴桃 *A. arguta*（Sieb. et Zucc.）Planch. ex Miq.

中华猕猴桃 *A. chinensis* Planch.

美味猕猴桃（变种）*A. chinensis* var. *deliciosa*（A. Chevalier）A. Chevalier

狗枣猕猴桃 *A. kolomikta*（Maxim. et Rupr.）Maxim.

黑蕊猕猴桃 *A. melanandra* Franch.

葛枣猕猴桃 *A. polygama*（Sieb. et Zucc.）Maxim.

四蕊猕猴桃 *A. tetramera* Maxim.

藤山柳属 *Clematoclethra*

猕猴桃藤山柳 *C. actinidioides* Maxim.

藤山柳 *C. lasioclada* Maxim.

106. 杜鹃花科 Ericaceae

锦绦花属 *Cassiope* D. Don

锦绦花 *C. selaginoides* Hook. f. & Thoms.

喜冬草属 *Chimaphila* Pursh

喜冬草 *C. japonica* Miq.

松下兰属 *Hypopitys*

松下兰 *H. monotropa* Grantz

毛花松下兰 *H. monotropa* Grantz var. *hirsuta* Roth

南烛属 *Lyonia*

南烛 *L. ovalifolia*（Wall.）Drude var. *elliptica*（Sieb. et Zucc.）*Hand.–Mazz.*

珍珠花 *L. ovalifolia*（Wall.）Druda

水晶兰属 *Monotropa*

水晶兰 *M. uniflora* Linn.

鹿蹄草属 *Pyrola*

鹿蹄草 *P. calliantha* H. Andres

皱叶鹿蹄草 *P. rugosa* H. Andres

杜鹃花属 *Rhododendron*

头花杜鹃 *R. capitatum* Maxim.

金背杜鹃 *R. clementinae* Forrest

秀雅杜鹃 *R. concinnum* Hemsl.

麻花杜鹃 *R. maculiferum* Franch.

满山红 *R. mariesii* Hemsl. et Wils.

照山白 *R. micranthum* Turcz.

迎红杜鹃 *R. mucronulatum* Turcz.

太白杜鹃 *R. purdomii* Rehd. et Wils.

杜鹃花 *R. simsii* Planch.

长蕊杜鹃 *R. stamineum* Franch.

四川杜鹃 *R. sutchuenense* Franch.

乌饭树属 *Vaccinium*

无梗越橘 *V. henryi* Hemsl.

扁枝越桔（变种）*V. japonicum* Miq. var. *sinicum*（Nakai）Rehd.

107. 杜仲科 Eucommiaceae

杜仲属 *Eucommia*

杜仲 *E. ulmoides* Oliv.

108. 茜草科 Rubiaceae

香果树属 *Emmenopterys*

香果树 *E. henryi* Oliv.

拉拉藤属 *Galium*

六叶律 *G. asperuloides* Edgew. var. *hoffmeisteri*（Klotz）Hand.–Mazz.

四叶律 *G. bungei* Steud.

狭叶四叶葎 *G. bungei* var. *angustifolium*（Loesen.）Cuf.

东北猪殃殃 *G. dahuricum* Turcz. ex Ledeb. var. *lasiocarpum*（Maxino）Nakai

显脉拉拉藤 *G. kinuta* Nakai et Hara

林地拉拉藤 *G. paradoxum* Maxim.

山猪殃殃 *G. pseudoasprellum* Makino

猪殃殃 *G. spurium* Linn.

鸡矢藤属 *Paederia*

鸡矢藤 *P. scandens*（Lour）Merr.

毛鸡矢藤 *P. scandens* var. *tomentosa*（Bl.）Hand.–Mazz.

茜草属 *Rubia*

茜草 *R. cordifolia* Linn.

披针叶茜草 *R. lanceolata* Hayata

卵叶茜草 *R. ovatifolia* Z. Y. Zhang

109. 龙胆科 Gentianaceae

龙胆属 *Gnetiana*

肾叶龙胆 *G. crassuloides* Franch.

太白龙胆 *G. hexaphylla* Maxim. var. *pentaphylla* H. Smith

丛茎龙胆 *G. licentii* H. Smith

红花龙胆 *G. rhodantha* Franch.

鳞叶龙胆 *G. squarrosa* Ledeb.

笔龙胆 *G. zollingeri* Fawc.

扁蕾属 *Gentianopsis*

湿生扁蕾 *G. paludosa*（Munro）Ma

糙边扁蕾 *G. scabromarginata*（H. Smith）Ma

花锚属 *Halenia*

椭圆叶花锚 *H. elliptica* D. Don

翼萼蔓属 *Pterygocalyx*

翼萼蔓 *P. volubilis* Maxim.

獐牙菜属 *Swertia*

獐牙菜 *S. bimaculata*（Sieb. et Zucc.）Hook. f. et Thoms.

歧伞当药 *S. dichotoma* Linn.

当药 *S. diluta*（Turcz.）Benth. et Hook. f.

双蝴蝶属 *Tripterospermum*

双蝴蝶 *T. affine*（Wall. et C. B. Clarke）H. Smith

110. 马钱科 Loganiaceae

醉鱼草属 *Buddleja*

巴东醉鱼草 *B. albiflora* Hemsl.

周至醉鱼草 *B. albiflora* Hemsl. var. *giraldii*（Diels）Rehd. et Wils.

大叶醉鱼草 *B. davidii* Franch.

条纹醉鱼草 *B. striata* Z. Y. Zhang

111. 夹竹桃科 Apocynaceae

秦岭藤属 *Biondia*

秦岭藤 *B. chinensis* Schltr.

鹅绒藤属 *Cynanchum*

白薇 *C. atratum* Bge.

牛皮消 *C. auriculatum* Royle ex Wight

白首乌 *C. bungei* Decne.

鹅绒藤 *C. chinense* B. Br.

大理白前 *C. forrestii* Schltr.

峨嵋牛皮消 *C. giraldii* Schltr.

白前 *C. glaucescens*（Decne.）Hand.–Mazz.

竹消灵 *C. inamoenum*（Maxim.）Loes.

朱砂藤 *C. officinale*（Hemsl.）Tsiang& Zhang

地稍瓜 *C. thesioides*（Freyn）K. Schum.

隔山消 *C. wilfordii*（Maxim.）Hemsl.

萝藦属 *Metaplexis*

华萝藦 *M. hemsleyana* Oliv.

萝藦 *M. japonica*（Thunb.）Makino

杠柳属 *Periploca*

杠柳 *P. sepium* Bge.

络石属 *Trachelospermum*

细梗络石 *T. gracilipes* Hook. f.

络石 *T. jasminoides*（Lindl.）Lem.

112. 紫草科 Boraginaceae

牛舌草属 *Anchusa*

狼紫草 *A. ovata* Lehm.

斑种草属 *Bothriospermum*

斑种草 *B. chinense* Bge.

多苞斑种草 *B. secundum* Maxim.

柔弱斑种草 *B. tenellum* (Horem.) Fisch. et Mey.

柔弱斑种草 *B. zeylanium* (J. Jacq.) Druce

琉璃草属 *Cynoglossum*

倒提壶 *C. amabile* Stapf & Drumm.

小花琉璃草 *C. lanceolatum* Forsk.

倒钩琉璃草（变种）*C. wallichii* G. Don var. *glochidiatum* (Wall. ex Benth.) Kazmi

琉璃草 *C. zeylanicum* (Vahl) Thunb. ex Lehm.

鹤虱属 *Lappula*

东北鹤虱 *L. heteracantha* (Ledeb.) Gürke

中间鹤虱 *L. intermedia* (Ledeb.) M. Pop.

紫草属 *Lithospermum*

紫草 *L. erythrorhizon* Sieb. et Zucc.

微孔草属 *Microula*

长叶微孔草 *M. trichocarpa* (Maxim.) Johnst.

勿忘草属 *Myosotis*

忽忘草 *M. silvatica* Ehrh. et Hoffm.

紫筒草属 *Stenosolenium*

紫筒草 *S. saxitile* (Pall.) Turcz.

盾果草属 *Thyrocarpus*

弯齿盾果草 *T. glochidiatus* Maxim.

盾果草 *T. sampsonii* Hance

附地菜属 *Trigonotis*

钝萼附地菜 *T. amblyosepala* Nakai et Kitag.

秦岭附地菜 *T. giraldii* Brand

附地菜 *T. penduncularis* (Trev.) Benth. ex S. Moore et Baker

113. 厚壳树科 Ehretiaceae

厚壳树属 *Ehretia*

粗糠树 *E. macrophylla* Wall.

114. 旋花科 Convolvulaceae

打碗花属 *Calystegia*

打碗花 *C. hederacea* Wall.

藤前苗 *C. pellita* (Leb.) G. Don

旋花属 *Convolvulus*

旋花 *C. arvensis* Linn.

菟丝子属 *Cuscuta*

菟丝子 *C. chinensis* Lamk.

金灯藤 *C. japonica* Choisy

牵牛属 *Pharbitis*

牵牛 *P. nil* （Linn.）Choisy

飞蛾藤属 *Porana*

飞蛾藤 *P. racemosa* Roxb.

115. 茄科 Solanaceae

曼陀罗属 *Datura*

曼陀罗 *D. stramonium* Linn.

枸杞属 *Lycium*

枸杞 *L. chinense* Mill.

酸浆属 *Physalis*

挂金灯 *P. alkekengi* Linn. var. *franchetii* （Mast.）Makino

茄属 *Solanum*

白英 *S. lyratum* Thunb.

龙葵 *S. nigrum* Linn.

116. 木樨科 Oleaceae

流苏树属 *Chionanthus*

流苏树 *C. retusus* Lindl. &Paxt.

连翘属 *Forsythia*

连翘 *F. suspensa* （Thunb.）Vahl

金钟花 *F. viridissima* Lindl.

白蜡树属 *Fraxinus*

白蜡树 *F. chinensis* Roxb.

水曲柳 *F. mandschurica* Rupr.

秦岭白蜡树 *F. paxiana* Lingelsh.

湖北苦枥木 *F. retusa* Champ. var. *henryana* Oliv.

大叶白蜡树 *F. rhynchophylla* Hance

宿柱白蜡树 *F. stylosa* Lingelsh.

茉莉属 *Jasminum*

黄素馨 *J. giraldii* Diels

迎春花 *J. nudiflorum* Lindl.

女贞属 *Ligustrum*

蜡子树 *L. acutissimum* Koehne

女贞 *L. lucidum* Ait.

水蜡树 *L. obtusifolium* Sieb. et Zucc.

小叶女贞 *L. quihoui* Carr.

宜昌女贞 *L. strongylophyllum* Hemsl.

丁香属 *Syringa*

秦岭丁香 *S. giraldiana* Schneid.

小叶丁香 *S. microphylla* Diels

羽叶丁香 *S. pinnatifolia* Hemsl.

毛叶丁香 *S. pubescens* Turcz.

光萼巧玲花 *S. pubescens* subsp. *jilianae*（Schneid.）M. C. Chang & X. L. Chen

红丁香 *S. villosa* Vahl

辽东丁香 *S. wolfii* Schneid.

117. 苦苣苔科 Gesneriaceae

旋蒴苣苔属 *Boea*

旋蒴苣苔 *B. clarkeana* Hemsl.

猫耳朵 *B. hygrometrica*（Bge.）R. Br.

珊瑚苣苔属 *Corallodiscus*

珊瑚苣苔 *C. cordatulus*（Craib）Burtt

半蒴苣苔属 *Hemiboea*

半蒴苣苔 *H. henryi* C. B. Clarke

金盏苣苔属 *Isometrum*

毛蕊金盏苣苔 *I. giraldii*（Diels）Brutt

吊石苣苔属 *Lysionotus*

吊石苣苔 *L. pauciflorus* Maxim.

118. 车前科 Plantaginaceae

车前属 *Plantago*

车前 *P. asiatica* Linn.

平车前 *P. depressa* Willd.

大车前 *P. major* Linn.

119. 玄参科 Scrophulariaceae

小米草属 *Euphrasia*

短腺小米草 *E. regelii* Wettst.

鞭打绣球属 *Hemiphragma*

鞭打绣球 *H. heterophyllum* Wall.

通泉草属 *Mazus*

通泉草 *M. japonicus*（Thunb.）O. Kuntze

穗花通泉草 *M. spicatus* Vaniot.

山萝花属 *Melampyrum*

山萝花 *M. roseum* Maxim.

沟酸浆属 *Mimulus*

四川沟酸浆 *M. szechuanensis* Pai

沟酸浆 *M. tenellus* Bge.

泡桐属 *Paulownia* Sieb. & Zucc.

白花泡桐 *P. fortunei*（Seem.）Hemsl.

马先蒿属 *Pedicularis*

中国马先蒿 *P. chinensis* Maxim.

扭盔马先蒿 *P. davidii* Franch.

美观马先蒿 *P. decora* Franch.

全萼马先蒿 *P. holocalyx* Hand.-Mazz.

藓生马先蒿 *P. muscicola* Maxim.

返顾马先蒿 *P. resupinata* Linn.

山西马先蒿 *P. shansiensis* P. C. Tsoong

穗花马先蒿 *P. spicata* Pall.

松蒿属 *Phtheirospermum*

松蒿 *P. japonicum* (Thunb.) Kanitz

地黄属 *Rehmannia*

地黄 *R. glutinosa* (Gaertn.) Libosch. ex Fisch. et Mey.

玄参属 *Scrophularia*

长柱玄参 *S. stylosa* Tsoong

阴行草属 *Siphonostegia*

阴行草 *S. chinensis* Benth.

婆婆纳属 *Veronica*

北水苦荬 *V. anagallis-aquatica* Linn.

华中婆婆纳 *V. henryi* Yamazaki

疏花婆婆纳 *V. laxa* Benth.

水蔓青 *V. linariifolia* Pall. ex Link subsp. *dilatata* (Nakai et Kitag.) Hong

婆婆纳 *V. polita* Fries

光果婆婆纳 *V. rockii* Li

小婆婆纳 *V. serpyllifolia* Linn.

四川婆婆纳 *V. szechuanica* Batal.

水苦荬 *V. undulata* Wall.

腹水草属 *Veronicastrum*

草本威灵仙 *V. sibiricum* (Linn.) Pennell

细穗腹水草 *V. stenostachyum* (Hemsl.) Yamazaki

120. 唇形科 Labiatae

筋骨草属 *Ajuga*

筋骨草 *A. ciliata* Bge.

微毛筋骨草 *A. ciliata* var. *glabrescens* Hemsl.

风轮菜属 *Clinopodium*

细叶风轮菜 *C. gracile* (Benth.) Matsum.

灯笼草 *C. polycephalum* (Vaniot) C. Y. Wu et Hsuan ex Hsu

风车草 *C. urticifolium* (Hance) C. Y. Wu et Hsuan ex H. W. Li

香薷属 *Elsholtzia*

香薷 *E. ciliata* (Thunb.) Hyland.

野草香 *E. cyprini* (Pavol) S. Chow ex Hsu

鸡骨柴 *E. fruticosa* (D. Don) Rehd.

木香薷 *E. stauntoni* Benth.

鼬瓣花属 *Galeopsis* Linn.

鼬瓣花 *G. bifida* Boenn.

活血丹属 *Glecoma*

活血丹 *G. longituba*（Nakai）Kupr.

香茶菜属 *Isodon*

鄂西香茶菜 *I. henryi*（Hemsl.）Kudo

毛叶香茶菜 *I. japonicus*（Burm. f.）Hara

显脉香茶菜 *I. nervosus*（Hemsl.）Kudo

碎米桠 *I. rubescens*（Hemsl.）Hara

小叶香茶菜 *I. parvifolia*（Batal）Hara

动蕊花属 *Kinostemon*

动蕊花 *K. ornatum*（Hemsl.）Kudo

夏至草属 *Lagopsis*

夏至草 *L. supina*（Steph.）Ik.–Gal. ex Knorr.

野芝麻属 *Lamium*

宝盖草 *L. amplexicaule* Linn.

野芝麻 *L. barbatum* Sieb. et Zucc.

益母草属 *Leonurus*

益母草 *L. artemisia*（Lour.）S. Y. Hu

斜萼草属 *Loxocalyx*

斜萼草 *L. urticifolius* Hemsl.

薄荷属 *Mentha*

薄荷 *M. haplocalyx* Briq.

荆芥属 *Nepeta*

荆芥 *N. cataria* Linn.

牛至属 *Origanum*

牛至 *O. vulgare* Linn.

紫苏属 *Perilla*

紫苏 *P. frutescens*（Linn.）Britt.

野生紫苏 *P. frutescens* var. *acuta*（Thunb.）Kudo

糙苏属 *Phlomis*

大花糙苏 *P. megalantha* Diels

柴续断 *P. szechuanensis* C. Y. Wu

南方糙苏（变种）*P. umbrosa* var.*australis* Hemsl.

糙苏 *P. umbrosa* Turcz.

宽苞糙苏 *P. umbrosa* var. *latibracteata* Sun ex C. H. Hu

拟南方糙苏 *P. umbrosa* var. *subaustralis* K. T. Fu et J. Q. Fu

森林糙苏 *P. umbrosa* var. *sylvaticus* K. T. Fu et J. Q. Fu

狭萼糙苏 *P. umbrosa* var. *stenocalyx* (Diels) C. Y. Wu

夏枯草属 *Prunella*

夏枯草 *P. vulgaris* Linn.

鼠尾草属 *Salvia*

鄂西鼠尾草 *S. maximowicziana* Hemsl.

丹参 *S. miltiorrhiza* Bge.

单叶丹参 *S. miltiorrhiza* var. *charbonnelii* (Levl.) C. Y. Wu

荔枝草 *S. plebeia* R. Br.

长冠鼠尾草 *S. plectranthoides* Griff.

黄鼠狼花 *S. tricuspis* Franch.

荫生鼠尾草 *S. umbratica* Hance

裂叶荆芥属 *Schizonepeta*

多裂叶荆芥 *S. multifida* (Linn.) Briq.

裂叶荆芥 *S. tenuifolia* (Benth.) Briq.

黄芩属 *Scutellaria*

黄芩 *S. baicalensis* Georgi

莸状黄芩 *S. caryopteroides* Hand-Mazz.

河南黄芩 *S. honanensis* C. Y. Wu et H. W. Li

水苏属 *Stachys*

甘露子 *S. sieboldi* Miq.

软毛甘露子 *S. sieboldi* var. *malacotricha* Hand.-Mazz.

香科科属 *Teucrium*

微毛血见愁 *T. viscidum* Bl. var. *nepetoides* (Levl.) C. Y. Wu et S. Chow

百里香属 *Thymus*

百里香 *T. mongolicus* Ronn.

121. 透骨草科 Phrymataceae

透骨草属 *Phryma*

透骨草 *P. leptostachya* Linn. var. *asiatica* Hara

122. 列当科 Orobanchaceae

列当属 *Orobanche*

列当 *O. coerulescens* Steph.

123. 紫葳科 Bignonoaceae

凌霄属 *Campsis*

凌霄 *C. grandiflora* (Thunb.) K. Schumann

梓树属 *Catalpa*

楸树 *C. bungei* C. A. May.

灰楸 *C. fargesii* Bureau

梓树 *C. ovata* G. Don

124. 马鞭草科 Verbenaceae

紫珠属 *Callicarpa*

老鸦糊 *C. giraldii* Hesse ex Rehd.

窄叶紫珠 *C. japonica* Thunb. var. *angustata* Rehd.

莸属 *Caryopteris*

叉枝莸 *C. divaricata*（Sieb. et Zucc.）Maxim.

光果莸 *C. tangutica* Maxim.

三花莸 *C. terniflora* Maxim.

臭牡丹属 *Clerodendron*

臭牡丹 *C. bungei* Steud.

海州常山 *C. trichotomum* Thunb.

马鞭草属 *Verbena*

马鞭草 *V. officinalis* Linn.

牡荆属 *Vitex*

黄荆 *V. negundo* Linn.

荆条 *V. negundo* var. *heterophylla*（Franch.）Rehd.

125. 青荚叶科 Helwingiaceae

青荚叶属 *Helwingia*

中华青荚叶 *H. chinensis* Batal.

青荚叶 *H. japonica*（Thunb.）F. G. Dietr.

126. 冬青科 Aquifoliaceae

冬青属 *Ilex*

城口冬青 *I. fargesii* Franch.

狭叶冬青 *I. fargesii* var. *angustifolia* C. Y. Chang

大果冬青 *I. macrocarpa* Oliv.

猫儿刺 *I. pernyi* Franch.

光叶云南冬青 *I. yunnanensis* Franch. var. *gentilis*（Franch.）Loes.

127. 桔梗科 Campanulaceae

沙参属 *Adenophora*

沙参 *A. stricta* Miq.

秦岭沙参 *A. tsinlingensis* Pax et Hoffm.

多歧沙参 *A. wawreana* A. Zahlbr.

风铃草属 *Campanula*

紫斑风铃草 *C. punctata* Lam.

党参属 *Codonopsis*

党参 *C. pilosula*（Franch.）Nannf.

川党参 *C. tangshen* Oliv.

桔梗属 *Platycodon*

桔梗 *P. grandiflorus*（Jacq.）A. DC.

袋果草属 *Peracarpa* Hook. f. & Thoms.

袋果草 *P. carnosa*（Wall.）Hook. f. & Thoms.

128. 菊科 Compositae

蓍属 *Achillea*

多叶蓍 *A. millefolium* Linn.

云南蓍 *A. wilsoniana*（Heim.）Heim.

和尚菜属 *Adenocaulon*

和尚菜 *A. himalaicum* Edgew.

下田菊属 *Adenostemma*

下田菊 *A. lavenia*（Linn.）Ktze.

兔儿风属 *Ainsliaea*

红背兔耳风 *A. rubrifolia* Franch.

宽穗兔耳风 *A. triflora*（Buch.–Ham.）Druce

香青属 *Anaphalis*

黄腺香青 *A. aureopunctata* Lingelsh. et Borza

淡黄香青 *A. flavescens* Hand.–Mazz.

铃铃香青 *A. hancockii* Maxim.

珠光香青 *A. margaritacea*（Linn.）Benth. et Hook. f.

线叶珠光香青 *A. margaritacea* var. *japonica*（Sch.–Bip.）Makino

黄褐珠光香青 *A.margaritacea* var. *cinnamomea*（DC.）Herd. ex Maxim.

香青 *A.sinica* Hance

疏生香青 *A.sinica* var. *remota* Ling

牛蒡属 *Arctium*

牛蒡 *A. lappa* Linn.

蒿属 *Artemisia*

黄花蒿 *A. annua* Linn.

艾蒿 *A. argyi* L é vl. et Vant.

无毛牛尾蒿 *A. dubia* Wall. ex Bess. var. *subdigitata*（Matf.）Y. R. Ling

白莲蒿 *A. gmelinii* Web. ex Stechm.

矮蒿 *A. lancea* Van.

野艾 *A. lavandulaefolia* DC.

野艾蒿 *A. lavandulaefolia* var. *lancea*（Vant.）Pamp.

白叶蒿 *A. leucophylla* Turcz. Ex C. B. Clarke

秦岭蒿 *A. qinlingensis* Ling et Y. R. Ling

牛尾蒿 *A. subdigitata*Mattf.

毛莲蒿 *A. vestita* Wall. ex DC.

南艾蒿 *A.verlotorum* Lam.

紫菀属 *Aster*

三褶脉紫菀 *A. ageratoides* Turcz.

异叶三褶脉紫菀 *A. ageratoides* var. *heterophyllus* Maxim.

卵叶三褶脉紫菀 *A. ageratoides* var. *oophyllus* Ling

翼柄紫菀 *A. alatipes*Hemsl.

小舌紫菀 *A. albescens* (DC.) Hand.–Mazz.

耳叶紫菀 *A. auriculatus* Franch.

圆齿狗娃花 *A. crenatifolius* Hand.–Mazz.

秦中紫菀 *A. giraldii* Diels

石砾紫菀 *A. glarearum* W. W. Smith et Farr.

全叶马兰 *A. pekinensis* (Hance) F. H. Chen

东风菜 *A. scaber* Thunb.

紫菀 *A. tataricus* Linn. f.

苍术属 *Atractylodes*

苍术 *A. lancea* (Thunb.) DC.

北苍术 *A. lancea* var. *chinensis* (Bge.) Kitam.

鬼针草属 *Bidens*

鬼针草 *B. bippinnata* Linn.

金盏银盘 *B. biternata* (Lour.) Merr. et Sherff

小花鬼针草 *B. parviflora* Willd.

白花鬼针草 *B. pilosa* Linn. var. *radiata* Sch.–Bip.

蟹甲草属 *Cacalia*

两似蟹甲草 *C. ambigua* Ling

耳叶蟹甲草 *C. auriculata* DC.

翠雀叶蟹甲草 *C. delphiniphylla* (Levl.) Hand.–Mazz.

山尖子 *C. hastata* Linn.

无毛山尖子 *C. hastata* var. *glabra* Ledeb.

太白山蟹甲草 *C. pilgeriana* (Diels) Ling

珠毛蟹甲草 *C. roborowskii* (Maxim.) Ling

红毛蟹甲草 *C. rufipilis* (Franch.) Ling

中华蟹甲草 *C. sinica* Ling

飞廉属 *Carduus*

飞廉 *C. crispus* Linn.

天名精属 *Carpesium*

天名精 *C. abrotanoides* Linn.

烟管头草 *C. cernuum* Linn.

大花金挖耳 *C. macrocephallum* Franch. et Sav.

四川天名精 *C. szechuanense* Chen et C. M. Hu

刺儿菜属 *Cephalanoplos*

刺儿菜 *C. segetum* (Bge.) Kitam.

大刺儿菜 *C. setosum* (Willd.) Kitam.

蓟属 *Cirsium*

湖北蓟 *C. hupehense* Pamp.

蓟 *C. japonicum* Fisch. ex DC

魁蓟 *C. leo*Nakai et Kitag.

线叶蓟 *C. lineare*（Thunb.）Sch.–Bip.

白酒草属 *Conyza*

灰绿白酒草 *C. bonariensis*（Linn.）Cronq.

小白酒草 *C. canadensis*（linn.）Cronq.

假还阳参属 *Crepidiastrum*Nakai

黄瓜假还阳参 *C. denticulatum*（Houtt.）J. H. Pak & Kawano

菊属 *Dendranthema*

野菊 *D. indicum*（Linn.）Des Moul.

甘菊 *D. lavandulaefolium*（Fisch. ex Trautv.）Kitam.

东风菜属 *Doellingeria*

东风菜 *D. scaber*（Thunb.）Nees.

醴肠属 *Eclipta*

醴肠 *E. prostrata*（Linn.）Linn.

飞蓬属 *Erigeron*

飞蓬 *E. acer* Linn.

一年蓬 *E. annuus*（Linn.）Pers.

香丝草 *E. bonariensis* Linn.

泽兰属 *Eupatorium*

华泽兰 *E. chinense* Linn.

泽兰 *E. japonicum* Thunb.

林泽兰 *E. lingdleyanum* DC.

轮叶泽兰 *E. lingdleyanum* var. *trifoliolatum* Makino

鼠麴菊属 *Gnaphalium*

秋鼠麴菊 *G. hypoleucum* DC.

细叶鼠麴菊 *G. japonicum* Thunb.

丝棉草 *G. luteo–album* Linn.

裸菀属 *Gymnaster*

裸菀 *G. piccolii*（Hook. f.）Kitam.

三七草属 *Gynura*

三七草 *G. japonica*（Linn. f.）Juel

泥胡菜属 *Hemistepta*

泥胡菜 *H. lyrata*（Bge.）Bge.

狗娃花属 *Heteropappus*

阿尔泰狗娃花 *H. altaicus*（Willd.）Novopokr.

多叶狗娃花 *H. altaicus* var. *millefolius*（Vant.）W. Wang

狗娃花 *H. hispidus* (Thunb.) Less.

多毛狗娃花 *H. hispedissimus* Ling et W. Wang

山柳菊属 *Hieracium*

山柳菊 *H. umbellatum* Linn.

旋覆花属 *Inula*

旋覆花 *I. japonica* Thunb.

苦荬菜属 *Ixeris*

山苦荬 *I. chinensis* (Thunb.) Nakai

苦荬菜 *I. polycephala* Cass.

抱茎苦荬 *I. sonchifolia* (Bge.) Hance

马兰属 *Kalimeris*

马兰 *K. indica* (Linn.) Sch.–Bip.

全叶马兰 *K. integrifolia* Turcz. ex DC.

羽叶马兰 *K. pinnatifida* (Maxim.) Kitam.

莴苣属 *Lactuca*

异叶莴苣 *L. diversifolia* Vant.

山莴苣 *L. indica* Linn.

毛脉山莴苣 *L. raddeana* Maxim.

高莴苣 *L. raddeana* var. *elata* (Hemsl.) Kitam.

大丁草属 Leibnitzia

大丁草 *L. anandria* (Linn.) Nakai

火绒草属 *Leontopodium*

薄雪火绒草 *L. japonicum* Miq.

厚茸薄雪火绒草 *L. japonicum* var. *xerogenes* Hand.–Mazz.

长叶火绒草 *L. junpeianum* Kitam.

火绒草 *L. leontopodioides* (Willd.) Beauv.

橐吾属 *Ligularia*

齿叶橐吾 *L. dentata* (A. Gray) Hara

太白山橐吾 *L. dolichobotrys* Diels

肾叶橐吾 *L. fischerii* (Ledeb.) Turcz.

掌叶橐吾 *L. przewalskii* (Maxim.) Diels

离舌橐吾 *L. veitchiana* (Hemsl.) Greenm.

假橐吾属 *Ligulariopsis* Y. L. Chen

假橐吾 *L. shichuana* Y. L. Chen

耳菊属 *Nabalus* Cass.

盘果菊 *N. tatarinowii* (Maxim.) Nakai

蟹甲草属 *Parasenecio* W. W. Smith & J. Smoll

兔儿风蟹甲草 *P. ainsliaeflorus* (Franch.) Y. L. Chen

帚菊属 *Pertya*

华帝菊 *P. sinensis* Oliv.

蜂斗菜属 *Petasites*

毛裂蜂斗菜 *P. tricholobus* Franch.

毛莲菜属 *Picris*

毛莲菜 *P. hieracioides* Linn. subsp. *japonica*（Thunb.）Krylv.

拟鼠麴草属 *Pseudognaphalium* Kirp.

拟鼠麴草 *P. affine*（D. Don）Anderberg

秋拟鼠麴草 *P. hypoleucum*（DC.）Hill. & B. L. Burtt

祁州漏芦属 *Rhaponticum*

祁州漏芦 *R. uniflorum*（Linn.）DC.

风毛菊属 *Saussurea*

长梗风毛菊 *S. dolichopoda* Diels

锈毛风毛菊 *S. dutaillyana* Franch.

陕西风毛菊 *S. dutaillyana* var. *shensiensis* Pai

羽叶风毛菊 *S. henryi* Hemsl.

紫苞风毛菊 *S. iodostegia* Hance

风毛菊 *S. japonica*（Thunb.）DC.

变叶风毛菊 *S. mutabilis* Diels

秦岭风毛菊 *S. tsinlingensis* Hand.–Mazz.

千里光属 *Senecio*

狗舌草 *S. kirilowii* Turcz. ex DC.

蒲儿根 *S. oldhamianus* Maxim.

千里光 *S. scandens* Buch.–Ham. ex D.Don

麻花头属 *Serratula*

华麻花头 *S. chinensis* S. Moore

伪泥胡菜 *S. coronata* Linn.

蕴苞麻花头 *S. strangulata* Iljin

豨莶属 *Siegesbeckia*

毛梗豨莶 *S. glabrescens* Makino

豨莶 *S. orientalis* Linn.

华蟹甲属 *Sinacalia*

羽裂华蟹甲草 *S. tangutica*（Maxim.）B. Nord.

蒲儿根属 *Sinosenecio* B. Nord.

耳柄蒲儿根 *S. euosmus*（Hand.–Mazz.）B. Nord.

蒲儿根 *S. oldhamianus* Maxim.

苦苣菜属 *Sonchus*

苦荬菜 *S. arvensis* Linn.

苦苣菜 *S. oleraceus* Linn.

兔儿伞属 *Syneilesis*

兔儿伞 *S. aconitifolia* （Bge.）Maxim.

山牛蒡属 *Synurus*

山牛蒡 *S. deltoides* （Ait.）Nakai

蒲公英属 *Taraxacum*

川甘蒲公英 *T. lugubre* Dahlst.

蒲公英 *T. mongolicum* Hand.–Mazz.

女菀属 *Turczaninovia*

女菀 *T. fastigiata* （Fisch.）DC.

款冬属 *Tussilago*

款冬 *T. farfara* Linn.

苍耳属 *Xanthium*

苍耳 *X. sibiricum* Patrin ex Widder

黄鹌菜属 *Youngia*

黄鹌菜 *Y. japonica* （Linn.）DC.

129. 五福花科 Adoxaceae

接骨木属 *Sambucus*

接骨草 *S. chinensis* Lindl.

接骨木 *S. williamsii* Hance.

荚蒾属 *Viburnum*

桦叶荚蒾 *V. betulifolium* Batal.

荚蒾 *V. dilatatum* Thunb.

宜昌荚蒾 *V. erosum* Thunb.

黑果啮蚀荚蒾 *V. erosum* var. *ichangense* Hemsl.

红荚蒾 *V. erubescens* Wall.

细梗淡红荚蒾 *V. erubescens* var. *gracilipes* Rehd.

丛花荚蒾 *V. glomeratum* Maxim.

甘肃荚蒾 *V. kansuense* Batal.

阔叶荚蒾 *V. lobophyllum* Graebn.

鸡树条 *V. sargentii* Koehne

少毛鸡树条荚蒾 *V. sargentii* Koehne var. *calvescens* Rehd.

陕西荚蒾 *V. schensianum* Maxim.

合轴荚蒾 *V. sympodiale* Graebn.

烟管荚蒾 *V. utile* Hemsl.

130. 忍冬科 Caprifoliaceae

糯米条属 *Abelia* R. Br.

太白六道木 *A. dielsii* （Graebn.）Rehd.

短枝六道木 *A. engleriana* （Graebn.）Rehd.

双盾木属 *Dipelta* Maxim.

双盾木 *D. floribunda* Maxim.

川续断属 *Dipsacus*

续断 *D. japonicus* Miq.

忍冬属 *Lonicera*

金花忍冬 *L. chrysantha* Turcz.

须蕊忍冬 *L. chrysantha* subsp. *koehneana* (Rehd.) Hsu et H. J. Wang

葱皮忍冬 *L. ferdinandii* Franch.

刚毛忍冬 *L. hispida* Pall. ex Roem. et Schult.

金银花 *L. japonica* Thunb.

金银忍冬 *L. maackii* (Rupr.) Maxim.

红脉忍冬 *L. nervosa* Maxim.

细苞忍冬 *L. smilis* Hemsl.

苦糖果 *L. standishii* Carr.

四川忍冬 *L. szeshuanica* Batal.

陇塞忍冬 *L. tangutica* Maxim.

盘叶忍冬 *L. tragophylla* Hemsl.

华西忍冬 *L. webbiana* Wall. ex DC.

败酱属 *Patrinia*

异叶败酱 *P. heterophylla* Bge.

单蕊败酱 *P. monandra* C. B. Clarke

莛子藨属 *Triosteum*

穿心莛子藨 *T. himalayanum* Wall.ex Roxb.

羽裂叶莛子藨 *T. pinnatifidum* Maxim.

缬草属 *Valeriana*

缬草 *V. officinalis* Linn.

131. 海桐花科 Pittosporaceae

海桐花属 *Pittosporum*

柄果海桐 *P. podocarpum* Gagnep.

狭叶柄果海桐 *P. podocarpum* var. *angustatum* Gowda

秦岭海桐 *P. rehderianum* Gowda

132. 五加科 Araliaceae

五加属 *Eleutherococcus*

五加 *E. gracilistylus* W. W. Smith

糙叶五加 *E. henryi* (Oliv.) Harms

藤五加 *E. leucorrhizus* (Oliv.) Harms.

糙叶藤五加 *E. leucorrhizus* var. *fulvenscens* Harms et Rehd.

狭叶藤五加 *E. leucorrhizus* var. *scaberulus* (Harms & Rehd.) Nakai

蜀五加 *E. leucorrhizus* var. *setchuenensis* (Harms) C. B. Shang & J. Y. Huang

刺五加 *E. senticosus* (Rupr. & Maxim.) Maxim.

蜀五加 *E. setchuenensis* Harms ex Diels

白簕 *E. trifoliatus* (L.) S. Y. Hu

楤木属 *Aralia*

楤木 *A. chinensis* Linn.

常春藤属 *Hedera*

常春藤 *H. nepalensis* K. Koch var. *sinensis* (Tobl.) Rehd.

刺楸属 *Kalopanax*

刺楸 *K. septemlobus* (Thunb.) Koidz.

梁王茶属 *Nothopanax*

异叶梁王茶 *N. davidii* (Franch.) Harms.

人参属 *Panax*

大叶三七 *P. pseudo-ginseng* Wall. var. *japonicum* (C. A. Mey.) G. Hoo et C. J. Tseng

秀丽三七 *P. pseudo-ginseng* var. *elegantior* (Burkill) G. Hoo et C. J. Tseng

通脱木属 *Tetrapanax*

通脱木 *T. papyrifer* (Hook.) K. Koch

133. 伞形科 Umbelliferae

羊角芹属 *Aegopodium*

山羊角芹 *A. alpestre* Ledeb.

巴东羊角芹 *A. henryi* Diels

当归属 *Angelica*

大齿当归 *A. grosseserrata* Maxim.

疏叶当归 *A. laxifoliata* Diels

当归 *A. sinensis* (Olive.) Diels

秦岭当归 *A. tsinlingensis* K. T. Fu

峨参属 *Anthriscus*

峨参 *A. sylvestris* (Linn.) Hoffm.

柴胡属 *Bupleurum*

北柴胡 *B. chinensis* DC.

秦岭柴胡 *B. longicaule* Wall. et DC. var. *giraldii* Wolff

紫花大叶柴胡 *B. longiradiatum* Turcz. var. *porphyranthum* Shan et Li

葛缕子属 *Carum*

田葛缕子 *C. buriaticum* Turcz.

葛缕子 *C. carvi* Linn.

蛇床属 *Cnidium*

蛇床 *C. monnieri* (Linn.) Cuss.

辛家山蛇床 *C. sinchianum* K. T. Fu

鸭儿芹属 *Cryptotaenia*

鸭儿芹 *C. japonica* Hassk.

胡萝卜属 *Daucus*

野胡萝卜 *D. carota* Linn.

独活属 *Heracleum*

短毛独活 *H. moellendorffii* Hance

岩风属 *Libanotis*

亚洲岩风 *L. sibirica*（Linn.）C. A. Mey.

灰毛岩风 *L. spodotrichoma* K. T. Fu

藁本 *L. sinense* Oliv.

野藁本 *L. sinense* Oliv. var. *alpinum* Shan

水芹属 *Oenanthe*

水芹 *O. javanica*（Bl.）DC.

香根芹属 *Osmorhiza*

香根芹 *O. aristata*（Thunb.）Makino et Yabe

前胡属 *Peucedanum*

华北前胡 *P. harry-smithii* Fedde ex Wolff

少毛北前胡 *P. harry-smithii* var. *subglabrum*（Shan & Sheh）Shan & Sheh

前胡 *P. praeruptorum* Dunn.

茴芹属 *Pimpinella*

异叶茴芹 *P. diversifolia*（Wall.）DC.

菱形茴芹 *P. rhomboidea* Diels

直立茴芹 *P. stricta* Wolff

棱子芹属 *Pleurospermum*

鸡冠棱子芹 *P. cristatum* de Boiss.

异伞棱子芹 *P. franchetianum* Hemsl.

囊瓣芹属 *Pternopetalum*

短梗囊瓣芹 *P. brevium* K. T. Fu

丛枝囊瓣芹 *P. caespitosum* Shan

尖叶五匹青 *P. vulgare* var. *acuminatum* C. Y. Wu ex Shan & Pu

变豆菜属 *Sanicula*

变豆菜 *S. chinensis* Bge.

长序变豆菜 *S. elongata* K. T. Fu

太白变豆菜 *S. giraldii* Wolff

东俄芹属 *Tongoloa*

太白东俄芹 *T. silaifolia*（de Boiss.）Wolff

窃衣属 *Torilis*

破子草 *T. japonica*（Houtt.）DC.

窃衣 *T. scabra*（Thunb.）DC.

附录 3　平河梁保护区鱼类名录

序号（目、科）名称	分布河流					遇见率 +++, ++, +	区系类型					新增种
	上坝河	长安河	东峪河	月河	池河		A	B	C	D	E	
I 鲤形目 CYRINIFORMES												
一、条鳅科 Nemacheilidae												
1　红尾副鳅 Homatula variegatus	+			+	+	++	√					
二、花鳅科 Cobitidae												
2　中华花鳅 Cobitis sinensis	+	+	+	+	+	+			√			
3　泥鳅 Misgurnus anquillicaudatus	+		+	+	+	++			√			√
4　大鳞副泥鳅 Paramisgurnus dabryanus	+		+		+	+		√				
三、鲤科 Cyprinidae												
5　宽鳍鱲 Zacco platypus	+	+		+	+	++			√			
6　马口鱼 Opsariichthys bidens	+		+		+	++			√			
7　鳡 Elopichthys bambusa			+		+	+			√			√
8　拉氏大吻鱥 Phoxinus lagowskii	+	+	+	+	+	+++				√		
9　短须颌须鮈 Gnathopogon imberbis	+	+	+		+	+	√					
10　似鮈 Pseudogobio vaillanti	+		+		+	++	√					
11　黑鳍鳈 Sarcocheilichthys nigri Pinnis		+			+	+	√					√
12　大鳞黑线鰶 Macrolepis			+		+	++					√	√
II 鲈形目 PERCIFORMES												
四、鰕虎鱼科 Gobiidae												
13　栉鰕虎鱼 Ctenogobiuas giurinus	+	+			+	++					√	
14　神农栉鰕虎鱼 Ctenogobiuas shennongensis	+										√	√

A 中国江河平原区系复合体、B 晚第三纪早期区系复合体、C 北方平原区系复合体、D 北方山区区系复合体、E 南方平原区系复合体

附录 4　平河梁保护区两栖类动物名录

序号（目、科）名称	低山 (m) 1300~1800	中山 (m) 1800~2200	高山 (m) 2200~2600	遇见率 +++, ++, +	分布型	区系类型 东洋种	区系类型 古北种	区系类型 广布种	特有种 *, **	保护级别	新增种
I 有尾目 CAUDATA											
一、小鲵科 Hynobiidae											
1　黄斑拟小鲵 *Pseudohynobius flavomaculatus*		√	√	++	S	√			*		修正
2　山溪鲵 *Batrachuperus pinchonii*		√	√	+	H	√			*	II	
二、隐鳃鲵科 Cryptobranchidae											
3　大鲵 *Andrias davidianus*	√				E			√	*	II	
II 无尾目 ANURA											
三、角蟾科 Megophyidae											
4　宁陕齿突蟾 *Scutiger ningshanensis*	√	√	√	+	S	√			*	II	
四、蟾蜍科 Bufonidae											
5　中华蟾蜍 *Bufo gargarizans*	√	√		++	E			√	**		
6　华西蟾蜍 *Bufo andrewsi*	√	√		++	S	√			*		√
五、雨蛙科 Hylidae											
7　秦岭雨蛙 *Hyla tsinlingensis*	√	√		+	L	√			*		√
六、蛙科 Ranidae											
8　中国林蛙 *Rana chensinensis*	√	√	√	++	X		√		**		
9　隆肛蛙 *Feirana quadranus*	√	√		+++	S	√			*		
10　棘腹蛙 *Paa boulengeri*	√	√		++	H	√			**		√

续表

序号（目、科）	名称	低山（m）1300~1800	中山（m）1800~2200	高山（m）2200~2600	遇见率	分布型	区系类型 东洋种	区系类型 古北种	区系类型 广布种	特有种 *, **	保护级别	新增种
11	黑斑侧褶蛙 Pelophylax nigromaculatus	√			+++、++、+	E			√	**		
12	泽陆蛙 Fejervarya multistriata	√			++	W	√					
13	大绿臭蛙 Odorrana livida	√			+	S	√			*		√
七、姬蛙科 Microhylidae												
14	饰纹姬蛙 Microhyla ornata	√			+++	W	√					√
15	合征姬蛙 Microhyla mixtura	√			+	S	√			*		√

注：参考费梁、叶昌媛、江建平编著，2010. 中国两栖动物彩色图鉴，四川出版集团，四川科学技术出版社。*：我国特有。**：主要分布在我国。分布型：C 全北型；U 古北型；A 澳大利亚—东南亚群岛；M 东北型（我国东北地区或再包括附近地区）；K 东北型（东部为主）；B 华北型（主要分布于华北区）；X 东北—华北型；E 季风型（东部湿润地区为主）；D 中亚型（中亚温带干旱区分布）；G 蒙古高原（草原型）；P 或 I 高地型；I 以青藏高原为中心可包括其外围山地；H 喜马拉雅—横断山区型；Y 云贵高原；S 南中国型；W 东洋型；L 局地型；O 不易归类的分布。

附录5　平河梁保护区爬行类动物名录

序号（目、科）名称	低山 1300~1800 (m)	中山 1800~2200 (m)	高山 2200~2600 (m)	遇见率 +++, ++, +	分布型	区系类型			特有种 *, **	保护级别	新增种
						东洋种	古北种	广布种			
I 蜥蜴目 LACERTIFORMES											
一、壁虎科 Gekkonidae											
1 多疣壁虎 Gekko japonicus	✓			++	S	✓			**		
二、鬣蜥科 Agamidae											
2 米仓龙蜥 Japalura micangshanensis Song	✓	✓		+	S	✓			*		✓
三、石龙子科 Scincidae											
3 黄纹石龙子 Eumeces capito	✓			+	B		✓		*		
4 蝘蜓 Lygosoma indicum	✓			++	W	✓					
5 秦岭滑蜥 Scincella tsinlingensis	✓	✓		+	D		✓		*		
四、蜥蜴科 Lacertidae											
6 北草蜥 Takydromus septentrionalis*	✓			++	E			✓	*		
7 丽斑麻蜥 Eremias argus	✓	✓		++	X		✓		**		✓
II 蛇目 SERPENTIFORMENS											
五、游蛇科 Colupridae											
8 棕脊蛇 Achalinus rufescens	✓				S	✓			**		
9 黑脊蛇 Achalinus spinalis	✓			++	S	✓			**		✓
10 赤链蛇 Dinodon rufozonatum	✓	✓		+	E			✓	**		
11 玉斑锦蛇 Elaphe mandarina	✓				S	✓			**		✓

续表

序号（目、科）	名称	低山（m）1300~1800	中山（m）1800~2200	高山（m）2200~2600	遇见率 +++, ++, +	分布型	区系类型 东洋种	区系类型 古北种	区系类型 广布种	特有种 *, **	保护级别	新增种
12	王锦蛇 Elaphe carinata	√			++	S	√			**		
13	黑眉锦蛇 Elaphe taeniura	√	√		++	W			√			
14	横斑锦蛇 Euprepiophis perlacea	√			+	H	√			*	II	
15	紫灰锦蛇 Elaphe porphyracea	√			+	W	√					√
16	双全白环蛇 Lycodon fasciatus	√	√		++	W	√					
17	黑背白环蛇 Lycodon ruhstrati	√	√		+	S	√			**		
18	斜鳞蛇 Pseudoxenodon macrops sinensis	√			++	W	√			**		
19	翠青蛇 Cyclophiops major	√	√		+	S	√			**		
20	乌梢蛇 Zaocys dhumnades	√	√		++	W	√					
21	颈槽蛇 Rhabdophis nuchalis	√	√	√	+++	S	√			**		
22	虎斑颈槽蛇 Rhabdophis tigrinus	√	√			E	√		√	**		
23	宁陕小头蛇 Oligodon ningshanensis	√				S	√			*		
24	黑头剑蛇 Sibynophis chinensis	√				S	√					
六、蝰科 Viperidae												
25	白头蝰 Azemiops feae	√	√		++	S	√			**		√
26	极北蝰 Vipera berus		√	√	+	U		√			II	
七、蝮科 Crotalinae												
27	秦岭腹 Agkistrodon qinlingenis	√	√	√	++	S	√			*		
28	高原蝮 Gloydius strauchii		√	√	+	H	√			*		
29	菜花烙铁头 Trimeresurus jerdonii	√	√		++	S	√			**		√

注：参考：赵尔宓.2006，中国蛇类（上下卷）.安徽科学技术出版社；中国野生动物保护协会.2002，中国爬行动物图鉴.河南科学技术出版社.

附录6　平河梁保护区鸟类名录

序号（目、科）名称	区系成分	分布型	居留型	遇见率 +++，++，+	低山（m）1300~1800	中山（m）1800~2200	高山（m）2200~2600	春夏季 5~8月	秋季 9~10月	冬季 11~4月	特有种 *	居留变化	保护级别	新增种 ◇
I . 鸡形目 Galliformes														
一、雉科 Phasianidae														
1 灰胸竹鸡 Bambusicola thoracicus	Or	S	R	++	√			△	△	△	*			◇
2 血雉 Ithaginis cruentus	Gb	H	R	++			√	△	△	△	*		II	
3 红腹角雉 Tragopan temminckii	Or	H	R	+++		√	√	△	△	△			II	
4 勺鸡 Pucrasia macrolopha	Or	S	R	++		√	√	△	△	△			II	
5 白冠长尾雉 Syrmaticus reevesii	Pr	S	R	+			√	△	△	△	*		I	◇
6 环颈雉 Phasianus colchicus	Gb	O	R	++	√	√		△	△	△				
7 红腹锦鸡 Chrysolophus pictus	Or	W	R	+++	√	√		△	△	△	*		II	
II . 鸽形目 Columbiformes														
二、鸠鸽科 Columbidae														
8 岩鸽 Columba rupestris	Pr	O	R	+	√			△	△					
9 斑林鸽 Columba hodgsoni	Gb	H	R		√			△	△					◇
10 山斑鸠 Streptopelia orientalis	Gb	E	R	+++	√	√		△	△	△				
11 灰斑鸠 Streptopelia decaocto	Pr	W	R	+	√	√		△	△	△				◇
12 珠颈斑鸠 Streptopelia chinensis	Or	W	R	+++	√	√		△	△	△				
13 火斑鸠 Streptopelia tranquebarica	Or	W	R		√			△	△					◇
III . 夜鹰目 Caprimulgiformes														
三、夜鹰科 Caprimulgidae														
14 普通夜鹰 Caprimulgus indicus	Or	W	S		√	√			△					

续表

序号（目、科）	名称	区系成分	分布型	居留型	遇见率 +++, ++, +	低山 (m) 1300~1800	中山 (m) 1800~2200	高山 (m) 2200~2600	春夏季 5~8月	秋季 9~10月	冬季 11~4月	特有种 *	居留变化	保护级别	新增种
四、雨燕科 Apodidae															
15	小白腰雨燕 Apus nipalensis	Pr	O	S		√			△						◇
16	白腰雨燕 Apus pacificus	Gb	M	S	++	√	√		△						
17	普通雨燕 Apus apus	Pr	O	S	+	√			△						◇
IV. 鹃形目 Cuculiformes															
五、杜鹃科 Cuculidae															
18	红翅凤头鹃 Clamator coromandus	Or	W	S	+	√			△						◇
19	大鹰鹃 Hierococcyx sparverioides	Or	W	S	++	√	√		△						◇
20	棕腹杜鹃 Hierococcyx nisicolor	Or	W	S		√	√		△						◇
21	四声杜鹃 Cuculus micropterus	Gb	W	S	+	√	√		△						
22	大杜鹃 Cuculus canorus	Gb	O	S	+	√	√		△						
23	小杜鹃 Cuculus poliocephalus	Gb	W	S	+++	√	√	√	△						
24	噪鹃 Eudynamys scolopaceus	Or	W	S	+++	√	√		△						
25	褐翅鸦鹃 Centropus sinensis	Or	S	S		√			△					II	◇
V. 鹈形目 Pelecaniformes															
六、鹮科 Threskiornithidae															
26	朱鹮 Nipponia nippon	Pr	E	R		√			△		*		I	◇
七、鹭科 Ardeidae															
27	白鹭 Egretta garzetta	Or	W	S	+	√			△						
28	池鹭 Ardeola bacchus	Or	W	S		√			△						◇
29	苍鹭 Ardea cinerea	Gb	U	S	+	√			△						◇

续表

序号（目、科）	名称	区系成分	分布型	居留型	遇见率 +++、++、+	低山 (m) 1300~1800	中山 (m) 1800~2200	高山 (m) 2200~2600	春夏季 5~8月	秋季 9~10月	冬季 11~4月	特有种 *	居留变化	保护级别	新增种
VI. 鹰形目 Accipitriformes															
八、鹰科 Accipitridae															
30	黑鸢 Milvus migrans	Gb	U	R	++	√	√	√	△	△	△			II	
31	凤头蜂鹰 Pernis ptilorhyncus	Gb	W	P	+	√	√			△				II	◇
32	黑冠鹃隼 Aviceda leuphotes	Or	W	S			√			△				II	◇
33	凤头鹰 Accipiter trivirgatus	Or	W	R		√	√			△				II	◇
34	赤腹鹰 Accipiter soloensis	Gb	W	R	+++	√			△	△	△			II	
35	雀鹰 Accipiter nisus	Pr	U	S	++	√	√		△				R-S	II	
36	松雀鹰 Accipiter virgatus	Gb	W	S	+	√	√			△			R-S	II	
37	苍鹰 Accipiter gentilis	Gb	C	P			√	√			△		R-P	II	◇
38	大鵟 Buteo hemilasius	Gb	D	W	+			√			△			II	
39	普通鵟 Buteobuteo buteo	Gb	U	R	+		√	√	△	△	△		W-R	II	◇
40	金雕 Aquila chrysaetos	Gb	C	R				√	△	△	△			I	
41	白尾鹞 Circus cyaneus	Gb	C	P	+			√		△	△			II	◇
42	秃鹫 Aegypius monachus	Gb	O	R	+			√	△	△	△			I	◇
43	鹰雕 Nisaetus nipalensis	Or	W	W	+	√	√	√	△	△	△			II	◇
VII. 鸮形目 Strigiformes															
九、鸱鸮科 Strigidae															
44	红角鸮 Otus scops	Pr	O	R	+	√			△	△	△			II	◇
45	领角鸮 Otus lettia	Or	W	R		√			△	△	△			II	
46	雕鸮 Bubo bubo	Pr	U	R	++	√	√		△	△	△			II	◇

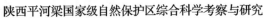
续表

序号（目、科）	名称	区系成分	分布型	居留型	遇见率 +++、++、+	低山 (m) 1300~1800	中山 (m) 1800~2200	高山 (m) 2200~2600	春夏季 5~8月	秋季 9~10月	冬季 11~4月	特有种 *	居留变化	保护级别	新增种
47	斑头鸺鹠 Glaucidium cuculoides	Or	W	R	+	√			△	△	△			II	
48	领鸺鹠 Glaucidium brodiei	Or	W	R		√	√		△	△	△			II	
49	纵纹腹小鸮 Athene noctua	Pr	U	R		√			△	△	△			II	◇
50	灰林鸮 Strix aluco	Pr	O	R			√		△	△	△			II	
VIII. 犀鸟目 Bucerotiformes															
十、戴胜科 Upupidae															
51	戴胜 Upupa epops	Gb	O	R	+++	√			△	△	△				
IX. 佛法僧目 Coraciiformes															
十一、佛法僧科 Coraciidae															
52	三宝鸟 Eurystomus orientalis	Or	W	S		√			△						
十二、翠鸟科 Alcedinidae															
53	普通翠鸟 Alcedo atthis	Gb	O	R	++	√			△	△	△				
54	冠鱼狗 Megaceryle lugubris	Gb	O	R	+	√			△	△	△				
55	蓝翡翠 Halcyon pileata	Or	W	S	+	√			△						
X. 啄木鸟目 Piciformes															
十三、啄木鸟科 Picidae															
56	蚁䴕 Jynx torquilla	Gb	U	S			√			△	△		P-S		◇
57	斑姬啄木鸟 Picumnus innominatus	Or	W	R			√			△	△				
58	灰头绿啄木鸟 Picus canus	Or	U	R	++	√	√		△	△	△				

续表

序号（目、科）	名称	区系成分	分布型	居留型	遇见率 +++, ++, +	低山（m）1300~1800	中山（m）1800~2200	高山（m）2200~2600	春夏季 5~8月	秋季 9~10月	冬季 11~4月	特有种 *	居留变化	保护级别	新增种
59	大斑啄木鸟 Dendrocopos major	Pr	U	R	+++	✓	✓	✓	△	△	△				
60	白背啄木鸟 Dendrocopos leucotos	Pr	U	R		✓	✓		△	△	△				
61	赤胸啄木鸟 Dendrocopos cathpharius	Or	H	R	+		✓	✓	△		△				
62	棕腹啄木鸟 Dendrocopos hyperythrus	Or	H	P		✓				△					◇
63	星头啄木鸟 Dendrocopos canicapillus	Or	W	R		✓	✓		△	△	△				
XI. 隼形目 Falconiformes															
十四、隼科 Falconidae															
64	燕隼 Falco subbuteo	Gb	U	S		✓			△					II	
65	游隼 Falco peregrinus	Gb	C	P	+	✓				△	△			II	◇
66	灰背隼 Falco columbarius	Gb	C	P		✓				△				II	◇
67	红隼 Falco tinnunculus	Gb	O	R	++	✓			△	△	△			II	
68	红胸隼 Falco amurensis	Gb	C	W		✓			△					II	◇
XII. 雀形目 Passeriformes															
十五、黄鹂科 Oriolidae															
69	黑枕黄鹂 Oriolus chinensis	Or	W	S	+	✓			△	△					
十六、莺雀科 Vireonidae															
70	淡绿鵙鹛 Pteruthius xanthochlorus	Or	H	R			✓	✓	△	△	△				

续表

序号（目、科）	名称	区系成分	分布型	居留型	遇见率 +++、++、+	低山 (m) 1300~1800	中山 (m) 1800~2200	高山 (m) 2200~2600	春夏季 5~8月	秋季 9~10月	冬季 11~4月	特有种 *	居留变化	保护级别	新增种
十七、山椒鸟科 Campephagidae															
71	粉红山椒鸟 Pericrocotus roseus	Or	W	S		∨	∨		△						
72	长尾山椒鸟 Pericrocotus ethologus	Or	H	S	++	∨			△						◇
73	小灰山椒鸟 Pericrocotus cantonensis	Or	M	S	+	∨			△						
74	灰山椒鸟 Pericrocotus divaricatus	Pr	M	S		∨			△						◇
十八、卷尾科 Dicruridae															
75	黑卷尾 Dicrurus macrocercus	Or	W	S	++	∨	∨		△						
76	灰卷尾 Dicrurus leucophaeus	Or	W	S	+	∨	∨		△						
77	发冠卷尾 Dicrurus hottentottus	Or	W	S	+	∨	∨		△						
十九、王鹟科 Monarchidae															
78	寿带 Terpsiphone incei	Or	W	S	+	∨			△						
二十、伯劳科 Laniidae															
79	虎纹伯劳 Lanius tigrinus	Pr	X	R	+	∨			△						◇
80	牛头伯劳 Lanius bucephalus	Pr	X	S	++	∨				△					◇
81	棕背伯劳 Lanius schach	Or	W	R	+++	∨			△						◇
82	红尾伯劳 Lanius cristatus	Gb	X	P	+++	∨				△					
83	灰背伯劳 Lanius tephronotus	Pr	H	S	+		∨		△						◇
二十一、鸦科 Corvidae															
84	松鸦 Garrulus glandarius	Pr	U	R	+++	∨	∨	∨	△	△	△				

续表

序号（目、科）	名称	区系成分	分布型	居留型	遇见率 +++、++、+	低山（m）1300~1800	中山（m）1800~2200	高山（m）2200~2600	春夏季 5~8月	秋季 9~10月	冬季 11~4月	特有种*	居留变化	保护级别	新增种
85	红嘴蓝鹊 Urocissa erythrorhyncha	Or	W	R	+++	√	√		△	△	△				
86	灰喜鹊 Cyanopica cyanus	Pr	U	R	++	√	√		△	△	△				
87	喜鹊 Pica pica	Gb	C	R	+++	√	√		△	△	△				
88	星鸦 Nucifraga caryocatactes	Pr	U	R	++	√	√	√	△	△	△				
89	红嘴山鸦 Pyrrhocorax pyrrhocorax	Pr	O	R	+			√	△	△	△				◇
90	大嘴乌鸦 Corvus macrorhynchos	Pr	E	R	+	√	√	√	△	△	△				
91	小嘴乌鸦 Corvus corone	Pr	C	R	++	√	√	√	△	△	△				◇
92	白颈鸦 Corvus pectoralis	Or	S	R	+		√		△	△	△				
二十二、玉鹟科 Stenostiridae															
93	方尾鹟 Culicicapa ceylonensis	Or	W	S	+	√	√		△	△	△				
二十三、山雀科 Paridae															
94	大山雀 Parus cinereus	Gb	U	R	+++	√	√	√	△	△	△				
95	绿背山雀 Parus monticolus	Or	W	R	+++	√	√	√	△	△	△				
96	黄腹山雀 Pardaliparus venustulus	Or	S	R	++		√	√	△	△	△	*			
97	煤山雀 Periparus ater	Pr	U	R	++		√	√	△	△	△				
98	黑冠山雀 Periparus rubidiventris	Or	H	R	+++		√	√	△	△	△				
99	褐冠山雀 Lophophanes dichrous	Or	H	R	+		√	√	△	△	△				
100	褐头山雀 Poecile montanus	Pr	C	R	+		√	√	△	△	△				◇
101	沼泽山雀 Poecile palustris	Pr	U	R	+	√	√	√	△	△	△				
102	红腹山雀 Poecile davidi	Pr	P	R				√	△	△	△	*		II	

续表

序号（目、科）	名称	区系成分	分布型	居留型	遇见率 +++、++、+	低山(m) 1300~1800	中山(m) 1800~2200	高山(m) 2200~2600	春夏季 5~8月	秋季 9~10月	冬季 11~4月	特有种 *	居留变化	保护级别	新增种
二十四、百灵科 Alaudidae															
103	凤头百灵 Galerida cristata	Pr	O	P	+	√			△	△	△		R-P		◇
104	云雀 Alauda arvensis	Gb	U	P		√					△			II	◇
105	小云雀 Alauda gulgul	Or	W	P	+	√					△				◇
二十五、扇尾莺科 Cisticolidae															
106	山鹪莺 Prinia crinigera	Or	W	S	+	√	√		△	△	△		R-S		
二十六、鳞胸鹪鹛科 Pnoepygidae															
107	小鳞胸鹪鹛 Pnoepyga pusilla	Or	W	R	+	√	√	√	△	△	△				◇
二十七、蝗莺科 Locustellidae															
108	高山短翅蝗莺 Locustella mandelli	Gb	W	R		√	√	√	△	△	△				◇
109	斑胸短翅蝗莺 Locustella thoracica	Gb	O	R	+	√	√	√	△	△					◇
110	中华短翅蝗莺 Locustella tacsanowskia	Gb	O	R			√	√	△		△				◇
111	棕褐短翅蝗莺 Locustella luteoventris	Or	S	R		√	√	√	△	△					
二十八、燕科 Hirundinidae															
112	家燕 Hirundo rustica	Pr	C	S	+++	√			△						
113	金腰燕 Cecropis daurica	Or	O	S	+++	√			△						

续表

序号（目、科）	名称	区系成分	分布型	居留型	遇见率 +++，++，+	低山 (m) 1300~1800	中山 (m) 1800~2200	高山 (m) 2200~2600	春夏季 5~8月	秋季 9~10月	冬季 11~4月	特有种 *	居留变化	保护级别	新增种 ◇
114	淡色崖沙燕 Riparia diluta	Pr	C	S	++	√			△	△	△				◇
115	烟腹毛脚燕 Delichon dasypus	Pr	O	S	+	√			△						
二十九、鹎科 Pycnonotidae															
116	黄臀鹎 Pycnonotus xanthorrhous	Or	W	R	+++	√			△	△	△				
117	白头鹎 Pycnonotus sinensis	Or	S	R	+++	√			△	△	△				
118	领雀嘴鹎 Spizixos semitorques	Or	S	R	+++	√	√		△	△	△	*			
119	黑短脚鹎 Hypsipetes leucocephalus	Or	W	R	+	√			△						◇
120	绿翅短脚鹎 Hypsipetes mcclellandii	Or	W	R	++	√	√		△		△				◇
三十、柳莺科 Phylloscopidae															
121	黄腹柳莺 Phylloscopus affinis	Or	H	W	+++	√	√	√		△	△				◇
122	棕腹柳莺 Phylloscopus subaffinis	Pr	S	R	+	√	√	√		△	△				◇
123	褐柳莺 Phylloscopus fuscatus	Gb	M	P	++	√	√	√		△					◇
124	棕眉柳莺 Phylloscopus armandii	Pr	H	S	+	√	√			△					
125	巨嘴柳莺 Phylloscopus schwarzi	Gb	M	P	+	√				△					◇
126	橙斑翅柳莺 Phylloscopus pulcher	Pr	H	S	+			√	△				R-S		
127	黄眉柳莺 Phylloscopus inornatus	Gb	U	S	+++	√	√	√	△				P-S		
128	黄腰柳莺 Phylloscopus proregulus	Gb	U	P	+++	√	√	√	△						◇
129	极北柳莺 Phylloscopus borealis	Gb	U	S	+	√				△			P-S		
130	暗绿柳莺 Phylloscopus trochiloides	Pr	U	S	+++	√	√	√	△						

续表

序号（目、科）	名称	区系成分	分布型	居留型	遇见率 +++,++,+	低山 (m) 1300~1800	中山 (m) 1800~2200	高山 (m) 2200~2600	春夏季 5~8月	秋季 9~10月	冬季 11~4月	特有种 *	居留变化	保护级别	新增种
131	冕柳莺 Phylloscopus coronatus	Gb	M	P	++	√	√		△						
132	乌嘴柳莺 Phylloscopus magnirostris	Pr	H	S	+	√	√	√	△						
133	冠纹柳莺 Phylloscopus reguloides	Or	W	S	+	√	√	√	△						
134	峨眉柳莺 Phylloscopus emeiensis	Or	W	S	+			√	△						◇
135	金眶鹟莺 Seicercus burkii	Or	S	S	++	√			△						
136	棕脸鹟莺 Abroscopus albogularis	Or	S	R	+++	√	√		△						
137	比氏鹟莺 Seicercus valentini	Or	H	S	+	√	√		△						◇
138	灰冠鹟莺 Seicercus tephrocephalus	Or	S	S	+	√	√		△						◇
139	栗头鹟莺 Seicercus castaniceps	Or	W	S	++	√	√		△						◇
三十一、树莺科 Cettiidae															
140	远东树莺 Horornis canturians	Or	O	S	+	√			△						◇
141	强脚树莺 Horornis fortipes	Or	W	S	+++	√	√		△						
142	黄腹树莺 Horornis acanthizoides	Or	S	R	+	√			△	△	△				
三十二、长尾山雀科 Aegithalidae															
143	银喉长尾山雀 Aegithalos caudatus	Pr	U	R	+++		√	√	△	△	△				
144	红头长尾山雀 Aegithalos concinnus	Or	W	R	+++	√	√		△	△	△	*			
145	银脸长尾山雀 Aegithalos fuliginosu	Or	P	R	+		√	√	△	△	△	*			
三十三、莺鹛科 Sylviidae															
146	金胸雀鹛 Lioparus chrysotis	Or	H	R	+	√	√	√	△	△	△			II	
147	棕头雀鹛 Fulvetta ruficapilla	Or	H	R		√	√	√	△	△	△	*			

续表

序号（目、科）	名称	区系成分	分布型	居留型	遇见率 +++,++,+	低山（m）1300~1800	中山（m）1800~2200	高山（m）2200~2600	春夏季 5~8月	秋季 9~10月	冬季 11~4月	特有种 *	居留变化	保护级别	新增种
148	褐头雀鹛 *Fulvetta cinereiceps*	Or	S	R	+	√			△	△	△	*			
149	中华雀鹛 *Fulvetta striaticollis*	Or	H	R			√	√	△	△	△	*			◇
150	山鹛 *Rhopophilus pekinensis*	Pr	D	R		√			△	△	△	*			◇
151	红嘴鸦雀 *Conostoma aemodium*	Or	H	R	++			√	△	△	△				
152	棕头鸦雀 *Sinosuthora webbiana*	Or	S	R	+++	√	√		△	△	△				
153	三趾鸦雀 *Paradoxornis paradoxus*	Or	H	R	++			√	△	△	△	*		II	
154	白眶鸦雀 *Sinosuthora conspicilata*	Or	S	R	+	√	√		△	△	△	*		II	
155	黄额鸦雀 *Suthora fulvifrons*	Or	H	R			√	√	△	△	△				◇
156	点胸鸦雀 *Paradoxornis guttaticollis*	Or	S	R	+		√	√	△	△	△				◇
三十四，绣眼鸟科 Zosteropidae															
157	白领凤鹛 *Yuhina diademata*	Or	H	R	+++		√	√	△	△	△	*			
158	暗绿绣眼鸟 *Zosterops erythropleurus*	Or	S	S	++	√			△						
159	红胁绣眼鸟 *Zosterops japonicus*	Or	M	S	++	√			△	△	△			II	
三十五，林鹛科 Timaliidae															
160	棕颈钩嘴鹛 *Pomatorhinus ruficollis*	Or	W	R	++	√	√		△	△	△	*			
161	斑胸钩嘴鹛 *Erythrogenys gravivox*	Or	S	R	+	√			△	△	△				◇
162	斑翅鹩鹛 *Spelaeornis troglodytoides*	Or	H	R	+	√	√	√	△	△	△	*		II	
163	红头穗鹛 *Cyanoderma ruficeps*	Or	S	R	+	√			△	△	△				

续表

序号（目、科）	名称	区系成分	分布型	居留型	遇见率 +++、++、+	低山 (m) 1300~1800	中山 (m) 1800~2200	高山 (m) 2200~2600	春夏季 5~8月	秋季 9~10月	冬季 11~4月	特有种 *	居留变化	保护级别	新增种
三十六、幽鹛科 Pellorneidae															
164	灰眶雀鹛 Alcippe morrisonia	Or	W	R	++		✓		△	△	△				◇
165	褐顶雀鹛 Alcippe brunneus	Or	W		+	✓			△	△	△				◇
三十七、噪鹛科 Leiothrichidae															
166	矛纹草鹛 Babax lanceolatus	Or	S	R	+		✓		△	△	△				
167	黑脸噪鹛 Garrulax perspicillatus	Or	S	R	+		✓		△	△	△				
168	白喉噪鹛 Garrulax albogularis	Or	H	R	+++		✓		△	△	△				
169	黑领噪鹛 Garrulax pectoralis	Or	W	R	+++		✓		△	△	△				
170	山噪鹛 Garrulax davidi	Or	B	R	+		✓		△	△	△				◇
171	斑背噪鹛 Garrulax lunulatus	Or	H	R	+		✓		△	△	△	*		II	
172	画眉 Garrulax canorus	Or	S	R	++	✓			△	△	△	*		II	
173	白颊噪鹛 Garrulax sannio	Or	S	R	+++	✓			△	△	△				
174	橙翅噪鹛 Garrulax elliotii	Or	H	R	++		✓	✓	△	△	△	*		II	
175	红嘴相思鸟 Leiothrix lutea	Or	W	R	+++	✓	✓		△	△	△			II	
176	大噪鹛 Garrulax maximus	Or	H	R	+		✓		△	△	△	*		II	◇
177	灰翅噪鹛 Garrulax cineraceus	Or	S	R	+	✓	✓		△	△	△				
三十八、旋木雀科 Certhiidae															
178	欧亚旋木雀 Certhia familiaris	Pr	C	R		✓	✓		△	△	△				◇

续表

序号（目、科）	名称	区系成分	分布型	居留型	遇见率 +++, ++, +	低山 (m) 1300~1800	中山 (m) 1800~2200	高山 (m) 2200~2600	春夏季 5~8月	秋季 9~10月	冬季 11~4月	特有种	居留变化 *	保护级别	新增种
179	高山旋木雀 Certhia himalayana	Pr	H	R				√	△	△	△				◇
三十九、䴓科 Sittidae															
180	普通䴓 Sitta europaea	Pr	U	R	++	√	√		△	△	△				
181	红翅旋壁雀 Tichodroma muraria	Gb	O	W		√	√	√			△				◇
四十、鹪鹩科 Troglodytidae															
182	鹪鹩 Troglodytes troglodytes	Pr	C	R	+	√	√		△	△	△				
四十一、河乌科 Cinclidae															
183	褐河乌 Cinclus cinclus	Pr	W	R	++	√			△	△	△				
四十二、椋鸟科 Sturnidae															
184	北椋鸟 Sturnia sturnina	Gb	X	P		√				△					
185	灰椋鸟 Sturnia cineraceus	Gb	X	R	++	√			△	△	△				
186	丝光椋鸟 Sturnia sericeus	Or	S	R	++	√			△	△					◇
187	八哥 Acridotheres cristatellus	Or	W	R	++	√			△	△	△				◇
四十三、鸫科 Turdidae															
188	白眉地鸫 Geokichla sibirica	Gb	M	P		√	√		△	△					◇
189	虎斑地鸫 Zoothera aurea	Gb	U	P	+	√	√			△					
190	乌鸫 Turdus mandarinus	Gb	O	R	++	√	√		△	△	△				
191	灰头鸫 Turdus rubrocanus	Gb	H	R	++			√	△	△	△				
192	白腹鸫 Turdus pallidus	Gb	M	P		√				△					◇
193	斑鸫 Turdus eunomus	Gb	M	P	+	√				△					

续表

序号（目、科）	名称	区系成分	分布型	居留型	遇见率 +++, ++, +	低山 (m) 1300~1800	中山 (m) 1800~2200	高山 (m) 2200~2600	春夏季 5~8月	秋季 9~10月	冬季 11~4月	特有种 *	居留变化	保护级别	新增种
194	红尾斑鸫 Turdus naumanni	Gb	M	P	+	√				△	△				◇
195	宝兴歌鸫 Turdus mupinensis	Or	H	R			√		△	△	△	*			◇
四十四、鹟科 Muscicapidae															
196	蓝歌鸲 Larvivora cyane	Gb	M	S		√	√			△			P-S		◇
197	蓝喉歌鸲 Luscinia svecica	Gb	U	P	+	√	√		△					II	◇
198	红喉歌鸲 Calliope calliope	Gb	U	S	+	√	√			△			P-S	II	◇
199	红胁蓝尾鸲 Tarsiger cyanurus	Gb	M	S	+++	√	√		△	△					
200	金色林鸲 Tarsiger chrysaeus	Pr	H	S	+		√	√	△	△	△				◇
201	蓝短翅鸫 Brachypteryx montana	Or	W	S	+	√	√		△	△	△				
202	鹊鸲 Copsychus saularis	Or	W	R	++	√			△	△	△				◇
203	赭红尾鸲 Phoenicurus ochruros	Pr	O	R	+	√	√		△	△	△		S-R		
204	黑喉红尾鸲 Phoenicurus hodgsoni	Gb	H	W	+		√	√	△	△	△				◇
205	北红尾鸲 Phoenicurus auroreus	Gb	M	S	+++	√			△	△	△				
206	蓝额红尾鸲 Phoenicuropsis frontalis	Pr	H	S	+	√			△	△	△				
207	白顶溪鸲 Chaimarrornis leucocephalus	Pr	H	R	+	√	√		△	△	△				
208	红尾水鸲 Rhyacornis fuliginosa	Pr	W	R	+++	√	√		△	△	△				
209	白尾蓝地鸲 Cinclidium leucurum	Pr	H	S	+			√	△	△	△		R/S-S		◇
210	紫啸鸫 Myophonus caeruleus	Or	W	R	+++	√	√		△	△	△				

续表

序号（目、科）	名称	区系成分	分布型	居留型	遇见率 +++, ++, +	低山 (m) 1300~1800	中山 (m) 1800~2200	高山 (m) 2200~2600	春夏季 5~8月	秋季 9~10月	冬季 11~4月	特有种 *	居留变化	保护级别	新增种
211	小燕尾 Enicurus scouleri	Or	S	S	+	√	√		△	△	△				
212	白额燕尾 Enicurus leschenaultia	Or	W	S	++	√	√		△	△	△				
213	黑喉石䳭 Saxicola maurus	Pr	O	R	+	√	√		△	△	△				
214	灰林䳭 Saxicola ferreus	Or	W	R	+++	√	√		△	△	△				
215	蓝矶鸫 Monticola solitarius	Gb	O	R	++	√	√		△	△	△				
216	栗腹矶鸫 Monticola rufiventris	Or	S	R	+	√	√	√		△					◇
217	白眉姬鹟 Ficedula zanthopygia	Or	M	R	+	√			△						
218	红喉姬鹟 Ficedula albicilla	Gb	U	R		√				△					
219	橙胸姬鹟 Ficedula strophiata	Or	W	S		√	√		△						
220	白腹蓝鹟 Ficedula cyanomelana	Gb	K	P			√	√		△					
221	蓝喉仙鹟 Cyornis rubeculoides	Or	W	S		√	√		△						◇
222	棕腹仙鹟 Niltava sundara	Or	H	S	+	√	√		△						
223	乌鹟 Muscicapa sibirica	Gb	M	S		√	√			△					
224	棕尾褐鹟 Muscicapa ferruginea	Or	H	P	+	√	√		△						◇
225	北灰鹟 Muscicapa dauurica	Gb	M	P	+	√	√	√		△					◇
226	铜蓝鹟 Eumyias thalassinus	Or	W	S	+	√	√		△						◇
四十五、戴菊科 Regulidae															
227	戴菊 Regulus regulus	Pr	C	R	+	√	√		△						
四十六、花蜜鸟科 Nectariniidae															
228	蓝喉太阳鸟 Aethopyga gouldiae	Or	S	S	+		√		△						

续表

序号（目、科）	名称	区系成分	分布型	居留型	遇见率 +++,++,+	低山(m) 1300~1800	中山(m) 1800~2200	高山(m) 2200~2600	春夏季 5~8月	秋季 9~10月	冬季 11~4月	特有种*	居留变化	保护级别	新增种
四十七、岩鹨科 Prunellidae															
229	棕胸岩鹨 Prunella strophiata	Pr	H	R	+			√	△	△	△				
230	领岩鹨 Prunella collaris	Pr	U	R				√	△	△	△				
四十八、梅花雀科 Estrildidae															
231	白腰文鸟 Lonchura striata	Or	W	R	+	√			△	△	△				◇
四十九、雀科 Passeridae															
232	麻雀 Passer montanus	Gb	U	R	+++	√			△	△	△				
233	山麻雀 Passer cinnamomeus	Pr	S	R	+	√			△	△	△				
五十、鹡鸰科 Motacillidae															
234	山鹡鸰 Dendronanthus indicus	Pr	M	S	+	√			△	△	△				
235	白鹡鸰 Motacilla alba	Gb	O	R	+++	√	√		△	△					
236	灰鹡鸰 Motacilla cinerea	Gb	O	S	++	√	√	√	△	△	△				
237	黄鹡鸰 Motacilla flava	Gb	U	P	+			√		△					
238	树鹨 Anthus hodgsoni	Gb	M	P	+	√	√			△					
239	水鹨 Anthus spinoletta	Gb	C	P	+	√	√			△					◇
240	山鹨 Anthus sylvanus	Pr	S	R		√	√		△	△	△				◇
241	粉红胸鹨 Anthus roseatus	Gb	P	S	++	√	√		△	△					
242	田鹨 Anthus richardi	Gb	M	P		√	√			△					
五十一、燕雀科 Fringillidae															
243	燕雀 Fringilla montifringilla	Gb	U	W	+	√				△					

序号（目、科）	名称	区系成分	分布型	居留型	遇见率 +++, ++, +	低山 (m) 1300~1800	中山 (m) 1800~2200	高山 (m) 2200~2600	春夏季 5~8月	秋季 9~10月	冬季 11~4月	特有种 *	居留变化	保护级别	新增种
244	金翅雀 Chloris sinica	Gb	M	R	++	√			△	△		*			
245	黄雀 Spinus spinus	Gb	U	P	+	√				△					◇
246	林岭雀 Leucosticte nemoricola	Pr	I	S				√	△						◇
247	普通朱雀 Carpodacus erythrinus	Pr	U	R	+		√	√	△						
248	酒红朱雀 Carpodacus vinaceus	Pr	H	R	+++	√	√	√	△	△	△	*			
249	红交嘴雀 Loxia curvirostra	Gb	C	S			√			△			P-S	II	◇
250	灰头灰雀 Pyrrhula erythaca	Pr	H	R	++		√	√	△	△	△				
251	黑头蜡嘴雀 Eophona personata	Gb	K	P		√				△					◇
252	黑尾蜡嘴雀 Eophona migratoria	Gb	K	W	+	√				△					◇
五十二、鹀科 Emberizidae															
253	黄喉鹀 Emberiza elegans	Pr	M	R	++	√			△	△	△		S-R		
254	黄胸鹀 Emberiza aureola	Gb	U	S	++	√				△				I	◇
255	灰头鹀 Emberiza spodocephala	Pr	M	S		√			△	△					
256	灰眉岩鹀 Emberiza godlewskii	Pr	O	R	+	√		√	△	△	△				◇
257	三道眉草鹀 Emberiza cioides	Pr	M	R	++		√	√	△	△	△				
258	田鹀 Emberiza rustica	Gb	U	W	+	√			△		△				◇
259	小鹀 Emberiza pusilla	Gb	U	P	+	√	√		△	△	△				
260	蓝鹀 Emberiza siemsseni	Pr	H	S		√	√		△			*		II	
261	白眉鹀 Emberiza tristrami	Gb	M	P		√	√			△					◇

居留型：R– 留鸟，S– 夏候鸟，W– 冬候鸟，P– 旅鸟，V– 迷鸟；区系成分：Pr– 古北型，Or– 东洋型，Gb– 广布型

附录 7　平河梁保护区兽类名录

续表

序号（目、科）	物种名称	低山(m) 1300~1800	中山(m) 1800~2200	高山(m) 2200~2600	遇见率 +++, ++, +;	特有种 (*, **)	分布型	东洋种	古北种	广布种	保护等级	新增种
I.劳亚食虫目 EULIPOTYPHLA												
一、猬科 Erinaceidae												
1	东北刺猬 *Erinaceus amurensis*	✓					U			✓		
2	林猬 *Mesechinus hughi*	✓					O			✓		
二、鼹科 Talpidae												
3	长吻鼩鼹 *Nasillus gracilis*	✓	✓	✓	++	*	S	✓				
4	少齿鼩鼹 *Uropsilus soricipes*	✓	✓	✓	++	*	H	✓				
5	长尾鼹 *Scaptonyx fusicaudus*		✓	✓	+++		H	✓				
6	甘肃鼹 *Scapanulus oweni*	✓					H	✓				
7	长吻鼹 *Euroscaptor longirostris*	✓				*	S	✓				
8	白尾鼹 *Parascaptor leucura*	✓	✓	✓	+		W	✓				
9	麝鼹 *Scaptochirus moschatus*	✓				*	B		✓			
三、鼩鼱科 Soricidae												
10	陕西鼩鼱 *Sorex sinalis*	✓	✓				O		✓			
11	纹背鼩鼱 *Sorex cylindricauda*		✓	✓	++	*	H	✓				
12	小纹背鼩鼱 *Sorex bedfordiae*	✓	✓		+	**	H	✓				
13	灰黑齿鼩鼱 *Blarinella griselda*	✓	✓	✓	++		H	✓				
14	川西缺齿鼩鼱 *Chodsigoa hypsibius*	✓			++	*	O			✓		
15	大缺齿鼩鼱 *Chodsigoa salenskii*	✓					H	✓				
16	斯氏缺齿鼩鼱 *Chodsigoa smithii*	✓	✓				H	✓				
17	四川短尾鼩 *Anourosorex squamipes*	✓	✓	✓	+++		H	✓				

续表

序号（目、科）	物种名称	低山 (m) 1300~1800	中山 (m) 1800~2200	高山 (m) 2200~2600	遇见率 +++, ++, +	特有种 (*, **)	分布型	东洋种	古北种	广布种	保护等级	新增种
18	水麝鼩 Chimarrogale himalayicus	√					H	√				
19	山东小麝鼩 Crocidura shantungensis phaeopus	√				*	O			√		
20	西南中麝鼩 Crocidura vorax	√				*	S	√				
21	灰麝鼩 Crocidura attenuata	√					S	√				
II. 翼手目 CHIROPTERA												
四、菊头蝠科 Rhinolophidae												
22	中菊头蝠 Rhinolophus affinis himalayanus	√					W	√				
23	大耳菊头蝠 Rhinolophus macrotis episcopus	√			+		W	√				
五、蝙蝠科 Vespertilionidae												
24	尖耳鼠耳蝠 Myotis blythii ancilla	√					W	√				
25	绯鼠耳蝠 Myotis formosus rufoniger	√					S	√				
26	灰伏翼 Pipistrellus pulveratus	√			++		S	√				
III. 兔形目 LAGOMORPHA												
六、鼠兔科 Ochotonidae												
27	藏鼠兔 Ochotona thibetana morosa			√	++	*	H	√				
28	黄河鼠兔 Ochotona huangensis		√	√	+	*	P		√			
七、兔科 Leporidae												
29	草兔 Lepus capensis filchneri	√			++		O			√		
IV. 啮齿目 RODENTIA												
八、松鼠科 Sciuridae												
30	赤腹松鼠 Callosciurus erythraeus qinlingensis	√					W	√				

续表

序号（目、科）	物种名称	低山 (m) 1300~1800	中山 (m) 1800~2200	高山 (m) 2200~2600	遇见率 +++, ++, +	特有种 (*, **)	分布型	东洋种	古北种	广布种	保护等级	新增种
31	隐纹花松鼠 Tamiops swinhoei	√			+		W	√				
32	珀氏长吻松鼠 Dremomys pernyi	√				**	S	√				
33	岩松鼠 Sciurotamias davidianus saltitans	√	√	√	+++	*	O			√		
34	花鼠 Tamias sibiricus albogularis		√	√	++		U		√			
九、鼯鼠科 Petauristidae												
35	复齿鼯鼠 Trogopterus xanthipes		√	√	+++	*	H			√		
36	红白鼯鼠 Petaurista alborufus	√	√	√	++		W	√				
37	灰头小鼯鼠 Petaurista elegans			√	+		H	√				√
十、仓鼠科 Cricetidae												
38	长尾仓鼠 Cricetulus longicaudatus	√					D		√			
39	大仓鼠 Cricetulus triton collinus	√			+	**	X		√			
40	甘肃仓鼠 Canusmys canus ningshaanensis	√		√	+	*	O		√			
41	斯氏鼢鼠 Myospalax smithii		√		+	*	O		√			
42	秦岭鼢鼠 Myospalax rufescens		√	√		*	O		√			
43	棕背䶄 Clethrionomys rufocanus shanseius		√		++		U		√			
44	黑腹绒䶄 Eothenomys melanogaster	√	√	√	++	**	S	√				
45	洮州绒䶄 Eothenomys eva	√	√	√	++	*	H			√		
46	苛岚绒䶄 Eothenomys inez nux		√		++	*	B		√			
十一、竹鼠科 Rhizomyidae												
47	中华竹鼠 Rhizomys sinensis vestitus	√		√	++		W	√				

续表

序号（目、科）	物种名称	低山 (m) 1300~1800	中山 (m) 1800~2200	高山 (m) 2200~2600	遇见率 +++、++、+	特有种 (*, **)	分布型	东洋种	古北种	广布种	保护等级	新增种
十二、鼠科 Muridae												
48	滇攀鼠 Vernaya fulva		✓			*	H	✓				
49	巢鼠 Micromys minutus shenshiensis	✓					U			✓		
50	中华姬鼠 Apodemus draco	✓	✓		+++	**	S	✓				
51	黑线姬鼠 Apodemus agrarius ningpoensis	✓			++		U			✓		
52	大林姬鼠 Apodemus peninsulae qinghaiensis	✓	✓		+++		X			✓		
53	高山姬鼠 Apodemus chevrieri	✓	✓	✓	++	*	S	✓				
54	黄胸鼠 Rattus tanezumi flavipectus	✓			+		W	✓				
55	褐家鼠 Rattus norvegicus socer	✓			++		U			✓		
56	大足鼠 Rattus nitidus	✓			+		W	✓				✓
57	白腹鼠 Niviventer coxingi	✓	✓		++		W	✓				
58	社鼠 Niviventer confucianus sacer	✓	✓	✓	+++		W			✓		✓
59	川西白腹鼠 Niviventer excelsior	✓			+		W	✓				
60	安氏白腹鼠 Niviventer andersoni	✓	✓		++		W	✓				
61	刺毛鼠 Niviventer fulvescens huang		✓		+		W	✓				
62	小家鼠 Mus musculus tantillus	✓			+		U			✓		
十三、刺山鼠科 Platacanthomyidae												
63	猪尾鼠 Typhlomys cinereusyantzeensis		✓				S	✓				
十四、跳鼠科 Dipodidae												
64	林跳鼠 Eozapus setchuanus vicinius		✓			*	P	✓				

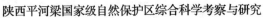

续表

序号（目、科）	物种名称	低山(m) 1300~1800	中山(m) 1800~2200	高山(m) 2200~2600	遇见率 +++, ++, +;	特有种 (*, **)	分布型	东洋种	古北种	广布种	保护等级	新增种
十五、豪猪科 Hystricidae												
65	马来豪猪 Hystrix brachyura	√	√		++		H	√				
V.灵长目 PRIMATES												
十六、猴科 Cercopithecidae												
66	川金丝猴 Rhinopithecus roxellana		√	√	++	*	H	√			I	
VI.食肉目 CARNIVORA												
十七、犬科 Canidae												
67	豺 Cuon alpinus fumosus		√	√	++		W	√			I	
十八、熊科 Ursidae												
68	黑熊 Selenarctos thibetanus mupinensis	√	√	√	++		E			√	II	
十九、大熊猫科 Ailuropodidae												
69	大熊猫 Ailuropoda melanoleuca		√	√		*	H	√			I	
二十、鼬科 Mustelidae												
70	青鼬 Martes flavigula	√	√	√	+++		W			√	II	
71	黄鼬 Mustela sibirica moupinensis	√	√		+		U			√		
72	鼬獾 Melogale moschata ferreogrisea		√		+		S	√				
73	猪獾 Arctonyx collaris albogularis	√	√	√	++		W	√				
74	水獭 Lutra lutrachinensis Gray	√	√	√	+		U			√	II	
二十一、灵猫科 Viverridae												
75	大灵猫 Viverra zibetha ashtoni		√	√			W	√			I	
76	花面狸 Paguma larvata reevesi	√	√		++		W	√				

续表

序号（目，科）	物种名称	低山 (m) 1300~1800	中山 (m) 1800~2200	高山 (m) 2200~2600	遇见率 +++, ++, +;	特有种 (*, **)	分布型	东洋种	古北种	广布种	保护等级	新增种
二十二、猫科 Felidae												
77	豹猫 *Felis bengalensis euptilura*	√	√	√	++		W			√		
78	金猫 *Profelis temminckii* Vigorset		√	√	+		W	√			I	
79	豹 *Panthera pardus fusca*		√	√			O			√	I	
VII. 鲸偶蹄目 CETARTIODACTYLA												
二十三、猪科 Suidae												
80	野猪 *Sus scrofa moupinensis*	√	√	√	+++		U			√		
二十四、麝科 Moschidae												
81	林麝 *Moschus berezovs*		√	√	+	*	S	√			I	
二十五、鹿科 Cervidae												
82	小麂 *Muntiacus reevesi*	√	√	√	++	*	S	√				
83	毛冠鹿 *Elaphodus cephalophus*	√	√	√	+++	**	S	√			II	
84	狍 *Capreolus capreolus* Linnaeus		√	√	+		U		√			√
二十六、牛科 Bovidae												
85	中华斑羚 *Naemorhedus goral caudatus*	√	√	√	++		E	√			II	
86	中华鬣羚 *Capricornis sumatraensis milneedwardsi*	√	√	√	+	**	W	√			II	
87	羚牛 *Budorcas taxicolor bedfordi*	√	√	√	+++	**	H	√			I	

*: 我国特有种；**: 主要分布于我国的特有种

附录 8　平河梁保护区昆虫名录

一、原尾目 Protura
夕蚖科 Hesperentomidae
华山夕蚖 *Hesperentomon huashanensis* Yin　食物：腐植物
刺腹夕蚖 *Hesperentomon pectigastrulum* Yin　食物：腐植物
蚖科 Acerentomidae
陕西小蚖 *Acerentulus shensiensis* Chou et Yang　食物：腐植物
华山蚖 *Huashanentulus huashanensis* Yin　食物：腐植物
古蚖科 Eosentomidae
梅花拟异蚖 *Pseuddanisentomon meihwa* Yin　食物：腐植物

二、双尾目 Diplura
副铗科 Parajapygidae
爱媚副铗 *Parajapyx emeryanus* Silvestri　食物：腐植物等
黄副铗 *Parajapyx isabellae*（Grassi）　食物：腐植物等
铗科 Japygidae
锯偶铗 *Occasjapyx beneserratus*（Kuwayama）　食物：腐植物等
异齿偶铗 *Occasjapyx heterodontus*（Silvestri）　食物：腐植物等
日本偶铗 *Occasjapyx japonicus*（Enderlein）　食物：腐植物等
华山缅铗 *Burmajapyx huashanensis* Chou　食物：腐植物等
陕铗 *Shaanxijapyx xianensis* Chou　食物：腐植物等

三、弹尾目 Collembola
长角蚖科 Entomobryidae
长角蚖虫 *Tomocerus plumbeus* Linnaeus　寄主：地被植物等
圆蚖科 Sminthuridae
圆蚖虫 *Sminthurus viridis annulatus* Folsom　寄主：地被植物等
短角蚖科 Neelidae
微小短蚖 *Nellides minutus*（Folsom）　寄主：地被植物等

四、缨尾目 Thysanura
石蛃科 Machilidae
中华蛃 *Machilis* sp.　食物：腐植物、地被植物
衣鱼科 Lepismidae
栉衣鱼 *Ctenolepisma villosa* Fabricius　食物：种子颗粒

五、蜉蝣目 Ephemeroptera

四节蜉科 Baetidae

双翼二翅蜉 *Cloeon dipterun* (Linnaeus)　水生、杂食

蜉蝣科 Ephemeridae

直线蜉 *Ephemera lineata* Eaton　水生、杂食

间蜉 *Ephemera media* Ulmer　水生、杂食

腹色蜉 *Ephemera pictiventris* McLachlan　水生、杂食

河花蜉科 Potamanthidae

尤氏新河花蜉 *Neopotamanthus youi* Wu et You　水生、杂食

台湾拟河花蜉 *Potamanthodes formosus* Eaton　水生、杂食

大眼拟河花蜉 *Potamanthodes macrophthalmus* You　水生、杂食

六、蜻蜓目 Odonatodea

蜻科 Libellulidae

白尾灰蜻 *Orthetrum albistylum speciosum* (Uhler)　水生、捕食

异色灰蜻 *Orthetrum triangulara melania* Selys　水生、捕食

夏赤蜻 *Sympertrum darwinianum* Selys　水生、捕食

伪蜻科 Corduliidae

缘斑毛伪蜻 *Epitheca marginata* Selys　水生、捕食

色螅科 Agriidae

透顶单脉色螅 *Matrona basilaris basilaris* Selys　水生、捕食

黑色螅 *Agrion atratum* Selys　水生、捕食

螅科 Coenagrionidae

黑螅 *Cercion calamorum* Ris　水生、捕食

箭蜻科 Gomphidae

台箭蜻 *Davidius bicornutus* Selys　水生、捕食

华箭蜻 *Sinogomphus suensoni* (Lieftinck)　水生、捕食

七、襀翅目 Pledopterodea

襀科 Perlidae

东方拟卷襀 *Paraleuctra orientalis* (Chu)　水生、杂食

黄色扣襀 *Kamimuria biocellata* (Chu)　水生、杂食

师周新襀 *Neoperla magisterchoui* Du　水生、杂食

八、螳螂目 Orthopteroidea

螳螂科 Mantidae

羽角锥头螳 *Empusa pennicornis* (Pallas)　捕食：昆虫

斑翅始螳 *Eomantis guttatipennis* (Stål)　捕食：昆虫

薄翅螳螂 *Mantis religiosa* Linnaeus　捕食：昆虫

广斧螳 *Hierodula patellifera* (Serville)　捕食：昆虫

单斑斧螳 *Hierodula unimaculata* (Olivier)　捕食：昆虫

芸芝虹螳 *Iris polystictica* (Fischer–Waldheim)　捕食：昆虫

小花大齿螳螂 *Odontomantis planiceps* De Haan　捕食：昆虫

广西华小翅螳 *Sinomiopteryx grahami* Tinkham　捕食：昆虫

田野污斑螳 *Statilia agresta* Zheng　捕食：昆虫

棕污斑螳 *Statilia maculata* Thunberg　捕食：昆虫

大刀螳螂 *Tenodera aridifolia* (Stöll)　捕食：昆虫

中华螳螂 *Tenodera sinensis* Saussure　捕食：昆虫

九、蜚蠊目 Blattaria

蜚蠊科 Blattidae

黑胸大蠊 *Periplaneta fuliginosa* (Serville)　食物：动植物残体

黑大蠊 *Periplaneta picea* Shiraki　食物：动植物残体

姬蠊科 Phyllodromiidae

德国小蠊 *Blattella germanica* (Linnaeus)　食物：动植物残体

地鳖科 Polyphagidae

褐翅地鳖 *Arenivaga rugosa* (Schulthess–Rechberg)　食物：动植物残体

中华真地鳖 *Eupolyphaga sinensis* Walker　食物：动植物残体

地鳖 *Polyphaga plancyi* Bolivar　食物：动植物残体

弯翅蠊科 Panesthiidae

犀蠊 *Cryptocercus primarius* Bei–Bienko　食物：动植物残体

十、等翅目 Isoptera

鼻白蚁科 Rhinotermitidae

黑胸散白蚁 *Reticulitermes chinensis* Snyder　食物：木材

黄肢散白蚁 *Reticulitermes flaviceps* (Oshima)　食物：木材

白蚁科 Termitidae

黑翅土白蚁 *Odontotermes formosanus* (Shiraki)　食物：木材

十一、直翅目 Orthoptera

螽斯科 Phasgonuridae

安露螽 *Anisotima chinensis* Brunner von Wattenwyl　寄主：灌木

中华草螽 *Conocephalus chinensis* (Redt.)　寄主：灌木

日本管树螽 *Ducetia japonica* (Thunberg)　寄主：灌木

中国管树螽 *Ducetia chinensis* Brunner von Wattenvyl　寄主：灌木

中国拟平脉树螽 *Hemielimaea chinensis* Brunner　寄主：灌木

广露螽 *Kuwayamaea saporensis* Matsumura et Shiraki　寄主：灌木

鼓翅滑管树螽 *Liotrachela convexipennis* Caudell　寄主：灌木

薄翅树螽 *Phaneroptera falcate*（Poda）　寄主：灌木

中华盾螽 *Tettigonia chinensis* Willemse　寄主：灌木

绿丛螽斯 *Tettigonia viridissima*（Linnaeus）　寄主：灌木

歧突剑螽 *Xiphidiopsis bifurcata* Liu et Bi　寄主：灌木

沙螽科 Stenopelmatidae

斑腿沙螽 *Tachycines elegantissimus*（Griffini）　寄主：杂草

蟋螽科 Gryllacridae

蟋螽 *Gryllacris elbenioides* Karny　寄主：杂草

蟋蟀科 Gryllidae

油葫芦 *Gryllus testaceus* Walker　寄主：杂草

灶马 *Gryllodes sigillatus*（Wallker）　寄主：杂草

山蟋蟀 *Loxoblemmus aomoriensis* Shiraki　寄主：杂草

小扁头蟋 *Loxoblemmus equestris* Saussure　寄主：杂草

大扁头蟋 *Loxoblemmus doenitzi* Stein　寄主：杂草

北京油葫芦 *Teleogryllus emma*（Ohmachi et Matsumura）　寄主：杂草

树蟋科 Oecanthidae

印度树蟋 *Oecanthus indicus* Saussure　寄主：灌木

树蟋 *Oecanthus pellucens* Scopoli　寄主：灌木

蚤蟋科 Tridactylidae

日本蚤蟋 *Tridactylus japonicus* De Haan　寄主：杂草

蝼蛄科 Gryllotalpidae

东方蝼蛄 *Gryllotalpa orientalis* Burmeister　寄主：植物根系

华北蝼蛄 *Gryllotalpa unispina* Saussure　寄主：植物根系

菱蝗科 Tetrigidae

日本菱蝗 *Tetrix japonica*（Bolivar）　寄主：植物根系

长翅菱蝗 *Paratettix uvarovi* Semenov　寄主：植物根系

癞蝗科 Pamphagidae

笨蝗 *Haplotropis brunneriana* Saussure　寄主：杂草

锥头蝗科 Pyrgomorphidae

长额负蝗 *Atractomorpha lata*（Motschoulsky）　寄主：杂草

柳枝负蝗 *Atractomorpha psittacina*（De Haan）　寄主：杂草

短额负蝗 *Atractomorpha sinensis* I. Bol.　寄主：杂草

斑腿蝗科 Catantopidae

异角胸斑蝗 *Apalacris varicornis* walker　寄主：杂草

短星翅蝗 *Calliptamus abbreviatus* Ikonn.　寄主：杂草

红褐斑腿蝗 *Catantops pinguis*（Stål）　寄主：杂草

短角蔗蝗 *Hieroglyphus annulicornis*（Shir）　寄主：杂草

日本黄脊蝗 *Patanga japonica*（I. Bol.）　寄主：杂草

突眼小蹦蝗 *Pedopodisma protrocula* Zheng　寄主：杂草

秦岭小蹦蝗 *Pedopodisma tsinlingensis*（Cheng）　寄主：杂草

周氏秦岭蝗 *Qinlingacris choui* Li et al　寄主：杂草

橄榄秦岭蝗 *Qinlingacris elaeodes* Yin et Chou　寄主：杂草

太白秦岭蝗 *Qinlingacris taibaiensis* Yin et Chou　寄主：杂草

长翅素木蝗 *Shirakiacris shirakii*（I. Bolivar）　寄主：杂草

云贵素木蝗 *Shirakiacris yunkweiensis*（Chang）　寄主：杂草

霍山蹦蝗 *Sinopodisma houshana* Huang　寄主：杂草

四川凸额蝗 *Traulia szetshuanlensis*（Ramme）　寄主：杂草

短角外斑腿蝗 *Xenocatantops brachycerus*（Willemse）　寄主：杂草

斑翅蝗科 Oedipodidae

花胫绿纹蝗 *Aiolopus thalassinus tamulus*（Fabr.）　寄主：杂草

轮纹异痂蝗 *Bryodemella tuberculatum dilutum*（Stål）　寄主：杂草

赤翅蝗 *Celes skalozubovi*（Adelung）　寄主：杂草

大垫尖翅蝗 *Epacromius coerulipes*（Ivan.）　寄主：杂草

云斑车蝗 *Gastrimargus marmoratus*（Thunberg）　寄主：杂草

方异距蝗 *Heteropternis respondens*（Walker）　寄主：杂草

东亚飞蝗 *Locusta migratoria manilensis*（Meyen）　寄主：杂草

亚洲小车蝗 *Oedaleus asiaticus* B.–Bienko　寄主：杂草

红胫小车蝗 *Oedaleus manjius* Chang　寄主：杂草

黄胫小车蝗 *Oedaleus infernalis* Saussure　寄主：杂草

草绿蝗 *Parapleurus alliaceus*（Germ.）　寄主：杂草

黄翅踵蝗 *Pternoscirta calliginosa*（De Haan）　寄主：杂草

红翅踵蝗 *Pternoscirta sauter*（Kamy）　寄主：杂草

秦岭束颈蝗 *Sphingonotus tsinlingensis* Cheng et al　寄主：杂草

疣蝗 *Trilophidia annulata*（Thunberg）　寄主：杂草

网翅蝗科 Arcypteridae

隆额网翅蝗 *Arcyptera coreana* Shiraki　寄主：杂草

青脊竹蝗 *Ceracris nigricornis* Walker　寄主：竹子

中华雏蝗 *Chorthippus chinensis* Tarb.　寄主：杂草

东方雏蝗 *Chorthippus intermedius*（B.–Bienko）　寄主：杂草

周氏异爪蝗 *Euchorthippus choui* Zheng　寄主：杂草

黄脊阮蝗 *Rammeacris kiangsu*（Tsai）　寄主：杂草

剑角蝗科 Acrididae

中华蚱蜢 *Acrida cinerea* Thunberg　寄主：杂草

无斑坳蝗 *Aulacobothrus sven–hedini* Sjöstedt　寄主：杂草

秦岭金色蝗 *Chrysacris qinlingensis* Zheng　寄主：杂草

异翅鸣蝗 *Mongolotettix anomopterus*（Caud.）　寄主：杂草

十二、竹节虫目 Phasmatodea

棒虫䗛科 Phasmidae

短沟短肛棒虫䗛 *Baculum intersulcatum* Chen et He　寄主：阔叶树及灌木

栎棒虫䗛 *Baculum irregulariter-dentatum* Wattenwyl　寄主：阔叶树及灌木

竹棒虫䗛 *Entoria* sp.　寄主：竹子

枝虫䗛科 Bacteriidae

栎枝虫䗛 *Sipyloidea truncata* Shiraki　寄主：阔叶树及灌木

十三、革翅目 Dermaptera

大尾蠼科 Pygidicranidae

瘤蠼 *Challia fletcheri* Burr　食物：动植物残体，植物

肥蠼科 Anisolabididae

海肥蠼 *Anisolabis maritime* (Gene)　食物：动植物残体，植物

球蠼科 Forficulidae

日本张球蠼 *Anechura japonica* (Bormans)　食物：动植物残体，植物

异球蠼 *Allodablia scabriuscula* Serville　食物：动植物残体，植物

双裂厄蠼 *Elaunon bipartitus* (Kirby)　食物：动植物残体，植物

达氏球蠼 *Forficula davidi* Burr　食物：动植物残体，植物

替代球蠼 *Forficula vicaria* Sememov　食物：动植物残体，植物

十四、啮虫目 Psocoptera

双啮科 Amphipsocidae

扁痣犸啮 *Matsumuraiella compressa* Li　食物：植物残体

狭啮科 Stenopsocidae

琴雕啮 *Graphopsocus panduratus* Li　食物：植物残体

单啮科 Caeciliidae

相似单啮 *Caecilius persimilaris* (Thornton et Wang)　食物：植物残体

横红斑单啮 *Caecilius spiloerythrinus* Li　食物：植物残体

十五、食毛目 Mallophaga

短角鸟虱科 Menoponidae

火鸡领鸟虱 *Menacanthus stramineus* Nitzsch　寄主：家鸡、野生雉类

灰雁树鸭鸟虱 *Trinoton anserinum* (Flabricius)　寄主：野生雉类

水鸟虱科 Laemobothriidae

鸳水鸟虱 *Laemobothrion maximum* (Scopoli)　寄主：猛禽

鸟虱科 Ricinidae

鹞鸟虱 *Ricinus fringillae* De Geer　寄主：鸣禽

兽鸟虱科 Trichodectidae

山羊牛鸟虱 *Bovicola caprae* (Gurlt)　寄主：羊等

鹿牛鸟虱 *Bovicola tibialis*（Piaget）　寄主：鹿等

犬鸟虱 *Trichodectes canis*（De Geer）　寄主：犬

十六、虱目 Anoplura

血虱科 Haematopinidae

猪血虱 *Haematopinus suis*（Linnaeus）　寄主：家猪、野猪

颚虱科 Linognathidae

足颚虱 *Linognathus pedalis*（Oshorn）　寄主：羊类

羊颚虱 *Linognathus ovillus*（Neumann）　寄主：羊类

牛颚虱 *Linognathus vituli*（Linnaeus）　寄主：羊类

牛管虱 *Solenopotes capillatus* Enderlein　寄主：羊类

甲肋虱科 Hoplopleuridae

中华鳞虱 *Polylax chinensis*（Denny）　寄主：鼠类

太平洋甲肋虱 *Hoplopleura Pacifica* Ewing　寄主：鼠类

十七、缨翅目 Thysanaptera

蓟马科 Thripidae

呆黄蓟马 *Anaphothrips obscurus*（Muller）　寄主：杂草

袖指蓟马 *Chirothrips manicatus*（Haliday）　寄主：杂草

花蓟马 *Frankliniella intonsa*（Trybom）　寄主：杂草

玉米蓟马 *Frankliniella tenuicornis*（Uzel）　寄主：禾本科

端大蓟马 *Megalurothrips distalis*（Karny）　寄主：禾本科

细角带蓟马 *Taeniothrips eucharii*（Whetzel）　寄主：禾本科

葱韭蓟马 *Thrips alliorum*（Priesner）　寄主：野韭

黄蓟马 *Thrips flavus* Schrank　寄主：杂草

黄胸蓟马 *Thrips hawaiiensis*（Morgan）　寄主：禾本科

土色蓟马 *Thrips pallidulus* Bagnall　寄主：禾本科

纹蓟马科 Aeolothripidae

横纹蓟马 *Aeolothrips fasciatus*（Linne）　寄主：禾本科

皮蓟马科 Phlaeothripidae

中华管蓟马 *Haplothrips chinesis* Priesner　寄主：禾本科

麦管蓟马 *Haplothrips tritici* Kurdyumov　寄主：禾本科

十八、同翅目 Homoptera

蝉科 Cicadidae

绿姬蝉 *Cicadetta pellosoma*（Uhler）　寄主：阔叶树、灌木

山姬蝉 *Cicadetta shanxiensis*（Esaki and Ishihara）　寄主：阔叶树、灌木

红蝉 *Huechys sanguinea*（De Geer）　寄主：阔叶树、灌木

哈哑蝉 *Karenia caelatata* Distant　寄主：阔叶树、灌木

太白加藤蝉 *Katoa taibaiensis* Lei et Chou　　寄主：阔叶树、灌木

东北山蝉 *Leptopsalta admirabilis* Kato　　寄主：阔叶树、灌木

雅氏山蝉 *Leptopsalta yamashitai*（Esaki and Ishihara）　　寄主：阔叶树、灌木

周氏寒蝉 *Meimuna choai* Lei　　寄主：松

蒙古寒蝉 *Meimuna mongolica*（Distant）　　寄主：五角枫等

松寒蝉 *Meimuna opalifera*（Walker）　　寄主：松

蛉蛄 *Pycna repanda*（Linne）　　寄主：阔叶树、灌木

毛蟪蛄 *Suisha coreana*（Matsumura）　　寄主：阔叶树、灌木

黑瓣宁蝉 *Terpnosia nigricosta*（Motschulsky）　　寄主：阔叶树、灌木

小黑宁蝉 *Terpnosia obscura* Kato　　寄主：阔叶树、灌木

角蝉科 Membracidae

黑圆角蝉 *Gargara genistae*（Fabricius）　　寄主：灌木等

犀角蝉 *Jingkara hyalipunctata* Chou　　寄主：板栗、苦槠

中华高冠角蝉 *Hypsauchenia chinensis* Chou　　寄主：石楠

背峰锯角蝉 *Pantaleon dorsalis*（Matsumura）　　寄主：灌木

沫蝉科 Cercopidae

荒丽沫蝉 *Cosmoscarta egens*（Walker）　　寄主：阔叶树、灌木

海洛丽沫蝉 *Cosmoscarta heros*（Fabricius）　　寄主：阔叶树、灌木

黑腹直脉曙沫蝉 *Eoscarta assimilis*（Uhler）　　寄主：阔叶树、灌木

牧草长沫蝉 *Philaenus spumarius*（Linnaeus）　　寄主：灌木、杂草

尖胸沫蝉科 Aphrophoridae

白带尖胸沫蝉 *Aphrophora intermedia* Uhler　　寄主：野葡萄、杨、栎

四斑尖胸沫蝉 *Aphrophora quadriguttata* Melichar　　寄主：灌木、乔木

白纹象沫蝉 *Philagra albinotata* Uhler　　寄主：阔叶树、灌木

大叶蝉科 Cicadellidae

格氏大叶蝉 *Atkinsoniella grahami* Young　　寄主：杂草

隐纹大叶蝉 *Atkinsoniella thalia*（Distant）　　寄主：禾本科

华凹大叶蝉 *Bothrogonia sintca* Yabg et Li　　寄主：豆类、禾本科、盐肤木

大青叶蝉 *Cicadella viridis*（Linnaeus）　　寄主：杂草、树木

白边大叶蝉 *Kolla paulula*（Walker）　　寄主：杂草

叶蝉科 Jassidae

淡色胫槽叶蝉 *Drabescus pallidus* Matsumura　　寄主：杂草

石原脊翅叶蝉 *Parabolopona ishihari* Webb　　寄主：杂草

叉茎叶蝉 *Dryadomorpha pallida* Kirkaldy　　寄主：杂草

离脉叶蝉科 Coelidiidae

刺突丽叶蝉 *Calodia warei* Nielson　　寄主：杂草

齿片单突叶蝉 *Lodiana ritcheriina* Zhang　　寄主：杂草

铲头叶蝉科 Hecalidae

褐脊铲头叶蝉 *Hecalus prasinus*（Matsumura）　　寄主：禾本科等

横脊叶蝉科 Evacanthidae

褐带横脊叶蝉 *Evacanthus acuminatus*（Fabricius） 寄主：杂草

黄面横脊叶蝉 *Evacanthus interruptus*（Linné） 寄主：杂草

黄缘大贯叶蝉 *Onukia flavifrons* Matsumura 寄主：杂草

黄斑大贯叶蝉 *Onukia flavimacula* Kato 寄主：杂草

白头小板叶蝉 *Oniella leucocephala* Matsumura 寄主：杂草

红线拟隐脉叶蝉 *Pseudonirvana rufolineata* Kuoh 寄主：杂草

单线拟隐脉叶蝉 *Sophonia unilineata* Kuoh et Kuoh 寄主：杂草

殃叶蝉科 Euscelidae

八字纹肖顶带叶蝉 *Athysanopsis salicis* Matsumura 寄主：柳

二纹角顶叶蝉 *Deitocephalus ceylonensis* Baker 寄主：杂草

横线叶蝉 *Exitianus nanus*（Distant） 寄主：杂草

锥头叶蝉 *Japananus hyalinus*（Osborn） 寄主：杂草

黑尾叶蝉 *Nephotettix cincticeps*（Uhler） 寄主：禾本科、十字花科等

二条黑尾叶蝉 *Nephotettix nigropictus* Stål 寄主：禾本科等

二点黑尾叶蝉 *Nephotettix virescens*（Distant） 寄主：禾本科等

一点木叶蝉 *Phlogotettix Cyclops*（Mulsant & Rey） 寄主：杂草

条沙叶蝉 *Psammotettix striatus*（Linné） 寄主：禾本科等

电光叶蝉 *Recilia dorsalis*（Motschulsky） 寄主：禾本科等

白边宽额叶蝉 *Usuiranus limbifer*（Matsumura） 寄主：禾本科

白边利叶蝉 *Usuironus limbifera*（Matsumura） 寄主：杂草

隐脉叶蝉科 Nirvanidae

中华消室叶蝉 *Chudania sinica* Zhang et Yang 寄主：杂草

黄面横背叶蝉 *Evacanthus interruptus*（Linne） 寄主：杂草

黄缘大贯叶蝉 *Onukta yavtjons* Matsumura 寄主：杂草

小叶蝉科 Typhlocybidae

核桃带小叶蝉 *Agnesiella juglandis* Chou et Ma 寄主：核桃

核桃异辜小叶蝉 *Aguriahana dissimilis* Chou et Ma 寄主：核桃

核桃辜小叶蝉 *Aguriahana juglandis* Chou et Ma 寄主：核桃

三角辜小叶蝉 *Aguriahana triangularis*（Matsumura） 寄主：蔷薇、草莓等

淡色眼小叶蝉 *Alebra pallida* Dworakowska 寄主：栎类

异长柄叶蝉 *Alebroides discretus* Chou et Zhang 寄主：木本植物

德氏长柄叶蝉 *Alebroides dworakowskae* Chou et Zhang 寄主：木本植物

柳长柄叶蝉 *Alebroides salicis*（Vilbaste） 寄主：柳

秦岭长柄叶蝉 *Alebroides qinlinganus* Chou et zhang 寄主：木本植物

陕西长柄叶蝉 *Alebroides shaanxiensis* Chou et Zhang 寄主：木本植物

太白长柄叶蝉 *Alebroides taibaiensis* Chou et Zhang 寄主：木本植物

棉叶蝉 *Empoasca biguttula*（Ishida） 寄主：杨、柳等

日本雅小叶蝉 *Eurhadina japonica* Dworakowska 寄主：核桃

雅小叶蝉 *Eurhadina pulchella*（Fallén）　寄主：杂草

蒿小叶蝉 *Eupteryx artemisiae*（Kirschbaum）　寄主：蒿

多点蒿小叶蝉 *Eupteryx adspersa*（Herrich-Schäffer）　寄主：蒿

米蒿小叶蝉 *Eupteryx minuscule* Lindberg　寄主：蒿

异蒿小叶蝉 *Eupteryx seigata* Dlabola　寄主：蒿

波缘蒿小叶蝉 *Eupteryx undomarginata* Lindberg　寄主：蒿

核桃蕃小叶蝉 *Farynala malhotri* Sharma　寄主：核桃

纳氏阔胸叶蝉 *Ledeira knighi* Zhang　寄主：杂草

锯纹莫小叶蝉 *Motschulskyia serrata*（Matsumura）　寄主：禾本科

烟翅菱脊叶蝉 *Parathaia infumata* Kuoh　寄主：樟

陕西沙小叶蝉 *Shaddai shaaxiensis* Ma　寄主：杂草、木本植物

西安沙小叶蝉 *Shaddai xianensis* Ma　寄主：杂草、木本植物

贝小叶蝉 *Typhlocyba babai* Ishihara　寄主：杂草、木本植物

箭纹碗小叶蝉 *Warodia hoso*（Matsumura）　寄主：杂草、木本植物

脊冠叶蝉科 Aphrodidae

横带脊冠叶蝉 *Aphrodes bicincta*（Schrank）　寄主：杂草

双带脊冠叶蝉 *Aphrodes bifasciata*（Linné）　寄主：杂草

带纹脊冠叶蝉 *Aphrodes daiwenicus* Kuoh　寄主：杂草

菱蜡蝉科 Cixiidae

云斑菱蜡蝉 *Andes marmorata* Vhler　寄主：杂草

四带脊菱蜡蝉 *Oliarus quadricinctus* Matsumura　寄主：杂草

扁蜡蝉科 Tropiduchidae

鳖扁蜡蝉 *Cixiopsis punctatus* Matsumura　寄主：蕨、羊齿

日本笠扁蜡蝉 *Trypetimorpha japonica* Ishihara　寄主：松及禾本科杂草

脉蜡蝉科 Meenopliidae

雪白粒脉蜡蝉 *Nisia atrovenosa*（Lethierry）　寄主：莎草、三棱草等禾本科

袖蜡蝉科 Derbidae

札幌幂袖蜡蝉 *Mysidioides sapporoensis*（Matsumura）　寄主：枫

褐带广袖蜡蝉 *Rhotana satsumana* Matsumura　寄主：杂草

象蜡蝉科 Dictyopharidae

中野象蜡蝉 *Dictyophara nakanonis* Matsumura　寄主：禾本科

中华象蜡蝉 *Dictyophara sinica* Walker　寄主：禾本科

广蜡蝉科 Ricaniidae

阔带广翅蜡蝉 *Pochazia confusa* Distant　寄主：花椒

八点广翅蜡蝉 *Ricania speculum*（Walkler）　寄主：板栗、豆类、蔷薇、杨、柳、蕨

褐带广翅蜡蝉 *Ricania taeniata* Stål　寄主：禾本科

蜡蝉科 Fulgoridae

斑衣蜡蝉 *Lycorma delicatula*（White）　寄主：阔叶树、灌木

颜蜡蝉科 Eurybrachidae

中华珞颜蜡蝉 *Loxocephala sinica* Chou et Huang 寄主：杂草、灌木

蚁蜡蝉科 Tettigometridae

细额蚁蜡蝉 *Egropa tenasserimansis* Distant 寄主：杂草、灌木

二点蚁蜡蝉 *Tettigometra bipunctata* shannxiensis 寄主：杂草、灌木

颖蜡蝉科 Achilidae

陕西马颖蜡蝉 *Magadha shoanxiensis* Chou et Wang 寄主：杂草、灌木

飞虱科 Delphacidae

黑斑竹飞虱 *Bambusiphaga nigropunctata* Huang et Ding 寄主：竹

灰飞虱 *Laodelphax striatellus* (Fallén) 寄主：禾本科

褐背飞虱 *Opiconsiva sameshimai* (Matsumura et Ishihara) 寄主：禾本科

乌唇片足飞虱 *Peliades nigroclypeata* Kuoh 寄主：禾本科

长绿飞虱 *Saccharosydne procerus* (Matsumura) 寄主：水生植物

白背飞虱 *Sogatella furcifera* (Horváth) 寄主：稗、早熟禾

稗飞虱 *Sogatella longifurcifera* (Esaki et Ishihara) 寄主：稗、千金子

白脊飞虱 *Unkanodes sapporona* (Matsumura) 寄主：红花草、禾本科作物

粉虱科 Aleyrodidae

桔黄粉虱 *Dialeurodes citri* (Ashmead) 寄主：樟

白粉虱 *Trialeurodes vaporariorum* Westwood 寄主：林木、野生果树、花卉、药材、杂草

木虱科 Psylidae

陕红喀木虱 *Cacopsylla shaanirubra* Li et Yang 寄主：木通

个木虱科 Triozidae

地肤异个木虱 *Heterotrioza kochiae* Li 寄主：地肤

球蚜科 Adelgidae

落叶松球蚜指明亚种 *Adelges laricis laricis* Vall. 寄主：落叶松

华山松球蚜 *Pineus armandicola* Zhang 寄主：华山松，青扦

瘿绵蚜科 Pemphigidae

乳香平翅根蚜 *Aploneura lentisci* (Passerini) 寄主：禾本科

三堡瘿绵蚜 *Epipemphigus sanpupopuli* (Zhang et Zhong) 寄主：青杨

肚倍蚜 *Kaburagia rhusicola* Takaki 寄主：盐肤木、青肤杨

远东枝瘿绵蚜 *Pemphigus borealis* Tullgren 寄主：小叶杨、苦杨

杨枝瘿绵蚜 *Pemphigus immunis* Buckton 寄主：杨

杨柄叶瘿绵蚜 *Pemphigus matsumurai* Monzen 寄主：小叶杨

女贞卷叶绵蚜 *Prociphilus ligustrifoliae* (Tseng et Tao) 寄主：女贞

五倍子蚜 *Schlechtendalia chinensis* (Bell) 寄主：盐肤木

群蚜科 Thelaxidae

枫杨刻蚜 *Kurisakia onigurumi* (Shinji) 寄主：枫杨

麻栎刻蚜 *Kurisakia querciphila* Takahash0 寄主：麻栎、白栎

大蚜科 Lachnidae

松大蚜 *Cinara pinitabulaeformis* Zhang et Zhang　寄主：松类

板栗大蚜 *Lachnus tropicalis*（van der Goot）　寄主：板栗、白栎、柞、麻栎

柳瘤大蚜 *Tuberolachnus salignus*（Gmelin）　寄主：多种柳树

斑蚜科 Callaphididae

三叶草彩斑蚜 *Therioaphis trifolii*（Monell）　寄主：芒柄草属

毛蚜科 Chaitophoridae

柳黑毛蚜 *Chaitophorus salinigri* Shinji　寄主：柳属植物

白杨毛蚜 *Chaitophorus populeti*（Panzer）　寄主：杨、柳

白毛蚜 *Chaitophorus populialbae*（Boyer de Fonscolombe）　寄主：杨类

竹纵斑蚜 *Takecallis arundinariae*（Essig）　寄主：竹

竹斑蚜 *Chucallis bambusicola*（Takahashi）　寄主：竹

竹梢凸唇斑蚜 *Takecallis taiwanus*（Takahashi）　寄主：竹

蚜科 Aphididae

绣线菊蚜 *Aphis citricola* Van der Goot　寄主：野生果树、石楠、绣线菊、榆叶梅等

豆蚜 *Aphis craccivora* Koch　寄主：豆科植物

柳蚜 *Aphis farinose* Gmelin　寄主：多种柳类

麦无网蚜 *Acyrthosiphon dirhodum*（Walker）　寄主：蔷薇属、禾本科、龙牙草属、草莓属及鸢尾属

豌豆蚜 *Acyrthosiphon pisum*（Harris）　寄主：豆科草本及少数豆科木本植物

李短尾蚜 *Brachycaudus helichrysi*（Kaltenbach）　寄主：菊科

柳二尾蚜 *Cavariella salicicola*（Matsumura）　寄主：第一柳属植物，第二水芹

萝卜蚜 *Lipaphis erysimi*（Kaltenbach）　寄主：十字花科植物、野生蔬菜和中草药

菊小长管蚜 *Macrosiphoniella sanborni*（Gillette）　寄主：菊属植物和艾等

麦长管蚜 *Macrosiphum avenae*（Fabricius）　寄主：禾本科

月季长管蚜 *Macrosiphum rosivorum* Zhang　寄主：蔷薇

桃蚜 *Myzus persicae*（Sulzer）　寄主：三七、大黄等

粉毛蚜 *Pterocomma pilosum* Buckton　寄主：山柳幼枝

柳粉毛蚜 *Pterocomma salicis*（Linnaeus）　寄主：柳树幼枝

麦二叉蚜 *Schizaphis graminum*（Rondani）　寄主：禾本科和莎草科植物

胡萝卜微管蚜 *Semiaphis heraclei*（Takahashi）　寄主：第一忍冬属，第二伞形科

珠蚧科 Margarodidae

草履蚧 *Drosicha contrahens* Walker　寄主：阔叶树

吹绵蚧 *Icerya purchasi* Maskell　寄主：蒿、芸香科、蔷薇

中华松针蚧 *Matsucoccus sinensis* Chen　寄主：松

粉蚧科 Pseudococcidae

竹白尾粉蚧 *Antonina crawi* Cockerell　寄主：竹

松粉蚧 *Crisicoccus pini*（Kuwana）　寄主：松、杉、冷杉

竹巢粉蚧 *Nesticoccus sinensis* Tang　寄主：竹

糠粉蚧 *Saccharicoccus sacchari* (Cockerell)　寄主：芒草

绛蚧科 Kermesidae（Kermococidae）

川绛蚧 *Kermes szetshuanensis* (Borchsenius)　寄主：栎

日本巢红蚧 *Nidularia japonica* Kuwana　寄主：槲、栎

链蚧科 Asterolecaniidae

半球竹链蚧 *Bambusaspis hemisphaerica* (Kuwana)　寄主：竹

蚧科 Coccidae

角蜡蚧 *Ceroplastes ceriferus* (Anderson)　寄主：蒿、野牡丹、蓼等

龟蜡蚧 *Ceroplastes floridensis* Comstock　寄主：枫香、樟树

日本龟蜡蚧 *Ceroplastes japonicus* Green　寄主：卫矛等

红蜡蚧 *Ceroplastes rubens* Maskell　寄主：樟等

绿绵蜡蚧 *Chloropulvinaria floccifera* (westwood)　寄主：樟等

垫囊绿绵蚧 *Chloropulvinaria psidii* (Maskell)　寄主：樟等

褐软蚧 *Coccus hesperidum* Linnaeus　寄主：羊蹄甲、番木瓜、毛果算盘子、鸡血藤等

扁平球坚蚧 *Parthenolecanium corni* (Bouche)　寄主：榛、水曲柳、核桃楸、野葡萄、蔷薇科果树

东方胎球蚧 *Parthenolecanium orientalis* Borchsenius　寄主：野葡萄、茶蔍子

桃坚蚧 *Parthenolecanium persicae* (Fabricius)　寄主：野葡萄、杜鹃等

盾蚧科 Diaspididae

长春藤圆蚧 *Aspidiotus nerii* Bouche　寄主：松、杨、栎、蔷薇科等

中华雪盾蚧 *Chionaspis chinensis* Cockerell　寄主：锐齿栎等

竹线盾蚧 *Kuwanaspis phyllostachydis* Borchs　寄主：锐齿栎等

榆蛎盾蚧 *Lepidosaphes ulmi* (Linnaeus)　寄主：杨、柳

日本长白盾蚧 *Lopholeucaspis japonica* (Cockerell)　寄主：阔叶树

竹鞘丝绵盾蚧 *Odonaspis penicillata* (Green)　寄主：竹

糠片盾蚧 *Parlatoria pergandii* Comstock　寄主：樟等

牡丹网盾蚧 *Pseudaonidia paeoniae* (Cockerell)　寄主：杜鹃、牡丹、芍药

梨笠盾蚧 *Quadraspidiotus perniciosus* (Comstock)　寄主：各种果树、阔叶树及灌木

竹叶盾蚧 *Unachionaspis signata* Maskall　寄主：竹

卫矛矢尖蚧 *Unaspis euonymi* (Comstock)　寄主：阔叶树、灌木

宁陕牡蛎蚧 *Lepidosaphes ningshanensis*　寄主：锐齿栎、等

秦岭幡盾蚧 *Poliaspoides qinlingensis*　寄主：锐齿栎、等

十九、半翅目 Hemiptera

黾蝽科 Derridae

水黾蝽 *Aguarium paludum* Fabricius　食物：水生、捕食腐食

龟蝽科 Plataspidae

双痣圆龟蝽 *Coptosoma biguttula* Motschulsky　寄主：葛藤等

多变圆龟蝽 *Coptosoma variegata* (Herrich et Schaeffer)　寄主：算盘子等

筛豆龟蝽 *Megacopta cribraria*（Fabricius）　寄主：豆科

土蝽科 Cydnidae

三点边土蝽 *Legnotus triguttulus*（Motschulsky）　寄主：禾本科、杂草根系

根土蝽 *Stibaropus formosanus* Takado et Yamagihara　寄主：禾本科、豆类

白边光土蝽 *Sehirus niviemarginatus* Scott　寄主：禾本科、杂草根系

蝽科 Pentatomidae

蠋蝽 *Arma custos*（Fabricius）　寄主：鳞翅目幼虫

黑厉蝽 *Cantheconidea thomsoni* Distant　寄主：杂草、灌木

辉蝽 *Carbula obtusangula* Reuter　寄主：杂草、灌木

峨眉疣蝽 *Cazira emeia* Zhang et Lin　寄主：杂草、灌木

无刺疣蝽 *Cazira inerma* Yang　寄主：杂草、灌木

疣蝽 *Cazira verrucosa*（Westwood）　寄主：杂草、灌木

紫蓝丽盾蝽 *Chrysocoris stolii*（Wolff）　寄主：算盘子属、九节木属

中华岱蝽 *Dalpada cinctipes* Walker　寄主：杂草、灌木

斑须蝽 *Dolycoris baccarum*（Linnaeus）　寄主：禾本科、豆类、柳

滴蝽 *Dybowskyia reticulata*（Dallas）　寄主：杂草、灌木

麻皮蝽 *Erthesina fullo*（Thunberg）　寄主：柳

异色巨蝽 *Eusthenes cupreus*（Westwood）　寄主：板栗、栎等

赤条蝽 *Graphosoma rubrolineata*（Westwood）　寄主：栎等

全蝽 *Homalogonia obtuse*（Walker）　寄主：胡枝子、栎、油松

玉蝽 *Hoplistodera fergussoni* Distant　寄主：杂草、灌木

红玉蝽 *Hoplistodera pulchra* Yang　寄主：草莓、败酱、白花前胡

黑胫捉蝽 *Jalla subcalcarata* Jakovlev　寄主：杂草、灌木

广蝽 *Laprius varicornis*（Dallas）　寄主：杂草、灌木

弯角蝽 *Lelia decempunctata* Motschulsky　寄主：唐械、胡桃楸、杨、醋栗

金绿曼蝽 *Menida metallica* Hsiao et Cheng　寄主：杂草、灌木

浩蝽 *Okeanos quelpartensis* Distant　寄主：杂草、灌木

缘腹碧蝽 *Palomena limbata* Jakovlev　寄主：杂草、灌木

川甘碧蝽 *Palomina haemorrhoidalis* Lindberg　寄主：杂草、灌木

褐真蝽 *Pentatoma armandi* Fallou　寄主：桦

斜纹真蝽 *Pentatoma illuminata*（Distant）　寄主：杂草、灌木

青真蝽 *Pentatoma pulchra* Hsiao et Cheng　寄主：杂草、灌木

红足真蝽 *Pentatoma rufipes*（Linnaeus）　寄主：桦等

益蝽 *Picromerus lewisi* Scott　寄主：杂草、灌木

并蝽 *Pinthaeus humeralis* Horvath　寄主：杂草、灌木

珀蝽 *Plautia crossota*（Dallas）　寄主：水生禾本科

庐山珀蝽 *Plautia lushanica* Yang　寄主：杂草、灌木

金缘宽盾蝽 *Poecilocoris lewisi*（Distant）　寄主：松、栎、野葡萄

山字宽盾蝽 *Poecilocoris sanszesignatus* Yang　寄主：杂草、灌木

珠蝽 *Rubiconia intermedia*（Wolff）　寄主：禾本科、竹

北二星蝽 *Stollia aeneus*（Scopoli）　寄主：杂草、灌木

黑斑二星蝽 *Stollia fabricii* Kirkaldy　寄主：杂草、灌木

二星蝽 *Stollia guttiger*（Thunberg）　寄主：杂草、灌木

横带点蝽 *Tolumnia basalis*（Dallas）　寄主：杂草、灌木

点蝽碎斑型 *Tolumnia latipes forma contingens*（Walker）　寄主：杂草、灌木

耳蝽 *Troilus luridus*（Fabricius）　寄主：杂草、灌木

蓝蝽 *Zicrona caerula*（Linnaeus）　寄主：杂草、灌木

突蝽 *Udonga spinidens* Distant　寄主：杂草、灌木

绿岱蝽 *Dalpada smaragdina*　寄主：杂草、灌木

宽碧蝽 *Palomena viridissima*　寄主：杂草、灌木

同蝽科 Acanthosomatidae

细齿同蝽 *Acanthosoma denticauda* Jakovlev　寄主：落叶松

黑刺同蝽 *Acanthosoma nigrospina* Hsiao et Liu　寄主：杂草、灌木

陕西同蝽 *Acanthosoma shensiensis* Hsiao et Liu　寄主：杂草、灌木

泛刺同蝽 *Acanthosoma spinicolle* Jakovlev　寄主：杂草、灌木

甘肃直同蝽 *Elasmostethus kansuensis* Hsiao et Liu　寄主：杂草、灌木

背匙同蝽 *Elasmucha dorsalis* Jakovlev　寄主：杂草、灌木

齿匙同蝽 *Elasmucha fieberi*（Jakovlev）　寄主：杂草、灌木

曲匙同蝽 *Elasmucha recurva* Dallas　寄主：杂草、灌木

盾匙同蝽 *Elasmucha scutellata*（Distant）　寄主：杂草、灌木

绿板同蝽 *Platacantha hochii*（Yang）　寄主：杂草、灌木

副锥同蝽 *Sastragala edessoides* Distant　寄主：杂草、灌木、乔木

伊锥同蝽 *Sastragala esakii* Hasegawa　寄主：栗、栎、漆

异蝽科 Urostylidae

斑华异蝽 *Tessaromerus maculatus* Hsiao et Ching　寄主：杂草、灌木

拟壮异蝽 *Urochela caudatus*（Yang）　寄主：杂草、灌木

亮壮异蝽 *Urochela distincta* Distant　寄主：杂草、灌木

短壮异蝽 *Urochela falloui* Reuter　寄主：杂草、灌木

黄壮异蝽 *Urochela flavoannulata*（Stål）　寄主：杂草、灌木

花壮异蝽 *Urochela luteovaria* Distant　寄主：杂草、灌木

红足壮异蝽 *Urochela quadrinotata* Reuter　寄主：杂草、灌木

黄脊壮异蝽 *Urochela tunglingensis* Yang　寄主：杂草、灌木

秦岭娇异蝽 *Urostylis qinlingensis* Zheng　寄主：杂草、灌木

匙突娇异蝽 *Urostylis striicornis* Scott　寄主：杂草、灌木

黑门娇异蝽 *Urostylis westwoodi* Scott　寄主：杂草、灌木

缘蝽科 Coreidae

褐缘蝽 *Aeschyntelus sparsus* Blote　寄主：杂草、灌木

欧蛛缘蝽 *Alydus calcaratus* Linnaeus　寄主：杂草、灌木

亚蛛缘蝽 *Alydus zichyi* Horvath　　寄主：杂草、灌木

宽棘缘蝽 *Cletus rusticus* Stål　　寄主：杂草、灌木

平肩棘缘蝽 *Cletus tenuis* Kiritshenko　　寄主：水生禾本科

离缘蝽 *Chorosoma brevicolle* Hsiao　　寄主：杂草、灌木

颗缘蝽 *Coriomeris scabricornis* Panzer　　寄主：杂草、灌木

欧姬缘蝽 *Corizus hyoscyami* Linnaeus　　寄主：杂草、灌木

褐奇缘蝽 *Derepteryx fuliginosa*（Uhler）　　寄主：杂草、灌木

瓦同缘蝽 *Homoeocerus marginellus* Herrich et Schaffer　　寄主：杂草、灌木

粟缘蝽 *Liorhyssus hyalinus* Fabricius　　寄主：粟类花穗

山竹缘蝽 *Notobitus montanus* Hsiao　　寄主：杂草、灌木

钝肩普缘蝽 *Plinachtus bicoloripes* Scott　　寄主：杂草、灌木

刺肩普缘蝽 *Plinachtus dissimilis* Hsiao　　寄主：杂草、灌木

褐伊缘蝽 *Rhopalus sapporensis*（Matsumura）　　寄主：杂草、灌木

条蜂缘蝽 *Riptortus linearis* Fabricius　　寄主：杂草、灌木

月肩奇缘蝽 *Derepteryx lunata*（Dustant）　　寄主：杂草、灌木

波赭缘蝽 *Ochrochira potanini*（Kiritshenko, 1916）　　寄主：杂草、灌木

跷蝽科 Berytidae

锤胁跷蝽 *Yemma signatus*（Hsiao）　　寄主：捕食

兜蝽科 Dinidoridae

小皱蝽 *Cyclopelta parva* Distant　　寄主：野生瓜类

荔蝽科 Tessaratomidae

硕蝽 *Eurostus validus* Dallas　　寄主：杂草、灌木

长蝽科 Lygaeidae

黑盾肿鳃长蝽 *Arocatus rufipes* Stål　　寄主：杂草

豆突眼长蝽 *Chauliops fallax* Scott　　寄主：杂草

黑大眼长蝽 *Geocoris itonis* Horvath　　寄主：杂草

大眼长蝽 *Geocoris pallidipennis*（Costa）　　寄主：杂草

宽大眼长蝽 *Geocoris varius*（Uhler）　　寄主：杂草

琴长蝽 *Ligyrocoris sylvestris*（Linnaeus）　　寄主：杂草

横带红长蝽 *Lygaeus equestris*（Linnaeus）　　寄主：杂草

角红长蝽 *Lygaeus hanseni* Jakovlev　　寄主：禾本科

中国束长蝽 *Malcus sinicus* Stys　　寄主：杂草

东亚毛肩长蝽 *Neolethaeus dallasi*（Scott）　　寄主：杂草

小长蝽 *Nysius ericae*（Schilling）　　寄主：菊科

高寒小长蝽 *Nysius* sp.　　寄主：菊科

白斑地长蝽 *Rhyparochromus albomaculatus*（Scott）　　寄主：杂草

淡边地长蝽 *Rhyparochromus adspersus* Mulsant et Rey　　寄主：杂草

短须梭长蝽 *Pachygrontha antennata nigriventris* Reuter　　寄主：杂草

松地长蝽 *Rhyparochromus pini*（Linnaeus）　　寄主：杂草

山地浅缢长蝽 *Stigmatonotum sparsum* Lindberg　寄主：杂草

皮蝽科 Piesmidae

黑头皮蝽 *Piesma capitata*（Wolff）　寄主：捕食

红蝽科 Pyrrhocoridae

小斑红蝽 *Physopelta cincticollis* Stål　寄主：杂草

先地红蝽 *Pyrrhocoris sibiricus* Kuschakevich　寄主：杂草

地红蝽 *Pyrrhocoris tibialis* Stål　寄主：杂草

突背板红蝽 *Physopelta gutta*（Burneister）　寄主：杂草

扁蝽科 Aradidae

原扁蝽 *Aradus betulae*（Linnaeus）　寄主：柳、杨

黑须暗扁蝽 *Aradus lugubris nigricornis* Reuter　寄主：阔叶灌木、乔木

暗扁蝽 *Aradus lugubris* Fallen　寄主：阔叶灌木、乔木

刺扁蝽 *Aradus spinicollis* Jakovlev　寄主：阔叶灌木、乔木

素须脊扁蝽 *Neuroctenus castaneus*（Jakovlev）　寄主：阔叶灌木、乔木

网蝽科 Tingidae

小网蝽 *Agramma gibbum* Fieber　寄主：阔叶灌木、乔木

长头网蝽 *Cantacader lethierryi* Scott　寄主：阔叶灌木、乔木

宽长喙网蝽 *Derephysia longirostrata* Jing　寄主：阔叶灌木、乔木

菊贝脊网蝽 *Galeatus spinifrons*（Fallen）　寄主：蒿属、紫菀属、野菊类

折板网蝽 *Physatocheila costata*（Fabricius）　寄主：赤杨属、桦木属、菊属、杨属

菊网蝽 *Tingis cardui*（Linnaeus）　寄主：菊科

窄翅裸菊网蝽 *Tingis comosa*（Takeya）　寄主：蒿属（菊科）

长毛菊网蝽 *Tingis pilosa* Hummel　寄主：还阳参属、鼬瓣花属、堇草属、千里光属、水苏属

硕裸菊网蝽 *Tingis veteris* Drake　寄主：菊科的飞廉属和蓟属

奇蝽科 Enicocephalidae

瘤背奇蝽 *Hoplitocoris lewisi*（Distant）　食物：捕食昆虫

红足光背奇蝽 *Stenopirates jeanneli* Stys　食物：捕食昆虫

瘤蝽科 Phymatidae

宝兴螳瘤蝽 *Cnizocoris potanini*（Bianchi）　食物：捕食昆虫

中国螳瘤蝽 *Cnizocoris sinensis* Kormilev　食物：捕食昆虫

原瘤蝽 *Phymata crassipes*（Fabricius）　食物：捕食昆虫

猎蝽科 Reduviidae

暴猎蝽 *Agriosphodrus dohrni*（Signoret）　食物：捕食昆虫

中黑土猎蝽 *Coranus lativentris* Jakovlev　食物：捕食昆虫

大土猎蝽 *Coranus magnus* Hsiao et Ren　食物：捕食昆虫

黑光猎蝽 *Ectrychotes andreae*（Thunberg）　食物：捕食昆虫

黑哎猎蝽 *Ectomocoris atrox* Stål　食物：捕食昆虫

亮钳猎蝽 *Labidocoris pectoralis* Stål　食物：捕食昆虫

环足健猎蝽 *Neozirta annulipes* China　　食物：捕食昆虫

褐菱猎蝽 *Isyndus obscurus*（Dallas）　食物：捕食昆虫

污黑盗猎蝽 *Pirates turpis* Walker　　食物：捕食昆虫

双刺胸猎蝽 *Pygolampis bidentata* Coeze　　食物：捕食昆虫

轮刺猎蝽 *Scipinia horrida* Stål　　食物：捕食昆虫

黄足猎蝽 *Sirthenea flavipes* Stål　　食物：捕食昆虫

环斑猛猎蝽 *Sphedanolestes impressicollis* Stål　　食物：捕食昆虫

姬蝽科 Nabidae

华姬蝽 *Nabis sinoferus* Hsiao　　食物：捕食昆虫

类原姬蝽亚洲亚种 *Nabis feroides mimoferus* Hsiao　　食物：捕食昆虫

暗色姬蝽 *Nabis stenoferus* Hsiao　　食物：捕食昆虫

泛希姬蝽 *Himacerus apterus*（Fabricius）　　食物：捕食昆虫

长胸花姬蝽 *Prostemma longicolle* Reuter　　食物：捕食昆虫

花蝽科 Anthocoridae

黑头叉胸花蝽 *Amphiareus obscuriceps*（Poppius）　　食物：捕食昆虫

细角花蝽 *Lyctocoris campestris*（Fabricius）　　食物：捕食昆虫

微小花蝽 *Orius minutus*（Linnaeus）　　寄主：蚜、啮、叶蝉、蓟马、其他昆虫卵

二叉小花蝽 *Orius bifilarus* Chauri　　寄主：蓟马、蚜虫

东亚小花蝽 *Orius sauteri*（Poppius）　　食物：捕食昆虫

仓花蝽 *Xylocoris cursitans*（Fallén）　　食物：捕食昆虫

盲蝽科 Miridae

中黑盲蝽 *Adephocoris suturalis* Jackson　　寄主：杂草、灌木

狭领纹唇盲蝽 *Charagochilus angusticollis* Linnavuori　　寄主：杂草、灌木

烟草盲蝽 *Cyrtopeltis tenuis* Reuter　　寄主：茄科

山地齿爪盲蝽 *Deraeocoris montanus* Hsiao　　寄主：杂草、灌木

大长盲蝽 *Dolichomiris antennatus*（Distant）　　寄主：杂草、灌木

绿丽盲蝽 *Lygocoris lucorum*（Meyer–Dür）　　寄主：杂草、灌木

斯氏丽盲蝽 *Lygocoris spinolae*（Meyer）　　寄主：杂草、灌木

原丽盲蝽 *Lygocoris pabulinus*（Linnaeus）　　寄主：杂草、灌木

乌毛盲蝽 *Parapantilius thibetanus* Reuter　　寄主：杂草、灌木

山地狭盲蝽 *Stenodema alpestre* Reuter　　寄主：杂草、灌木

陕平盲蝽 *Zanchius shaanxiensis*　　寄主：杂草、灌木

二十、鞘翅目 Coleoptera

虎甲科 Cicindelidae

中国虎甲 *Cicindela chinensis* De Geer　　捕食：昆虫和小动物

曲纹虎甲 *Cicindela elisai* Motschulsky　　捕食：昆虫和小动物

芽斑虎甲 *Cicindela gemmata* Faldermann　　捕食：昆虫和小动物

多型虎甲红翅亚种 *Cicindela hybrida nitida* Lichtenstein　　捕食：昆虫和小动物

多型虎甲铜翅亚种 *Cicindela hybrida transbaicalica* Motschulsky　捕食：昆虫和小动物

星斑虎甲 *Cicindela kaleea* Bates　捕食：昆虫和小动物

月斑虎甲 *Cicindela lunulata* Fabricius　捕食：昆虫和小动物

步甲科 Carabidae

红斑细胫步甲 *Agonum impressum* Panzer　捕食：鳞翅目幼虫

青寡行步甲 *Anoplogenius cyanescens* Hope　捕食：蝼蛄、鳞翅目昆虫

点翅斑步甲 *Anisodactylus punctatipennis* Morawitz　捕食：鳞翅目幼虫

新月锥须步甲 *Bembidion semilunium* Netolitzky　捕食：黏虫、玉米螟幼虫

暗短鞘步甲 *Brachinus scotomedes* Redtenbacher　捕食：蚜虫、鳞翅目幼虫及蛹

窄胸短鞘步甲 *Brachinus stenoderus* Bates　捕食：蚜虫、鳞翅目幼虫及蛹

赤背梳爪步甲 *Calathus halensis* Shaller　捕食：蝼蛄、蛴螬、等

蓝绿宽须步甲 *Callida lepida* Redtenbacher　捕食：蚜虫、鳞翅目幼虫及蛹

金星步甲 *Calosoma chinense* Kirby　捕食：蚜虫、鳞翅目幼虫及蛹

大星步甲 *Calosoma maximowiczi* Morawitz　捕食：鳞翅目幼虫、蛹

中华曲胫步甲 *Campalita chinense* Kirby　捕食：鳞翅目幼虫及蛴螬、金针虫、蝗虫

黄边青步甲 *Chlaenius circumdatus* Brulle　捕食：鳞翅目幼虫及蛹

狭边青步甲 *Chlaenius inops* Chaudoir　捕食：鳞翅目幼虫及蛹

黄斑青步甲 *Chlaenius micans* Fabricius　捕食：鳞翅目幼虫及蛹

大黄缘青步甲 *Chlaenius nigricans* Wiedemann　捕食：鳞翅目幼虫及蛹

毛青步甲 *Chlaenius pallipes* Gebler　捕食：鳞翅目幼虫及蛹

逗斑青步甲 *Chlaenius virgulifer* Chaudoir　捕食：鳞翅目幼虫及蛹

梯胸小蝼步甲 *Clivina castanea* Westwood　捕食：鳞翅目幼虫及蛹

端齿旋步甲 *Colpodes buchanani* Hope　捕食：小虫昆虫

大颚重唇步甲 *Diplocheila macromandibularis* Habu et Tanaka　捕食：鳞翅目幼虫及蛹

奇裂跗步甲 *Dischissus mirandus* Bates　捕食：昆虫幼虫及蛹蝎

步甲 *Dolichus halensis* halensis (Schaller)　捕食：鳞翅目幼虫及蛹

日本钩颚步甲 *Drypta japonica* Bates　捕食：水域小昆虫

黄缘肩步甲 *Epomis nigricans* Wiedemann　捕食：鳞翅目幼虫及蛹

大头婪步甲 *Harpalus capito* Morawitz　捕食：昆虫幼虫及蛹

铜绿婪步甲 *Harpalus chalcentus* Bates　捕食：昆虫幼虫及蛹

单齿婪步甲 *Harpalus simplicidens* Schauberger　捕食：昆虫及禾本科种子

中华婪步甲 *Harpalus sinicus sinicus* Hope　捕食：昆虫及禾本科种子

淡鞘婪步甲 *Harpalus pallidipennis* Morawitz　捕食：昆虫及禾本科种子

蓝翅毛垂胸步甲 *Lachnolebia cribricollis* (Morawitz)　捕食：昆虫幼虫及蛹

黑垂胸步甲 *Lebia duplex* Bates　捕食：昆虫幼虫及蛹

八斑黄步甲 *Lebidia octoguttata* Morawitz　捕食：昆虫幼虫及蛹

大劫步甲 *Lesticus magnus* Motschulsky　捕食：鳞翅目幼虫

棱室大青步甲 *Macrochlaenites costiger* （Chaudoir）捕食：鳞翅目幼虫

黄缘心步甲 *Nebria livida* Linnaeus　捕食：鳞翅目幼虫

中华心步甲 *Nebria chinensis* Bates　捕食：鳞翅目幼虫

圆步甲 *Omophron limbatum* Fabricius　捕食：鳞翅目幼虫

亮褐宽颚步甲 *Parena cavipennis*（Bates）　捕食：昆虫幼虫及蛹

黄足隘步甲 *Patrobus flavipes* Motschulsky　捕食：昆虫幼虫及蛹

一棘蝼步甲 *Scarites terricola* Bonelli　捕食：鳞翅目幼虫

四斑小步甲 *Tachys laetificus* Bates　捕食：昆虫幼虫及蛹

相似列毛步甲 *Trichotichnus congruus*（Motschulsky）捕食：昆虫幼虫及蛹

中国丽步甲 *Calleida chinesis* Jedlicka　捕食：昆虫幼虫及蛹

龙虱科 Dytiscidae

黄缘龙虱 *Cybister japonicus* Sharp　捕食：水生昆虫及

三星龙虱 *Cybister tripunctatus* Olivier　捕食：水生昆虫及

棒角甲科 Paussidae

五斑棒角甲 *Platyrhopalus paussoides* Wasmann　捕食：水生昆虫及

水龟虫科 Hydrophilidae

长须水龟虫 *Hydrophilus acuminatus* Motschulsky　捕食：水生昆虫及

隐翅甲科 Staphylinidae

大隐翅虫 *Creophilus maxillosus* Linnaeus　食物：幼虫腐食、成虫捕食

黑足毒隐翅虫 *Paederus tamulus* Frichson　食物：幼虫腐食、成虫捕食

阎甲科 Histeridae

沙氏阎甲 *Dendrophillus xavierl* Marseul　食物：幼虫腐食、成虫捕食

坚甲科 Colydiidae

花绒坚甲 *Dastarcus helophoroides* Fairmaire　食物：幼虫食天牛幼虫、成虫食动物尸体

萤科 Lampyridae

窗胸萤 *Pyrococelia analis* Fabricius　食物：幼虫腐食

花萤科 Cantharidae

黑斑黄背花萤 *Themus imperialis*（Gorh.）　食物：幼虫腐食

郭公甲科 Cleridae

中华食蜂郭公虫 *Trichodes sinae* Chevr.　捕食：幼虫食蜂幼虫

皮蠹科 Dermestidae

黑皮蠹 *Attagenus piceus*（Oliver）　食物：动植物残体

白腹皮蠹 *Dermestes maculates* De Geer　食物：动植物残体

赤毛皮蠹 *Dermestes tessellatocollis* Motschulsky　食物：动植物残体

花斑皮蠹 *Trogoderma variabile* Ballion　食物：动植物残体

扁甲科 Cucujidae

锈赤扁谷盗 *Cryptolestes ferrugineus*（Steph.）　食物：植物种子

长角扁谷盗 *Cryptolestes pusillus*（Schoenherr）　食物：植物种子

土耳其扁谷盗 *Cryptolestes turcicus*（Grouv.）　食物：植物种子

锯谷盗科 Silvanidae

锯谷盗 *Oryzaephilus surinamemsis*（Linnaeus）　食物：植物种子

大蕈甲科 Erotylidae

戈氏大蕈甲 *Episcopha gorhomi* Lewis　食物：菌类、植物残体

薪甲科 Lathridiidae

缩颈薪甲 *Cartodere constricta*（Gyllenhal）　食物：植物嫩组织

扁薪甲 *Holoparamecus depressus* Curtis　食物：植物嫩组织

东方薪甲 *Migneauxia orientalis* Reitt.　食物：植物嫩组织

小薪甲科 Mycetophagidae

毛蕈甲 *Typhea stercorea*（Linnaeus）　食物：植物嫩组织、及残体

花蚤科 Mordellidae

皮氏花蚤 *Glipa pici* Ermisch　食物：菌类、植物组织

大花蚤科 Rhipiphoridae

大花蚤 *Mocrosiagon bipunctatum* Fabricius　食物：菌类、植物组织

蚁甲科 Anthicidae

谷蚁甲 *Anthicus floralis*（Linnaeus）　食物：腐食

朽木甲科 Alleculidae

黄朽木甲 *Cteniopinus hypocrita* Marseul　食物：朽木

拟步甲科 Tenebrionidae

黑菌虫 *Alphitobius diaperinus* Panz.　寄主：霉变植物

小粉虫 *Alphitobius laevigatus* Fabricius　寄主：霉变植物、菌类

二带黑菌虫 *Alphitophagus bifasciatus* Say.　寄主：真菌

日本琵琶甲 *Blaps japonensis* Mars.　寄主：植物种子

尖角土潜 *Gonocephalum subspinosum* Fairm.　寄主：植物种子

姬粉盗 *Palorus ratzeburgi*（Wissmann）　寄主：植物种子残体

窃蠹科 Anobiidae

烟草甲 *Lasioderma serricorne*（Fabricius）　寄主：干燥植物体

蛛甲科 Ptinidae

褐蛛甲 *Niptus hilleri*（Reitter）　寄主：种子

日本蛛甲 *Ptinus japonicus* Reitter　寄主：种子

长蠹科 Bostrychidae

竹长蠹 *Dinoderus minutus*（Fabricius）　寄主：木材

谷蠹 *Rhizopertha dominica*（Fabricius）　寄主：种子

粉蠹科 Lyctidae

中华粉蠹 *Lyctus sinensis* Lesne　寄主：木材竹

扁蠹 *Lyctus brunneus* Stephens　寄主：竹材

叩甲科 Elateridae

细胸叩甲 *Agriotes subvittatus* Motschulsky　寄主：植物根部

血红沟胸叩甲 *Agrypnus davidi*（Fairmaire）　寄主：植物根部

肯特栉角叩甲 *Pectocera cantori* Hope　寄主：植物根部

沟叩甲 *Pleonomus canaliculatus*（Faldermann）　寄主：植物根部

吉丁虫科 Bupresidae

西泊利亚几丁 *Buprestis sibirica* (Fleischer)　寄主：松

柳沟胸吉丁 *Nalanda rutilicollis* Obenberger　寄主：柳

樟树角吉丁 *Habroloma wagneri* Gebhardt　寄主：樟

瓢虫科 Coccicelidae

二星瓢虫 *Adalia bipunctata* (Linnaeus)　捕食：蚜虫

奇变瓢虫 *Aiolocaria hexaspilota* (Hope)　捕食：蚜虫

十二星裸瓢虫 *Calvia duodecimmaculata* (Gebler)　捕食：蚜虫

枝斑裸瓢虫 *Calvia hauseri* Mader　捕食：蚜虫

四斑裸瓢虫 *Calvia muiri* (Timberlake)　捕食：蚜虫

十五星裸瓢虫 *Calvia quindecimguttata* (Fabricius)　捕食：蚜虫

十四星裸瓢虫 *Calvia quatuordecimguttata* (Linnaeus)　捕食：蚜虫

链纹裸瓢虫 *Calvia sicardi* (Mader)　捕食：蚜虫

黑缘红瓢虫 *Chilocorus rubidus* Hope　捕食：蚜虫、介壳虫

七星瓢虫 *Coccinella septempunctata* Linnaeus　捕食：蚜虫

横斑瓢虫 *Coccinella transversoguttata* Falderman　捕食：蚜虫

横带瓢虫 *Coccinella trifasciata* Linnaeus　捕食：蚜虫

中国双七瓢虫 *Coccinula sinensis* (Weise)　捕食：蚜虫

变斑隐势瓢虫 *Cryptogonus orbiculus* (Gyllenhal)　捕食：蚜虫、介壳虫

五指山隐势瓢虫 *Cryptogonus wuzhishanus* Pang et Mao　捕食：蚜虫

银莲花瓢虫 *Epilachna convexa* (Dieke)　寄主：银莲花

九斑食植瓢虫 *Epilachna freyana* Bielawski　寄主：菊科

爱菊瓢虫 *Epilachna plicata* Weise　寄主：菊科

蒙古光瓢虫 *Exochomus mongol* Barovsky　捕食：蚜虫

梵文菌瓢虫 *Halyzia sanscrita* Mulsant　寄主：菌类

十六斑黄菌瓢虫 *Halyzia sedecimguttata* (Linnaeus)　寄主：菌类

异色瓢虫 *Harmonia axyridis* (Pallas)　捕食：蚜虫、木虱、粉蚧

隐斑瓢虫 *Harmonia obscurosignata* (Liu)　捕食：蚜虫、木虱、粉蚧

耶氏隐斑瓢虫 *Harmonia yedoensis* (Takizawa)　捕食：蚜虫、木虱、粉蚧

角异瓢虫 *Hippodamia potanini* (Weise)　捕食：蚜虫

多异瓢虫 *Hippodamia variegate* (Goeze)　捕食：虫

繁角毛瓢虫 *Horniolus fortunatus* (Lewis)　捕食：蚜虫

四斑显盾瓢虫 *Hyperaspis leechi* Miyatake　捕食：蚜虫

红颈瓢虫 *Lemnia melanaria* (Mulsant)　捕食：蚜虫、粉虱

黄斑盘瓢虫 *Coelophora saucia* Mulsant　捕食：蚜虫

白条菌瓢虫 *Macroilleis hauseri* (Mader)　寄主：菌、蚜虫

六斑月瓢虫 *Menochilus sexmaculata* (Fabricius)　捕食：蚜虫

柯氏素菌瓢虫 *Illeis koebelei* Timberlake　寄主：真菌

十二斑巧瓢虫 *Oenopia bissexnotata* (Mulsant)　捕食：蚜虫

粗网巧瓢虫 *Oenopia chinensis*（Weise） 捕食：蚜虫

菱斑巧瓢虫 *Oenopia conglobata*（Linnaeus） 捕食：蚜虫

黄缘巧瓢虫 *Oenopia sauzeti* Mulsant 捕食：蚜虫

龟纹瓢虫 *Propylaea japonica*（Thunberg） 捕食：蚜虫

方斑瓢虫 *Propylaea quatuordecimpunctata*（Linnaeus） 捕食：蚜虫、蚧、粉虱

四斑红瓢虫 *Rodolia quadrimaculata* Mader 捕食：介壳虫

安小毛瓢虫 *Scymnus andamanensis* Kapur 捕食：蚜虫

黑背毛瓢虫 *Scymnus babai* Sasaji 捕食：蚜虫

端锈小瓢虫 *Scymnus ferrugatus* Moll 捕食：蚜虫

黑襟毛瓢虫 *Scymnus hoffmanni* Weise 捕食：蚜虫

刀角瓢虫 *Serangium japonicum* Chapin 捕食：蚜虫

黑色褐瓢虫 *Sospita horni* Wei et al 捕食：蚜虫、蚧等

陕西食螨瓢虫 *Stethorus shaanxiensis* Pang et Mao 捕食：螨虫

深点食螨瓢虫 *Stethorus punctillum* Weise 捕食：螨虫

十二斑菌瓢虫 *Vibidia duodecimguttata*（Poda） 寄主：菌类

宁陕毛瓢虫 *Scymnus*（*Neopullus*）*ningshanensis* 捕食：蚜虫

芫菁科 Meloidae

中华豆芫菁 *Epicauta chinensis* Laporte 寄主：幼虫寄生蝗虫，成虫食豆类等

锯角豆芫菁 *Epicauta gorhami* Marseul 寄主：幼虫寄生蝗虫，成虫食豆类等

暗头豆芫菁 *Epicauta obscurocephala* Reitter 寄主：幼虫寄生蝗虫，成虫食豆类等

红头豆芫菁 *Epicauta ruficeps* Illiger 寄主：幼虫寄生蝗虫，成虫食豆类等

葬甲科 Silphidae

黑负葬甲 *Necrophorus concolor* Kraatz 寄主：动物尸体

尼负葬甲 *Necrophorus nepalensis* Hope 寄主：动物尸体

二色真葬甲 *Eusilpha bicolor*（fairmaire） 寄主：动物尸体

丽金龟科 Rutelidae

中华喙丽金龟 *Adoretus sinicus* Burmeister 寄主：植物根系

毛喙丽金龟 *Adoretus hirsutus* Ohaus 寄主：植物根系

斑喙丽金龟 *Adoretus tenuimaculatus* Waterhouse 寄主：植物根系

桐黑丽金龟 *Anomala antiqua*（Gyllenhal） 寄主：植物根系

铜绿丽金龟 *Anomala corpulenta* Motschulsky 寄主：植物根系

深绿丽金龟 *Anomala heydeni* Frivaldszky 寄主：植物根系

多色丽金龟 *Anomala smargdina*（Chaus） 寄主：植物根系

畦翅丽金龟 *Anomala sulcipennis* Faldermann 寄主：植物根系

斜卡丽金龟 *Callistethus plagiicollis* Fairmaire 寄主：植物根系

弯股彩丽金龟 *Mimela excisipes* Reitter 寄主：植物根系

粗绿彩丽金龟 *Mimela holosericea* Fabricius 寄主：植物根系

草绿彩丽金龟 *Mimela passerinii* Hope 寄主：植物根系

墨绿彩丽金龟 *Mimela splendens* Gyllenhal 寄主：植物根系

黄闪丽金龟 *Mimela testaceoviridis*（Blanchard）　寄主：植物根系

庭园丽金龟 *Phyllopertha horticola* Linnaeus　寄主：植物根系

琉璃弧丽金龟 *Popillia flavosellata* Fairmaire　寄主：植物根系

豆蓝丽金龟 *Popillia indiagonacea* Motschulsky　寄主：植物根系

墨绿丽金龟 *Popillia mutans* Newman　寄主：植物根系

曲带弧丽金龟 *Popillia pustulata* Fairmaire　寄主：植物根系

四斑丽金龟 *Popillia quadriguttata* Fabricius　寄主：植物根系

萍毛丽金龟 *Proagopertha lucidula* Faldermann　寄主：植物根系

金龟科 Melolonthidae

华阿鳃金龟 *Apogonia chinensis* Moser　寄主：植物根系

黑阿鳃金龟 *Apogonia cupreoviridis* Kolbe　寄主：植物根系

哒婆鳃金龟 *Brahmina darcisi* Reitter　寄主：植物根系

福婆鳃金龟 *Brahmina faldermanni* Kraatz　寄主：植物根系

沥青七鳃金龟 *Heptophylla picea* Motschulsky　寄主：植物根系

长角希鳃金龟 *Hilyotrogus longiclavis* Bates　寄主：植物根系

东北大黑鳃金龟 *Holotrichia diomphalia*（Bates）　寄主：植物根系

华北大黑鳃金龟 *Holotrichia oblita*（Faldermann）　寄主：植物根系

沟背鳃金龟 *Holotrichia omeia* Chang　寄主：植物根系

卵圆齿爪鳃金龟 *Holotrichia ovata* Chang　寄主：植物根系

暗黑鳃金龟 *Holotrichia parallela* Motschulsky　寄主：植物根系

老爷岭鳃金龟 *Holotrichia sichotana* Brenske　寄主：植物根系

棕色鳃金龟 *Holotrichia titanis* Reitter　寄主：植物根系

吐蕃鳃金龟 *Holotrichia tuberculata* Moser　寄主：植物根系

灰粉鳃金龟 *Hoplosternus incanus* Motschulsky　寄主：植物根系

小阔胫鳃金龟 *Maladera ovatula*（Fairmaire）　寄主：植物根系

阔胫鳃金龟 *Maladera verticollis* Fairmaire　寄主：植物根系

大栗鳃金龟 *Melolontha hippocastani mongolica* Ménétriés　寄主：植物根系

小黄鳃金龟 *Metabolus flavescens* Brenske　寄主：植物根系

鲜黄鳃金龟 *Miridiba koreana* Niijima et Kinoshita　寄主：植物根系

斑背绒金龟 *Ophthalmoserica boops* Waterhouse　寄主：植物根系

毛斑绒金龟 *Paraserica grisea* Motschulsky　寄主：植物根系

拟毛黄鳃金龟 *Holotrichia formosana* Moser　寄主：植物根系

毛黄鳃金龟 *Holotrichia trichophora*（Fairmaire）　寄主：植物根系

小云斑鳃金龟 *Polyphylla graciliornis* Blanchard　寄主：植物根系

大云斑鳃金龟 *Polyphylla laticollis* Lewis　寄主：植物根系

黑绒金龟 *Serica orientalis* Motschulsky　寄主：植物根系

喀霉鳃金龟 *Sophrops kawadai* Nomura　寄主：植物根系

大皱鳃金龟 *Trematodes grandis* Semenov　寄主：植物根系

花金龟科 Cetoniidae

褐锈花金龟 *Anthracophora rusticola* Burmeister　寄主：植物根系及花和嫩枝芽

赭翅臀花金龟 *Campsiura mirabilis*（Faldermann）　寄主：植物根系及花和嫩枝芽

长毛花金龟 *Cetonia magnifica* Ballion　寄主：植物根系及植物的花

白斑跗花金龟 *Clinterocera mandarina*（Westwood）　寄主：植物根系及植物的花

肋凹缘花金龟 *Dicranobia potanini*（Kraatz）　寄主：植物根系及植物的花

光斑鹿花金龟 *Dicranocephalus dabryi* Auzoux　寄主：植物根系及植物的花

弯角鹿花金龟 *Dicranocephalus wallichi* Hope　寄主：植物根系及植物的花

黄粉鹿花金龟 *Dicranocephalus wallichi bowringi* Pascoe　寄主：植物根系及植物的花

黄斑短突花金龟 *Glycyphana fulvistemma* Motschulsky　寄主：植物根系及植物的花

褐斑背角花金龟 *Neophaedimus auzouxi* Lucas　寄主：植物根系及植物的花

凸星花金龟 *Protaetia aerata*（Erichson）　寄主：植物根系及植物的花、叶

白星花金龟 *Protaetia brevitarsis*（Lewis）　寄主：植物根系及植物的花、芽

多纹星花金龟 *Protaetia famelica*（Janson）　寄主：植物根系及植物的花、芽

亮绿星花金龟 *Protaetia nitididorsis*（Fairmaire）　寄主：植物根系及植物的花、芽

日铜罗花金龟 *Rhomborrhina japonica* Hope　寄主：植物根系及植物的花、芽小青花

金龟 *Oxycetonia jucunda*（Faldermann）　寄主：植物根系及植物的花

斑金龟科 Trichiidae

短毛斑金龟 *Lasiotrichius succinctus*（Pallas）　寄主：禾本科、向日葵、月季

小黑环斑金龟 *Paratrichius septemdecimguttatus*（Snellen）　寄主：禾本科、栎树、珍珠梅等植物及花

十点绿斑金龟 *Trichius dubernardi* Pouillaude　寄主：珍珠梅、柑桔、栎类等的花

黑蜣科 Passalidae

齿瘦黑蜣 *Leptaulax dentatus* Fabricius　食物：腐食

锹甲科 Lucanidae

褐黄前锹甲 *Prosopocoilus blanchardi* Parry　食物：腐食

粪蜣科 Geotrupidae

华武粪金龟 *Enoplotrupes sinensis* Lucas　食物：动物粪便

蜉金龟科 Aphodiidae

雅蜉金龟 *Aphodius elegans* Allibert　食物：动物粪便

蜣螂科 Scarabaeidae

神农洁蜣螂 *Catharsius molossus*（Linnaeus）　食物：动物粪便

臭蜣螂 *Copris* ochus Motschulsky　食物：动物粪便

翘侧裸蜣螂 *Gymnopleurus sinuatus* Olivier　食物：动物粪便

犀金龟科 Dynastidae

双叉犀金龟 *Allomyrina dichotoma*（Linnaeus）　食物：腐食

天牛科 Cerambycidae

椎天牛亚科 Apondylinae

椎天牛 *Spondylis buprestoides*（Linnaeus）　寄主：松、冷杉

锯天牛亚科 Prioninae

大山坚天牛 *Callipogon relicctus* Semenov–Tian–Shansky　寄主：阔叶树

曲芽土天牛 *Dorysthenes hydropicus*（Pascoe）　寄主：杨、柳、芦苇

中华薄翅天牛 *Megopis sinica* White　寄主：核桃、杨、柳、杉、松等

锯天牛 *Prionus insularis* Motschulsky　寄主：山毛榉、松、云杉桔

接眼天牛 *Priotyrranus closteroides*（Thomson）　寄主：板栗

幽天牛亚科 Aseminae

三脊梗天牛 *Arhopalus exoticus*（Sharp）　寄主：松类等

褐梗天牛 *Arhopalus rusticus*（Linnaeus）　寄主：冷杉、松

松幽天牛 *Asemum amurense* Kraatz　寄主：松等

椎天牛 *Spondylis buprestoides*（Linne）　寄主：松、冷杉、云杉

光胸断眼幽天牛 *Tetropium castaneum*（Linnaeus）　寄主：松类等

瘦天牛亚科 Disteniinae

瘦天牛 *Distenia gracilis*（Blessig）　寄主：阔叶林木

花天牛亚科 Lepturinae

赤杨缘花天牛 *Anoplodera rubra dichroa*（Blanchard）　寄主：栎、柳、山杨

黑缘花天牛 *Anoplodera sequensi*（Reitter）　寄主：松等

斑角缘花天牛 *Anoplodera variicornis*（Dalman）　寄主：阔叶林木

瘤胸金花天牛 *Gaurotes tuberculicollis*（Blandchard）　寄主：阔叶林木

凹缘金花天牛 *Gaurotes ussuriensis* Blessig　寄主：阔叶林木

蓝脊金花天牛 *Gaurotes virginea thalassina* Schrank　寄主：阔叶林木

曲纹花天牛 *Leptura arcuata* Panzer　寄主：云杉、冷杉、油松

点胸膜花天牛 *Necydalis lateralis* Pic　寄主：阔叶林木

膜花天牛 *Necydalis major* Linnaeus　寄主：阔叶林木

双斑厚花天牛 *Pachyta bicuneata* Motschulsky　寄主：阔叶林木

黄带厚花天牛 *Pachyta mediofasciata* Pic　寄主：阔叶林木

四斑厚花天牛 *Pachyta quadrimaculata*（Linnaeus）　寄主：阔叶林木

显红花天牛 *Pyrocalymma conspicua* Gahan　寄主：阔叶林木

钝肩花天牛 *Rhondia placida* Heller　寄主：阔叶林木

蚤瘦花天牛 *Strangalia fortunei* Pascoe　寄主：针叶林木

天牛亚科 Cerambucinae

红绒皱胸天牛 *Aeolesthes ningshaanensis* Chiang　寄主：阔叶林木

中华闪光天牛 *Aelesthes sinensis* Gahan　寄主：君迁子、栎

白角纹虎天牛 *Anaglyptus apicicornis*（Gressitt）　寄主：阔叶林木

皱胸绿天牛 *Chelidonium implicatum*（Pic）　寄主：阔叶林木

愈斑绿虎天牛 *Chlorophorus notabilis*（Pascoe）　寄主：阔叶林木

六斑绿虎天牛 *Chlorohorus sexmaculatus*（Motschulsky）　寄主：栎

二斑黑绒天牛 *Embrik–strandia bimaculata*（White）　寄主：黄柏、花椒、吴茱萸

微小天牛 *Gracillia minuta*（Fabricius）　寄主：阔叶林木

栗山天牛 *Massicus raddei*（Blessig）　寄主：栗、栎、水曲柳、等

黑肿角天牛 *Neocerambyx mandarinus* Gressitt　寄主：阔叶林木

多带天牛 *Polyzonus fasciatus*（Fabricius）　寄主：柳属、竹、菊科、伞形花科植物

帽斑紫天牛 *Purpuricenus petasifer*（Fairmaire）　寄主：栎类

圆斑紫天牛 *Purpuricenus sideriger* Fairmaire　寄主：小叶栎

连环虎天牛 *Rhaphuma elongata* Gressitt　寄主：阔叶林木

拟蜡天牛 *Stenygrinum quadrinotatum* Bates　寄主：栎属、板栗

黄斑锥背天牛 *Thranius signatus* Schwarzer　寄主：阔叶林木

单锥背天牛 *Thranius simplex* Gahan　寄主：阔叶林木

家茸天牛 *Trichoferus campestris* Faldermann　寄主：木材

咖啡脊虎天牛 *Xylotrechus grayii* White　寄主：阔叶林木

黄条切缘天牛 *Zegriades aurovirgatus* Gressitt　寄主：阔叶林木

沟胫天牛亚科 Lamiinae

栗灰锦天牛 *Acalolepta degener*（Bates）　寄主：阔叶林木

长角灰天牛 *Acanthocinus aedilis* Linnaeus　寄主：松类

小长角灰天牛 *Acanthocinus griseus* Fabricins　寄主：云杉、红松、栎属、松类

松刺脊天牛 *Dystomorphus notatus* Pic　寄主：松等

十二斑并脊天牛 *Glenea licenti* Pic　寄主：阔叶林木

簇毛瘤筒天牛 *Linda vitalisi* Vuillet　寄主：阔叶林木

四点象天牛 *Mesosa myops*（Dalman）　寄主：阔叶林木

异斑象天牛 *Mesosa stictica* Blanchard　寄主：阔叶林木

双簇污天牛 *Moechotypa diphysis*（Pascoe）　寄主：栎类

松墨天牛 *Monochamus alternatus* Hope　寄主：松类、冷杉、云杉

松巨疣天牛 *Morimospasma paradoxum* Ganglbauer　寄主：松类

黑翅脊筒天牛 *Nupserha infantula* Ganglbauer　寄主：菊科

黄腹脊筒天牛 *Nupserha testaceipes* Pic　寄主：阔叶林木

灰翅筒天牛 *Oberea oculata* Linnaeus　寄主：阔叶林木

眼斑齿胫天牛 *Paraleprodera diophthalma*（Pascoe）　寄主：阔叶林木

菊小筒天牛 *Phytoecia rufiventris* Gautier　寄主：菊科

蛛天牛 *Parechthistatus chinensis* Breuning　寄主：阔叶林木

双条楔天牛 *Saperda bilineatocollis* Pic　寄主：阔叶林木

绿翅楔天牛 *Saperda viridipennis* Gressitt　寄主：阔叶林木

黑斑修天牛 *Stenostola basisuturalis* Gressitt　寄主：阔叶林木

黄带刺楔天牛 *Thermistis croceocincta*（Saunders）　寄主：阔叶林木

负泥虫科 Crioceridae

茎甲亚科 Sagrinae

紫茎甲 *Sagra femorata purpurea* Lichtenstein　寄主：豆科

负泥虫亚科 Criocerinae

斑肩负泥虫 *Lilioceris scapularis*（Baly）　寄主：禾本科等

叶甲科 Chrysomelidae
叶甲亚科 Chrysomelinae
柳十八斑叶甲 *Chrysomela salicivorax*（Fairmaire）　寄主：柳
亮叶甲 *Chrysolampra splendens* Baly　寄主：灌木等
柳二十斑叶甲 *Chrysomela vigintipunctata*（Scopoli）　寄主：柳
蒿金叶甲 *Chrysolina aurichalcea*（Mannerheim）　寄主：蒿
大猿叶甲 *Colaphellus bowringii* Baly　寄主：十字花科
东方油菜叶甲 *Entomoscelis orientalis* Motschulsky　寄主：十字花科、萹蓄
黑缝油菜叶甲 *Entomoscelis suturalis* Weise　寄主：十字花科
核桃扁叶甲指明亚种 *Gastrolina depressa* Baly　寄主：核桃、枫杨
核桃扁叶甲黑胸亚种 *Gastrolina depressa thoracica* Baly　寄主：核桃、核桃楸
黑盾角胫叶甲 *Gonioctena fulva*（Motschulsky）　寄主：胡枝子、鸡血藤
山杨弗叶甲 *Phratora costipennis* Chen　寄主：山杨
杨弗叶甲 *Phratora laticollis*（Suffrian）　寄主：杨
柳圆叶甲 *Plagiodera versicolora*（Laicharting）　寄主：柳
光翅兆叶甲 *Sternoplatys fulvipes* Motschulsky　寄主：阔叶林木
萤叶甲亚科 Galerucinae
蓝毛臀萤叶甲东方亚种 *Agelastica alni orientalis* Baly　寄主：杨
等节臀萤叶甲 *Agelastica coerulea* Baly　寄主：桤木、桦
旋心异跗萤叶甲 *Apophylia flavovirens*（Fairmaire）　寄主：栗等
圆尾莹叶甲 *Arthrotidea ruficollis* Chen　寄主：杂草等
中华阿萤叶甲 *Arthrotus chinensis*（Baly）　寄主：核桃
豆长刺萤叶甲 *Atrachya menetriesi*（Faldermann）　寄主：豆科、柳
红翅横隆莹叶甲 *Atrachya rubripennis* Gressitt et Kimoto　寄主：杂草等
红头阿叶甲 *Arthrotus freyi* Gressitt et Kimoto　寄主：水杉等
水杉阿叶甲 *Arthrotus nigrofasciatus* Jacoby　寄主：水杉等
黑条波萤叶甲 *Brachyphora nigrovittata* Jacoby　寄主：豆科、葛藤
黄腹丽萤叶甲 *Clitenella fulminans*（Faldermann）　寄主：朴树、樟
黑腹克叶甲 *Cneorane cariosipennis* Fairmaire　寄主：小灌木等
红腿克叶甲 *Cneorane femoralis* Jacoby　寄主：小灌木等
闽克萤叶甲 *Cneorane fokiensis* Weise　寄主：杉、小灌木等
紫尾克叶甲 *Cneorane rolaceipennis* Allard　寄主：小灌木等
胡枝子克萤叶甲 *Cneorane violaceipennis* Allard　寄主：胡枝子
长方点莹叶甲 *Dercetina varipennis* Jacoby　寄主：阔叶林木、灌木
黄腹埃萤叶甲 *Exosoma flaviventris*（Motschulsky）　寄主：小灌木等
愈仪莹叶甲 *Galeruca reichardti* Jacobson　寄主：小灌木等
多脊萤叶甲 *Galeruca vicina*（Solsky）　寄主：车前草
褐背小萤叶甲 *Galerucella grisescens*（Joannis）　寄主：蓼、酸模、珍珠梅
二纹柱萤叶甲 *Gallerucida bifasciata* Motschulsky　寄主：酸模、蓼等

黄尾厉莹叶甲 *Liroetis octopunctata*（Weise） 寄主：柳

蒙古莹叶甲 *Luperus anthracinus* Ogloblin 寄主：杂草、灌木等

角胸迷莹叶甲 *Mimastra cyanura*（Hope） 寄主：杂草、阔叶林木

黄缘米莹叶甲 *Mimastra limbata* Baly 寄主：羊齿类

黄跗米莹叶甲 *Mimastra grahami* Gressitt 寄主：杂草、阔叶林木

铜纹迷莹叶甲 *Mimastra guerryi* Laboissiere 寄主：杂草、阔叶林木

凹翅长跗莹叶甲 *Monolepta bicavipennis* Chen 寄主：核桃、栗类

双斑长跗莹叶甲 *Monolepta hieroglyphica*（Motschulsky） 寄主：禾本科、十字花科、豆科、杨柳科

截翅长跗莹叶甲 *Monolepta bicavipennis* Chen 寄主：杂草、阔叶林木

黄胸长跗莹叶甲 *Monolepta xanthodera* Chen 寄主：杂草、阔叶林木

蓝翅瓢莹叶甲 *Oides bowringii*（Baly） 寄主：五味子

十星瓢莹叶甲 *Oides decempunctatus*（Billberg） 寄主：野葡萄

黑纹宽卵莹叶甲 *Oides laticlava*（Fairmaire） 寄主：野葡萄

宽缘瓢莹叶甲 *Oides maculatus*（Olivier） 寄主：野葡萄

黑跗瓢莹叶甲 *Oides tarsatus*（Baly） 寄主：野葡萄、乌蔹莓属

二带凹翅莹叶甲 *Paleosepharia excavata* Chujo 寄主：杂草、阔叶林木

枫香凹翅莹叶甲 *Paleosepharia liquidambara* Gressitt et Kimoto 寄主：枫香、水杉、柳、桤木核桃

凹翅莹叶甲 *Paleosepharia posticata* Chen 寄主：核桃

薄翅莹叶甲 *Pallasiola absinthii*（Pallas） 寄主：杂草、阔叶林木

陕西后脊莹叶甲 *Paragetocera flavipes* Chen 寄主：杂草、阔叶林木

凹胸后脊莹叶甲 *Paragetocera involuta* Laboissiere 寄主：杂草、阔叶林木

褐方胸莹叶甲 *Proegmena pallidipennis* Weise 寄主：杂草、阔叶林木

横带额凹莹叶甲 *Sermyloides semiornata* Chen 寄主：杂草、阔叶林木

日本狭露莹叶甲 *Stenoluperus nipponensis* Laboissiere 寄主：杂草、阔叶林木

脊纹莹叶甲 *Theone silphoides*（Dalman） 寄主：杂草、阔叶林木

跳甲亚科 Alticinae

蒙古宽缘跳甲 *Altica deserticola* Weise 寄主：杂草等

米帕尔宽缘跳甲 *Altica pamiranica* Weise 寄主：杂草等

金绿侧刺跳甲 *Aphthona splendida* Weise 寄主：杂草等

黑足凹唇跳甲 *Argopus nigritarsis*（Gebler） 寄主：沙参、鸡血藤、商陆

栗凹胫跳甲 *Chaetocnema ingenua*（Baly） 寄主：禾本科

柳沟胸跳甲 *Crepidodera pluta*（Latreille） 寄主：杨、柳

黑足椭圆跳甲 *Crepidodera picipes*（Weise） 寄主：杂草等

中华椭圆跳甲 *Crepidodera sinensis*（Chen） 寄主：杂草等

金绿沟胫跳甲 *Hemipyxis plagioderoides*（Motschulsky） 寄主：玄参、沙参、糙苏、筋骨草、醉鱼草、等 波毛丝跳甲 *Hespera lomasa* Maulik 寄主：木蓝、玉米花丝

克顶丝跳甲 *Hespera sericea* Weise 寄主：杂草等

黑拉克跳甲 *Lactica hanoiensis* Chen　寄主：杂草等

万县长蹃跳甲 *Longitarsus hedini* Chen　寄主：杂草、灌木等

甘肃长蹃跳甲 *Longitarsus sjostedti* Chen　寄主：杂草、灌木等

黄胸寡毛跳甲 *Luperomorpha xanthodera*（Fairmaire）　寄主：猕猴桃、蔷薇

蓝色九节跳甲 *Nonarthra cyaneum* Baly　寄主：紫花藤、艾属、梧桐等

异色卵跳甲 *Nonarthra variabilis* Baly　寄主：杂草、灌木等

漆树直缘跳甲 *Ophrida scaphoides*（Baly）　寄主：漆树

横瘤跳甲 *Parargopus sphaerodermoides* Chen　寄主：灌木等

黄宽条菜跳甲 *Phyllotreta humilis* Weise　寄主：十字花科

黄曲条菜跳甲 *Phyllotreta striolata* Fabricius　寄主：十字花科

黄狭条菜跳甲 *Phyllotreta vittula*（Redtenbacher）　寄主：十字花科、葫芦科

黄色凹缘跳甲 *Podontia lutea*（Olivier）　寄主：漆树

黄尾球跳甲 *Sphaeroderma apicale* Baly　寄主：禾本科

黑翅拟球跳甲 *Sphaeroderma balyi hupehensis* Gressit et Kimoto　寄主：禾本科

兰拟球跳甲 *Sphaeroderma nilum* Gressitt et Kimoto　寄主：禾本科

日本瘦跳甲 *Stenoluperus nipponensis*（Laboissiere）　寄主：小檗、高山蓼、醉鱼草

双齿长瘤跳甲 *Trachyaphthona bidentata* Chen et Wang　寄主：灌木

肖叶甲科 Eumolpidae

肖叶甲亚科 Eumolpinae

蓝厚缘叶甲 *Aoria cyanea* Chen　寄主：杂草、栎等林木

栗厚缘叶甲 *Aoria nucea*（Fairmaire）　寄主：栎等林木

棕红厚缘叶甲 *Aoria rufotestacea* Fairmaire　寄主：栎等林木

葡萄叶甲 *Bromius obscurus*（Linnaeus）　寄主：野葡萄

斑鞘豆叶甲 *Colposcelis signata*（Motschulsky）　寄主：豆科

李叶甲 *Cleoporus variabilis*（Baly）　寄主：栎类、华山松等

中华球叶甲 *Nodina chinensis* Weise　寄主：板栗、楤木、算盘子、竹、松

锯角叶甲亚科 Clytrinae

光背锯角叶甲 *Clytra laeviuscula* Ratzeburg　寄主：柳、桦、青冈类

二点钳叶甲 *Labidostomis bipunctata*（Mannerheim）　寄主：杨、胡枝子

光叶甲 *Smaragdina laevicollis* Jacoby　寄主：胡枝子属

黑额光叶甲 *Smaragdina nigrifrons*（Hope）　寄主：松、柳、栎类、榛、算盘子

隐头叶甲亚科 Cryptocephalinae

艾蒿隐头叶甲 *Cryptocephalus agnus* Weise　寄主：蒿等

栗隐头叶甲 *Cryptocephalus approximates* Baly　寄主：栎等

中华隐头叶甲 *Cryptocephalus chinensis* Jacoby　寄主：杂草、林木

黄隐头叶甲 *Cryptocephalus fulvus* Goeze　寄主：杂草、林木

斑额隐头叶甲 *Cryptocephalus kulibini* Gebler　寄主：杂草、林木

宽条隐头叶甲 *Cryptocephalus multiplex* Suffrian　寄主：杂草、林木

黄缘隐头叶甲 *Cryptocephalus ochroloma* Gebler　寄主：杂草、林木

黄头隐头叶甲 *Cryptocephalus permodestus* Baly　寄主：杂草、林木

莽隐头叶甲 *Cryptocephalus petulans* Weise　寄主：杂草、林木

黑盾隐头叶甲 *Cryptocephalus pieli* Pic　寄主：杂草、林木

小斑鞘隐头叶甲 *Cryptocephalus regalis* Gebler　寄主：杂草、林木

隐头叶甲 *Cryptocephalus yangweii* Chen　寄主：杂草、林木

铁甲科 Hispidae

铁甲亚科 Hispinae

黑龟铁甲 *Cassidispa mirabilis* Gestro　寄主：杂草、林木

水稻铁甲华东亚种 *Dicladispa armigera similis*（Uhmann）　寄主：禾本科植物、蔷薇、牛膝属等

锯齿叉趾铁甲 *Dactylispa angulosa*（Solsky）　寄主：栎、蔷薇、蜂斗叶、铁线莲

束腰扁趾铁甲 *Dactylispa excisa*（Kraatz）　寄主：栎属

蓝黑准铁甲 *Rhadinosa nigrocyanea*（Motschulsky）　寄主：荻属、野古草属

龟甲亚科 Cassidinae

山楂肋龟甲 *Alledoya vespertina*（Boheman）　寄主：悬钩子属、铁线莲属

高居长龟甲 *Cassida alticola* Chen et Zia　寄主：杂草

蒿龟甲 *Cassida fuscorufa* Motschulsky　寄主：蒿类、菊类

蒿龟甲指名亚种 *Cassida fuscorufa fuscorufa* Motschulsky　寄主：蒿属、菊

准小龟甲 *Cassida parvula* Boheman　寄主：灌木 等

密点龟甲东方亚种 *Cassida rubiginoca rugosopunctata*　寄主：凤毛菊及飞廉属

秦岭蚌龟甲 *Cassida tsinlinica* Chen et Zia　寄主：杂草等

兴安台龟甲 *Taiwania amurensis*（Kraatz）　寄主：杂草等

花盘台龟甲 *Taiwania imparata*（Gressitt）　寄主：杂草等

卷象科 Attelabidae

葡萄金象 *Aspidobyctiscus lacunipennis* Jekel　寄主；野葡萄

圆斑象 *Paroplapoderus semiamulatus* Jekel　寄主：枫杨、栎类、松

象虫科 Curculionidae

西伯利亚绿象 *Chlorophanus sibiricus* Gyllenhyl　寄主：柳

黑斜纹象 *Chromoderus declivis* Olivier　寄主：阔叶林木

栗实象 *Curculio davidi* Fairmaire　寄主：板栗、茅栗

宽肩象 *Ectatorrhinus adamsi* Pascoe　寄主：阔叶林木

哈氏松茎象 *Hylobius abietis haroldi* Faust　寄主：松

波纹斜纹象 *Lepyrus japonicus* Roelofs　寄主：阔叶林木

黑龙江筒喙象 *Lixus amurensis* Faust　寄主：阔叶林木

圆筒筒喙象 *Lixus mandaranus fukienellsis* Voss　寄主：阔叶林木

金绿尖筒象 *Myllocerus scitus* Voss　寄主：阔叶林木

松瘤象 *Sipalinus gigas*（Fabricius）　寄主：松、板栗

小蠹科 Scolytidae

松横坑切梢小蠹 *Blastophagus minor* Hartig　寄主：松

纵坑切梢小蠹 *Blastophagus piniperda* Linnaeus　寄主：松类

秦岭梢小蠹 *Cryphalus chinlingensis* Tsai et Li　寄主：华山松

华山松梢小蠹 *Cryphalus lipingensis* Tsai et Li　寄主：华山松

伪秦岭梢小蠹 *Cryphalus pseudochinlingensis* Tsai et Li　寄主：华山松、油松

油松梢小蠹 *Cryphalus tabulaeformis* Tsai et Li　寄主：油松

荚蒾梢小蠹 *Cryphalus viburni* Stark　寄主：荚蒾

寡毛微小蠹 *Crypturgus pusillus* Gyllenhal　寄主：云杉

华山松大小蠹 *Dendroctonus armandi* Tsai et Li　寄主：华山松、油松

肾点毛小蠹 *Dryocoetes autographus* Ratzeburg　寄主：云杉、华山松

云杉毛小蠹 *Dryocoetes hectographus* Reitter　寄主：云杉、华山松

额毛蠹 *Dryocoetes luteus* Blandford　寄主：松类

密毛小蠹 *Dryocoetes uniseriatus* Eggers　寄主：华山松

黑根小蠹 *Hylastes parallelus* Chapuis　寄主：云杉、松类

长海小蠹 *Hylesinus cholodkovskyi* Berger　寄主：水曲柳

长毛干小蠹 *Hylurgops longipilis* Reitter　寄主：松类

六齿小蠹 *Ips acuminatus* Gyllenhal　寄主：松类

中重齿小蠹 *Ips mannsfeldi* Wachtl　寄主：云杉、松类

光臀八齿小蠹 *Ips nitidus* Eggers　寄主：冷杉、云杉

云杉八齿小蠹 *Ips typographus* Linnaeus　寄主：云杉

十二齿小蠹 *Ips sexdentatus* Boerner　寄主：云杉、松类

松瘤小蠹 *Orthotomicus erosus* Wollaston　寄主：松类

边瘤小蠹 *Orthotomicus laricis* Fabricius　寄主：华山松、油松

小瘤小蠹 *Orthotomicus starki* Spessivtseff　寄主：冷杉、云杉

近瘤小蠹 *Orthotomicus suturalis* Gyllenhal　寄主：冷杉、松类

中穴星坑小蠹 *Pityogenes chalcographus* Linnaeus　寄主：云杉等

月穴星坑小蠹 *Pityogenes seirindensis* Murayama　寄主：云杉、松

云杉四眼小蠹 *Polygraphus polygraphus* Linnaeus　寄主：云杉、华山松

油松四眼小蠹 *Polygraphus sinensis* Eggers　寄主：华山松、油松

大和锉小蠹 *Scolytoplatypus mikado* Blandford　寄主：猴高铁、润楠、山桃

毛刺锉小蠹 *Scolytoplatypus raja* Blandford　寄主：松、栎、漆树等

黄须球小蠹 *Sphaerotrypes coimbatorensis* Stebbing　寄主：枫杨、核桃、胡桃

麻栎球小蠹 *Sphaerotrypes imitans* Eggers　寄主：麻栎

胡桃球小蠹 *Sphaerotrypes juglansi* Tsai et Yin　寄主：枫杨、胡桃

黄须球小蠹 *Sphaeotrypes coimbatorensis* Stebbing　寄主：核桃、胡桃、枫杨等

铁杉球小蠹 *Sphaerotrypes tsugae* Tsai et Yin　寄主：铁杉

横坑切梢小蠹 *Tomicus minor*（Hartig）　寄主：油松等松

棋盘材小蠹 *Xyleborus adumbratus* Blandford　寄主：松、冷杉、枫、枫杨、楠

凹缘材小蠹 *Xyleborus emarginatus* Eichhoff　寄主：冷杉、松、杨、栲、栎

北方材小蠹 *Xyleborus dispar* Fabricius　寄主：胡桃、榛、栎、榆、花楸、槭光滑材小

蠹 *Xyleborus germanus* Blandford　寄主：槭、栎类、楠、铁力木

黑条木小蠹 *Xyloterus lineatus* Olivier　寄主：冷杉、云杉、落叶松

瘤胸材小蠹 *Xyleborus rubricollis* Eichhoff　寄主：冷杉、杉木、杨、核桃、水冬瓜、樟、桢楠、木荷、栲、女贞

小粒材小蠹 *Xyleborus saxeseni* Ratzeburg　寄主：铁杉、云杉、华山松、杨、栎、桢楠、漆树属、椴树

毛列材小蠹 *Xyleborus seriatus* Blandford　寄主：华山松、油松、栎、木荷

二十一、捻翅目 Strepsiotera

栉虫扇科 Halictophagidae

二点栉虫扇 *Halictophagus bipunctatus* Yang　寄主：叶蝉

拟蚤蝼虫扇 *Tridactyloxenos coniferus* Yang　寄主：蚤蝼

二十二、广翅目 Megaloptera

齿（鱼）蛉科 Corydalidae

东方巨齿蛉 *Acanthacorydalis orientalis*（Mclachlan）　捕食：水生昆虫、小动物

普通齿蛉 *Neoneuromus ignobilis* Navas　捕食：水生昆虫、小动物

泥蛉科 Sialidae

西伯利亚泥蛉 *Sialis siberica* Mclachlan　捕食：水生昆虫、小动物

二十三、蛇蛉目 Raphidioptera

蛇蛉科 Raphidiidae

西岳蛇蛉 *Agulla xiyue* Yang et Chou　寄主：小蠹虫

二十四、脉翅目 Neuroptera

螳蛉科 Mantispidae

日本螳蛉 *Mantispa japonica* Maclachlan　捕食：蜘蛛卵

褐蛉科 Hemerobiidae

全北褐蛉 *Hemerobius humuli* Linnaeus　捕食：蚜、蚧、粉虱、木虱

薄叶脉线蛉 *Neuronema laminata* Tjeder　捕食：蚜、蚧、粉虱、木虱

角纹脉褐蛉 *Micromus angulatus*（Stephens）　捕食：蚜、蚧、粉虱、木虱

点线脉褐蛉 *Micromus multipunctatus* Matsumura　捕食：蚜、蚧、粉虱、木虱

颇丽脉褐蛉 *Micromus perelegans* Tjeder　捕食：蚜、蚧、粉虱、木虱

花斑脉褐蛉 *Micromus variegatus*（Fabricius）　捕食：蚜、蚧、粉虱、木虱

蚁蛉科 Myrmeleontidae

长裳树蚁蛉 *Dendroleon javanus* Banks　捕食：小昆虫

褐纹树蚁蛉 *Dendroleon pantherinus* Fabricius　捕食：小昆虫

黑斑离蚁蛉 *Distoleon nigricans*（Okamoto）　捕食：小昆虫

白云蚁蛉 *Glenuroides japonicus*（MacLachlan）　捕食：小昆虫

杰齐脉蚁蛉 *Pseudoformicaleo jacobsoni* Weele　捕食：小昆虫

蝶角蛉科 Ascalaphidae

锯角蝶角蛉 *Acheron trux*（Walker）　捕食：小昆虫

草蛉科 Chrysopidae

普通草蛉 *Chrysoperla carnea*（Stephens）　捕食：小昆虫

丽草蛉 *Chrysoperla formosa* Brauer　捕食：小昆虫

松通草蛉 *Chrysoperla savioi*（Navas）　捕食：蚜虫

大草蛉 *Chrysoperla septempunctata* Wesmael　捕食：小昆虫

晋通草蛉 *Chrysoperla shansiensis*（Kuwayama）　捕食：小昆虫

中华通草蛉 *Chrysoperla sinica*（Tjeder）　捕食：小昆虫

玉带尼草蛉 *Nineta vittata*（Wesmael）　捕食：小昆虫

脊背叉草蛉 *Dichochrysa carinata*　捕食：小昆虫

二十五、长翅目 Mecoptera

蝎蛉科 Panorpidae

郑氏蝎蛉 *Panorpa chengi* Chou　食物：幼虫尸、花粉、果汁

二角蝎蛉 *Panorpa bicornifera* Chou et Wang　食物：幼虫尸、花粉、果汁

双带蝎蛉 *Panorpa bifasciata* Chou et Wang　食物：幼虫尸、花粉、果汁

淡色蝎蛉 *Panorpa decolorata* Chou et Wang　食物：幼虫尸、花粉、果汁

拟华山蝎蛉 *Panorpa dubia* Chou et Wang　食物：幼虫尸、花粉、果汁

华山蝎蛉 *Panorpa emarginata* Cheng　食物：幼虫尸、花粉、果汁

淡黄蝎蛉 *Panorpa fulvastra* Chou　食物：幼虫尸、花粉、果汁

李氏蝎蛉 *Panorpa leei* Cheng　食物：幼虫尸、花粉、果汁

长瓣蝎蛉 *Panorpa longihypovalva* Hua　食物：幼虫尸、花粉、果汁

大蝎蛉 *Panorpa magna* Chou　食物：幼虫尸、花粉、果汁

南五台蝎蛉 *Panorpa nanwutaina* Chou　食物：幼虫尸、花粉、果汁

新刺蝎蛉 *Panorpa neospinosa* Chou et Wang　食物：幼虫尸、花粉、果汁

太白蝎蛉 *Panorpa obtuse* Cheng　食物：幼虫尸、花粉、果汁

微蝎蛉 *Panorpa pusilla* Cheng　食物：幼虫尸、花粉、果汁

秦岭蝎蛉 *Panorpa qinlingensis* Chou et Ran　食物：幼虫尸、花粉、果汁

任氏蝎蛉 *Panorpa reni* Chou　食物：幼虫尸、花粉、果汁

六刺蝎蛉 *Panorpa sexspinosa* Cheng　食物：幼虫尸、花粉、果汁

山阳蝎蛉 *Panorpa shanyangensis* Chou et Ran　食物：幼虫尸、花粉、果汁

静蝎蛉 *Panorpa statura* Cheng　食物：幼虫尸、花粉、果汁

染翅蝎蛉 *Panorpa tincta* Navas　食物：幼虫尸、花粉、果汁

河南新蝎蛉 *Neopanorpa longiprocessa* Hua et Chou　食物：幼虫尸、花粉、果汁

路氏新蝎蛉 *Neopanorpa lui* Chou et Ran　食物：幼虫尸、花粉、果汁、

暗蚊蝎蛉 *Bittacusobscurus*　食物：幼虫尸、花粉、果汁

纹蝎蛉科 Bittacidae

中华蚊蝎蛉 *Bittacus sinensis* Walker　捕食：小昆虫

二十六、双翅目 Diptera

大蚊科 Tipulidae

中华日大蚊 *Tipula sinica* Alexander　食物：腐殖质

摇蚊科 Chironomidae

三带环足摇蚊 *Cricotopus trifasciatus*（Meigen）　食物：腐殖质

微沼摇蚊 *Limnophyes minimus*（Meigen）　食物：腐殖质

软铗小摇蚊 *Microchironomus tener*（Kieffer）　食物：腐殖质

花柱拟麦锤摇蚊 *Parametriocnemus stylatus*（Kieffer）　食物：腐殖质

黑施密摇蚊 *Smittia atterima*（Meigen）　食物：腐殖质

刺铗长足摇蚊 *Tanypus punctipennis*（Fabricius）　食物：腐殖质

菌蚊科 Mycetophilidae

草菇折翅菌蚊 *Allactoneuta valvaceae* Yang et Wang　寄主：草菇

隐真菌蚊 *Mycomya occultans*（Winnertz）　寄主：平菇、香菇

中华新菌蚊 *Neoempheria sinica* Wu et Yang　寄主：平菇、双苞蘑

粪蚊科 Scatopsidae

广粪蚊 *Coboldia fuscipes*（Meigen）　食物：腐殖质

水虻科 Stratiomyiidae

金黄指突水虻 *Pteoticus aurifer*（Walker）　食物：腐殖质

南方指突水虻 *Ptecticus australis* Schiner　食物：腐殖质

丽瘦腹水虻 *Sargus metallinus* Fabricius　食物：腐殖质

食虫虻科 Asilidae

肿宽跗食虫虻 *Astochia virgatipes* Coquillett　寄主：捕食其他昆虫

锤宽跗食虫虻 *Astochia metatarsata* Becker　寄主：捕食其他昆虫

残低颜食虫虻 *Cerdistus debilis* Becker　寄主：捕食其他昆虫

中华单羽食虫虻 *Cophinopoda chinensis*（Fabricius）　寄主：捕食其他昆虫

线突额食虫虻 *Dioctria linearis* Fabricius　寄主：捕食其他昆虫

缘毛腹食虫虻 *Laphria fimbriata* Meigen　寄主：捕食其他昆虫

金黄毛腹食虫虻 *Laphria fulva* Meigen　寄主：捕食其他昆虫

盾圆突食虫虻 *Machimus scutellaris* Coquillett　寄主：幼虫食地面昆虫、成虫食飞虫

毛圆突食虫虻 *Machimus setibarbus* Loew　寄主：幼虫食地面昆虫、成虫食飞虫

灿弯顶毛食虫虻 *Neoitamus splendidus* Oldenberg　寄主：幼虫、成虫食其他昆虫

斑叉径食虫虻 *Promachus maculatus* Fabricius　寄主：幼虫食蛴螬、成虫食飞虫

蜂虻科 Bombyliidae

黑翅蜂虻 *Exoprosopa tantalus* Fabricius　捕食：昆虫、或蜂类

虻科 Tabanidae

猎黄虻 *Atylotus agrestis*（Wiedemann）　食物：幼虫食腐殖质、成虫吸血

双斑黄虻 *Atylotus bivittateinus* Takahasi　食物：幼虫食腐殖质、成虫吸血

黄绿黄虻 *Atylotus horvathi* (Szilady)　食物：幼虫食腐殖质、成虫吸血

短斜纹黄虻 *Atylotus pulchellus pulchellus* (Loew)　食物：幼虫食腐殖质、成虫吸血

中华斑虻 *Chrysops sinensis* Walker　食物：幼虫食腐殖质、成虫吸血

合瘤斑虻 *Chrysops suavis* Loew　食物：幼虫食腐殖质、成虫吸血

广斑虻 *Chrysops vanderwulpi* Kröber　食物：幼虫食腐殖质、成虫吸血

触角麻虻 *Haematopota antennate* Shiraki　食物：幼虫食腐殖质、成虫吸血

沃氏麻虻 *Haematopota olsufjevi* (Liu)　食物：幼虫食腐殖质、成虫吸血

中华麻虻 *Haematopota sinensis* Ricardo　食物：幼虫食腐殖质、成虫吸血

土麻虻 *Haematopota turkestanica* Kröber　食物：幼虫食腐殖质、成虫吸血

黄毛瘤虻 *Hybomitra flavicoma* Wang　食物：幼虫食腐殖质、成虫吸血

釉黑瘤虻 *Hybomitra baphoscota* Xu & Li　食物：幼虫食腐殖质、成虫吸血

佛坪瘤虻 *Hybomitra fopingensis* Xu　食物：幼虫食腐殖质、成虫吸血

太白山瘤虻 *Hybomitra taibaishanensis* Xu　食物：幼虫食腐殖质、成虫吸血

华广虻 *Tabanus amaenus* Walker　食物：幼虫食腐殖质、成虫吸血

佛光虻指名亚种 *Tabanus buddha buddha* Port.　食物：幼虫食腐殖质、成虫吸血

五带虻 *Tabanus quinquecinctus* Ricardo　食物：幼虫食腐殖质、成虫吸血

华虻 *Tabanus mandarinus* Schiner　食物：幼虫食腐殖质、成虫吸血

黑额虻 *Tabanus nigrefronti* Liu　食物：幼虫食腐殖质、成虫吸血

土灰虻 *Tabanus pallidiventris* Olsufjev　食物：幼虫食腐殖质、成虫吸血

秦岭虻 *Tabanus qinlingensis* Wang　食物：幼虫食腐殖质、成虫吸血

类柯虻 *Tabanus subcordiger* Liu　食物：幼虫食腐殖质、成虫吸血

三重虻 *Tabanus trigeminus* Coquillett　食物：幼虫食腐殖质、成虫吸血

姚虻 *Tabanus yao* Macquart　食物：幼虫食腐殖质、成虫吸血

食蚜蝇科 Syrphidae

黄腹狭口食蚜蝇 *Asarkina porcina* (Coquillett)　捕食：蚜虫

狭带贝食蚜蝇 *Betasyrphus serarius* (Wiedemann)　捕食：蚜虫

黑带食蚜蝇 *Episyrphus balteatus* (De Geer)　捕食：蚜虫

暗纹斑目蚜蝇 *Eristalinus sepulchralis* (Linnaeus)　捕食：蚜虫

灰带管蚜蝇 *Eristalis cerealis* Fabricius　捕食：蚜虫

长尾管蚜蝇 *Eristalis tenax* (Linnaeus)　捕食：蚜虫

斜斑黑蚜蝇 *Melanostoma mellinum* (Linnaeus)　捕食：蚜虫

梯斑黑蚜蝇 *Melanostoma scalare* (Fabricius)　捕食：蚜虫

黄带狭腹食蚜蝇 *Meliscaeva cinctella* (Zetterstedt)　捕食：蚜虫

大灰食蚜蝇 *Metasyrphus corollae* (Fabricius)　捕食：蚜虫

宽带食蚜蝇 *Metasyrphus latifasciatus* (Macquart)　捕食：蚜虫

凹带食蚜蝇 *Metasyrphus nitens* (Zetterstedt)　捕食：蚜虫

刻点小蚜蝇 *Paragus tibialis* (Fallén)　捕食：蚜虫

斜斑鼓额蚜蝇 *Scaeva pyrastri* (Linnaeus)　捕食：蚜虫

月斑鼓额蚜蝇 *Scaeva selenitica*（Meigen）　捕食：蚜虫

野食蚜蝇 *Syrphus torvus* Osten Sack　捕食：蚜虫

宁陕拟木蚜蝇 *Temnostoma ninshaanenses*　捕食：蚜虫

眼蝇科 Conopidae

金斑亚洲眼蝇 *Conops aureomaculatus* Krober　寄主：蜂类

裸眼叉芒眼蝇 *Physocephala pusilla*（Meigen）　寄主：芦蜂、黄斑蜂

实蝇科 Tephritidae

山地短痣实蝇 *Actinoptera Montana*（De Meijere）　寄主：菊科

四斑契实蝇 *Sphaeniscus atilius*（Walker）　寄主：菊科、唇形科

花蝇科 Anthomyiidae

粪种蝇 *Adia cinerella*（Fallen）　寄主：杂草根系

横带花蝇 *Anthomyia illocata* Walker　寄主：杂草根系

灰地种蝇 *Delia platura*（Meigen）　寄主：杂草根系

乡隰蝇 *Hydrophoria ruralis*（Meigen）　寄主：杂草根系

厕蝇科 Fanniidae

白纹厕蝇 *Fannia leucosticta*（Meigen）　食物：腐烂物

元厕蝇 *Fannia prisca* Stein　食物：腐烂物

瘤胫厕蝇 *Fannia scalaris*（Fabricius）　食物：腐烂物

蝇科 Muscidae

血刺蝇 *Haematobosca sanguinolenta*（Austen）　食物：腐烂物

隐齿股蝇 *Hydrotaea occulta*（Meigen）　食物：腐烂物

华中妙蝇 *Myospila meditabund brunettoana* Enderlein　食物：腐烂物

北栖家蝇 *Musca bezzii* Patton et Cragg　食物：腐烂物

逐畜家蝇 *Musca conducens* Walker　食物：腐烂物

黑边家蝇 *Musca hervei* Villeneuve　食物：腐烂物

骚家蝇 *Musca tempestiva* Fallen　食物：腐烂物

狭额腐蝇 *Muscina angustifrons*（Loew）　食物：腐烂物

紫翠蝇 *Neomyia gavisa* Walker　食物：腐烂物

蓝翠蝇 *Neomyia timorensis*(Robineau–Desvoidy)　食物：腐烂物

斑蟥黑蝇 *Ophyra chalcogaster*（Wiedemann）　食物：腐烂物

丽蝇科 Calliphoridae

巨尾阿丽蝇 *Aldrichina grahami*（Aldrich）　食物：腐烂物

亮绿蝇 *Lucilia illustris*（Meigen）　食物：腐烂物

叉丽蝇 *Triceratopyga calliphoroides* Rohdendorf　食物：腐烂物

麻蝇科 Sarcophagidae

尾黑麻蝇 *Bellieria melanura*（Meigen）　寄主：昆虫等

棕尾别麻蝇 *Boettcherisca peregrina*（R.–D.）　寄主：动物粪便等

舞毒蛾克麻蝇 *Kramerea schuetzei*（Kramer）　寄主：松毛虫、舞毒蛾幼虫

白头突额蜂麻蝇 *Metopia argyrocephala* Meigen　寄主：昆虫等

白头亚麻蝇 *Parasarcophaga albiceps*（Meigen）　寄主：松毛虫幼虫

巨耳亚麻蝇 *Parasarcophaga macroauriculata*（Ho）　寄主：昆虫等

拟对岛亚麻蝇 *Parasarcophaga kanoi*（Park）　寄主：昆虫等

黄须亚麻蝇 *Parasarcophaga misera*（Walker）　寄主：昆虫等

拟东方辛麻蝇 *Seniorwhitea krameri* Bottcher　寄主：动物尸体和粪便

寄蝇科 Tachinidae

密毛安寄蝇 *Anaeudora apicalis* Matsumura　寄主：昆虫幼虫

棘须安寄蝇 *Anaeudora patellipalpis* Mesnil　寄主：昆虫幼虫

毛鬓饰腹寄蝇 *Blepharipa chaetoparafacialis* Chao　寄主：松毛虫、栎掌舟蛾

蚕饰腹寄蝇 *Blepharipa zebina*（Walker）　寄主：松毛虫、松茸毒蛾、蚕蛾

毛斑狭额寄蝇 *Carcelia hirtspila* Chao et Shi　寄主：昆虫幼虫

鬃胫狭额寄蝇 *Carcelia tibialis*（Robineau-Desvoidy）　寄主：昆虫幼虫

采花广颜寄蝇 *Eurithia anthophila*（Robineau-Desvoidy）　寄主：舟蛾、夜蛾、灯蛾

日本追寄蝇饿 *Exorista japonica*（Townsend）　寄主：松毛虫、毒蛾类、粉蝶等

钩肛短须寄蝇 *Linnaemya picta*（Meigen）　寄主：八字地老虎

杂色美根寄蝇 *Meigenia grandigena*（Pandelle）　寄主：油菜叶甲、柳叶甲

蓝黑柃寄蝇 *Pales pavida*（Meigen）　寄主：杨毒蛾、刺蛾、黏虫等

榆毒蛾嗜寄蝇 *Schinerla tergesina* Rondani　寄主：鳞翅目幼虫

长角髭寄蝇 *Vibrissina turrita*（Meigen）　寄主：玫瑰叶蜂、桤木叶蜂等叶蜂

二十七、毛翅目 Trichoptera

纹石蛾科 Hydropsychidae

中庸离脉石蛾 *Hydromanicus intermedius* Martynov 水生：捕食小昆虫等

鳝茎纹石蛾 *Hydropsyche pellucidula* Curtis　水生：捕食小昆虫等

角石蛾科 Stenopsychidae

天目山角石蛾 *Stenopsyche tienmushanensis* Hwang 水生：捕食小昆虫等

长角石蛾科 Leptoceridae

长须长角石蛾 *Mystacides elongata* Yamamoto et Ross 水生：捕食小昆虫等

二十八、鳞翅目 Lepidoptera

蝙蝠蛾科 Hepialidae

一点蝠蛾 *Phassus sinifer sinensis* Moore　寄主：野葡萄

木蠹蛾科 Cossidae

白斑木蠹蛾 *Catopta albonubilus*（Graeser）　寄主：阔叶树

芳香木蠹蛾东方亚种 *Cossus cossus orientalis* Gaede　寄主：杨、柳、桦、栎、榛、桃、槭

钻具木蠹蛾 *Lamellocossus terebrus*（Schiff.）　寄主：杨

秦岭木蠹蛾 *Sinicossus qinlingensis* Hua et Chou　寄主：阔叶树

豹蠹蛾科 Zeuzeridae

咖啡豹蠹蛾 *Zeuzera coffeae* Nietner　寄主：蔷薇科、无患子科、胡桃科、木麻黄科、

蝶形花科、杨、柳、栎等

六星黑蠹蛾 *Zeuzera leueconotum*（Butler） 寄主：阔叶树

多斑豹蠹蛾 *Zeuaera multistrigata* Moore 寄主：核桃、杨、栎秦

豹蠹蛾 *Zeuzera qinensis* Hua et Chou 寄主：阔叶树

长角蛾科 Adeidae

小黄长角蛾 *Nemophora staudingerella* Christoph 寄主：地衣等

潜蛾科 Lyonetiidae

旋纹潜蛾 *Leucoptera scitella* Zeller 寄主：蔷薇科树木杨

白潜蛾 *Leucoptera susinella* Herrich-Schäffer 寄主：杨

银纹潜蛾 *Lyonetia prunifoliella* Hübner 寄主：蔷薇科树木

尖瓣异宽蛾 *Agonopterix acutivalvula* Wang, sp. nov 寄主：杨

谷蛾科 Tineidae

菌谷蛾 *Atabyria bucephala* Snellen 寄主：菌类

鸟谷蛾 *Monopis monachella* Hübner 寄主：菌类等

四点谷蛾 *Tinea tugurialis* Megrick 寄主：菌类等

细蛾科 Gracilariidae

柳细蛾 *Phyllonorycter pastorella* Zeller 寄主：杨、柳

金纹细蛾 *Lithocolletis ringoniella* Matsumura 寄主：蔷薇科树木

雕蛾科 Glyphipterygidae

虎杖雕蛾 *Lamprystica igneola* Stringer 寄主：虎杖等

举肢蛾科 Heliodinidae

核桃举肢蛾 *Atrijuglans hetauhei* Yang 寄主：核桃

菜蛾科 Plutellidae

菜蛾 *Plutella xylostella* Linnaeus 寄主：十字花科

巢蛾科 Yponomeutidae

油松巢蛾 *Swammerdamia pyrella* De Villers 寄主：松、冷杉等

稠李巢蛾 *Yponomeuta evonymellus* Linnaeus 寄主：稠李、山花椒等

卫矛巢蛾 *Yponomeuta polystigmellus* Felder 寄主；卫矛、栎、山花椒

尖蛾科 Cosmopterygidae

禾尖蛾 *Cosmopterix fulminella* Stringer 寄主：禾本植物

黑白尖蛾 *Stagmatophora niphosticta* Meyrick 寄主：禾本植物

麦蛾科 Gelechiidae

甘薯麦蛾 *Brachmia macroscopa* Meyrick 寄主：旋花科植物

绣线菊麦蛾 *Compsolechia metagramma* Meyrick 寄主：绣线菊

胡枝子麦蛾 *Recurvaria albidorsella* Snellen 寄主：胡枝子

麦蛾 *Sitotroga cerealella* Olivier 寄主：禾本科植物

花生麦蛾 *Stomopteryx subsecivella* Zeller 寄主：豆类

黑斑麦蛾 *Telphusa nephomicta* Meyrick 寄主：阔叶树

木蛾科 Xyloryctidae

铁杉木蛾 *Metathrinca tsugensis* Kearfott　　寄主：铁杉

草蛾科 Ethmiidae

百花山草蛾 *Ethmia angarensis* Caradja　　寄主：紫草科等

织蛾科 Oecophoridae

褐带织蛾 *Periacma delegata* Meyrick　　寄主：林木

二带锦织蛾 *Periacma bifasciaria*　　寄主：林木

细卷蛾科 Cochylidae

女贞细卷蛾 *Eupoecilia ambiguella* Hübner　　寄主：荚迷、槭等

河北细卷蛾 *Phalonidia permixtana*（Schiffermüller & Denis）　　寄主：马先蒿、小米草等

卷蛾科 Tortricidae

鹅耳枥长翅卷蛾 *Acleris cristana* Schiffer–müller et Denis　　寄主：鹅耳枥、蔷薇等

杜鹃长翅卷蛾 *Acleris latifasciana* Haworth　　寄主：杜鹃、绣线菊、柳等

毛赤杨长翅卷蛾 *Acleris submaccana* Filipiev　　寄主：杨、柳、栗、蛇莓、桦、荚迷

棉褐带卷蛾 *Adoxophyes orana* Fischer von Röslerstamm　　寄主：蔷薇类、桦、杨、柳、忍冬

苹黄卷蛾 *Archips ingentana* Christoph　　寄主：冷杉、百合、款冬等

云杉黄卷蛾 *Archips piceana* Linnaeus　　寄主：云杉、松、冷杉、铁杉、粗榧等

木岑黄卷蛾 *Archips xylosteana* Linnaeus　　寄主：水曲柳、栎、花楸、悬钩子、柳、杨、松、桦

尖翅小卷蛾 *Bactra lancealana*（Hübner）　　寄主：苔、莎草、棉

双斜卷蛾 *Clepsis strigana* Hübner　　寄主：绣线菊等

白钩小卷蛾 *Epiblema foenella* Linnaeus　　寄主：艾蒿

松针小卷蛾 *Epinotia rubiginosana* Herrich–Schäffer　　寄主：油松

杨突小卷蛾 *Gibberifera simplana*（Fischer von Roslerstamm）　　寄主：杨

油松球果小卷蛾 *Gravitarmata margarotana* Heinemann　　寄主：松、云杉、冷杉

杨柳小卷蛾 *Gypsonoma minutana* Hübner　　寄主：杨、柳等

栗子小卷蛾 *Laspeyresia splendana* Hübner　　寄主：栎、栗、胡桃、榛

线菊新小卷蛾 *Olethreutes siderana*（Treitschke）　　寄主：绣线菊等

松褐卷蛾 *Pandemis cinnamomeana*（Treitschke）　　寄主：柳、栎、槭、冷杉等

榛褐卷蛾 *Pandemis corylana*（Fabricius）　　寄主：栎、榛、桦、樱、悬钩子等

桃褐卷蛾 *Pandemis dumetana* Treitschke　　寄主：胡桃楸、绣线菊、水曲柳

苹褐卷蛾 *Pandemis heparana* Denis & Schifermüller　　寄主：柳、榛、水曲柳

暗褐卷蛾 *Pandemis phaiopteron* Razowski　　寄主：栎、槭、水杨梅、醋栗及杂草

羽蛾科 Pterophoridae

甘薯羽蛾 *Pterophorus monodactylus* Linnaeus　　寄主：甘薯等块根植物

螟蛾科 Pyralidae

米缟螟 *Aglossa dimidiata* Haworth　　寄主：动植物尸体

白桦角须野螟 *Agrotera nemoralis* Scopoli　寄主：白桦、鹅耳枥

竹织叶野螟 *Algedonia coclesalis*（Walker）　寄主：竹

二点织螟 *Aphomia zelleri* De Joannis　寄主：禾本科

大黄缀叶野螟 *Botyodes principalis* Leech　寄主：杨

黄翅缀叶野螟 *Botyodes diniasalis* Walker　寄主：杨

三条蛀野螟 *Dichocrocis chlorophanta* Butler　寄主：栗

桃蛀螟 *Dichocrocis punctiferalis* Guenée　寄主：野生水果

松果梢斑螟 *Dioryctria mendacella* Staudinger　寄主：松树球果及嫩梢

微红梢斑螟 *Dioryctria rubella* Hampson　寄主：松、云杉

豆荚螟 *Etiella zinckenella* Treitschke　寄主：豆科植物

双斑薄翅野螟 *Evergestis junctalis*（Warren）　寄主：阔叶树

四斑绢野螟 *Glyphodes quadrimaculalis*（Bremer & Grey）　寄主：阔叶树

缀叶丛螟 *Locastra mucosalis* Walker　寄主：核桃、楷木

艾锥额野螟 *Loxostege aeruginalis* Hübner　寄主：艾蒿

伞锥额野螟 *Loxostege palealis* Schiffermüller et Denis　寄主：茴香、萝卜

黄翅锥额野螟 *Loxostege umbrosalis* Warren　寄主：阔叶树

豆荚野螟 *Maruca testulalis* Geyer　寄主：豆科的豆荚

楸蠹野螟 *Omphisa plagialis* Wileman　寄主：楸树

樟叶瘤丛螟 *Orthaga achatina* Butler　寄主：樟、栗、山苍子、山胡椒黄

斑紫翅野螟 *Rehimena phrynealis* Walker　寄主：阔叶树

一点织螟 *Paralipsa gularis* Zeller　寄主：禾本科

大白斑野螟 *Polythlipta liquidalis* Leech　寄主：阔叶树

乳翅卷野螟 *Pycnarmon lactiferalis*（Walker）　寄主：阔叶树

豹纹卷野螟 *Pycnarmon pantherata*（Butler）　寄主：阔叶树

紫斑谷螟 *Pyralis farinalis* Linnaeus　寄主：植物种子等

金黄螟 *Pyralis regalis* Schiffremuller et Denis　寄主：植物种子等

豆野螟 *Pyrausta varialis* Bremer　寄主：豆科种子

葡萄卷叶野螟 *Sylepta luctuosalis* Guenée　寄主：野葡萄

透翅蛾科 Aegeriidae

葡萄透翅蛾 *Parathrene regalis* Butler　寄主：野葡萄

蓑蛾科 Psychidae

碧皑蓑蛾 *Acanthoecia bipars* Walker　寄主：冷杉、核桃

大蓑蛾 *Clania variegata* Snellen　寄主：林木

斑蛾科 Zygaenidae

竹小斑蛾 *Artona funeralis* Butler　寄主：竹

柞树斑蛾 *Illiberis sinensis* Walker　寄主：栎

葡萄斑蛾 *Illiberis tenuis* Butler　寄主：野葡萄

刺蛾科 Limacodidae

褐边绿刺蛾 *Latoia consocia* Walker　寄主：果树，及阔叶树

双齿绿刺蛾 *Latoia hilarata* Staudinger　寄主：果树、阔叶树

中国绿刺蛾 *Latoia sinica* Moore　寄主：果树、阔叶树

线银纹刺蛾 *Miresa urga* Hering　寄主：果树、阔叶树

迷刺蛾 *Chibiraga banghaasi* (Hering et Hopp)　寄主：栎

黄刺蛾 *Monema flavescens* (Walker)　寄主：果树、阔叶树

迹斑绿刺蛾 *Parasa pastoralis* Butler　寄主：樟树

扁刺蛾 *Thosea sinensis* (Walker)　寄主：果树、阔叶树

丽绿刺蛾 *Latoia lepida* (Cramer)　寄主：果树、阔叶树

斜纹刺蛾 *Oxyplax* Hampson　寄主：果树、阔叶树

网蛾科 Thyridiae

树形网蛾 *Camptochilus aurea* Butler　寄主：阔叶树等

绢网蛾 *Herdonia osacesalis* Walker　寄主：阔叶树等

尖尾网蛾 *Thyris fenestrella* Scopli　寄主：阔叶树等

敌蛾科 Epiplemidae

土敌蛾 *Epiplema erasaria schidacina* Butler　寄主：杂草等

波纹蛾科 Thyatiridae

怪影波纹蛾 *Euparyphasma maxima* Leech　寄主：杂草等

浩波纹蛾 *Habrosyna derasa* Linnaeus　寄主：草莓

阿泊波纹蛾 *Tethea ampliata* Butler　寄主：杂草等

波纹蛾 *Thyatira batis* Linnaeus　寄主：杂草等

钩蛾科 Drepanidae

网卑钩蛾 *Betalbara acuminata* (Leech)　寄主：胡桃、榛

赤扬镰钩蛾 *Drepana curvatula* (Borkhausen)　寄主：赤扬、青杨、桦

中华大窗钩蛾 *Macrauzata maxima chinensis* Inoue　寄主：樟

紫带褐钩蛾 *Neoreta olga* Swinhoe　寄主：灌木等

日本线钩蛾 *Nordstroemia japonica* (Moore)　寄主：栎类

接骨木钩蛾 *Oreta loochooana* (Swinhoe)　寄主：接骨木

三棘山钩蛾 *Oreta trispina* Watson　寄主：灌木

栎树钩蛾 *Palaeodrepana harpagula* (Esper)　寄主：栎类、赤扬、桦

眼斑钩蛾 *Pseudalbara parvula* (Leech)　寄主：核桃、栎

荚迷钩蛾 *Psiloreta pulchripes* (Butler)　寄主：荚迷

青冈树钩蛾 *Zanclabara scablosa* Butler　寄主：赤扬、青杨

尺蛾科 Qeometridae

醋栗尺蛾 *Abraxas grossulariata* （Linnaeus）　寄主：醋栗、乌荆子、榛、紫景天等

丝棉木金星尺蛾 *Abraxas suspecta* Warren　寄主：草、灌木等

萝藦艳青尺蛾 *Agathia carissima* Butler　寄主：隔山消等

杉霜尺蛾 *Alcis angulifera* Butler　寄主：冷杉、云杉

桦霜尺蛾 *Alcis repandata* Linnaeus　寄主：桦、杨

灰星尺蛾 *Arichanna jaguarinaria* Oberthür　寄主：椴木等

黄星尺蛾 *Arichanna melanaria fratema* （Butler） 寄主：楤木等

大造桥虫 *Ascotis selenaria*（Denis et Schiffermüller） 寄主：水杉

娴尺蛾 *Auaxa cesadaria* Walker 寄主：阔叶树等

双云尺蛾 *Biston comitata* Warren 寄主：阔叶树

桦尺蛾 *Biston betularia* Linnaeus 寄主：桦、杨、柳、椴、栎、椈等

焦边尺蛾 *Bizia aexaria* Walker 寄主：阔叶树

广卜尺蛾 *Brabira artemidora*（Oberthür） 寄主：阔叶树

金盅尺蛾 *Calicha ornataria*（Leech） 寄主：阔叶树

榛金星尺蛾 *Calospilos sylvata* Scopoli 寄主：榛、稠李、桦等

叉线青尺蛾 *Campaea dehaliaria* Wehrli 寄主：阔叶树

长阳葡萄回纹尺蛾 *Chartographa ludovicaria praemutans*（Prout） 寄主：野葡萄

双斜线尺蛾 *Conchia mundataria* Cramer 寄主：阔叶树

三线恨尺蛾 *Cotta incongruaria*（Walker） 寄主：阔叶树

枞灰尺蛾 *Deileptenia ribeata* Clerck 寄主：杉、桦、栎等

埃尺蛾 *Ectropis crepuscularia*（Dennis et Schiffermüller） 寄主：阔叶树

栓皮栎尺蛾 *Erannis dira* Butler 寄主：栗、栎等

树型尺蛾 *Erebomorpha consors* Butler 寄主：阔叶树

菊四目尺蛾 *Euchloris albocostaria* Bremer 寄主：菊科

二线绿尺蛾 *Euchloris atyche* Prout 寄主：杂草

肖二线绿尺蛾 *Thetidia chlorophyllaria* Hedemann 寄主：杂草

黑斑褥尺蛾 *Eustroma aerosa*（Butler） 寄主：杂草、灌木

直脉青尺蛾 *Geometra valida* Felder et Rogenhofer 寄主：栎类

奇带尺蛾 *Heterothera postalbida*（Wileman） 寄主：阔叶树

直脉尺蛾 *Hipparchus valida* Felder 寄主：栎

西南褐苔尺蛾 *Hirasa contubernalis deminuta* Sterneck 寄主：杂草等

雀水尺蛾 *Hydrelia nisaria*（Christoph） 寄主：阔叶树

假尘尺蛾 *Hypomecis pseudopunctinalis* Wehrli 寄主：阔叶树

栓皮栎薄尺蛾 *Inurois fletcheri* Inoue 寄主：栓皮栎、栎、椈等

青辐射尺蛾 *Iotaphora admirabilis* Oberthür 寄主：胡桃楸

黄辐射尺蛾 *Iotaphora iridicolor* （Butler） 寄主：胡桃楸

藕色突尾尺蛾 *Jodis argutaria*（Walker） 寄主：阔叶树

栓皮栎波尺蛾 *Larerannis filipjevi* Wehrli 寄主：栓皮栎

白蛮尺蛾 *Medasina albidaria* Walker 寄主：阔叶树

角顶尺蛾 *Menophra emaria*（Bremer） 寄主：阔叶树

点尺蛾 *Naxa angustaria* Leech 寄主：阔叶树

女贞尺蛾 *Naxa seriaria*（Motschulsky） 寄主：杨、水曲柳、椴、喜树

枯斑翠尺蛾 *Ochrognesia difficta*（Walker） 寄主：杨、柳、桦

核桃星尺蛾 *Ophthalmitis albosignaria*（Bremer et grey） 寄主：核桃

泛尺蛾 *Orthonama obstipata*（Fabricius） 寄主：羊蹄甲

雪尾尺蛾 *Ourapteryx nivea* Butler　寄主：栓皮栎

波尾尺蛾 *Ourapteryx persica* Ménétriés　寄主：阔叶树

接骨木尾尺蛾 *Ourapteryx sambucaria* Linnaeus　寄主：接骨木、忍冬、乌荆子、蔷薇、栎

槭烟尺蛾 *Phthonosema invenustaria psathyra*（Wehrli）　寄主：槭、柳、六道木、漆树、

卫矛忍冬尺蛾 *Somatina indicataria*（Walker）　寄主：忍冬

蓝斑岩尺蛾 *Scopula decorata*（Denis & Schiffermüller）　寄主：阔叶树

麻岩尺蛾 *Scopula nigropunctata subcandidata* Walker　寄主：阔叶树

长毛岩尺蛾 *Scopula superciliata*（Prout）　寄主：阔叶树

玫缘俭尺蛾 *Spilopera roseimarginaria* Leech　寄主：阔叶树

镰翅绿尺蛾 *Tanaorhinus reciprocata confuciaria* Walker　寄主：栎、橡

菊四目绿尺蛾 *Thetidia albocostaria*（Bremer）　寄主：菊科

黑玉臂尺蛾 *Xandrames dholaria sericea* Butler　寄主：阔叶树花园

潢尺蛾 *Xanthorhoe hortensiaria*（Graeser）　寄主：阔叶树

盈潢尺蛾 *Xanthorhoe saturata*（Guenée）　寄主：阔叶树

胡麻斑白波尺蛾 *Naxidia punctata* Butler,1880　寄主：阔叶树

天蛾科 Sphingidae

灰天蛾 *Acosmerycoides leucocraspis leucocraspis*（Hampson）　寄主：阔叶树

黄脉天蛾 *Amorpha amurensis* Staudinger　寄主：马氏杨、小叶杨、山杨、桦树、椴树、栎

黄线天蛾 *Apocalypsis velox* Butler　寄主：柳、杨、山杨、桦、椴、栎

眼斑天蛾 *Callambulyx orbita* Chu et Wang　寄主：阔叶树

条背天蛾 *Cechenena lineosa*（Walker）　寄主：凤仙花属、野葡萄

豆天蛾 *Clanis bilineata tsingtauica* Mell　寄主：藤属、葛属

小星天蛾 *Dolbina exacta* Staudinger　寄主：丁香、椴树

后黄黑边天蛾 *Haemorrhagia radians*（walker）　寄主：灌木

锈胸黑边天蛾 *Haemorrhagia staudingeri staudingeri*（Leech）　寄主：忍冬

松黑天蛾 *Hyloicus caligineus sinicus* Rothschild et Jordan　寄主：松

椴六点天蛾 *Marumba dyras*（Walker）　寄主：阔叶树

栗六点天蛾 *Marumba sperchius* Ménétriés　寄主：栗、栎、槠树、核桃

鹰翅天蛾 *Oxyambulyx ochracea*（Butler）　寄主：核桃、槭科植物

栎鹰翅天蛾 *Oxyambulyx liturata*（Butler）　寄主：栎树、核桃

日本鹰翅天蛾 *Oxyambulyx japonica* Rothschild　寄主：槭科植物

斜绿天蛾 *Pergesa actea*（Cramer）　寄主：阔叶树

杨目天蛾 *Smerithus caecus* Ménétriés　寄主：杨、赤杨、柳

蓝目天蛾 *Smerithus planus planus* Walker　寄主：柳、杨

红节天蛾 *Sphinx ligustri constricta* Butler　寄主：水蜡树

斜纹天蛾 *Theretra clotho clotho*（Drury）　寄主：阔叶树

白须天蛾 *Kentrochrysalis sievers*　寄主：阔叶树

绒星天蛾 *Dolbina tancre*　寄主：阔叶树

芝麻鬼脸天蛾 *Cherontia styx* 寄主：阔叶树

霜天蛾 *Psilogramm menephron* 寄主：阔叶树

华中松天蛾 *Hyloicus pinastri arestu* 寄主：阔叶树

桂花天蛾 *Kentrochrysalis consimili* 寄主：阔叶树

白薯天蛾 *Agrius convolvuli* 寄主：阔叶树

洋槐天蛾 *Clanis Deucalion* 寄主：阔叶树

苹六点天蛾 *Marumba gaschkewitschicarstanjeni* 寄主：阔叶树

黄边六点天蛾 *Marumba maack* 寄主：阔叶树

盾天蛾 *Phyllosphingia dissimilis* 寄主：阔叶树

紫光盾天蛾 *Phyllosphingia dissimilis sinensis* Breme 寄主：阔叶树

榆绿天蛾 *Callambulyx tatarinovi* Bremer et Grey 寄主：阔叶树

中国天蛾 *Amorpha sinica* 寄主：阔叶树

眼斑天蛾 *Callambulyx orbita* Chu et Wang 寄主：阔叶树

西昌榆绿天蛾 *Callambulyx tatarinovi sichangensis* Chu et Wang 寄主：阔叶树

枇杷六点天蛾 *Marumba spectabilis* 寄主：阔叶树

月天蛾 *Parum porphyria* Butler 寄主：阔叶树

梨六点天蛾 *Marumba gaschkewitschi complacens* 寄主：阔叶树

南方豆天蛾 *Clanis bilineata* 寄主：阔叶树

构月天蛾 *Parum colligate* 寄主：阔叶树

木蜂天蛾 *Sataspes tagalica tagalica* 寄主：阔叶树

黄点缺角天蛾 *Acosmeryx miskini* 寄主：阔叶树

葡萄缺角天蛾 *Acosmeryx naga* 寄主：阔叶树

葡萄天蛾 *Ampelophaga rubiginosa rubiginosa* 寄主：阔叶树

小豆长喙天蛾 *Macroglossum stellatarum* 寄主：阔叶树

白肩天蛾 *Rhagastis mongoliana mongoliana* 寄主：阔叶树

红天蛾 *Deilephila elpenor* 寄主：阔叶树

平背天蛾 *Cechenena minor* 寄主：阔叶树

锯线白肩天蛾 *Rhagastis acuta aurifera* 寄主：阔叶树

华中白肩天蛾 *Rhagastis mongoliana centrosinaria* 寄主：阔叶树

雀纹天蛾 *There japonica* 寄主：阔叶树

深色白眉天蛾 *Celerio gallii* 寄主：阔叶树

芋双线天蛾 *Theretra oldenlandiae* 寄主：阔叶树

蚕蛾科 Bombycidae

野蚕蛾 *Theophila mandarina* Moore 寄主：桑科

白线野蚕蛾 *Theophila religiosa* Helf 寄主：桑科植物

大蚕蛾科 Saturniidae

黄尾大蚕蛾 *Actias heterogyna* Mell 寄主：阔叶树

大尾大蚕蛾 *Actias maenas*（Dubemurd） 寄主：阔叶树

红尾大蚕蛾 *Actias rhodopneuma* Röber 寄主：阔叶树

绿尾大蚕蛾　*Actias selene ningpoana* Felder　寄主：枫杨、柳、栗、乌桕、核桃、樟、桤木

华尾大蚕蛾　*Actias sinensis*（Walker）　寄主：阔叶树

明目大蚕蛾　*Antheraea frithii javanensis* Bouvier　寄主：樟、乌桕

柞蚕　*Antheraea pernyi* Guérin-Méneville　寄主：栎、胡桃、樟

半目大蚕蛾　*Antheraea yamamai* Guérin-Méneville　寄主：栎、忍冬等植物

银杏大蚕蛾　*Dictyoploca japonica* Moore　寄主：银杏、栗、柳、樟、胡桃、楸、榛、栎

黄豹大蚕蛾　*Loepa katinka*（Westwood）　寄主：阔叶树

豹目大蚕蛾　*Loepa oberthuri* Leech　寄主：水曲柳、芸香科

樗蚕　*Philosamia cynthia* Walker et Felder　寄主：乌桕、樟树

透目大蚕蛾　*Rhodinia fugax*（Butler）　寄主：阔叶树

猫目大蚕蛾　*Salassa thespis* Leech　寄主：樟、枫杨、桤木

箩纹蛾科 Brahmaeidae

女贞箩纹蛾　*Brahmaea ledereri* Rogenhofer　寄主：女贞、丁香、木犀、桉

枯球箩纹蛾　*Brahmophthalma wallichii*（Gray）　寄主：女贞、丁香、木犀、桉等

锚纹蛾科 Callidulidae

锚纹蛾　*Pterodecta felderi* Bremer　寄主：三叉蕨

枯叶蛾科 Lasiocampidae

栎枯叶蛾　*Bhima eximia*（Oberthür）　寄主：栎类

曲纹枯叶蛾　*Bhima undulosa*（Walker）　寄主：阔叶树

蓝灰小毛虫　*Cosmotriche monotona*（F. Daniel）　寄主：冷杉、华山

秦岭小毛虫　*Cosmotriche chensiensis* Hou　寄主：冷杉、华山松

直纹杂毛虫　*Cyclophragma lineata*（Moore）　寄主：松

室纹松毛虫　*Dendrolimus atrilineis* Lajonquiere　寄主：松

秦岭松毛虫　*Dendrolimus ginlingensis* Tsai et Hou　寄主：松

华山松毛虫　*Dendrolimus huashanensis* Hou　寄主：油松、华山松

宁陕松毛虫　*Dendrolimus ningshanensis* Tsai et Hou　寄主：松

火地松毛虫　*Dendrolimus rubripennis* Hou　寄主：松

油松毛虫　*Dendrolimus tabulaeformis* Tsai et Liu　寄主：油松

太白松毛虫　*Dendrolimus taibaiensis* Hou　寄主：华山松

旬阳松毛虫　*Dendrolimus xunyangensis* Tsai et Hou　寄主：松

黄斑波纹杂毛虫　*Cyclophragma undans fasciatella* Ménétriés　寄主：栎类、桦山松、油松

杨枯叶蛾　*Gastropacha populifolia* Esper　寄主：杨、柳李

枯叶蛾　*Gastropacha quercifolia* Linnaeus　寄主：柳

秦岭云毛虫　*Hoenimnema qinlingensis* Hou　寄主：青扦

留坝天幕毛虫　*Malacosoma liupa* Hou　寄主：阔叶树

黄褐天幕毛虫　*Malacosoma neustria testacea* Motschulsky　寄主：栎、杨等

栎毛虫　*Paralebeda plagifera* Walker　寄主：松、榛、栎、杨等

竹黄枯叶蛾 *Philudoria laeta* Walker　寄主：竹

栗黄枯叶蛾 *Trabala vishnou* Lefebure　寄主：栗、黄檀、栎、核桃等

落叶松毛虫 *Dendrolimus superans*　寄主：松

侧柏松毛虫 *Dendrolimus suffuscus suffuscus*　寄主：侧柏

明纹柏松毛虫 *Dendrolimus suffuscus illustratus*　寄主：侧柏

马尾松毛虫 *Dendrolimus punctatus*　寄主：马尾松

高山松毛虫 *Dendrolimus angulata*　寄主：松

云南松毛虫 *Dendrolimus houi*　寄主：松

黄山松毛虫 *Dendrolimus marmoratus*　寄主：松

双波松毛虫 *Dendrolimus monticola*　寄主：松

室纹松毛虫 *Dendrolimus atrilineis*　寄主：松

阿纹枯叶蛾 *Euthrix albomaculata*　寄主：松、榛、栎、杨等

赛纹枯叶蛾 *Euthrix isocyma*　寄主：松、榛、栎、杨等

环纹枯叶蛾 *Euthrix tangi*　寄主：松、榛、栎、杨等

竹纹枯叶蛾 *Euthrix laeta*　寄主：松、榛、栎、杨等

远东褐枯叶蛾 *Gastropacha orientalis*　寄主：松、榛、栎、杨等

赤李褐枯叶蛾 *Gastropacha quercifolia lucens*　寄主：榛、栎、杨等

杨褐枯叶蛾 *Gastropacha populifolia*　寄主：榛、栎、杨等

北李褐枯叶蛾 *Gastropacha quercifolia cerridifolia*　寄主：榛、栎、杨等

黄斑波纹杂枯叶蛾 *Kunugia undans fasciatella*　寄主：榛、栎、杨等

褐杂枯叶蛾 *Kunugia brunnea brunnea*　寄主：榛、栎、杨等

波纹杂枯叶蛾 *Kunugia undans undans*　寄主：榛、栎、杨等

太白杂枯叶蛾 *Kunugia tamsi taibaiensis*　寄主：榛、栎、杨等

杨黑枯叶蛾 *Pyrosis idiota*　寄主：榛、栎、杨等

栎黑枯叶蛾 *Pyrosis eximia* Oberthü　寄主：榛、栎、杨等

申氏黑枯叶蛾 *Pyrosis schintlmeisteri*　寄主：榛、栎、杨等

杉黑枯叶蛾 *Pyrosis undulosa*　寄主：松、榛、栎、杨等

甘肃李枯叶蛾 *Amurilla subpurpurea kansuensis*　寄主：榛、栎、杨等

黄褐幕枯叶蛾 *Malacosoma neustria testacea*　寄主：榛、栎、杨等

桦幕枯叶蛾 *Malacosoma betula*　寄主：榛、栎、杨等

苹果枯叶蛾 *Odonestis pruni*　寄主：榛、栎、杨等

月光枯叶蛾 *Somadasys lunata*　寄主：榛、栎、杨等

大黄枯叶蛾 *Trabala vishnou gigantina*　寄主：榛、栎、杨等

分线枯叶蛾 *Arguda bipartite*　寄主：榛、栎、杨等

斜带枯叶蛾 *Bharetta cinnamomea*　寄主：榛、栎、杨等

油茶大枯叶蛾 *Lebeda nobilis sinina*　寄主：榛、栎、杨等

黄角枯叶蛾 *Radhica flavovittata flavovittata*　寄主：榛、栎、杨等

大陆刻缘枯叶蛾 *Takanea excisa yangtsei*　寄主：榛、栎、杨等

东北栎枯叶蛾 *Paralebeda femorata femorata*　寄主：榛、栎、杨等

松栎枯叶蛾 *Paralebeda plagifera*　寄主：榛、栎、杨等

秦岭小枯叶蛾 *Cosmotriche chensiensis*　寄主：榛、栎、杨等

秦岭云枯叶蛾 *Pachypasoides qinlingensis*　寄主：榛、栎、杨等

带蛾科 Eupterotidae

褐斑带蛾 *Apha subdives* Walker　寄主：阔叶树

褐带蛾 *Palirisa cervina formosana* Matsumura　寄主：阔叶树

舟蛾科 Notodontidae

银刀奇舟蛾 *Allata argyropeza*（Oberthür）　寄主：阔叶林木

半明奇舟蛾 *Allata laticostalis*（Hampson）　寄主：阔叶林木

竹箧舟蛾 *Besaia goddrica*（Schaus）　寄主：竹

杨二尾舟蛾 *Cerura menciana* Moore　寄主：杨、柳

杨扇舟蛾 *Clostera anachoreta*（Fabricius）　寄主：杨、柳

分月扇舟蛾 *Clostera anastomosis*（Linnaeus）　寄主：杨、柳

短扇舟蛾 *Clostera curtuloides* Erschoff　寄主：杨

锯纹林舟蛾 *Drymonia dodonides*（staudinger）　寄主：栎属

著蕊尾舟蛾 *Dudusa nobilis* Walker　寄主：阔叶林木

黑蕊尾舟蛾 *Dudusa sphingiformis* Moore　寄主：槭类

后齿舟蛾 *Epodonta lineata*（Oberthür）　寄主：阔叶林木

凹缘舟蛾 *Euhampsonia niveiceps*（Walker）　寄主：阔叶林木

栎纷舟蛾 *Fentonia ocypete*（Bremer）　寄主：栎、栗

富舟蛾 *Fusapteryx ladislai*（Oberthür）　寄主：槭属

钩翅舟蛾 *Gangarides dharma* Moore　寄主：阔叶林木

黑脉雪舟蛾 *Gazalina apsara*（Moore）　寄主：栎属

三线雪舟蛾 *Gazalina chrysolopha*（Kollar）　寄主：阔叶林木

角翅舟蛾 *Gonoclostera timonides*（Bremer）　寄主：柳

歧怪舟蛾 *Hagapteryx kishidai* Nakamura　寄主：阔叶林木

腰带燕尾舟蛾 *Harpyia lanigera*（Butler）　寄主：杨、柳

绯燕尾舟蛾 *Harpyia sangaica*（Moore）　寄主：杨、柳

栎枝背舟蛾 *Harpyia umbrosa umbrosa*（Staudinger）　寄主：栎、栗

明白颈疆舟蛾 *Hexafrenum leucodera*（Staudinger）　寄主：栎、木包树、栗

扁齿舟蛾 *Hiradonta takaonis* Matsumura　寄主：阔叶林木

霭舟蛾 *Hupodonta corticalis* Butler　寄主：阔叶林木

银二星舟蛾 *Lampronadata splendida*（Oberthür）　寄主：栎

赭小舟蛾 *Micromelalopha haemorrhoidalis* Kiriakoff　寄主：阔叶林木

杨小舟蛾 *Micromelalopha troglodyta*（Graeser）　寄主：杨、柳

黄拟皮舟蛾 *Mimopydna sikkima*（Moore）　寄主：阔叶林木

栎褐舟蛾 *Naganoea albibasis*（Chiang）　寄主：栎

大新二尾舟蛾 *Neocerura wisei*（Swinhoe）　寄主：阔叶林木

小白边舟蛾 *Nericoides minor* Cai　寄主：阔叶林木

大齿白边舟蛾 *Nericoides upina*（Alpheraky） 寄主：阔叶林木

肖齿舟蛾 *Odontosina nigronervata* Gaede 寄主：阔叶林木

著内斑舟蛾 *Peridea aliena*（Staudinger） 寄主：阔叶林木

蒙内斑舟蛾 *Peridea gigantea*（Butler） 寄主：阔叶林木

扇内斑舟蛾 *Peridea grahami*（Schaus） 寄主：阔叶林木

卵内斑舟蛾 *Peridea moltrechti*（Oberthür） 寄主：山毛榉

糙内斑舟蛾 *Peridea trachitso*（Oberthür） 寄主：阔叶林木

宽掌舟蛾 *Phalera alpherakyi* Leech 寄主：阔叶林木

栎掌舟蛾 *Phalera assimilis*（Bremer et Grey） 寄主：栎等

圆掌舟蛾 *Phalera bucephala*（Linnaeus） 寄主：杨、柳、桦、桤、槭、榛、椴、花椒、胡桃、山毛榉等

杨剑舟蛾 *Pheosia fusiformis* Matsumura 寄主：杨

金纹舟蛾 *Plusiogramma aurisigna* Hampson 寄主：阔叶林木

黄二星舟蛾 *Rabtala cristata*（Butler） 寄主：栎

银二星舟蛾 *Rabtala splendida*（Oberthür） 寄主：栎

沙舟蛾 *Shaka atrovittata*（Bremer） 寄主：槭类

丽金舟蛾 *Spatalia dives* Oberthür 寄主：栎

艳金舟蛾 *Spatalia doerriesi* Graeser 寄主：栎

肖剑心银斑舟蛾 *Tarsolepis japonica* Wileman et South 寄主：槭类

窦舟蛾 *Zaranga pannosa* Moore 寄主：阔叶林木

黄二星舟蛾 *Rabtala cristata*（Butler） 寄主：栎

核桃美舟蛾 *Uropyia meticulodina*（Oberthür） 寄主：胡桃

灯蛾科 Arctidae

粉灯蛾 *Alphaea fulvohirta* Walker 寄主：阔叶林木

红缘灯蛾 *Amsacta lactinea*（Cramer） 寄主：松、杨、柳、乌桕

豹灯蛾 *Arctia caja*（Linnaeus） 寄主：桑科、十字花科、豆类、醋栗、接骨木等

花布灯蛾 *Camptoloma interiorata* Walker 寄主：栎类、乌桕、柳等

大丽灯蛾 *Callimorpha histrio*（Walker） 寄主：阔叶林木

首丽灯蛾 *Callimorpha principalis*（Kollar） 寄主：阔叶林木

栎点瘤蛾 *Celama confusalis* Herrich-Schäffer 寄主：栎类

白雪灯蛾 *Chionarctia nivea*（Ménétriés） 寄主：禾本科、车前、蒲公英等

褐带东灯蛾 *Eospilarctia lewisi*（Butler） 寄主：阔叶林木

黄臀灯蛾 *Epatolmis caesarea*（Goeze） 寄主：柳、蒲公英、车前、珍珠菜

石楠灯蛾 *Eyprepia striata*（Linnaeus） 寄主：石楠植物

长翅丽灯蛾 *Nikaea longipennis* Walker 寄主：阔叶林木

粉蝶灯蛾 *Nyctemera cenis* Cramer 寄主：菊科等

亚麻篱灯蛾 *Phragmatobia fuliginosa*（Linnaeus） 寄主：蒲公英等

肖浑黄灯蛾 *Rhyparioides amurensis*（Bremer） 寄主：栎、柳、蒲公英

净污灯蛾 *Spilarctia alba*（Bremer et Grey） 寄主：杂草

污灯蛾 *Spilarctia lutea* Hufnagel　寄主：酸模、车前

赭污灯蛾 *Spilarctia nehallenia*（Oberthür）　寄主：杂草

尘污灯蛾 *Spilarctia obliqua*（Walker）　寄主：杂草等

黑带污灯蛾 *Spilarctia quercii*（Oberthür）　寄主：杂草

强污灯蛾 *Spilarctia robusta*（Leech）　寄主：杂草

净雪灯蛾 *Spilosoma album*（Bremer et Grey）　寄主：杂草等

白雪灯蛾 *Spilosoma niveus*（Ménétriés）　寄主：杂草等

洁雪灯蛾 *Spilosoma pura* Leech　寄主：杂草等

星白雪灯蛾 *Spilosoma menthastri*（Esper）　寄主：杂草等

瘤蛾科 Nolidae

苹米瘤蛾 *Mimerastria mandschuriana*（Oberthür）　寄主：栎、青冈

核桃瘤蛾 *Nola distributa* Walker　寄主：核桃

褐白洛瘤蛾 *Roeselia albula* Denis et Schiffermüller　寄主：悬钩子

斑洛瘤蛾 *Roeselia maculata* Staudinger　寄主：栎类

巨洛瘤蛾 *Roeselia gigantula* Staudinger　寄主：栎类

苔蛾科 Lithosiidae

头橙华苔蛾 *Agylla gigantean*（Oberthür）　寄主：地衣、杂草

头褐华苔蛾 *Agylla collitoides*（Butler）　寄主：地衣、杂草

一点艳苔蛾 *Asura unipuncta*（Leech）　寄主：地衣、杂草

滴苔蛾 *Agrisius guttivitta* Walker　寄主：地衣、杂草

点清苔蛾 *Apistosia subnigra* Leech　寄主：地衣、杂草

秧雪苔蛾 *Chionaema arama*（Moore）　寄主：地衣、杂草

褐条金苔蛾 *Chrysorabdia viridata*（Walker）　寄主：地衣、杂草

小白雪苔蛾 *Cyana alba*（Moore）　寄主：阔叶林木、杂草

黄雪苔蛾 *Cyana dohertyi*（Elwes）　寄主：阔叶林木、杂草

优雪苔蛾 *Cyana hamata*（Walker）　寄主：禾本科、草本豆科

桔红雪苔蛾 *Cyana interrogationis*（Poujade）　寄主：阔叶林木、杂草

草雪苔蛾 *Cyana pratti*（Elwes）　寄主：阔叶林木、杂草

血红雪苔蛾 *Cyana sanguinea*（Bremer et Grey）　寄主：阔叶林木、杂草

肋土苔蛾 *Eilema costalis*（Moore）　寄主：地衣、枯落叶

缘点土苔蛾 *Eilema costipuncta*（Leech）　寄主：地衣

筛土苔蛾 *Eilema cribrata* Staudinger　寄主：地衣、枯落叶

雪土苔蛾 *Eilema degenerella*（Walker）　寄主：地衣、枯落叶

后褐土苔蛾 *Eilema flavociliata* Lederer　寄主：地衣、枯落叶

灰土苔蛾 *Eilema griseola*（Hübner）　寄主：地衣、枯落叶

日土苔蛾 *Eilema japonica*（Leech）　寄主：地衣、枯落叶

粉鳞土苔蛾 *Eilema moorei*（Leech）　寄主：地衣、枯落叶

黄土苔蛾 *Eilema nigripoda*（Bremer et Grey）　寄主：地衣、枯落叶

圆斑土苔蛾 *Eilema signata*（Walker）　寄主：地衣、枯落叶

乌土苔蛾 *Eilema ussurica*(Daniel)　寄主：地衣、枯落叶

黄灰佳苔蛾 *Hypeugoa flavogrisea* Leech　寄主：地衣、杂草

四点苔蛾 *Lithosia quadra*(Linnaeus)　寄主：地衣、杂草

异美苔蛾 *Miltochrista aberrans* Butler　寄主：地衣等

曲美苔蛾 *Miltochrista flexuosa* Leech　寄主：地衣等

美苔蛾 *Miltochrista miniata*(Forster)　寄主：地衣等

黄边苔蛾 *Miltochrista pallida*(Bremer)　寄主：地衣等

砾美苔蛾 *Miltochrista pulchra* Butler　寄主：地衣等

玫美苔蛾 *Miltochrista rosacea*(Bremer)　寄主：地衣等

优美苔蛾 *Miltochrista striata* Bremer et Grey　寄主：地衣、豆类

之美苔蛾 *Miltochrista ziczac*(Walker)　寄主：地衣等

乌闪苔蛾 *Paraona staudingeri* Alpheraky　寄主：地衣等

锯斑苔蛾 *Parasiccia punctatissima*(Poujade)　寄主：地衣等

泥苔蛾 *Pelosia muscerda* Hüfnagel　寄主：地衣、枯落叶

昏干苔蛾 *Siccia v-nigra* Hampson　寄主：地衣等

黄痣苔蛾 *Stigmatophora flava*(Bremer et Grey)　寄主：禾本科、牛毛毡

玫痣苔蛾 *Stigmatophora rhodophila*(Walker)　寄主：禾本科、牛毛毡

明痣苔蛾 *stigmatophora micans*(Bremer)　寄主：禾本科、牛毛毡

鹿蛾科 Amatidae

广鹿蛾 *Amata emma*(Butler)　寄主：杂草等

蜀鹿蛾 *Amata davidi*(Poujade)　寄主：禾本科等

黑鹿蛾 *Amata ganssuensis*(Grum-Grshimailo)　寄主：菊科

牧鹿蛾 *Amata pascus*(Leech)　寄主：松、桤木、青冈、漆树、核桃、乌柏

毒蛾科 Lymantriidae

茶白毒蛾 *Arctornis alba*(Bremer)　寄主：栎类、榛

白毒蛾 *Arctornis l-nigrum*(Muller)　寄主：山毛榉、栎类、榛、杨、柳

肾毒蛾 *Cifuna locuples* Walker　寄主：榉、紫藤、柳、胡枝子、豆科

火茸毒蛾 *Dasychira complicata* Walker　寄主：阔叶林木

连茸毒蛾 *Dasychira conjuncta* Wileman　寄主：栎类、杨、椴、重阳木等

结茸毒蛾 *Dasychira lunulata* Butler　寄主：栎类、栗

茸毒蛾 *Dasychira pudibunda*(Linnaeus)　寄主：阔叶树、果树、杂草

栎茸毒蛾 *Dasychira taiwana aurifera* Scriba　寄主：栎类

暗茸毒蛾 *Dasychira tenebrosa* Walker　寄主：阔叶林木

折带黄毒蛾 *Euproctis flava*(Bremer)　寄主：野生果树、栎、山毛榉、槭、赤扬、漆、杉、松等

岩黄毒蛾 *Euproctis flavotriangulata* Gaede　寄主：核桃

褐黄毒蛾 *Euproctis magna* Swinhoe　寄主：阔叶林木

云星黄毒蛾 *Euproctis niphonis*(Butler)　寄主：榛、茶藨子、醋栗、赤扬、桦、蔷薇等

茶黄毒蛾 *Euproctis pseudoconspersa* Strand　寄主：乌柏、禾本科等

云黄毒蛾 *Euproctis xuthonepha* Collenette　寄主：阔叶林木

黄足毒蛾 *Ivela auripes*（Butler）　寄主：瑞木

肘纹毒蛾 *Lymantria bantaizana* Matsumura　寄主：核桃

络毒蛾 *Lymantria concolor* Walker　寄主：阔叶林木

舞毒蛾 *Lymantria dispar*（Linnaeus）　寄主：阔叶树、野生果树、杂草

模毒蛾 *Lymantria monacha*（Linnaeus）　寄主：松、杉、阔叶树及果树

栎毒蛾 *Lymantria mathura* Moore　寄主：栎、槠、漆、栗、榉

芒果毒蛾 *Lymantria marginata* Walker　寄主：板栗

扇纹毒蛾 *Lymantria minomonis* Matsumura　寄主：松

黄斜带毒蛾 *Numenes disparilis separata* Leech　寄主：鹅耳枥、铁木等

古毒蛾 *Orgyia antiqua*（Linnaeus）　寄主：阔叶树、果树、杂草

灰斑古毒蛾 *Orgyia ericae* Germar　寄主：阔叶树、果树、杂草

角斑古毒蛾 *Orgyia gonostigma*（Linnaeus）　寄主：杨、柳、桦、栎类、蔷薇、花楸、悬沟子、
唐木隶、盐肤木

侧盗毒蛾 *Porthesia similis*（Fuessly）　寄主：阔叶树

鹅点足毒蛾 *Redoa anser* Collenette　寄主：阔叶林木

杨雪毒蛾 *Stilpnotia candida* Staudinger　寄主：杨、柳

雪毒蛾 *Stilpnotia salicis*（Linnaeus）　寄主：杨、柳、榛、槭

侧柏毒蛾 *Parocneria furva*（Leech）　寄主：松、柏、杉

夜蛾科 Noctuidae

丝剑纹夜蛾 *Acronicta metaxantha* Hampson　寄主：阔叶林木

梨剑纹夜 *Acronicta rumicis*（Linnaeus）　寄主：柳、悬钩子及其他灌木

天剑纹夜蛾 *Acronicta tiena* Püngeler　寄主：阔叶林木

枯叶夜蛾 *Adris tyrannus* Guenée　寄主：阔叶林木

曙夜蛾 *Adisura atkinsoni* Moore　寄主：阔叶林木

小地老虎 *Agrotis ypsilon* （Rottemberg）　寄主：植物根系

大地老虎 *Agrotis tokionis* Butler　寄主：植物根系

黄地老虎 *Agrotis segetum* Schiffermüller　寄主：植物根系

八字地老虎 *Amathes c-nigrum* （Linnaeus）　寄主：植物根系

绿鲁夜蛾 *Amathes semiherbida* Walker　寄主：植物根系

麦奂夜蛾 *Amphipoea fucosa* Freyer　寄主：禾本科

紫黑扁身夜蛾 *Amphipyra livida* Schiffermüller　寄主：蒲公英及其他矮小植物

大红裙扁身夜蛾 *Amphipyra monolitha* Guenée　寄主：阔叶林木

蔷薇扁身夜蛾 *Amphipyra perflua* Fabricius　寄主：柳、杨、榉、栎、蔷薇科

桦扁夜蛾 *Amphipyra schrenkii* Ménétriés　寄主：桦

黄绿组夜蛾 *Anaplectoides virens* Butler　寄主：阔叶林木

青安钮夜蛾 *Anua tirhaca* Cramer　寄主：漆树、乳香

银纹夜蛾 *Argyrogramma agnata* Staudinger　寄主：豆科、十字花科

白条夜蛾 *Argyrogramma albostriata* （Bremer et Grey）　寄主：菊科

竹笋叶蛾 *Atrachea vulgaris* Butler 寄主：竹

燕夜蛾 *Aventiola pusilla* Butler 寄主：杂草

朽木夜蛾 *Axylia putris* Linnaeus 寄主：繁缕属、车前属

枫杨癣皮夜蛾 *Blenina quinaria* Moore 寄主：枫杨

双条波夜蛾 *Bocana bistrigata* Staudinger 寄主：阔叶林木

斑条波夜蛾 *Bocana spacoalis* Walker 寄主：阔叶林木

满卜馍夜蛾 *Bomolocha mandarina* Leech 寄主：阔叶林木

苔藓夜蛾 *Bryophila granitalis* (Butler) 寄主：阔叶林木

丹日明夜蛾 *Chamina sigillata* (Ménétriés) 寄主：阔叶林木

散纹夜蛾 *Callopistria juventina* Stoll 寄主：蕨

红晕散纹夜蛾 *Callopistria replete* (Walker) 寄主：蕨

壶夜蛾 *Calyptra capucina* Esper 寄主：唐松草；成虫吸食果汁

翎壶夜蛾 *Calyptra gruesa* (Draudt) 寄主：杂草；成虫吸食果汁

柳裳夜蛾 *Catocala electa* Borkhausen 寄主：杨、柳

缟裳夜蛾 *Catocala fraxini* Linnaeus 寄主：柳、杨、槭、桦

裳夜蛾 *Catocala nupta* Linnaeus 寄主：杨、柳

鸥裳夜蛾 *Catocala patala* Felder 寄主：藤

白夜蛾 *Chasminodes albonitens* Bremer 寄主：阔叶林木

日月明夜蛾 *Chasmina biplaga* (Walker) 寄主：阔叶林木

融卡夜蛾 *Chersotis deplana* Freyer 寄主：阔叶林木

尖美冬夜蛾 *Cirrhia acuminata* Butler 寄主：阔叶林木

红衣夜蛾 *Clethrophora distincta* Leech 寄主：阔叶林木

白黑首夜蛾 *Craniophora albonigra* Herz 寄主：阔叶林木

客来夜蛾 *Chrysorithrum amata* (Bremer) 寄主：胡枝子

筱客来夜蛾 *Chrysorithrum flavomaculata* (Bremer) 寄主：豆科

残夜蛾 *Colobochyla salicalis* Schiffermüller 寄主：杨、柳

饰翠夜蛾 *Daseochaeta pallida* (Moore) 寄主：杂草等

娓翠夜蛾 *Daseochaeta viridis* (Leech) 寄主：杂草等

赭黄歹夜蛾 *Diarsia stictica* (Poujade) 寄主：杂草等

暗翅夜蛾 *Dypterygia caliginosa* (Walker) 寄主：杂草等

玫斑钻夜蛾 *Earias roseifera* Butler 寄主：杂草等

一点钻夜蛾 *Earias pudicana pupillana* Staudinger 寄主：杨、柳

栎光裳夜蛾 *Ephesia dissimilis* Bremer 寄主：栎类

意光裳夜蛾 *Ephesia ella* Butler 寄主：栎类

珀光裳夜蛾 *Ephesia helena* Eversmann 寄主：栎类

前光裳夜蛾 *Ephesia praegnax* Walker 寄主：栎类

玉线魔目夜蛾 *Erebus gemmans* Guenée 寄主：栎类

毛魔目夜蛾 *Erebus pilosa* (Leech) 寄主：栎类

玄珠夜蛾 *Erythroplusia rutilifrons* (Walker) 寄主：阔叶林木

桃红猎夜蛾 *Eublemma amasina*（Eversmann）　寄主：阔叶林木

十日锦夜蛾 *Euplexia gemmifera*（Walker）　寄主：杂草等

锦夜蛾 *Euplexia lucipara* Linnaeus　寄主：毛茛属、桦、豆科

暗冬夜蛾 *Euscotia inextricata* Moore　寄主：小檗属

黄地老虎 *Euxoa segetum*（Schiffermüller）　寄主：杉、柏、松幼苗

臂斑文夜蛾 *Eustrotia costimacula* Oberthür　寄主：莎草科、禾本科

钩尾夜蛾 *Eutelia hamulatrix* Draudt　寄主：阔叶林木

漆尾夜蛾 *Eutelia geyeri*（Felder）　寄主：盐肤木

宏遗夜蛾 *Fagitana gigantea* Draudt　寄主：阔叶林木

丫纹哲夜蛾 *Gerbathodes ypsilon*（Butler）　寄主：杂草

焰实夜蛾 *Heliothis fervens* Butler　寄主：杂草

苹梢鹰夜蛾 *Hypocala subsatura* Guenée　寄主：栎类

黑肾蜡丽夜蛾 *Kerala decipiens* Butler　寄主：杂草

肖毛翅夜蛾 *Lagoptera juno* Dalman　寄主：桦；成虫食果汁

苹贪夜蛾 *Laphygma exigua* Hübner　寄主：杂草类

间纹德夜蛾 *Actinotia intermediata*（Bremer）　寄主：杂草等

黄斑黏夜蛾 *Leucania flavostigma* Bremer　寄主：植物根系

白点黏夜蛾 *Leucania loreyi* Duponchel　寄主：植物根系

白钩黏夜蛾 *Leucania proxima* Leech　寄主：植物根系

黏虫 *Leucania separata* Walker　寄主：植物根系

亭俚夜蛾 *Lithacodia gracilior* Draudt　寄主：杂草等

美蝠夜蛾 *Lophoruza pulcherrima* Butler　寄主：菝葜、牛尾菜

缤夜蛾 *Moma alpium* Osbeck　寄主：栎、桦、山毛榉等

光腹夜蛾 *Mythimna turca*（Linnaeus）　寄主：杂草

色孔雀夜蛾 *Nacna prasinaria* Walker　寄主：阔叶林木

绿孔雀夜蛾 *Nacna malachitis* Oberthür　寄主：阔叶林木

昏模夜蛾 *Noctua ravida* Denis et Schiffermüller　寄主：蒲公英、繁缕

白点雍夜蛾 *Oederemia esox* Draudt　寄主：杂草

黑地狼夜蛾 *Ochropleura fennica* Tauscher　寄主：杂草

竹笋禾夜蛾 *Oligia vulgaris*（Butler）　寄主：禾本科

黑脉巫夜蛾 *Oria extraordinaria* Draudt　寄主：杂草

比星夜蛾 *Perigea contigua* （Leech）　寄主：杂草

围星夜蛾 *Perigea cyclicoides* Draudt　寄主：杂草

姬夜蛾 *Phyllophila obliterata*（Rambur）　寄主：蒿

亚闪金夜蛾 *Plusidia imperatrix* Draudt　寄主：杂草

蒙灰夜蛾 *Polia advena* Schiffermüller　寄主：杂草

鹏灰夜蛾 *Polia goliath* Oberthür　寄主：杂草

冥灰夜蛾 *Polia mortua* Staudinger　寄主：杂草

白肾灰夜蛾 *Polia persicariae* Linnaeus　寄主：杂草

霉裙剑夜蛾 *Polyphaenis oberthuri* Staudiuger　寄主：杂草

淡银纹夜蛾 *Puriplusia purissima*（Butler）　寄主：杂草

落焰夜蛾 *Pyrrhia abrasa* Draudt　寄主：杂草

焰夜蛾 *Pyrrhia umbra* Hufnagel　寄主：杂草

棘翅夜蛾 *Scoliopteryx libatrix* Linnaeus　寄主：杨、柳

白缘寡夜蛾 *Sideridis albicosta*（Moore）　寄主：杂草

紫棕扁夜蛾 *Sineugraphe exusta* Butler　寄主：杂草

胡桃豹夜蛾 *Sinna extrema*（Walker）　寄主：胡桃属、枫杨

晦目夜蛾 *Speiredonia martha*（Butler）　寄主：阔叶林木

亚陌夜蛾 *Trachea askoldis* Oberthür　寄主：杂草

陌夜蛾 *Trachea atriplicis* Linnaeus　寄主：杂草

黑环陌夜蛾 *Trachea melanospila* Kollar　寄主：杂草

韭绿陌夜蛾 *Trachea prasinatra*（Draudt）　寄主：杂草

秦陌夜蛾 *Trachea tsinlinga* Draudt　寄主：杂草

镶夜蛾 *Trichosea champa*（Moore）　寄主：枔木

暗后夜蛾 *Trisuloides caliginea*（Butler）　寄主：柳兰

黄带后夜蛾 *Trisuloides luteifascia*（Hampson）　寄主：阔叶林木

明后夜蛾 *Anacromicta nitida*（Butler）　寄主：阔叶林木

朽镰须夜蛾 *Zanclognatha lunalis* Scopoli　寄主：阔叶林木

虎蛾科 Agaristidae

日龟虎蛾 *Chelonomorpha japona* Motschulsky　寄主：灌木等

选彩虎蛾 *Epistene lectrix* sauteri(Mell)　寄主：灌木等

迷虎蛾 *Maikona jezoensis* Matsumura　寄主：灌木等

拟彩虎蛾 *Mimeusemia persimilis* Butler　寄主：灌木等

豪虎蛾 *Scrobigera amatrix*（Westwood）　寄主：灌木等

黄修虎蛾 *Seudyra flavida* Leech　寄主：灌木等

艳修虎蛾 *Seudyra venusta* Leech　寄主：野葡萄

凤蝶科 Papilionidae

麝凤蝶 *Byasa alcinous*（Klug）　寄主：马兜铃、马利筋、木防己

中华虎凤蝶 *Luehdorfia chinensis*（Leech）　寄主：细辛

红基美凤蝶 *Papilio alcmenor*（Felder）　寄主：芸香科等林木

窄斑翠凤蝶 *Papilio arcturus*（Westwood）　寄主：芸香类等林木

牛朗凤蝶 *Papilio bootes*（Westwood）　寄主：芸香类等

巴黎翠凤蝶 *Papilio paris*（Linnaeus）　寄主：芸香类等林木

波绿凤蝶 *Papilio polyctor*（Boisduval）　寄主：芸香类等林木

柑橘凤蝶 *Papilio xuthus* Linnaeus　寄主：山椒、花椒

金裳凤蝶 *Troides aeacus*（Felder et Felder）　寄主：马兜铃

三尾褐凤蝶 *Bhutanitis thaidina*　寄主：马兜铃科攀缘植物

碧凤蝶 *Papilio bianor* Cramer　寄主：芸香类等林木

周氏虎凤蝶 Luehdorfia choui　寄主：华细辛

绢蝶科 Pamassiidae

冰清绢蝶 *Parnassius glacialis*（Butler）　寄主：紫堇、延胡索、景天属

粉蝶科 Pieridae

橙翅襟粉蝶 *Anthocharis bambusarum* Oberthür　寄主：十字花科

东方菜粉蝶 *Artogeia canidia* Sparrman　寄主：十字花科、金莲花

黑脉粉蝶 *Artogeia melete* Ménétriés　寄主：十字花科

黄粉蝶 *Colias erate*（Esper）　寄主：豆科植物

艳妇斑粉蝶 *Delias belladonna*（Fabricius）　寄主：灌木

黑角方粉蝶 *Dercas lycorias*（Doubleday）　寄主：灌木

尖钩粉蝶 *Gonepteryx mahaguru* Gistel　寄主：十字花科，菊科，旋花科等

突角小粉蝶 *Leptidea amurensis*（Ménétriés）　寄主：灌木

大展粉蝶 *Pieris extensa* Poujade　寄主：十字花科

菜粉蝶 *Pieris rapae*（Linnaeus）　寄主：十字花科

云斑粉蝶 *Pontia daplidice*（Linnaeus）　寄主：十字花科

暗脉菜粉蝶 *Pieris napi*（Linnaeus）　寄主：十字花科

秦岭绢粉蝶 *Aporia tsinglingica*（Verity）　寄主：十字花科

绢粉蝶 *Aporia crataegi*（Linnaeus）　寄主：十字花科

锯纹绢粉蝶 *Aporia goutellei*（Oberthür）　寄主：十字花科

环蝶科 Amathusiidae

灰翅串珠环蝶 *Faunis aerope*（Leeck）　寄主：菝葜等

箭环蝶 *Stichophthalma howqua*（Westwood）　寄主：竹等

小箭环蝶 *Stichophthalma neumogeni*（Leech）　寄主：竹等

眼蝶科 Satyridae

奇纹黛眼蝶 *Lethe cyrene* Leech　寄主：禾本科

明带黛眼蝶 *Lethe helle*（Leech）　寄主：禾本科

黑带黛眼蝶 *Lethe nigrifascia* Leech　寄主：禾本科

比目黛眼蝶 *Lethe proxima* Leech　寄主：禾本科

丛林链眼蝶 *Lopinga dumetora*（Oberthür）　寄主：禾本科

阿芒荫眼蝶 *Neope armandii*（Oberthür）　寄主：禾本科

布莱荫眼蝶 *Neope bremeri*（Felder）　寄主：竹类、食竹叶

丝链荫眼蝶 *Neope yama* Moore　寄主：水生禾本科、竹类

宁眼蝶 *Ninguta schrenkii*（Ménétriés）　寄主：禾本科

蛇眼蝶 *Minois dryas*（Scopoli）　寄主：禾本科

矍眼蝶 *Ypthima balda*（Fabricius）　寄主：禾本科

牧女珍眼蝶 *Coenonympha amaryllis*（Cramer）　寄主：禾本科

黑纱白眼蝶 *Melanargia lugens* Honrath　寄主：禾本科

蛱蝶科 Nymphalidae

柳紫闪蛱蝶 *Apatura ilia*（Denis et Schiffermuller）　寄主：柳

紫闪蛱蝶 *Apatura iris* (Linnaeus)　寄主：杨、柳

大闪蛱蝶 *Apatura schrenckii* Ménétriés　寄主：杨、柳

大卫绢蛱蝶 *Calinaga davidis* (Oberthür)　寄主：桑科

银豹蛱蝶 *Childrena childreni* (Gray)　寄主：桑科

黄带铠蛱蝶 *Chitoria fasciola* (Leech)　寄主：林木等

嘉翠蛱蝶 *Euthalia kardama* (Moore)　寄主：壳斗科

断眉线蛱蝶 *Limenitis doerriesi* Staudinger　寄主：灌木

横眉线蛱蝶 *Limenitis moltrechti* Kardakoff　寄主：灌木

红线蛱蝶 *Limenitis populi* (Linnaeus)　寄主：灌木

折线蛱蝶 *Limenitis sydyi* Lederer　寄主：绣线菊类植物

拟缕蛱蝶 *Litinga mimica* (Poujade)　寄主：灌木

中环蛱蝶 *Neptis hylas* Linnaeus　寄主：豆科植物

啡环蛱蝶 *Neptis philyra* Ménétriés　寄主：绣线菊属等

星环蛱蝶 *Neptis pryeri* Butler　寄主：绣线菊属植物

单环蛱蝶 *Neptis rivularis* (Scopoli)　寄主：灌木等

断环蛱蝶 *Neptis sankara* (Kollar)　寄主：灌木

小环蛱蝶 *Neptis sappho* Pallas　寄主：胡枝子等豆科植物

黄环蛱蝶 *Neptis themis* Leech　寄主：灌木等

白沟蛱蝶 *Polygonia c-album* (Linnaeus)　寄主：葎草、芸香科、蔷薇科

黄钩蛱蝶 *Polygonia c-aureum* Linnaeus　寄主：葎草、芸香科、蔷薇科

黄帅蛱蝶 *Sephisa princeps* Fixsen　寄主：栎类

茂环蛱蝶 *Neptis nemorosa* Oberthür　寄主：寄主：灌木

蚬蝶科 Riodinidae

花蚬蝶 *Dodona eugenes* Bates 寄主：禾亚科和竹亚科植物

灰蝶科 Lycaenidae

癞灰蝶 *Araragi enthea* (Janson)　寄主：豆科植物等

琉璃灰蝶 *Celastrina argiolus* (Linnaeus)　寄主：豆科植物的花及嫩芽

短尾蓝灰蝶 *Everes argiades* (Pallas)　寄主：豆科植物的花、果实和嫩芽

闪光翠灰蝶 *Neozephyrus coruscans* (Leech)　寄主：桦木科

黑灰蝶 *Niphanda fusca* (Bremer et Grey)　寄主：栎类

豆灰蝶 *Plebejus argus* (Linnaeus)　寄主：灌木等

小燕灰蝶 *Rapala caerulea* Bremer et Grey　寄主：野蔷薇

弄蝶科 Hesperidae

黄斑弄蝶 *Ampittia virgata* Leech　寄主：禾本科杂草

白伞弄蝶 *Bibasis gomata* (Moore)　寄主：禾本科等

星弄蝶 *Celaenorrhinus consanguinea* Leech　寄主：悬钩子

黑弄蝶 *Daimio tethys* (Ménétriés)　寄主：杂草

深山弄蝶 *Erynnis montanus* Bremer　寄主：禾本科

宽缘赭弄蝶 *Ochlodes ochracea* Bremer　寄主：禾本科

小赭弄蝶　*Ochlodes subhyalina* Bremer et Gray　寄主：莎草

幺纹稻弄蝶　*Parnara bada*（Moore）　寄主：禾本科

直纹稻弄蝶　*Parnara guttata* Bremer et Gray　寄主：水生禾本科、竹等

中华谷弄蝶　*Pelopidas sinensis*（Mabille）　寄主：禾本科

二十九、膜翅目 Hymenoptera

扁叶蜂科 Pamphiliidae

松阿扁叶蜂　*Acantholyda posticalis* Matsumura　寄主：油松

中华扁叶蜂　*Pamphilius sinensis* Dong et Naito　寄主：桦

树蜂科 Siricidae

新渡户树蜂　*Sirex nitobei* Matsumura　寄主：华山松、油松

黑顶角树蜂　*Tremex apicalis* Matsumura　寄主：杨、柳等

烟角树蜂　*Tremex fusicornis*（Fabricius）　寄主：杨、柳、桦、栎类桦等

类台大树蜂　*Urocerus similis* Xiao et Wu　寄主：冷杉

锤角叶蜂科 Cimbicidae

波氏锤角叶蜂　*Leptocimbex potanini* Semenov　寄主：阔叶树

叶蜂科 Tenthredinidae

黄翅菜叶蜂　*Athalis rosae ruficornis*（Jakovlev）　寄主：十字花科

落叶松叶蜂　*Pristiphora erichsonii*（Hartig）　寄主：落叶松

落叶松锉叶蜂　*Pristiphora laricis*（Hartig）　寄主：落叶松

魏氏锉叶蜂　*Pristiphora wesmaeli* Tischbein　寄主：落叶松

杨扁角叶蜂　*Stauronematus compressicornis*（Fabricius）　寄主：杨

松叶蜂科 Diprionidae

青扦吉松叶蜂　*Gilpinia wilsonae* Li et Guo　寄主：青扦

姬蜂科 Ichneumonidae

螟虫顶姬蜂　*Acropimpla persimilis*（Ashmead）　寄主：鳞翅目幼虫

游走巢姬蜂指名亚种　*Acroricnus ambulator ambulator*（Smith）　寄主：鳞翅目幼虫

负泥虫沟姬蜂　*Bathythrix kuwanae* Viereck　寄主：其他姬蜂、茧蜂

天蛾卡姬蜂　*Callajoppa pepsoides*（Smith）　寄主：天蛾幼虫

刺蛾紫姬蜂　*Chlorocryptus purpuratus* Smith　寄主：刺蛾幼虫

满点黑瘤姬蜂　*Coccygomimus aethiops*（Curtis）　寄主：天幕毛虫、野蚕、樗蚕等

舞毒蛾黑瘤姬蜂　*Coccygomimus disparis*（Viereck）　寄主：舞毒蛾、枯叶蛾、大蓑蛾、松梢螟、杨扇舟蛾

野蚕黑瘤姬蜂　*Coccygomimus luctuosus*（Smith）　寄主：野蚕、樗蚕、松毛虫、杨扇舟蛾、舞毒蛾、大蓑蛾

黑斑瘦姬蜂　*Dicamptus nigropictus*（Matsumura）　寄主：松毛虫、天蚕蛾幼虫

紫窄痣姬蜂　*Dictyonotus purpurascens*（Smith）　寄主：松毛虫、野葡萄天蛾

花胫蚜蝇姬蜂　*Diplozon laetatorius*（Fabricius）　寄主：多种食蚜蝇的蛹

高氏细鄂姬蜂　*Enicospilus gauldi* Nikam　寄主：鳞翅目幼虫

细线细颚姬蜂 *Enicospilus lineolatus*(Roman)　寄主：马尾松毛虫、红腹白灯蛾等

黑斑细颚姬蜂 *Enicospilus melanocarpus* Cameron　寄主：枯叶蛾、毒蛾

黑纹细颚姬蜂 *Enicospilus nigropectus* Cameron　寄主：枯叶蛾、毒蛾

褶皱细颚姬蜂 *Enicospilus plicatus*(Brullé)　寄主：栗黄枯叶蛾等

纯斑细颚姬蜂 *Enicospilus purifenastratus*(Enderiein)　寄主：鳞翅目幼虫

小枝细颚姬蜂 *Enicospilus ramidulus*(Linnaues)　寄主：夜蛾、枯叶蛾等

地老虎细颚姬蜂 *Enicospilus rossicus* Kokujev　寄主：小地老虎

四国细颚姬蜂 *Enicospilus shikokuensis*(Uchida)　寄主：鳞翅目幼虫

薄膜细颚姬蜂 *Enicospilus tenuinubeculus* Chiu　寄主：茸毒蛾

三阶细颚姬蜂 *Enicospilus tripartitus* Chiu　寄主：鳞翅目幼虫

米泽细颚姬蜂 *Enicospilus yonezawanus*(Uchida)　寄主：鳞翅目幼虫

黑基长尾姬蜂 *Ephialtes capulifera*(Kriechbaumer)　寄主：粉蝶

地蚕大铗姬蜂 *Eutanyacra picta*(Schrank)　寄主：地老虎

花胸姬蜂 *Gotra octocinctus*(Ashmead)　寄主：松毛虫、尺蠖

喜聚瘤姬蜂 *Gregopimpla himalayensis* Cameron　寄主：枯叶蛾、舟蛾、舞毒蛾幼虫

桑蟥聚瘤姬蜂 *Gregopimpla kuwanae*(Viereck)　寄主：马尾松毛虫、杨扇舟蛾

松毛虫异足姬蜂 *Heteropelma amictum*(Fabricius)　寄主：油松毛虫蛹

松毛虫黑胸姬蜂 *Hyposoter takagii*(Matsumura)　寄主：松毛虫

喜马拉雅聚瘤姬蜂 *Iseropus himalayensis*(Cameron)　寄主：松毛虫、柞蚕、舞毒蛾幼虫

桑蟥聚瘤姬蜂 *Iseropus kuwanae*(Viereck)　寄主：卷蛾、蓑蛾、松毛虫等

螟蛉埃姬蜂 *Itoplectis naranyae*(Ashmead)　寄主：卷蛾、夜蛾等

蛀虫马尾姬蜂 *Megarhyssa gloriosa* Matsumura　寄主：树蜂、天牛等

蛀虫褐斑马尾姬蜂 *Megarhyssa pracelleus* Tosquinet　寄主：天牛、树蜂的幼虫

斑翅马尾姬蜂骄亚种 *Megarhyssa praecellens superbiens* Morley　寄主：树蜂

甘蓝夜蛾拟瘦姬蜂 *Netelia ocellaris*(Thomson)　寄主：甘蓝夜蛾、小地老虎、舟蛾

夜蛾瘦姬蜂 *Ophion luteus*(Linnaeus)　寄主：地老虎

红头齿胫姬蜂红胸亚种 *Scolobates ruficeps mesothracica* He et Tong　寄主：蛾类

蓑蛾瘤姬蜂 *Sericopimpla sagrae sauteri* Cushman　寄主：蓑蛾等幼虫

黏虫棘领姬蜂 *Therion circumflexum*(Linnaeus)　寄主：黏虫等

脊腿姬蜂 *Theronia atalantae gestator*(Thunberg)　寄主：枯叶蛾、舞毒蛾、大蓑蛾

松毛虫黑点瘤姬蜂 *Xanthopimpla pedator* Fabricius　寄主：枯叶蛾

广黑点瘤姬蜂 *Xanthopimpla punctata* Fabricius　寄主：马尾松毛虫、杨扇舟蛾

茧蜂科 Braconidae

松毛虫脊茧蜂 *Aleiodes dendrolimi*(Matsumura)　寄主：松毛虫

舟蛾脊茧蜂 *Aleiodes drymoniae*(Watanabe)　寄主：杨二尾舟蛾

邻绒茧蜂 *Apanteles affinis*(Nees von Esebeck)　寄主：杨二尾舟蛾、柳毒蛾

杨透翅蛾绒茧蜂 *Apanteles paranthrenis* You et Dang　寄主：杨透翅蛾

樗蚕绒茧蜂 *Apanteles pictyoplocae* Watanabe　寄主：樗蚕

反颚茧蜂 *Aspilota* sp.　寄主：芳香木蠹蛾幼虫

螟甲腹茧蜂 *Chelonus munakatae* Munakata 寄主：竹螟

秦岭刻鞭茧蜂 *Coeloides qinlingensis* Dang et Yang 寄主：华山松大小蠹幼虫

瓢虫茧蜂 *Dinocampus coccinellae*（Schrank） 寄主：七星瓢虫、四星瓢虫、异色瓢虫

马尾茧蜂 *Euurobracon sp.* 寄主：黑肿角天牛幼虫

暗滑茧蜂 *Homolobus infumator*（Lyle） 寄主：甲虫

赤腹茧蜂 *Iphiaulax imposter*（Scopoli） 寄主：青杨天牛、云杉黑天牛等

黄长体茧蜂 *Macrocentrus linearis*（Nees） 寄主：鳞翅目幼虫

球果卷蛾长体茧蜂 *Macrocentrus resiellae*（Linnaeus） 寄主：油松球果小卷蛾、松梢斑螟、球果梢斑螟

四眼小蠹茧蜂 *Ropalophorus polygraphus* Yang 寄主：云杉四眼小蠹幼虫

松蠹柄腹茧蜂 *Spathius sp.* 寄主：华山松大小蠹幼虫

三盾茧蜂 *Triaspis sp.* 寄主：松皮象

绿眼赛茧蜂 *Zele chlorophthalmus*（Spinola） 寄主：尺蛾幼虫

红骗赛茧蜂 *Zele deceptor f. rufulus*（Thomoson） 寄主：尺蛾幼虫

两色齿足茧蜂 *Zombrus bicolor* Enderlein 寄主：双条杉天牛、青杨天牛

酱色齿足茧蜂 *Zombrus sjostedti*（Fahringer） 寄主：青杨天牛

蚜茧蜂科 Aphidiidae

桃瘤蚜茧蜂 *Ephedrus persicae* Froggatt 寄主：竹蚜

小蜂科 Chalcididae

无脊大腿小蜂 *Brachymeria excarinata* Gahan 寄主：螟蛾、小卷蛾、卷蛾科等蛹

粉蝶大腿小蜂 *Brachymeria femorata*（Panzer） 寄主：粉蝶、、斑蛾科、眼蝶科、蛱蝶科

广大腿小蜂 *Brachymeria lasus*（Walker） 寄主：鳞翅目的蛹、及膜翅目和双翅目

红腿大腿小蜂 *Brachymeria podagrica*（Fabricius） 寄主：麻蝇、寄蝇、丽蝇、家蝇、实蝇、袋蛾、毒蛾等

次生大腿小蜂 *Brachymeria secundaria*（Ruschka） 寄主：茧蜂、姬蜂

金毛角头小蜂 *Dirhinus hesperidum*（Rossi） 寄主：家蝇、麻蝇、毒蝇

柞蚕凸腿小蜂 *Kriechbaumerella antheraeae* Sheng et Zhong 寄主：柞蚕

褶翅小蜂科 Leucospidae

东方褶翅小蜂 *Leucospis japonica* Walker 寄主：胡蜂、泥蜂、切叶蜂

安氏褶翅小蜂 *Leucospis yasumatsui* Habu 寄主：蜂类

长尾小蜂科 Torymidae

中华螳小蜂 *Podagrion chinensis* Ashmead 寄主：中华螳螂、广腹螳螂

广腹螳小蜂 *Podagrion philippinense cyanonigrum* Habu 寄主：广腹螳螂、中华螳卵囊

单齿长尾小蜂 *Monodontomerus minor* Ratzeburg 寄主：松毛虫、松叶蜂、伞裙追寄蝇蛹

中华长尾小蜂 *Torymus sinensis* Kamijo 寄主：栗瘿蜂

葛长氏尾小蜂 *Torymus geranii*（Walker） 寄主：栗瘿蜂幼虫（外寄生）

斑翅肿痣长尾小蜂 *Megastigmus maculipennis* Kamijo 寄主：栗瘿蜂

日本肿痣长尾小蜂 *Megastigmus nipponicus* Kamijo 寄主：栗瘿蜂

蚁小蜂科 Eucharidae

蚁小蜂 *Eucharis adscendens*（Fabricius）　寄主：蚁

巨胸小蜂科 Perilampidae

墨玉巨胸小蜂 *Perilampus tristis* Mayr　寄主：草蛉蛹

广肩小蜂科 Eurytomidae

悬腹广肩小蜂 *Eurytoma appendigaster* Swederus　寄主：油松球果卷蛾、绒茧蜂

天蛾广肩小蜂 *Eurytoma manilensis* Ashmead　寄主：蓝目天蛾幼虫

刺蛾广肩小蜂 *Eurytoma monemae* Ruschka　寄主：黄刺蛾、丽绿

刺蛾双刺广肩小蜂 *Eurytoma setigera* Mayr　寄主：栗瘿蜂

黏虫广肩小蜂 *Eurytoma verticillata*（Fabricius）　寄主：茧蜂、姬蜂

甲虫广肩小蜂 *Eurytoma wachtli* Mayr　寄主：吉丁，象甲、天牛、窃蠹等

杂色广肩小蜂 *Sycophila variegata*（Curtis）　寄主：栗瘿蜂、及多种瘿蜂

扁股小蜂科 Elasmidae

白翅扁股小蜂 *Elasmus albipennis* Thomson　寄主：球果卷蛾、绒茧蜂、雕蛾、茧蜂

姬小蜂科 Eulophidae

梨潜皮蛾姬小蜂 *Pediobius pyrgo* Walker　寄主：蓑蛾、细蛾、巢蛾、菜蛾、夜蛾、毒蛾、潜蛾、粉蝶幼虫及蛹

草蛉啮小蜂 *Tetrastichus principiae* Domenichini　寄主：草蛉蛹

金小蜂科 Pteromalidae

宽肩阿莎金小蜂 *Asaphes suspensus*（Nees）　寄主：蚜茧蜂

黑青小蜂 *Dibrachys cavus* Walker　寄主：松毛虫、姬蜂等149种昆虫

松蠹狄金小蜂 *Dinotiscus armandi* Yang　寄主：华山松大小蠹幼虫

松毛虫宽缘金小蜂 *Pachyneuron nawai*（Ashmead）　寄主：蚜茧蜂属、少毛蚜茧蜂属

蚜虫宽缘金小蜂 *Pachyneuron aphidis*（Bouche）　寄主：各种蚜虫、及蚜虫茧蜂

三栗宽缘金小蜂 *Pachyneuron mitsukurii* Ashmead　寄主：蚜茧蜂、食蚜蝇蛹

陕西宽缘金小蜂 *Pachyneuron shaanxiensis* Yang　寄主：食蚜蝇

食蚜蝇宽缘金小蜂 *Pachyneuron umbratum* Delucchi　寄主：黑带食蚜蝇蛹

凤蝶金小蜂 *Pteromalus puparum*（Linneaus）　寄主：菜白蝶、凤蝶的蛹

细角金小蜂 *Rhopalicus brevicrnis* Thomson　寄主：核桃小蠹等多种小蠹

奇异长尾金小蜂 *Roptrocerus mirus*（Walker）　寄主：华山松大小蠹幼虫

松蠹长尾金小蜂 *Roptrocerus qinlingensis* Yang　寄主：华山松大小蠹幼虫

廖氏截尾金小蜂 *Tomicobia liaoi* Yang　寄主：华山松大小蠹、松六齿小蠹成虫

茸茧蜂金小蜂 *Trichomalopsis apanteloctena*（Crawford）　寄主：姬蜂、茧蜂、肿腿蜂等

长体茧蜂金小蜂 *Tritneptis macrocentri* Liao　寄主：球果卷蛾长体茧蜂

刻腹小蜂科 Ormyridae

刻腹小蜂 *Ormyrus* sp.　寄主：栗瘿蜂

蚜小蜂科 Aphelinidae

盾蚧双色蚜小蜂 *Archenomus bicolor* Howard　寄主：竹鞘丝绵盾蚧

双带花角蚜小蜂 *Azotus perspeciosus*（Girault）　寄主：竹鞘丝绵盾蚧

夏威黄食蚧蚜小蜂 *Coccophagus hawaiiensis* Timberlake　　寄主：日本龟蜡蚧、红蜡蚧

赛黄盾食蚧蚜小蜂 *Coccophagus ishii* Compere　　寄主：核桃蚧

赖食蚧蚜小蜂 *Coccophagus lycimnia*（Walker）　　寄主：杏球蚧、东方盔蚧等

瘦柄花翅蚜小蜂 *Marietta carnesi*（Howard）　　寄主：白尾安粉蚧、竹球刺粉蚧、红圆蚧

中华四节蚜小蜂 *Pteroptrix chinensis*（Howard）　　寄主：东方盔蚧等

黄体黑盾蚜小蜂 *Aphelinus japonicas* Ashmead　　寄主：竹鞘丝绵盾蚧

跳小蜂科 Encyrtidae

刷盾长缘跳小蜂 *Cheiloneurus clariger* Thomson　　寄主：球坚蚧、栎球蚧

绵粉蚧刷盾跳小蜂 *Cheiloneurus quercus* Mayr　　寄主：核桃粉蚧、白蜡绵粉蚧等

刷盾短缘跳小蜂 *Encyrtus sasakii* Ishii　　寄主：日本球坚蚧、红蚧

瓢虫隐尾跳小蜂 *Homalotylus flaminius*（Dalman）　　寄主：红点唇瓢虫、黑背小瓢虫、大红瓢虫、七星瓢虫等的幼虫

绵蚧阔柄跳小蜂 *Metaphycus pulvinariae*（Howard）　　寄主：蜡蚧、日本球坚蚧等

柯氏花翅跳小蜂 *Microterys clauseni* Compere　　寄主：日本龟蜡蚧、朝鲜球坚蚧、竹巢粉蚧

旋小蜂科 Eupelmidae

舞毒蛾卵平腹小蜂 *Anastatus japonicus* Ashmead　　寄主：舞毒蛾、栗黄枯叶蛾、斑衣蜡蝉卵

尾带旋小蜂 *Eupelmus urosonus* Dalman　　寄主：栗瘿蜂、柳梢瘿叶蜂等

松毛虫短角平腹小蜂 *Mesocomys orientalis* Ferriere　　寄主：松毛虫卵

赤眼蜂科 Trichogrammatidae

螟黄赤眼蜂 *Trichogramma chilonis* Ishii　　寄主：夜蛾科、天蛾科、灯蛾科、卷蛾科、细蛾科、螟蛾科、弄蝶科

舟蛾赤眼蜂 *Trichogramma closterae* Pang et Chen　　寄主：杨扇舟蛾、分月扇舟蛾、黄刺蛾、杨目天蛾、李枯叶蛾、柳毒蛾

松毛虫赤眼蜂 *Trichogramma dendrolimi* Mats.　　寄主：枯叶蛾、夜蛾、卷蛾、灯蛾、天蚕蛾 毒蛾、螟蛾科

广赤眼蜂 *Trichogramma evanescens* Westwood　　寄主：菜白蝶、毒蛾科、夜蛾科、螟蛾科、卷蛾科、灯蛾科、小菜蛾科、食蚜蝇科

毒蛾赤眼蜂 *Trichogramma ivelae* Pang et Chen　　寄主：毒蛾、天蛾

黏虫赤眼蜂 *Trichogramma leucaniae* Pang et Chen　　寄主：黏虫

亚洲玉米螟赤眼蜂 *Trichogramma ostriniae* Pang et Chen　　寄主：黄刺蛾

缨小蜂科 Mymaridae

叶蝉宽柄翅小蜂 *Lymaenon sp.*　　寄主：大青叶蝉卵

缘腹细蜂（黑卵蜂）科 Scelionidae

杨扇舟蛾黑卵蜂 *Telenomus closterae* Wu et Chen　　寄主：杨扇舟蛾

草蛉黑卵蜂 *Telenomus acrobats* Giard　　寄主：大草蛉、丽草蛉、中华草蛉

舟形毛虫黑卵蜂 *Telenomus kolbei* Mayr　　寄主：舟形毛虫、杨扇舟蛾、杨毒蛾、柳毒蛾

杨毒蛾黑卵蜂 *Telenomus nitidulus* Thomson　　寄主：杨毒蛾

天幕毛虫黑卵蜂　*Telenomus terbraus*（Ratzeburg）　寄主：天幕毛虫

落叶松毛虫黑卵蜂　*Telenomus tetratomus* Thomson　寄主：油松毛虫、毒蛾

黄足沟卵蜂　*Trissolcus flavipes*（Thomson）　寄主：茶翅蝽、麻皮蝽等的卵

考氏沟卵蜂　*Trissolcus kozlovi* Rjachovsky　寄主：红足真蝽（栗蝽）卵

肿腿蜂科 Bethylidae

管氏肿腿蜂　*Scleroderma guani* Xiao et Wu　寄主：双条杉天牛、青杨天牛

瘿蜂科 Cynipidae

板栗瘿蜂　*Dryocosmus kuriphilus* Yasumatus　寄主：板栗、茅栗、栎类

胡蜂科 Vespidae

基胡蜂　*Vespa basalis* Smith　捕食：鳞翅目幼虫

黑盾胡蜂　*Vespa bicolor bicolor* Fabricius　捕食：鳞翅目幼虫

黄边胡蜂　*Vespa crabro crabro* Linnaeus　捕食：鳞翅目幼虫

大胡蜂　*Vespa magnifica* Smith　捕食：鳞翅目幼虫

金环胡蜂　*Vespa mandarinia* Smith　捕食：鳞翅目幼虫

黑尾胡蜂　*Vespa tropica ducalis* Smith　捕食：鳞翅目幼虫

德国黄胡蜂　*Vespula germanica*（Fabricius）　捕食：鳞翅目幼虫

常见黄胡蜂　*Vespula vulgaris*（Linnaeus）　捕食：鳞翅目幼虫

马蜂科 Polistidae

角马蜂　*Polistes antennalis* Perez　捕食：鳞翅目幼虫

柞蚕马蜂　*Polistes gallicus gallicus*（Linnaeus）　捕食：鳞翅目幼虫

约马蜂　*Polistes jokahamae* Radoszkowski　捕食：鳞翅目幼虫

陆马蜂　*Polistes rothneyi grahami* Van der Vecht　捕食：鳞翅目幼虫

斯马蜂　*Polistes snelleni* Saussure　捕食：鳞翅目幼虫

蜾蠃科 Eumenidae

镶黄蜾蠃　*Eumenes decoratus* Smith　捕食：鳞翅目幼虫

点蜾蠃　*Eumenes pomiformis pomiformis*（Fabricius）　捕食：鳞翅目幼虫

川沟蜾蠃　*Ancistrocerus parietum*（Linnaeus）　捕食：鳞翅目幼虫

显佳盾蜾蠃　*Euodynerus notatus notatus*（Jurine）　捕食：鳞翅目幼虫

三叶佳盾蜾蠃　*Euodynerus trilobus*（Fabricius）　捕食：鳞翅目幼虫

青蜂科 Chrysididae

上海青蜂　*Chrysis shanghaiensis* Smith　寄主：黄刺蛾

土蜂科 Scoliidae

白毛长腹土蜂　*Campsomeris annulata*（Fabricius）　寄主：金龟子幼虫

金毛长腹土蜂　*Campsomeris prismatica* Smith　寄主：铜绿金龟甲等幼虫及蝼蛄若虫

日本土蜂　*Scolia japonica* Smith　寄主：金龟子幼虫

中华土蜂　*Scolia sinensis* Sauss.　寄主：金龟子幼虫

蛛蜂科 Pompilidae

强力蛛蜂　*Batozonellus lacerticida* Pallas　寄主：蜘蛛

蚁科 Formicidae

山大齿猛蚁 *Odontomachus monticola* Emery

玛氏举腹蚁 *Crematogaster matsumurai* Forel

铺道蚁 *Tetramorium caespitum* (Linnaeus)

小红蚁 *Myrmica rubra* (Linnaeus)

马格丽特红蚁 *Myrmica margaritae* Emery

皱红蚁 *Myrmica ruginodis* Nylander

弯角红蚁 *Myrmica lobicornis* Nylander

吉市红蚁 *Myrmica jessensis* Forel

中华红蚁 *Myrmica sinica* Wu et Wang

伊内兹氏红蚁 *Myrmica inezae* Forel

长刺细胸蚁 *Leptothorax spinosior* Forel

雕刻盘腹蚁 *Aphaenogaster exasperata* Wheeler

史氏盘腹蚁 *Aphaenogaster smythiesi* Forel

高桥盘腹蚁 *Aphaenogaster takahashii* Wheeler

暗黑盘腹蚁 *Aphaenogaster caeciliae* Viehmeyer

吉氏酸臭蚁 *Tapinoma geei* Wheeler

西伯利亚臭蚁 *Hypoclinea sibiricus* Emery

满斜结蚁 *Plagiolepis manczshurica* Ruzsky

内氏前结蚁 *Prenolepis naorojii* Forel

凹唇蚁 *Formica sanguinea* Latreille

亮腹黑褐蚁 *Formica gagatoides* Ruzsky

高加索黑蚁 *Formica transkaucasica* Nasonov

日本黑褐蚁 *Formica japonica* Motschulsky

丝光蚁 *Formica fusca* Linnaeus

中华红林蚁 *Formica sinensis* Wheeler

索氏立毛蚁 *Paratrechina sauteri* Forel

布立毛蚁 *Paratrechina bourbonica* (Forel)

亮立毛蚁 *Paratrechina vividula* (Nylander)

黄立毛蚁 *Paratrechina flavipes* (Smith)

黑毛蚁 *Lasius niger* (Linnaeus)

黄毛蚁 *Lasius flavus* (Fabricius)

亮毛蚁 *Lasius fuliginosus* (Latreille)

日本弓背蚁 *Camponotus japonicus* Mayr

广布弓背蚁 *Camponotus herculeanus* (Linnaeus)

泥蜂科 Sphecidae

红腰泥蜂 *Ammophila aemulans* Kohl　　寄主：鳞翅目幼虫

红足沙泥蜂 *Ammophila atripes atripes* Smith　　寄主：鳞翅目幼虫

日本蓝泥蜂 *Chalybion japonicum* (Gribodo)　　寄主：蜘蛛

壮足唇叶泥蜂困惑亚种 *Palmodesoccitanicus perplexus*(Smith)　寄主：螽斯

蜜蜂科 Apidae

中华蜜蜂 *Apis cerana* Fabricius　访花：杂草、灌木、乔木

意大利蜜蜂 *Apis mellifera* Linnaeus　访花：杂草、灌木、乔木

杏色熊蜂 *Bombus armeniacus* Radoszkowski　访花：杂草、林木等

重黄熊蜂 *Bombus flavus* Friese　访花：杂草、林木等

仿熊蜂 *Bombus imitator* Pittioni　访花：杂草、林木等

疏熊蜂 *Bombus remotus*(Tkalcu)　访花：杂草、林木等

三条熊蜂 *Bombus trifasciatus* Smith　访花：杂草、林木等

方头淡脉隧蜂北京亚种 *Lasioglossum politum pekingensis* Bluthgen　访花：椴、玫瑰等

黄芦蜂 *Ceratina flavipes* Smith　访花：菊科等

斑宽痣蜂 *Macropis hedini* Alfken　访花：珍珠菜属、马鞭草

双色切叶蜂 *Megachile bicolor* Fabricius　访花：四季豆

拟小突切叶蜂 *Megachile disjunctiformis* Cockerell　访花：蔷薇、黄荆等

拟蔷薇切叶蜂 *Megachile subtranquilla* Yasumatsu　访花：蔷薇

彩艳斑蜂 *Nomada versicolor* Panzer　访花：杂草、林木

齿彩带蜂 *Nomia punctulata* Westwood　访花：千屈菜、鸭跖草、蒲公英

角额壁蜂 *Osmia cornifrons*(Radoszkowski)　访花：蔷薇果树

凹唇壁蜂 *Osmia excavata* Alfken　访花：蔷薇果树

叉壁蜂 *Osmia pedicornis* Cockerell　访花：野生果树

忠拟熊蜂 *Psithyrus pieli*(Maa)　访花：杂草、林木等

角拟熊蜂 *Psithyrus cornutus*(Frison)　访花：杂草、林木等

中国四条蜂 *Tetralonia chinensis* Smith　访花：黄花草等

黄胸木蜂 *Xylocopa appendiculata* Smith　访花：猕猴桃等

红足木蜂 *Xylocopa rufipes* Smith　访花：豆类等

附录9　平河梁保护区大型真菌名录

1 子囊菌亚门 Ascomycotina
核菌纲 Pyrenomycetes
（1）柔膜菌目 Helotiales

① 地舌科 Geoglossaceae

黄地锤 *Cudonia lutea*（Peck）Sacc.

黄柄胶地锤 *Leotia marcida* Pers.

地勺 *Spathularia flavida* pers. ex Fr.

紊乱毛地舌 *Trichoglossum confusum* Durand

② 柔膜菌科 Helotiaceae

绿钉菌 *Chlorosplenium aeruginosum*（Oed. ex Pers.）de Not.

小孢黄蜡钉菌 *Helotium citrinum*（Hedw.）Fr.

橘色蜡钉菌 *Helotium serotinum*（Pers.）Fr.

（2）球壳菌目 Sphaeriales

① 麦角菌科 Clavicipitaceae

麦角 *Claviceps purpurea*（Vies）Tul.

盘菌纲 Discomycetes(Korf, 1971)
（1）盘菌目 Pezizales

① 马鞍菌科 Helvellaceae

碟状马鞍菌 *Helvella acetabulum*（L.）Quel

皱马鞍菌 *Helvella crispa* Scop. ex Fr.

马鞍菌 *Helvella elastica* Bull. ex Fr.

赭马鞍菌 *Helvella infula* Schaeff. ex Fr.

② 羊肚菌科 Morchellaceae

小羊肚菌（小美羊肚菌）*Morchella deliciosa* Fr.

羊肚菌（羊肚菜、美味羊肚菌）*Morchella esculenta*（L.）Pers.

③ 盘菌科 Pezizaceae

地耳 *Otidea leporina*（Batsch ex Fr.）Fuck.

红毛盘 *Scutellinia scutellata*（L. ex Fr.）Lamb.

大丛耳菌（兔耳朵、丛耳菌）*Wynnea gigantean* Berk. et Curt.

2 担子菌亚门 Basidiomycotina
腹菌纲 Gasteromycetes
（1）马勃目 Lycoperdales

① 地星科 Geastraceae

毛咀地星 *Geastrum fimbriatum*（Fr.）Fischer

尖顶地星 *Geastrum triplex*（Jungh.）Fisch.

② 马勃科 Lycoperdaceae

大秃马勃 *Calvatia gigantea*（Batsch）Lloyd

黑紫马勃 *Lycoperdon atropurpureum* Vittad.

黑刺马勃 *Lycoperdon fuligineum* Berk. et M.A. Curtis

香港马勃 *Lycoperdon hongkongense* Berk. et M.A. Curtis

长孢马勃 *Lycoperdon oblongisporum* Berk. et M.A. Curtis

网纹马勃 *Lycoperdon perlatum* Pers.

细刺马勃 *Lycoperdon pulcherrimum* Berk. et M.A. Curtis

小马勃 *Lycoperdon pusillum* Batsch

梨形马勃 *Lycoperdon pyriforme* Schaeff.

暗棕马勃 *Lycoperdon umbrinum* Pers.

白刺马勃 *Lycoperdon wrightii* Berk. et M.A. Curtis

（2）鬼笔目 Phallales

① 笼头菌科 Clathraceae

爪哇尾花菌（佛手菌）*Anthurus javanicus*（Penz.）Cunn.

五棱散尾鬼笔 *Lysurus mokusin*（Cibot : Pers.）Fr.

② 鬼笔科 Phallaceae

黄裙竹荪 *Dictyophora multicolor* Berk. et Br.

重脉鬼笔 *Phallus costatus*（Penzig）Lloyd

红鬼笔 *Phallus rubicundus*（Bosc）Fr.

黄鬼笔 *Phallus tenuis*（Fisch.）O. Ktze.

（3）硬皮马勃目 Sclerodermatales

① 硬皮地星科 Astraeaceae

硬皮地星 *Astraeus hygrometricus*（Pers.）Morg.

② 鸟巢菌科 Nidulariaceae

粪生黑蛋巢 *Cyathus stercoreus*（Schw.）de Toni

层菌纲 Hymenomycetes（ 无隔担子亚纲 Homobasidiomycefidae）

（1）伞菌目（ 蘑菇目 ）Agaricales

① 蘑菇科 Agaricaceae

田野蘑菇（野蘑菇、田蘑菇）*Agaricus arvensis* Schaeff.

双孢蘑菇（洋蘑菇、二孢蘑菇）*Agaricus bisporus*（Large）Pilát

蘑菇（雷窝子、四孢蘑菇）*Agaricus campestris* L.

小白蘑菇（小白菇）*Agaricus comtulus* Fr.

林地蘑菇（林地伞菌）*Agaricus silvaticus* Schaeff.

冠状环柄菇 *Lepiota cristata*（Bolton）P. Kumm.

② 鹅膏菌科 Amanitaceae

橙盖鹅膏菌 *Amanita eaesarea*（Scop.）Pers. ex Schw.

白橙盖鹅膏菌 *Amanita eaesarea*（Scop.）Pers. ex Schw. var. *alba* Gill.

灰鹅膏菌 *Amanita vaginata*（Bull.）Lam.

③ 粪锈伞科 Bolbitiaceae

粪锈伞（粪伞、狗尿苔）*Bolbitius vitellinus*（Pers.）Fr.

④ 牛肝菌科 Boletaceae

空柄小牛肝菌（空柄假牛肝）*Boletinus cavipes*（Opat.）Kalchbr.

美味牛肝菌（大脚菇）*Boletus edulis* Bull ex Fr.

小美牛肝菌（粉盖牛肝菌）*Boletus speciosus* Frost.

蓝圆孢牛肝菌（蓝空柄牛肝）*Gyroporus cyanescens*（Bull ex Fr.）Quel

橙黄疣柄牛肝菌 *Leccinum aurantiacum*（Bull. Ex Pers.）Gray

皱盖疣柄牛肝菌（虎皮牛肝菌）*Leccinum rugosicrps*（Pk.）Sing.

褐疣柄牛肝菌 *Leccinum scabrum*（Bull. ex Fr.）Gray

黄粉牛肝菌 *Pulveroboletus ravenelii*（Berk. et M. A. Curtis）Murrill

点柄乳牛肝菌 *Suillus granulatus*（L.）Snell.

褐环乳牛肝菌 *Suillus luteus*（L.）Gray

黑盖粉孢牛肝 *Tylopilus aiboater*（Schov）Murr.

锈盖粉孢牛肝菌 *Tylopilus ballouii*（Perk）Sing.

小苦粉孢牛肝 *Tylopilus felleus* Karst. var. *minor* Coker et Beers.

红绒盖牛肝菌 *Xerocomus chrysenteron*（Bull. ex Fr.）Quel

⑤ 鬼伞科 Coprinaceae

假鬼伞 *Coprinus disseminata*（Pers. ex Fr.）Quel.

白绒鬼伞 *Coprinus lagopus* Fr.

晶粒鬼伞 *Coprinus micaceus*（Bull. ex Fr.）Fr.

褶纹鬼伞 *Coprinus plicatilis*（Curt）Fr.

白黄小脆柄菇 *Psathyrella candolleana*（Fr.）Maire

小假鬼伞 *Pseudocoprinus disseminatus*（Pers.）K ü hner.

⑥ 丝膜菌科 Cortinariaceae

黄棕丝膜菌 *Cortinarius cinnamomeus*（L. et Fr.）Fr.

污白丝盖伞 *Inocybe geophylla*（Sow. et Fr.）P. Kumm.

⑦ 蜡伞科 Hygrophoraceae

鸡油蜡伞 *Hygrophorus cantharellus*（Schwein.）Fr.

橙黄蜡伞 *Hygrophorus conicus*（Scop.）Fr.

变红蜡伞 *Hygrophorus erubesceus*（Fr.）Fr.

浅黄褐湿伞 *Hygrocybe flavescens*（Kauffm.）Sing.

青黄蜡伞（晚秋生蜡伞）*Hygrophorus hypothejus*（Fr.）Fr.

丝盖蜡伞 *Hygrophorus inocybiformis* Smith

小红蜡伞 *Hygrocybe miniatus*（Fr.）P. Kumm.

肉色蜡伞 *Hygrophorus pacificus* Smith SLHesl.

颇尔松湿伞 *Hygrocybe persoonii* Arnolds

⑧ 侧耳科 Pleurotaceae

亚侧耳 *Hohenbuehelia serotina*（Pers. et Fr.）Sing.

香菇 *Lentinus edodes*（Berk.）Sing.

鳞皮扇菇 *Panellus stipticus*（Bull.）P. Karst.

革耳 *Panus rudis* Fr.

紫革耳（光革耳、贝壳状革耳）*Panus torulosus*（Pers.）Fr.

侧耳（平菇、北风菌、糙皮侧耳）*Pleurotus ostreatus*（Jacq.）P. Kumm.

肺形侧耳 *Pleurotus pulmonarius*（Fr.）Quél.

⑨ 红菇科 Russulaceae

红汁乳菇 *Lactarius hatsudake* Tanaka

铜绿红菇 *Russula aeruginea* Lindb. ex Fr.

怡红菇 *Russula amoena* Quel.

松乳菇 *Lactarius deliciosus*（L. et Fr.）Crsy.

紫红菇（紫菌子）*Russula depalleus*（Pers.）Fr.

红菇（美丽红菇）*Russula lepida* Fr.

黄菇 *Russula lutea*（Huds.）Fr.

紫薇菇 *Russula puellaris* Fr.

苦红菇 *Russula rosacea*（Bull.）Gray em. Fr.

⑩ 裂褶菌科 Schizophyllaceae

裂褶菌 *Schizophyllum commune* Fr.

⑪ 松塔牛肝菌科 Strobilomycetaceae

大孢条孢牛肝菌 *Boletellus projecteilus*（Murr.）Sing

网孢松塔牛肝菌 *Strobilomyce retisporus*（Pat. et C. F. Baker）

松塔牛肝菌 *Strobilomyces strobilaceus*（Scop）Berk.

⑫ 球盖菇科 Strophariaceae

黄木菇 *Flammula subflavida* Murr.

簇生黄韧伞 *Naematoloma fasciculare*（Huds. ex Fr.）Karst.

桤生环锈伞 *Pholiota alnicola*（Fr.）Sing.

金盖环锈伞 *Pholiota aurea*（Mattusch. Ex Fr.）Gull.

白鳞环锈伞 *Pholiota destruens*（Brond）Gill.

翘鳞环锈伞 *Pholiota squarrosa*（Mull. ex Fr.）Quel

铜绿球盖菇 *Stropharia aeruginosa*（Curt.）Quel.

⑬ 白蘑科 Tricholomataceae

北方蜜环菌 *Armillaria borealis* Marxmŭller et Korhonen

黄绿蜜环菌 *Armillaria luteo-virens*（Alb. et Schwein.）Sacc.

假密环菌 *Armillariella mellea*（Vahl.）P. Karst.

亚白杯菌 *Clitocybe catina*（Fr.）Quel.

白霜杯伞 *Clitocybe dealbata*（Sowerby）Gillet

杯伞（杯蕈、漏斗形杯伞）*Clitocybe infundibuliformis*（Schaeff.）Fr.

空柄黄杯伞 *Clitocybe vermicularis*（Fr.）Quel.

冬菇 *Flammulina velutipes*（Curtis.）Sing.

紫蜡蘑 *Laccara amethystea*（Bull.）Murrill

红蜡蘑 *Laccaria laccata*（Scop.）Fr.

灰紫香蘑 *Lepista glaucocana*（Bres.）Sing.

肉色香蘑 *Lepista irina*（Fr.）Bigelow

三微皮伞 *Marasmiellus albus-corticis*（Seer.）Sing.

蒜叶小皮伞 *Marasmius alliaceus* Fr.

安络小皮伞 *Marasmius androsaceus*（L.）Fr.

绒柄小皮伞 *Marasmius confluens*（Pers.）P. Karst.

栎小皮伞 *Marasmius dryophilus*（Bult.）P. Karst.

大盖小皮伞 *Marasmius maximus* Hongo

硬柄小皮伞 *Marasmius oreades*（Bolton）Fr.

盾状小皮伞 *Marasmius peronatus*（Bolton）Fr.

枝生微皮伞 *Marasmiellus ramealis*（Bull.）Sing.

草生钻囊蘑 *Melanoleuca graminicoIa*（Vel.）Kuhn. et Mre.

黑白铦囊蘑 *Melanoleuca melaleuca*（Pers.）Murrill

褐小菇 *Mycena alcalina*（Fr.）Quel.

盔盖小菇 *Mycena galericulate*（Scop.）Gray

红汁小菇 *Mycena haematopus*（Pers.）P. Kumm.

洁小菇 *Mycena prua*（Pers.）P. Kumm.

灰假杯伞（灰杯伞）*Pseudoclitocybe cyathiformis*（Bull.）Sing.

鳞盖口蘑（鳞皮蘑）*Tricholoma imbricatum*（Fr.）P. Kumm.

苦白口蘑（白口蘑）*Tricholoma album*（Schaeff.）P. Kumm.

鳞柄口蘑 *Trichlolma psammopus*（Kalchbr.）Quél.

粗壮口蘑 *Tricholoma robustum*（Alb. et Schwein）Ricken

红鳞口蘑 *Tricholoma vaccinum*（Schaeff.）P. Kumm.

黄干脐菇 *Xerompnallna campanelIa*（Batsch）Maire.

褐黄干脐菇 *Xeromphalina cauticinalis*（With.）Kühner et Maire

（2）非褶菌目 Aphyllophorales（原多孔菌目）polyperaceae

① 耳匙菌科 Auriscalpiaceae

耳匙菌 *Auriscalpium vulgare*（Fr.）Karst.

② 鸡油菌科 Cantharellaceae

金黄鸡油菌 *Cantharellus aurantiacus* Fr.

鸡油菌（鸡蛋黄菌、杏菌）*Cantharellus cibarius* Fr.

红喇叭菌 *Cantharellus cinnabarinus* Schw.

灰号角 *Craterellus cornucopioides*（L. ex Fr.）Pers.

小鸡油菌 *CanthareIlus minor* Peck

管形鸡油菌 *Cantharellus tubaeformis*（Bull.）Fr.

③ 珊瑚菌科 Clavariaceae

豆芽菌 *Clavaria vermicularia* Fr.

平截棒瑚菌 *Clavariadelphus truncatus*（Quél.）Donk

④ 杯瑚菌科 Clavicoronaceae

杯瑚菌 *Clavicorona pyxidata*（Pers.）Doty

扫帚菌 *Aphelaria dendroides* (Jungh) Corner.

⑤ 灵芝科 Ganodermataceae

树舌 *Ganoderma applanatum* (Pers.) Pat.

有柄树舌 *Ganoderma applanatum* (Pets.) Pat. var. *gibbosum*

紫光灵芝 *Ganoderma valesiacum* Boud.

⑥ 猴头菌科 Hericiaceae

猴头菌 *Hericium erinaceus* (Bull.) Pers.

⑦ 齿菌科 Hydnaceae

齿菌 *Hydnum repandum* L. ex Fr.

肉齿耳 *Steccherinum cirrhatum* (Pers. ex Fr.) Teng

绒盖齿耳 *Steccherinum ochraceum* (Pets. ex Fr.) Gray

⑧ 刺革菌科 Hymenochaetaceae

红锈刺革菌 *Hymenochaete mougeotii* (Fr.) Cke.

软刺革菌（软锈革）*Hymenochaete sallei* Berk. et Curt.

绣球菌 *Sparassia crispa* (Wulf.) Fr.

⑨ 多孔菌科 Polyporaceae

单色云芝（齿毛芝、单色革盖菌）*Cerrena unicolor* (Bull.) Murrill.

鲑贝云芝（鲑贝芝、鲑贝革盖菌）*Coriolus consors* (Berk.) Imaz

跋孔菌 *Coltricia perennis* (L.) Murrill

粉迷孔菌 *Daedalea biennis* (Bull.) Fr.

三色拟迷孔菌 *Daedaleopsis tricolor* (Bull.) Bond. et Sing.

漏斗大孔菌 *Favolus arcularius* (Batsch) Fr.

木蹄层孔菌 *Fomes fomentarius* (L.) J. J. Kickx

硬壳层孔菌（梓菌）*Fomes hornodermus* (Mont.) Cooke

褐扇 *Gloeophyllum subforugzneum* (Berk.) Bond. et Sing.

白囊孔 *Hirschioporus lacteus* (Fr.) Teng.

猪苓 *Grifola umbellata* (Pers.) Pilát

大蜂窝菌 *Hexagona pruinosa* (Lev.) Teng.

小针孔菌 *Inonotus nodulosus* (Fr.) Pilat

硫黄菌 *Laetiporus sulphureus* (Bull.) Murrill

桦革褶菌（桦褶孔菌）*Lenzites betulina* (L.) Fr.

褶孔菌 *Lenzites tricolor* (Bull.) Fr.

密集木层孔菌 *Phellinus densus* (Lloyd) Bondartsev

厚皮木层孔菌 *Phellinus pachyphloeum* Pat.

桦剥管菌 *Piptoporus betulinus* (Bull.) P. Karst.

褐拟多孔菌 *Polyorellus badius* (Pers. ex S. Gray) Imazek.

小褐多孔菌 *Polyporus blanchetianus* Berk. Mont.

黄多孔菌 *Polyporus elegans* (Bull.) Fr.

毛带褐薄芝（毛芝）*Polystictus fibula* (Sow.) Fr.

黑柄多孔菌 *Polyporus melanopus* (Pers.) Fr.

薄盖大孔毛芝 *Polystictus pinsitus*（Fr.）Cke.

彩绒革盖菌 *Polystictus versicolor*（L.）Fr.

红栓菌 *Trametes cinnabarina*（Jacq.）Fr.

毛栓菌 *Trametes hirsuta*（Wulf. ex Fr.）Pilat.

硬栓菌 *Trametes ostriformis*（Berk.）Murr.

紫椴栓菌 *Trametes patisoti*（Fr.）Imaz.

血红栓菌 *Trametes sanquinea*（L.）Lloyd

香栓菌（杨柳白腐菌）*Trametes suaveolens*（L.）Fr.

粗毛褐孔 *Xanthochrous hispidus*（Bull. ex.Fr.）Pat.

⑩ 枝瑚菌科 Ramariaeeae

光孢黄枝瑚菌 *Ramaria obtusisima*（Peck）Corner

密枝木瑚 *Ramaria stricta*（Pers.）Quél

白珊瑚菌 *Ramariopsis kunzei*（Fr.）Donk.

⑪ 韧革菌科 Stereaceae

轮纹硬革 *Stereum fasciatum* Schw.

烟色韧革菌 *Stereum gausapatum* Fr.

毛革盖菌 *Stereum hirsutum*（Willd.）S. F. Gray

脱毛硬革 *Stereum lobatum*（Kze.）Fr.

银丝硬革 *Stereum rameale* Schw.

血韧革菌 *Stereum sanguinolentum*（Alb. et Schw.）Fr.

⑫ 革菌科 Thelephoraceae

红锈革 *Hymenochaete mougeotii*（Fr.）Cooke

掌状革菌 *Thelephora palmata*（Scop.）Fr.

（3）木耳目 Auriculariales

① 木耳科 Auriculariaceae

木耳 *Auricularia auricula*（Hook.）Underw.

毛木耳 *Auricularia polytricha*（Mont.）Sacc.

② 花耳科 Dacrymycetaceae

胶角菌 *Calocera cornea*（Batsch）Fr.

掌状花耳 *Dacrymyces palmatus*（Schwein.）Burt

匙盖假花耳 *Dacryopinax spathularia*（Schw. ex Fr.）Martin

层菌纲 Hymenomycetes(有隔担子亚纲 Pheagmobasidiomycetidae)

（1）银耳目 Tremellales

① 银耳科 Tremellaceae

黑耳 *Exidia glandulosa*（Bull.）Fr.

焰耳 *Phlogiotis helvelloides*（DC. ex Fr.）Martin

疏齿胶质刺银耳 *Pseudohydnum gelatinosum*（Fr.）Karsten var. *paucidentata* Lowy

陕西平河梁国家级自然保护区综合科学考察及报告评审意见

2021年9月8日，陕西平河梁国家级自然保护区管理局组织西北大学、陕西师范大学、西安植物园、陕西省自然保护区与野生动植物管理站等单位专家在西安召开"陕西平河梁国家级自然保护区综合科学考察与研究（以下简称'科考报告'）"成果评审会，与会专家听取了科考承担单位中国林业科学研究院林业新技术研究所的汇报，审阅了考察报告及附件，经质询与讨论，形成如下意见：

1. "科考报告"详细总结了保护区自然概况，补充、完善了保护区物种名录和区系分析，更新了保护物种种群和植物群落数据，分析了生物多样性组成及特征，为保护区科学管理提供了基础数据。

2. "科考报告"增加脊椎动物118种、植物19种、昆虫96种、真菌2种，其中包括陕西省爬行动物新记录物种1种。对境内大熊猫种群及保护对策进行了专项研究，分析了鸟类时空格局，估算了羚牛、黑熊、红腹角雉等8个保护物种的种群数量和分布范围，掌握了主要保护对象的种群信息和生存状况，可为这些物种的保护提供科学支撑。

3. "科考报告"总结了保护区在自然资源和生物多样性保护方面的成效，系统评估了保护区在基础设施、能力建设、社区共管等方面的成就，提出了加强干扰管控、体系和队伍建设方面的合理化建议。

4. "科考报告"表明，近年来该保护区生态系统的原生性得到了较好保护，物种多样性显著增加，主要保护对象种群稳定增长。森林资源、大气、水资源等生态产品的供给能力持续加强，森林生态系统的服务功能和价值明显提升。

与会专家一致认为，本次科考组织有序，方法科学，内容丰富全面，图表详实规范，结果准确可信。建议项目组根据专家意见进行修改和完善。专家组一致同意通过评审。

专家组组长：

时间：2021年9月8日

陕西平河梁国家级自然保护区综合科学考察及报告
评审会专家组名单

名称	单位	职称	签字
李保国	西北大学	教授	
于晓平	陕西师范大学	教授	
岳　明	西安植物园	教授	
叶新平	陕西师范大学	教授	
马西寅	陕西省自然保护区与野生动植物管理站	高工	

附图 1 平河梁国家级自然保护区地理位置图

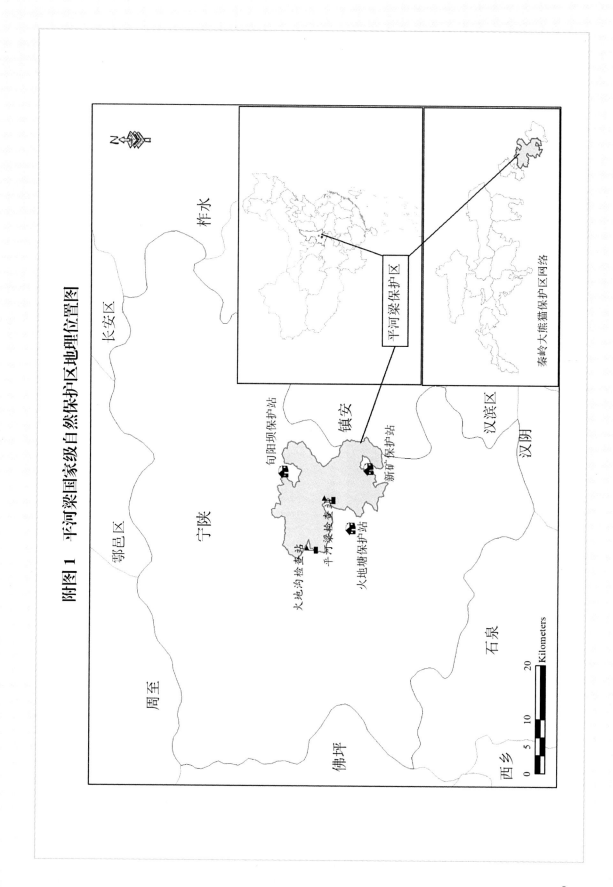

附图 2　平河梁保护区地质构造带分布图

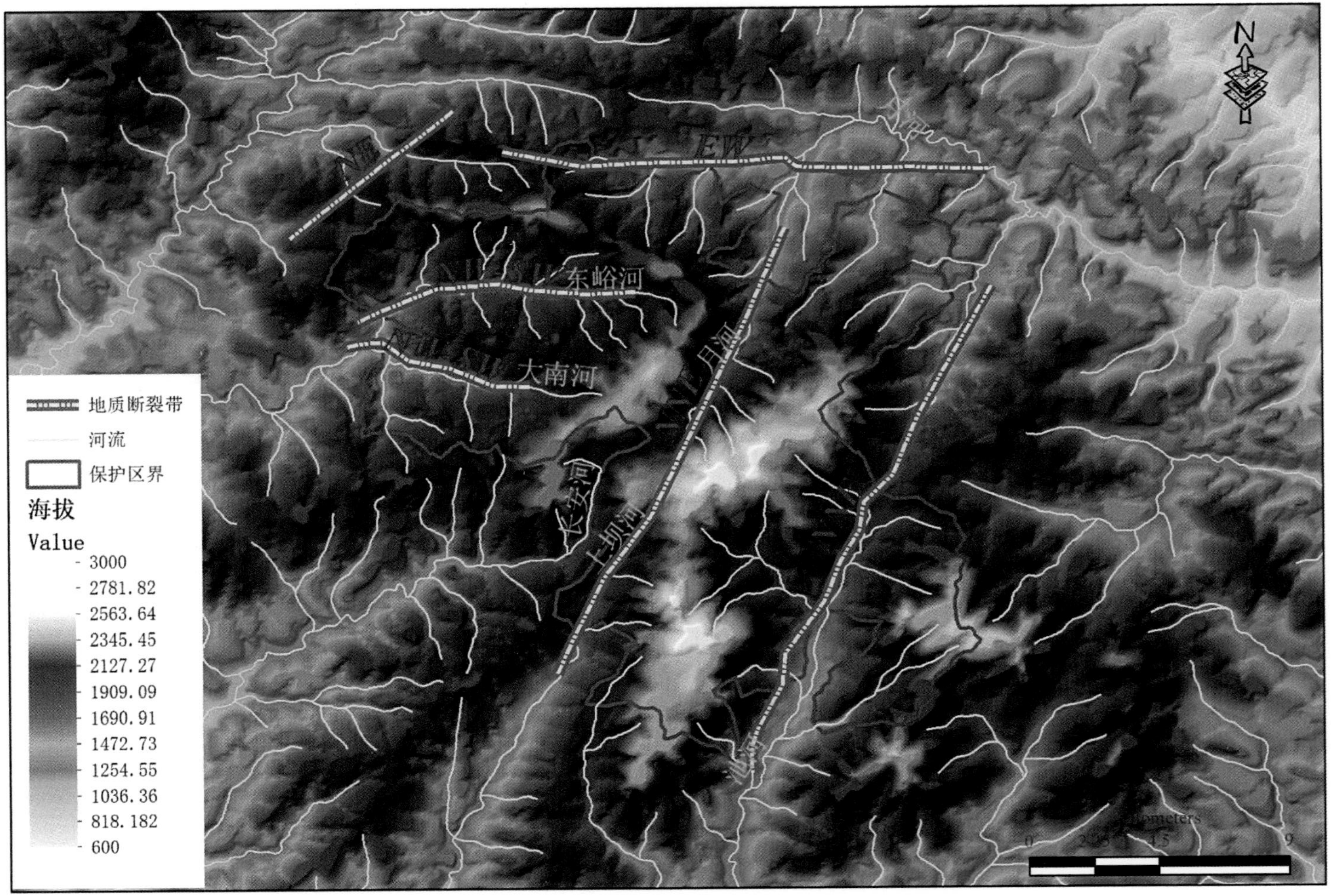

附图 3 平河梁保护区地层与岩浆岩分布图

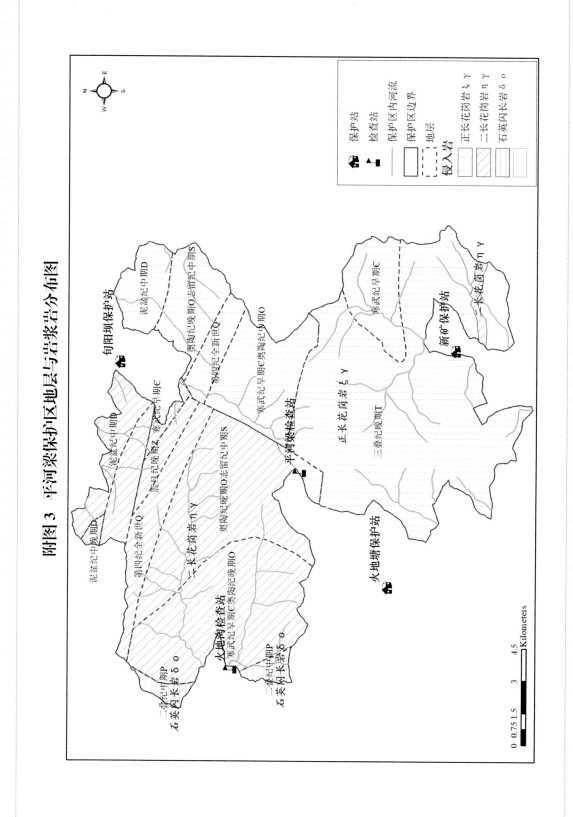

· III ·

附图4 平河梁保护区地形剖面图

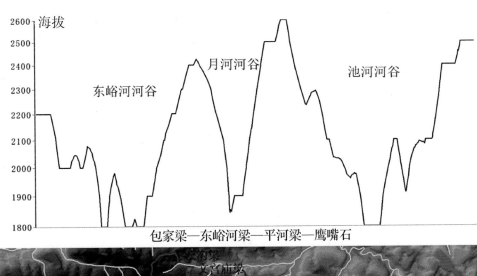

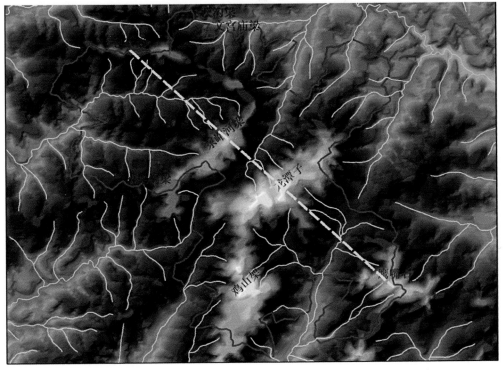

附图 5 平河梁保护区地貌骨架、主要山体及海拔分布图

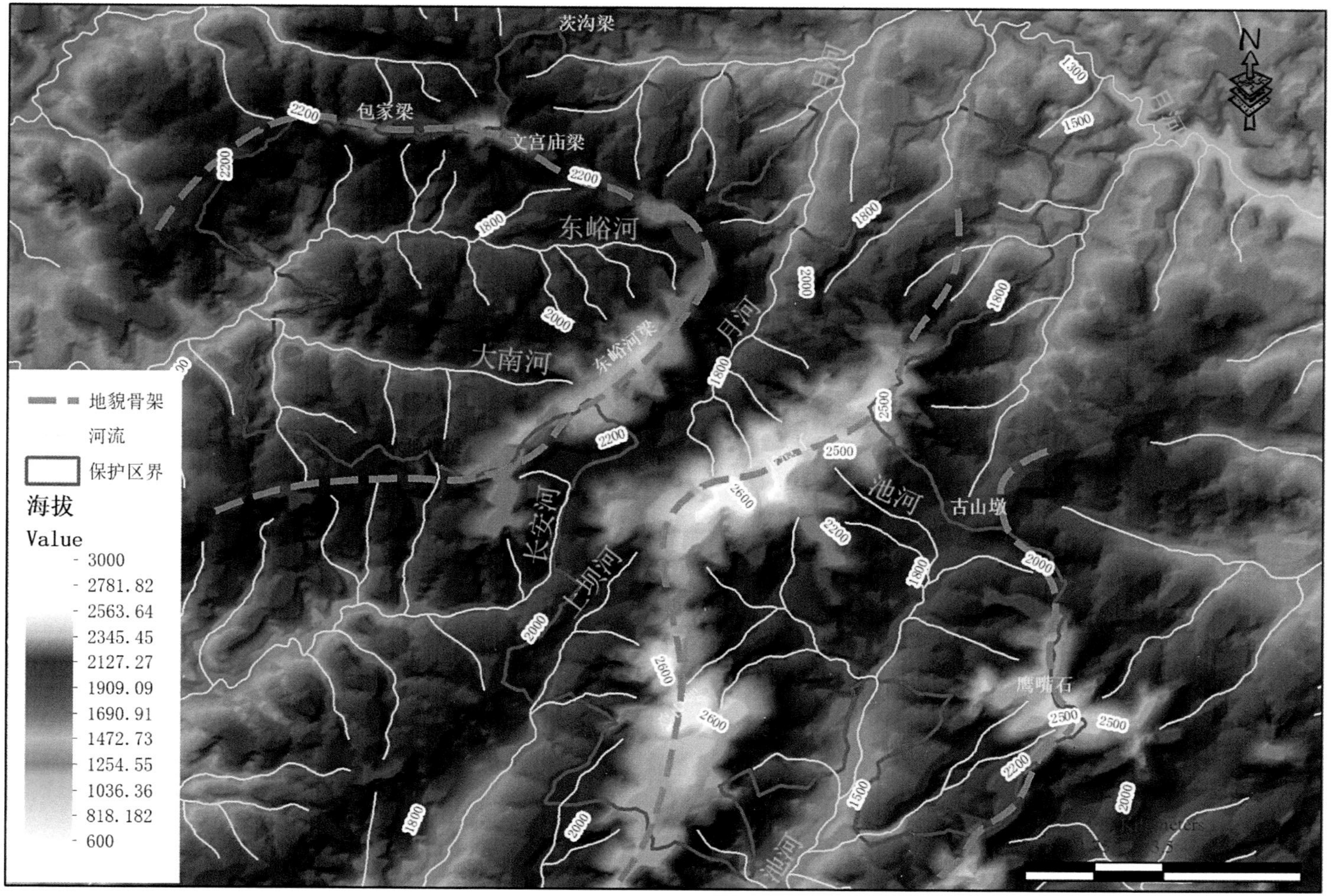

地貌骨架
河流
保护区界

海拔
Value
- 3000
- 2781.82
- 2563.64
- 2345.45
- 2127.27
- 1909.09
- 1690.91
- 1472.73
- 1254.55
- 1036.36
- 818.182
- 600

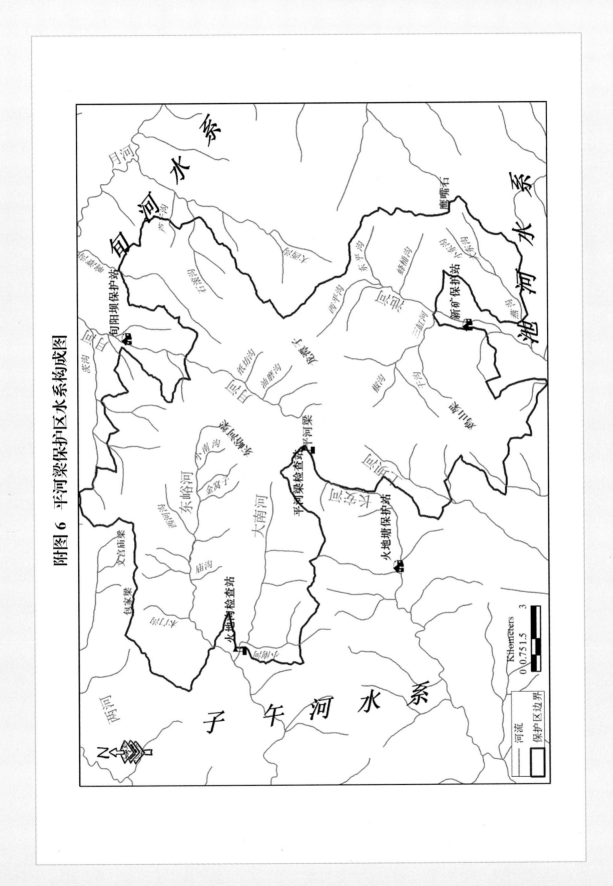

附图 6　平河梁保护区水系构成图

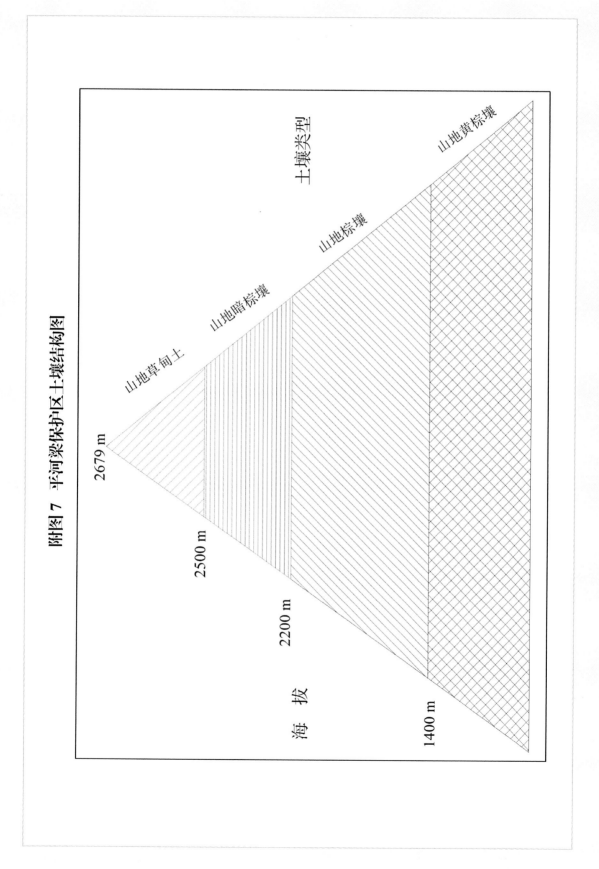

附图 7 平河梁保护区土壤结构图

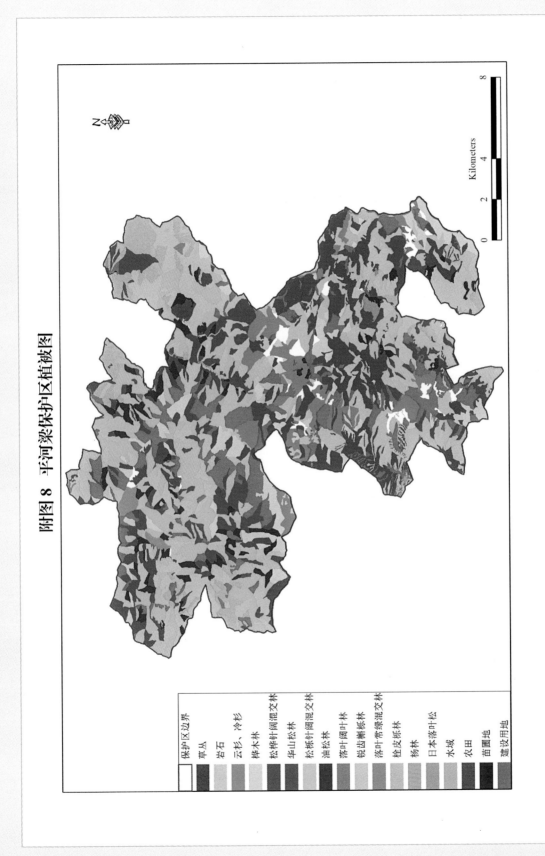

附图 8　平河梁保护区植被图

保护区边界
草丛
岩石
云杉、冷杉
桦木林
松桦针阔混交林
华山松林
松栎针阔混交林
油松林
落叶阔叶林
锐齿槲栎林
落叶常绿混交林
桂皮栎林
杨林
日本落叶松
水域
农田
苗圃地
建设用地

N

Kilometers
0　2　4　8

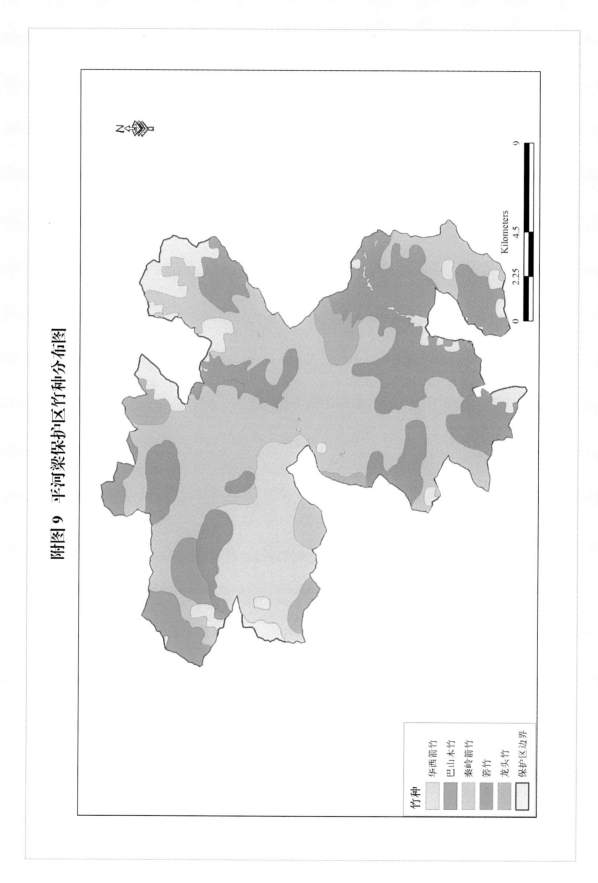

附图 9　平河梁保护区竹种分布图

竹种
华西箭竹
巴山木竹
秦岭箭竹
筌竹
龙头竹
保护区边界

Kilometers
0　　2.25　　4.5　　9

附图 10 有、无道路影响下秦岭东部大熊猫栖息地适宜性分布

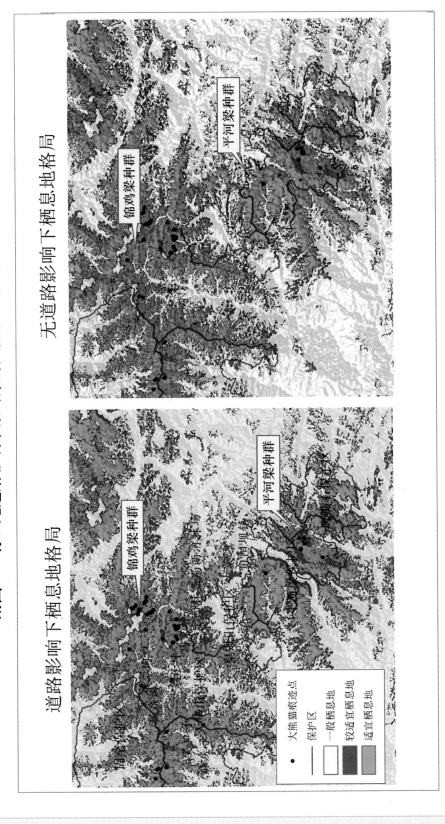

道路影响下栖息地格局

无道路影响下栖息地格局

图例：
- 大熊猫痕迹点
- 保护区
- 一般栖息地
- 较适宜栖息地
- 适宜栖息地

锦鸡梁种群

平河梁种群

附图 11 秦岭东部地区大熊猫栖息地隔离区域、廊道规划及种群扩散引导示意

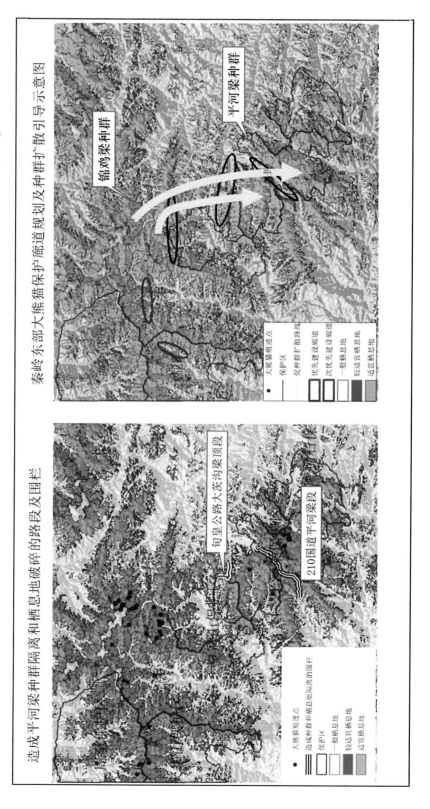

造成平河梁种群隔离和栖息地破碎的路段及围栏

秦岭东部大熊猫保护廊道规划及种群扩散引导示意图

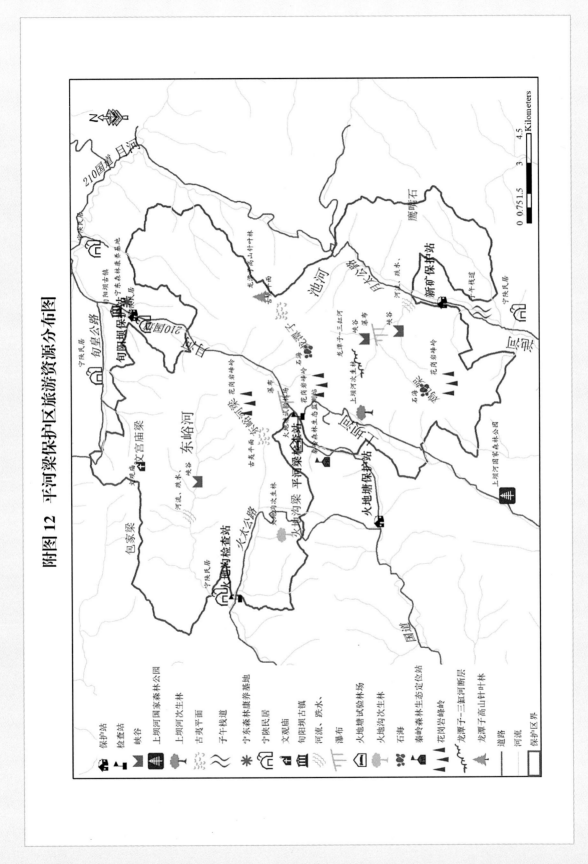

附图 12　平河梁保护区旅游资源分布图